普通高等教育能

燃气轮机装置

主编　丰镇平　李祥晟

参编　邓清华　刘　钊　杨　星

机 械 工 业 出 版 社

本书结合发电和工业驱动用燃气轮机的最新技术及其发展趋势，全面阐述了燃气轮机装置的基本构成、热力循环和工作原理，重点介绍了燃气轮机系统的不同循环及其性能分析与先进热力循环，压气机、燃烧室和燃气透平三大部件的基本工作原理及其性能特性，透平二次空气系统与叶片冷却技术，机组变工况性能分析与部分负荷计算，部件性能分析及燃气轮机过渡工况，给出了燃气轮机装置在国民经济各个领域和工业部门中的具体应用案例，力求内容全面、概念清晰、深入浅出、重点突出。

本书适合用作能源与动力工程专业和动力工程及工程热物理学科相关方向本科生和研究生的燃气轮机课程教材，也可作为热能动力工程领域及行业相关工程技术人员的参考书籍。

图书在版编目（CIP）数据

燃气轮机装置/丰镇平，李祥晟主编. —北京：机械工业出版社，2023.12

普通高等教育能源动力类系列教材

ISBN 978-7-111-74579-2

Ⅰ.①燃… Ⅱ.①丰…②李… Ⅲ.①燃气轮机-装置-高等学校-教材 Ⅳ.①TK47

中国国家版本馆 CIP 数据核字（2024）第 000386 号

机械工业出版社（北京市百万庄大街 22 号 邮政编码 100037）

策划编辑：尹法欣 责任编辑：尹法欣 王 良

责任校对：梁 园 刘雅娜 封面设计：王 旭

责任印制：刘 媛

唐山楠萍印务有限公司印刷

2024 年 4 月第 1 版第 1 次印刷

184mm×260mm · 19 印张 · 470 千字

标准书号：ISBN 978-7-111-74579-2

定价：65.00 元

电话服务 网络服务

客服电话：010-88361066 机 工 官 网：www.cmpbook.com

010-88379833 机 工 官 博：weibo.com/cmp1952

010-68326294 金 书 网：www.golden-book.com

 机工教育服务网：www.cmpedu.com

前言

为了贯彻落实教育部《关于进一步加强高等学校本科教学工作的若干意见》的精神，加强教材建设，确保教材质量，西安交通大学能源与动力工程学院叶轮机械研究所TurboAero团队几位教师根据“燃气轮机装置”课程本科教学实践和人才培养需求，结合多年来负责承担的燃气轮机和航空发动机领域相关科研项目的研究体会，基于已有的“燃气轮机装置”课程教学讲义及其连续七年专业教学中的使用反馈，编写了本书。作为西安交通大学“十四五”规划教材，本书的出版得到了学校及学院有关部门的大力支持。

众所周知，燃气轮机是一种集众多高新技术于一体的涉及诸多学科的先进动力机械装置，被誉为装备制造业“皇冠上的明珠”。进入21世纪以来，燃气轮机的技术优势与竞争力已远超同属热力原动机范畴的内燃机和蒸汽轮机，燃气轮机在地面发电、航空推进、舰船动力、油气输送、工业驱动与热电联供等国民经济和国防军事领域得到了广泛的应用。特别是燃气轮机可以燃用无碳燃料氢的特点，使其能与可再生能源和储能系统紧密结合，实现制氢、储氢和燃氢，使包含可再生能源在内的整个能源系统更加可持续、稳定、低碳与高效，因此，燃气轮机将在碳达峰、碳中和国家战略的实施中发挥不可或缺的重要作用。

西安交通大学能源与动力工程专业热模块涡轮机专业方向（热动力工程系、叶轮机械研究所）承担着为国家及相关企业和研究院所培养从事热力叶轮机械（燃气轮机、蒸汽轮机、航空发动机等）方向的研究和设计人才的任务与使命，培养的部分优秀毕业生已成为这一领域中的技术中坚和领军人才。2016年，为了持续推进高端装备制造业的发展，我国在“十三五”期间全面启动实施了“航空发动机及燃气轮机（简称两机）”科技重大专项，急需培养一批掌握两机基础理论知识和相关专门技术的专业人才。随着燃气轮机重大专项的稳步实施和深入开展，有关燃气轮机专业人才培养的缺口凸显。为贯彻国家发展改革委、教育部和财政部共同印发的《关于加强经济社会发展重点领域急需学科专业建设和人才培养的指导意见》文件精神，落实《教育部办公厅关于启动部分领域教学资源建设工作的通知》的具体工作，深入实施战略型紧缺人才培养教学资源储备计划，推进重点领域教学资源建设，开展新型教材研发，教育部高等教育司决定成立重点领域教学资源及新型教材建设项目专家工作组。其中，重型燃气轮机被列入第一批确定的四个重点领域之一，这充分反映了重型燃气轮机这一重点领域的人才培养和教材建设等工作急需加强，同时也表明“燃气轮机装置”等相关课程在燃气轮机技术人才培养中有着非常重要的地位和作用。

作为热力叶轮机械专业方向的核心课程教材，本书涵盖了燃气轮机的基本工作原理、循环性能分析、三大部件（压气机、燃烧室、燃气透平）工作原理、装置变工况性能以及应用案例等内容，是一本相对全面讲授燃气轮机装置工作原理、部件结构及性能的本科生教材。为了适应未来先进燃气轮机研发对专业人才的需求，本书在原有讲义的基础上，除了增加“燃气透平”和“燃气轮机应用案例”两章内容外，还对近年来燃气轮机技术研究的新进展和未来发展趋势，如低排放燃烧技术、先进气冷透平技术、氢燃料燃气轮机技术等，做了相应介绍，力求将燃气轮机装置及其主要部件涉及的基础理论和专业知识贯穿于整本教材中，并在内容组织上兼顾内容全面、概念清晰、重点突出。建议将本课程安排在“工程热力学”“流体力学”“传热学”和“燃烧学”课程后学习，讲授时长为32～48学时。

本书由西安交通大学能源与动力工程学院叶轮机械研究所丰镇平教授和李祥晟副教授担任主编，负责全书的策划和具体章节内容的确定，参加本书编写的还有叶轮机械研究所本课程组的邓清华副教授、刘钊副教授和杨星副教授。其中，丰镇平负责第1章编写和全书统稿，李祥晟负责第2章、第4章和第6章编写，邓清华负责第3章编写，刘钊和杨星负责第5章和第7章编写。在本书编写过程中，还得到了东方电气集团东方汽轮机有限公司赵世全教授级高工等我国燃气轮机制造企业有关专家的帮助，特此致谢！

由于编者水平有限，书中难免存在不妥之处，恳请读者批评指正。

编　者
2022年5月30日
于西安交通大学

目录

第1章

总　　述

燃气轮机（广义上包含航空发动机）是以气体为工质，将燃料的化学能通过燃烧释放出来的热能转变为有用功输出的高速热力叶轮机械，作为集新技术、新材料、新工艺于一身的高新科技产品，燃气轮机被誉为装备制造业“皇冠上的明珠”。

燃气轮机广泛应用于发电基本负荷和区域调峰、航空及舰船动力推进、天然气长输管线增压、过程工业余热利用、油气勘探开采及海洋平台、分布式能源热电冷联供系统等众多领域，是关系到我国能源电力、航空推进和石化油气等国民经济和国防建设关键领域的能源利用、生产与供应，以及我国清洁低碳、安全高效能源体系建设的重要装备。世界工业发达国家均将燃气轮机产业列为保障国家安全、能源安全和保持国际竞争力的战略性产业。

以发电燃气轮机为例，自1939年世界第一台发电用重型燃气轮机在瑞士诞生以来，其制造和发电产业在全球迅速发展，以重型燃气轮机为核心动力装备的燃气-蒸汽联合循环成为热-功转换发电系统中最高效清洁的大规模商业化火力发电方式。据统计，2018年燃气轮机联合循环发电装机容量已达到全球发电装机容量的四分之一，其中美欧分别占比41.2%和27.9%，且美国在2015年天然气联合循环装机容量超过燃煤电厂，并在2015年12月和2016年上半年天然气联合循环发电量首次超过了燃煤发电量。预计未来20年全球对石油和天然气的需求可能会增长20%，特别是我国将占增长的1/3。我国作为世界上电力生产最多且增幅最大的国家，2020年装机容量22亿kW，发电量达7779.1TW·h[1TW·h（太瓦时）=10亿kW·h]，占世界发电总量26823.1TW·h的29%，然而天然气发电的装机容量目前仅为1亿kW，占比4.5%，发电量247TW·h，占比3.2%。考虑到未来我国对石油和天然气需求的持续增长，燃气轮机发电将迎来较大规模的发展。

在过去的半个多世纪中，燃气轮机行业发生了很大的变化。发电市场对燃气轮机装置的要求一直是提高效率、增加功率和降低排放。迄今为止，重型燃气轮机主要燃用天然气和燃油，近年来燃气轮机制造商及相应领域的专家学者正在努力拓宽燃气轮机的燃料适用性，其中IGCC（integrated gasification combined cycle，整体煤气化联合循环发电）和天然气掺氢甚至纯氢燃气轮机已成为关注的重点；与此同时，表征重型燃气轮机技术水平的燃气温度和压比及热效率还在不断提高，单机容量继续加大。目前最先进的H/J级重型燃气轮机简单循环和联合循环的热效率已分别达到了43%和63%以上，简单循环的功率达590MW，而联合循环 1×1 配置的功率达 870MW，成为所有热-功转换发电系统中效率最高的大规模商业化发电方式。在污染物排放上，通过有效控制燃烧温度，燃用天然气的燃气轮机联合循环电厂氮氧化物排放量低于 10ppm（ppm 为曾经使用的浓度单位，10^{-6}），仅为先进燃煤电厂的 1/3左右；二氧化碳排放量也仅为超临界燃煤电厂的 1/2 左右。随着全球气候变暖和大气环境污染问题日益突出，国内外科技界与产业界已认识到，重型燃气轮机将是 21 世纪乃至更长时期内能源高效转换与洁净利用系统的核心动力装备。

同样，在航空领域，燃气轮机推进系统基本上为所有大型商用和军用飞机提供了高效、经济和可靠的动力。统计表明在 1998 年至 2017 年的 20 年中，全球商业航空公司的旅客数量几乎增长了两倍，并且在未来 20 年中，预计将有 40000 多架新飞机投产。

目前，燃气轮机的运行效率、功率密度、可靠性和安全性已得到公认。未来几十年中燃气轮机将继续在发电领域、航空与舰船动力推进以及石油和天然气行业中发挥不可或缺的重要作用。根据美国国家科学院、国家工程院和国家医学院在 2020 年 4 月发布的先进燃气轮机技术咨询报告，预计到 2032 年全球燃气轮机的年生产总值将从 2020 年的约 900 亿美元增长到 1100 亿美元，其中航空燃气轮机约占总市场的 85%。

进入 21 世纪以来，我国对发展重型燃气轮机产业高度重视。在“十五”“十一五”期间实施了一系列重型燃气轮机自主研发项目，形成了一定的燃气轮机技术研发基础。在“十二五”期间进一步通过制定国家战略、实施重大项目等措施，加大了对燃气轮机技术和产业发展的支持力度，同时对中小型燃气轮机的研发也进行了战略部署。2012 年，燃气轮机作为我国“航空发动机及燃气轮机”国家科技重大专项进入论证阶段，2015 年列入国家“十三五”规划实施的 100 个重大工程和项目之首，并于 2016 年正式启动。同时，我国于 2015 年发布了实施制造强国战略第一个十年的行动纲领《中国制造 2025》，将燃气轮机列为“高端装备创新工程”重要内容，要求到 2020 年实现燃气轮机自主研制及应用，到 2025 年自主知识产权高端装备市场占有率大幅提升，核心技术对外依存度明显下降，基础配套能力显著加强，燃气轮机等领域装备达到国际领先水平。2016 年，国家发展改革委、国家能源局在《能源技术革命创新行动计划（2016—2030 年）》提出了能源技术革命重点创新行动路线图（15 个重点领域），明确提出高效燃气轮机技术创新任务，即“自主研制先进的微小型、工业驱动用中型燃气轮机和大型燃气轮机，全面实现燃气轮机关键材料与部件、试验、设计、制造及维修维护的自主化”。因此，“十四五”及以后二十年期间，我国重型燃气轮机产业将迎来前所未有的发展机遇和技术进步。

与此同时，当今发电市场正在经历着可再生能源和脱碳的重要变革。随着全球应对气候变化和降低碳排放所面临压力的不断增长，在 2015 年 12 月达成《巴黎协定》之后，各国积极向绿色可持续的增长方式转型。结合我国能源资源的基本国情和自然禀赋，避免因过度依赖国内存量相对较少的油气资源而产生能源安全问题，为保护地球环境，承担大国责任，我国于 2020 年 9 月 22 日提出了“3060”碳达峰和碳中和的战略目标和实施措施，力争于 2030 年二氧化碳排放达到峰值，2060 年以前实现碳中和。鉴于燃气轮机的功率密度、相对较小的碳足迹以及潜在的燃烧环保燃料的能力，且设计合理的燃气轮机可以快速响应电力需求的变化，特别是燃气轮机具有与可再生能源利用紧密结合的技术优势，即燃气轮机燃料的生产与应用能够与可再生能源的综合利用有机融合，通过将富余的可再生能源如太阳能或风能用于制氢，然后在需要电能时，通过将氢气在燃气轮机中燃烧用以发电或驱动供能，从而形成重要的能量存储机制及能源互补系统，因此，燃气轮机将成为这种先进能源结构中的重要核心技术。可以预计，随着可再生能源日益广泛的应用，燃气轮机的这些先进技术优势将日益突显并得到进一步发展。

1.1　燃气轮机的工作原理及发展历史

1.1.1　燃气轮机的工作原理

燃气轮机是一种续流式热力原动机，与同为续流式的蒸汽轮机和往复式的内燃机两类热机的基本结构和工作原理均有所不同，所有的燃气轮机共有的主要部件为压气机、燃烧室和透平（在航空发动机中也称其为涡轮）。因此，燃气轮机本体由压气机、燃烧室和透平三大部件构成，此外还包含燃料供应、润滑油、调节控制、起动、进气过滤和排气等其他系统。燃气轮机可以直接驱动负荷，也可以通过齿轮箱驱动负荷。燃气轮机可以设计成使用多种燃料，包括天然气、航空燃料或氢气等。广义上，燃气轮机装置是指燃气轮机（包括主机和辅机系统）及所驱动的负荷。本教材以燃气轮机为主要研究对象展开，其中部分内容涉及航空发动机。

燃气轮机有三个主体部件，即压气机、燃烧室和透平。通常，可将燃气轮机机组分为进气段、压缩段、燃烧段、膨胀段和排气段五个区段，如图1-1所示，每一个区段在燃气轮机的工作过程中分别起着特定的作用。

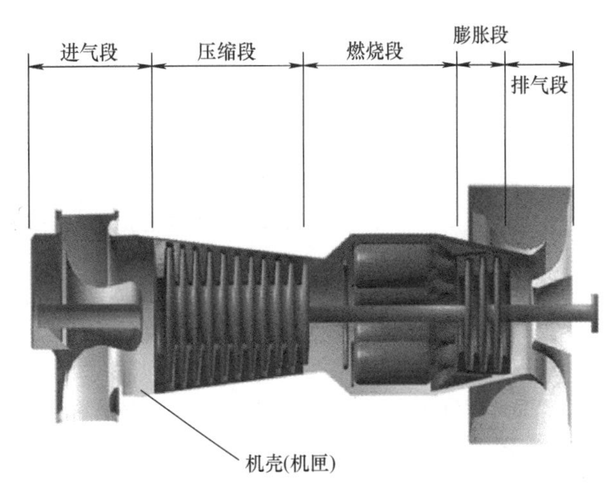

图1-1　燃气轮机机组的五个区段

常规的燃气轮机采用以空气为工质的布雷顿（Brayton）热力学循环。燃气轮机机组在起动后，大量的空气从进口被吸入到机组中，空气经过进气段被过滤后进入到压缩段；压缩段包含第一个转动部件压气机，空气在高速旋转的压气机中进行压缩，压气机的机械功转化为空气的压力提升且温度有所增加，在压缩段出口达到机组要求的最高压力，然后进入到燃烧段；此时，燃料通过燃料喷嘴不断注入燃烧室，形成燃料与压缩空气的可燃混合物，可燃混合物被点燃并燃烧生成燃烧产物即高温高压燃气，随后进入到第二个转动部件透平；燃气在透平中膨胀并通过转子将燃气的热能转化为机械能，除了驱动压气机所耗功外，对外输出轴功以驱动负荷；做功后燃气的压力和温度下降，离开透平流经排气段从出口排向大气，从而形成典型的简单循环燃气轮机工作过程。实际工程应用中还有充分利用排气余热对压气机出口空气加热的回热循环和利用排气余热生成蒸汽驱动蒸汽轮机的燃气-蒸汽联合循环，从而进一步提高装置的循环热效率和功率，这些将在第2章的燃气轮机热力循环中详细介绍。

根据上面的工作过程介绍可以看到，在燃气轮机装置中要实现工质热能向机械功转化的基本过程，必须具备的部件是压气机、燃烧室和透平，这些部件通常被安放在装置的外壳

（又称气缸或机匣）中，其中外壳和压气机及透平两个部件之间的空间形成了空气和燃气流动的通道，被称为燃气轮机的通流部分。

图 1-2 所示为燃气轮机的结构简图与装置布置示意图。图中燃烧室出口即透平进口（图 1-2b 中 3）的温度 T_3 称为燃气初温，也称透平前温，对机组性能有较大的影响。目前，燃气轮机机组的等级划分也通常基于透平的前温，例如 GE 公司的 7s 和 9s 系列的工业燃气轮机就分别有 F 级、G 级和 H 级等不同温度等级。一般来说，燃气初温越高，则等级越高，机组的效率和出力一般也越大，性能越好。目前，先进的发电用燃气轮机已达到 J 级水平，透平前温可达 1600℃以上（先进航空发动机的涡轮前温可达 2200K 以上）。

在上述的燃气轮机工作过程中，来自压气机的高压空气在燃烧室中与燃料混合通过燃烧加热后生成高温燃气，整个工作过程中的压力近似不变，称之为等压燃烧加热方式；工作过程中的空气即工质来自大气，最后又排向大气，称之为开式循环。等压燃烧和开式循环是现代燃气轮机热力循环的两个基本特征。

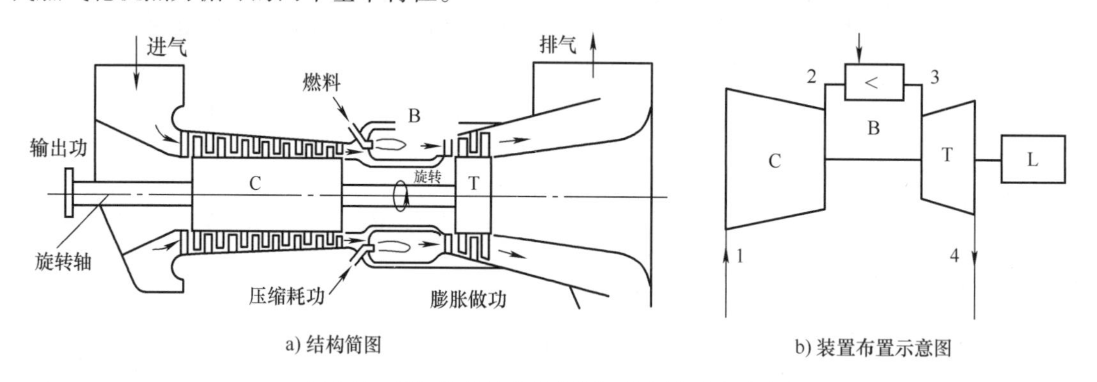

a) 结构简图　　b) 装置布置示意图

图 1-2　燃气轮机的结构简图及装置布置示意图

C—压气机　B—燃烧室　T—透平　L—负荷

由图 1-2 可知，压气机和透平通过转子安装在轴的两侧，它们是高速旋转的叶轮机械，是气流热能与机械功相互转化的关键部件。转子驱动负荷的功通过轴端输出，根据所带负荷的位置，可分为热端输出和冷端输出。热端输出称为后端驱动，指在透平端驱动负荷。冷端输出也称前端驱动，指在压气机端驱动负荷，冷端输出是目前应用更为广泛的布置形式，有利于采用联合循环时排气端管道系统的布置。例如，GE 公司的 F 级机组就是由先前的 B 级和 E 级机组的热端输出改为了冷端输出，这样就可以使燃气透平实现轴向排气，且其排气扩压器能直接与余热锅炉相连，有利于降低损失。在早期的燃气轮机机组中，燃气在透平中发出的机械功有 2/3 左右被用于驱动压气机，剩余的 1/3 左右的机械功通过输出轴用于驱动外界负荷。随着燃气轮机技术的进步，目前压气机耗功约占透平发出功率的 1/2，轴端的输出功已可达到透平功的 1/2 左右。

应该说明的是，图 1-2 给出的是单轴燃气轮机机组的一个例子，单轴机组是燃气轮机最简单的装置结构，此时仅有一个转子，即用一根轴将透平、压气机和被驱动机械连接在一起组成转动部件，燃烧室通常位于压气机和透平之间。实际的燃气轮机由于用途不同，还存在分轴、三轴等不同的轴系方案，以获得不同应用场合下所需的变工况性能，有关燃气轮机轴系方案和相应的变工况性能的相关内容将在第 6 章中讨论。

1.1.2　燃气轮机的发展历史

通常，可以将燃气轮机的发展历史分为以下三个阶段。

1. 萌芽阶段

公元前150年，古埃及亚历山大城的希罗（Hero）描述的希罗球如图1-3所示。图中水被下方点燃的木柴加热而变为水蒸气，水蒸气从球体上反向布置的喷管喷出，产生反作用力推动球转动，希罗球是可追溯的最早的透平的雏形。公元959年，我国北宋时期的走马灯[㊀]是最早的燃气透平的雏形，如图1-4所示，它依靠蜡烛燃烧时产生的热气流吹动顶部的叶轮旋转，从而带动纸人、纸马等在灯笼内转动。公元1510年，著名的意大利画家达·芬奇（Leonardo da Vinci）在其作品中绘制出了如图1-5所示的烟气转动烤肉装置（smoke jack），其工作原理类似于走马灯。

图1-3　希罗球

图1-4　走马灯

图1-5　烟气转动烤肉装置

18世纪末，随着热力学的发展，人们开始利用热力循环的知识进行相应的设计。1791年，英国人巴贝尔（John Barber）首次使用燃气轮机（gas turbine）这一名词，并提出了如图1-6所示的具体设计方案。图1-6中机组的空气和燃料（经加热蒸发成为燃料气）在各自的往复式压气机中被压缩，之后进入燃烧室中燃烧，生成燃气从一个喷嘴喷出以吹动透平叶轮旋转，透平叶轮通过传动机构带动上述两个压气机。由此可见，该方案带有压气机、燃烧室和透平等，已具备了现代燃气轮机的基本技术特征。然而，该设计在当时并没有为人们所重视，也未进行制造和试验。但是，巴贝尔所申请登记的“A method for rising inflammable air for the purposes of producing motion and facilitating metallurgical operations”是第一个有关燃气轮机的设计专利，

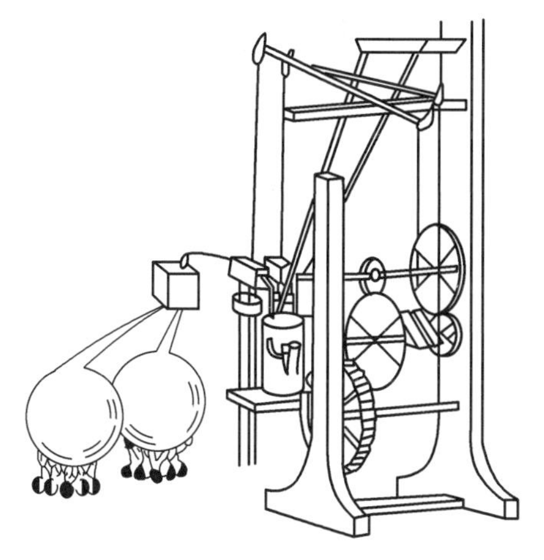

图1-6　巴贝尔的设计方案

㊀　也有的材料中给出公元1131—1162年，即我国南宋时期。

表明燃气轮机进入了具体的研制和创建时代。因此，目前许多公开文献均以 1791 年巴贝尔的设计作为燃气轮机发展的开始。

此后，有很多人致力于可实际运行的燃气轮机的研究，并提出了多种燃气轮机的设计方案，尤其是在 19 世纪早期。在这些设计中，最有名的是德国人斯托尔兹（F. Stolze）于 1872 年提出的热空气轮机，它是历史上第一台与现代燃气轮机十分相似的机组。如图 1-7 所示，它采用多级轴流式压气机和透平，压气机中压缩后的空气流入底部的加热器，然后被从燃烧室（燃用发生炉煤气）来的燃气加热，最后流入透平中膨胀做功。机组的设计输出功率为 147kW。直至 1901 年，机组才制成进行了试验，但由于始终未能脱离外界动力的帮助而独立运行，因而遭到了失败。

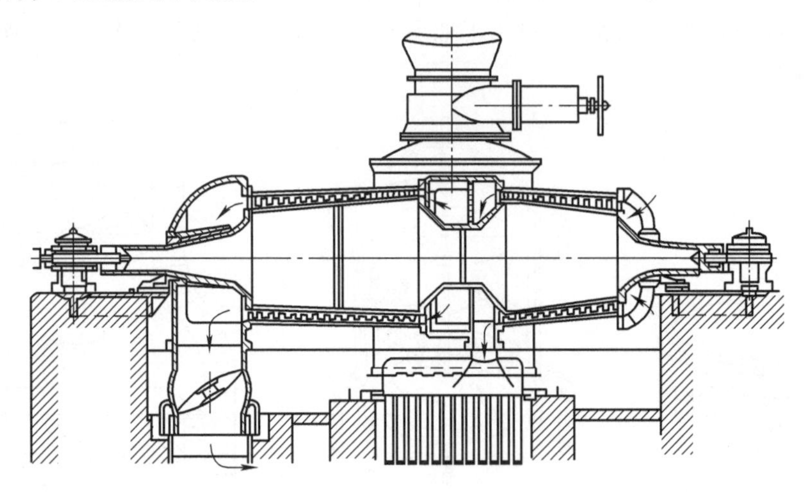

图 1-7　斯托尔兹的设计

在 20 世纪之前，还有很多人进行了许多不同的设计，并进行了多次试验，但都因发不出功率而均未获成功。究其失败的原因，一方面是由于在 20 世纪之前，冶炼工业还不能提供在足够高的温度和转速下工作的叶片材料，制造工艺也达不到燃气轮机所要求的加工水平；另一方面是由于人们对空气动力学的认识局限，不能设计出效率较高的压气机和透平部件。因此，当时这些客观的社会生产能力限制了燃气轮机成功的可能性。而 20 世纪前 40 年，是燃气轮机不断通过试验而最终获得成功应用的时期。

2. 工业试用阶段

1905 年，法国涡轮发动机协会在拉马尔（C. Lemale）和阿尔芒哥（R. Armengard）的努力下，研制成第一台能输出有效功率的燃气轮机㊀，它采用当时的拉托（Rateau）式压气机（即多级离心式）、等压续流工作的燃烧室以及寇蒂斯（Curtis）透平，其外形如图 1-8 所示。

在图 1-8 中，最右侧的是透平，另外的三个圆筒状的部件是 25 级压气机，燃烧室位于透平上方。该机组的压比 $\pi=4$，透平前温为 560℃，装置的热效率 $\eta=3\%\sim4\%$。可见这台

㊀ 部分文献认为第一台能够发出功率的燃气轮机由挪威人于 1903 年制造。1903 年，挪威人 Aegidius Elling 第一次成功地制造了由旋转的压气机和透平构成的燃气轮机，并产生了 8kW 的功率。1904 年，Elling 改进了他的设计，获得了运行转速约 20000r/min、输出功率为 33kW 以及排气温度为 773K 的燃气轮机。

机组的效率很低，这主要是由于压气机的效率低，造成了透平发出的功不足以克服压气机的耗功，或者说扣除了压气机的耗功后已经没有剩余的功可用于输出了。当时轴流式压气机的效率约为60%，而离心式压气机的效率小于60%，一直到了20世纪30年代后期，才出现效率达到85%的轴流式压气机，同时也才研制成功能够承受600℃以上高温的耐热合金钢。

图1-8 拉马尔和阿尔芒哥研制的燃气轮机

在上述按等压加热循环工作的燃气轮机没能取得成功的情况下，也有人致力于按等容加热循环工作的燃气轮机的研究。其中最有名的是德国人霍尔兹华斯（H. Holzwarth）的设计，他于1905年提出了不用压气机的等容燃烧加热工作的燃气轮机设计方案，并进行了试制，于1908年研制成Ⅰ型，1911年研制成Ⅱ型。后几经改进，增加了压气机对进入燃烧室的空气进行预压缩，最后在1920年研制成了效率$\eta = 13\%$、功率为370kW的燃气轮机，该机组曾用于工厂中连续运行发电，成为历史上第一台正式实用的燃气轮机。

1930年，英国人弗兰克·惠特尔（Frank Whittle）获得了第一个具有实用性的喷气发动机设计——燃气涡轮发动机的专利。惠特尔的设计由离心式压气机和轴流式透平构成，随后在1937年进行了测试。同年，德国人冯·奥海因（von Ohain）也申请了有关的燃气涡轮发动机专利，与惠特尔的设计不同，奥海因的机组使用的压气机和透平放置在一起并采用背靠背的结构。惠特尔和奥海因的设计被认为是有效的航空燃气轮机设计的开始。

1939年，瑞士BBC公司（勃朗·波维利公司，1988年合并为ABB）研制出了第一台4MW发电用燃气轮机，机组的效率$\eta = 18\%$，压比$\pi = 4.38$，透平前温为575℃。1939年，德国亨克尔（Heinkel）工厂的第一台涡喷发动机于8月27日装机首次试飞成功。同年，瑞士爱休维斯（EW）公司的第一台闭式燃气轮机研制成功，机组的功率为2MW，效率$\eta = 31.3\%$。可见，1939年是燃气轮机发展史上取得非凡成就的一年，具有里程碑式的意义。因而，今天普遍认为，燃气轮机的发展自1939年开始。

1940年，瑞士BBC公司的第一台燃气轮机机车制成，其输出功率为1.62MW，效率$\eta = 16\%$。1941年5月，英国第一架采用燃气轮机发动机的飞机也试飞成功。

3. 实用和发展阶段

在这一阶段，燃气轮机的经济可靠性得到认同，技术的发展使机组效率逐渐提高，燃气轮机在各个领域得到了大力发展和广泛应用。根据燃气轮机技术具体的发展水平、研发进展及机组应用，还可细分为以下几个阶段。

（1）早期阶段 即二战结束后至20世纪70年代末期，英国MV（GEC）公司于1947

年对其第一台以燃气轮机为动力的舰艇进行了试航，其功率为1.86MW。1950年，英国Rover公司的第一台装备有燃气轮机的汽车开始行驶。同时，美国GE公司、德国西门子公司先后开始研制重型燃气轮机，走的是原始创新的技术路线。而三菱公司从20世纪60年代开始研制重型燃气轮机，采用了引进技术消化吸收再创新的路线。上述三家公司在20世纪70年代后期都完成了原型燃气轮机（功率25MW以下）的研制，燃气温度达到1000℃，热效率约为26%。研制原型燃气轮机的主要目的是突破并掌握核心技术、选定燃气轮机主机基本结构（特别是转子结构）以及建立试验设备和培养人才。

（2）全球市场第一阶段　即20世纪80年代至90年代中期，是E级燃气轮机技术的发展和成熟期。20世纪80年代初推出的E级燃气轮机（后部分简称为燃机）基本型号，其单机功率为31～105MW（50Hz，下同）、燃气温度达到1100℃、热效率约30%；到20世纪90年代中期，单机功率增加到37～130MW、燃气温度达到1200℃、热效率约32%，成为该时期全球重型燃气轮机市场的主流产品。从1978年至1995年，全球1MW级以上发电燃气轮机（其中25MW以下是航改型燃机和小功率燃机，25MW以上是重型燃机为主）共销售了近9000台，总功率为7.3亿kW，世界燃气轮机市场从此开始形成。

（3）全球市场第二阶段　即20世纪90年代中期至2010年，是F级燃气轮机技术的发展和成熟期。20世纪90年代中期推出的基本型号，其单机功率为225～235MW、燃气温度为1320～1350℃、热效率约34%；到2010年单机功率增加到285～300MW，热效率达到36%～37%。此时F级燃机取代E级燃机成为全球市场的主流产品。1996—2010年全球1MW以上发电燃气轮机共销售了近1.3万台，总容量突破10亿kW。2010年燃气轮机发电接近全球发电总量的20%，成为全球发电行业不可或缺的重要组成部分。

（4）全球市场第三阶段　即2010年至今，H级/G级和J级燃机技术开始出现并在持续发展中。目前市场上H级/G级和J级燃机的单机功率为400～593MW，燃气温度达到1500～1600℃甚至更高，热效率达40%～42%或更高。其中，H级/G级和J级燃机在2015年的北美市场占有率接近50%。可见，全球H级/G级和J级燃气轮机时代已经到来。

1.1.3　燃气轮机的应用

如前所述，燃气轮机作为21世纪先进核心动力装备，在国民经济建设和国防领域中的应用非常广泛，本节将分别简述燃气轮机在航空、舰船、地面运输、发电、油气输运以及分布式能源等各个领域中的应用情况，本书第7章将专门介绍燃气轮机的典型应用案例。

1. 航空领域

在1939年9月第二次世界大战爆发以前，所有的飞机都采用活塞式发动机提供动力，这种发动机本身并不能产生向前的动力，而是需要驱动一副螺旋桨，使螺旋桨在空气中旋转，以此推动飞机前进。当时，这种活塞式发动机＋螺旋桨的组合一直是飞机固定的推进模式，很少有人提出过质疑。

然而到了20世纪30年代末，特别是在二战中，由于战争的需要，飞机的性能得到了迅猛的发展，飞行速度达到700～800km/h，高度达到了10000m以上。但人们突然发现，螺旋桨飞机似乎达到了极限，尽管工程师们将发动机的功率越提越高，从1000kW到2000kW甚至3000kW，但飞机的速度仍没有明显的提高，发动机明显感到“有劲使不上”。

事实上，问题就出在螺旋桨上。当飞机的速度达到800km/h，由于螺旋桨始终在高速旋转，桨尖部分的速度实际上已接近了声速，这种跨声速流场的直接后果就是螺旋桨的效率急剧下降，造成推力下降；同时，由于螺旋桨的迎风面积较大，带来的阻力也较大；而且，随着飞行高度的上升，大气变得稀薄，活塞式发动机的功率也会急剧下降。这几个因素综合在一起，决定了活塞式发动机 + 螺旋桨的推进模式已经走到了尽头。要想进一步提高飞行性能，必须采用全新的推进模式，由此基于燃气轮机结构的喷气发动机应运而生。此外，燃气轮机还具有功率大、重量轻、尺寸小的特点，使得燃气轮机逐渐取代了传统的活塞式发动机。

燃气轮机20世纪50年代后期在飞机上已占据绝对优势，目前，军用、民用飞机上全部采用燃气轮机作为动力装置㊀。当然，地面固定燃气轮机和航空涡轮发动机虽然工作原理基本相同，其核心技术也有相似之处，但是由于用途的差别，两者在工作环境、运行规律、燃料种类、污染排放指标、使用寿命等方面都有很大区别。目前的地面固定燃气轮机机组中，有相当一部分轻型机组均为航空改型机组，它们在改型中充分吸收和借鉴了先进航空涡轮发动机在基础研究以及高温材料和制造工艺等方面的共性技术成果。

2. 舰船领域

1947年，英国皇家海军首次在MGB2009高速炮艇上试装了Gatyoliek燃气轮机，1968年宣布采用全燃气轮机作为推进装置。至今70多年来，舰船用燃气轮机的应用范围日趋广泛，大到轻型航空母舰、巡洋舰，小到快艇、气垫船；从水面战斗舰艇到军辅船舶，进而到民用船舶，舰船用燃气轮机已经成为令人青睐的优势动力。舰船用燃气轮机具有功率密度大、机动性强、振动噪声低、寿命长等特点，适合现代及未来舰船的发展需求。世界各国海军将燃气轮机作为现代大、中型水面舰艇和高性能舰船的主要动力装置，燃气轮机已成为舰船动力装备现代化的重要标志之一。可以说，海军装备的核心是舰船，舰船的心脏是动力，动力的关键是燃气轮机，因此燃气轮机直接影响军用舰船的总体性能和战斗力。

舰船领域应用最成功的燃气轮机是GE公司的LM2500及其升级产品。自20世纪70年代初正式投入使用以来，LM2500系列燃气轮机已经销售了2100多台（包括舰船和工业用），占据了世界舰船燃气轮机的绝大部分份额。目前，用于舰船推进的LM2500和LM2500+燃气轮机的总运行时数已经超过5000万h，这是其他任何一种舰船燃气轮机都难以企及的高度。LM2500从最初的25500马力（18755kW）到G4的47370马力（34841kW），LM2500连续跨越了两个功率等级的台阶，成为最优秀、最成功的燃气轮机代表。

日益复杂、昂贵的作战系统推动了舰船的大型化，从20世纪90年代以来，大功率燃气轮机已经成为各国海军舰船动力需求的主流。新一代大功率燃气轮机的输出功率普遍超过了3万马力（22065kW），最大功率已达到约5万马力（36775kW）；效率也大大提高了，其中简单循环效率达到约40%，复杂循环效率达到42%，如果引入余热锅炉组成燃气-蒸汽联合循环，其效率可达50%甚至更高。根据大功率舰船燃气轮机的发展趋势可以推断，未来10~15年内，4万~5万马力（29420~36775kW）功率等级的燃气轮机，足以满足各国海军对于大中型水面舰艇主动力装置的要求。

3. 地面驱动领域

燃气轮机在地面驱动领域也得到了比较广泛的应用。国防或陆用微小型燃气轮机主要用

㊀ 资料：航空发动机可分为涡轮喷气发动机、涡轮风扇发动机、涡轮螺桨发动机和涡轮轴发动机。前两种喷气推进，后两种输出轴功率。第二种推进效率高，应用最广；第四种在直升飞机中使用。

于坦克主辅动力和移动电源。燃气轮机具有低温起动性能好、转矩储备系数高、功率密度高、时速高、噪声小、燃料兼容性好、可靠性高等诸多优点，对提高坦克的机动性能非常重要，但其最大的不足是油耗高，对战时后勤保障带来了较大的困难。美国和俄罗斯两个世界军事大国从未中断过对坦克燃气轮机的研究，迄今为止，美、俄装备的主战坦克就采用了燃气轮机作为主动力，如美国的 M-1 系列（艾布拉姆斯）主战坦克和俄罗斯的 T80 系列主战坦克，功率等级为 15000 马力（1100kW）。据统计，世界上装备功率为 735kW 以上发动机的主战坦克，大约有 24000 辆采用燃气轮机作为动力，远远超过装备相同功率柴油机的主战坦克的数量。此外，微小型燃气轮机用于车用动力装置也成为一个发展方向。

4. 发电领域

20 世纪 70 年代发生的电网大停电以及 2000 年末出现的美国加州电力危机使人们充分意识到，在现代电网中使用一定比例的调峰式、分布式电源是非常必要的。由于燃气轮机可快速起动与加载，非常适合紧急备用电源和电网尖峰负荷。随着国民经济和社会发展水平的提高，电网峰谷差进一步加大，燃气轮机发电已成为调峰电源的首选。此外，燃气轮机不仅适合于尖峰负荷，也适合于基本负荷，随着燃气轮机技术的进步及清洁能源使用的需求，应用燃气轮机与蒸汽轮机构成的联合循环发电技术得到了极大的发展，目前其净热效率已经超过了 60%。自 1987 年起，美国燃气轮机及其联合循环机组的年生产量首次超过蒸汽轮机，燃气轮机及其联合循环已经成为最清洁的火力发电技术。在发电量相同的情况下，使用天然气的燃气轮机的二氧化碳排放量比燃煤发电厂可减少 50%；若将可再生气体（如绿色氢气、沼气、合成气）与天然气混合可以进一步减少净二氧化碳的排放量。

进入 21 世纪以来，为减少二氧化碳排放和调整能源结构，世界各国都在大力发展风电、太阳能发电等可再生能源发电技术。但由于风电、太阳能发电等可再生能源发电存在波动大和不可预测等问题，无法应对用户多变的用电量需求，发电峰值与用电峰值难以匹配，导致了严重的弃光弃风问题。因此，随着可再生能源在能源结构中占比的逐年增加，如何有效利用可再生能源，达到调峰平谷，使之与用户需求相匹配，不仅需要应用燃气轮机对电网进行调峰，而且需要发挥燃气轮机技术优势，结合储能系统和制氢燃氢技术对弃光弃风问题进行用能理念及技术创新：即将不稳定、难以储存的光电、风电等可再生能源发的电在其富余期间用于生产气态或液态的无碳燃料氢，然后在用电高峰时通过燃氢燃气轮机将氢能转化为稳定的电能输入电网，保证用户的用电需求，或通过分布式发电、热电冷联产等方式进一步提升能量的利用效率，以达到低碳、稳定且持续的可再生能源的储存、运输与应用，从而使得包含可再生能源在内的整个能源系统更加可持续、稳定与高效。

实际上，燃氢燃气轮机技术早已引起国际燃气轮机领域的关注，各大燃气轮机公司对相关技术进行了研发和应用。例如：三菱日立公司 1970 年开始研发含氢燃料的燃气轮机，截至 2018 年已经制造了 29 台以 M 系列和 H 系列机型为主的可燃含氢燃料的燃气轮机，运行时间也已超 350 万 h。GE 公司燃气轮机燃用氢气和类似低热值燃料运行已有 30 多年，在此期间已经安装了 70 多台燃气轮机，累计运行时间超过 600 万 h。其余各大公司也都在积极研发氢燃料燃烧的技术，包括微混合技术、多管喷射技术、分级燃烧技术等，以利用更充分的预混、更高的喷射压力、更合理的气流组织与温度控制，来实现富氢燃料的稳定燃烧和 NO_x 排放控制。

5. 石油天然气工业领域

在石油、天然气开采和运输及能源转化的各种工艺流程中，通常采用中小型工业燃气轮机作为注水、注气以及输油和输气等机械驱动增压传输的动力，市场需求量巨大。我国“西气东输”项目就需要大量的各种功率等级的燃气轮机作为主管线和支管线的燃压机组驱动动力，其中尤以功率6MW的机组最为适用。此外，燃气轮机还广泛用于海上油气田开发平台和液化天然气（LNG）发电领域。例如，目前我国渤海湾油田90%以上发电均采用燃气轮机作为主电站，机组定位为10～30MW功率等级。

在石化、冶金等工业领域，通常企业在炼焦、炼铁、炼钢等生产过程中会产生中低热值煤气，即有富余的焦炉煤气、高炉煤气和转炉煤气等可燃气体可用，同时企业本身需要用电、用蒸汽，因此可以利用企业冶金生产过程中的富余煤气为燃料，应用燃气轮机装置向企业发电和供热。通常在石化领域，燃气轮机主要用于发电和供热，根据用户需要和燃料类型，其功率等级约为3～200MW；在冶金领域，燃气轮机主要用于低热值高炉煤气的发电，功率等级稍大，约为20～300MW。若企业有条件采用联合循环和热电联供方式，则可进一步提高燃气轮机装置的热效率，从而提高能源利用率，减少废气和废弃物排放，降低用电和生产成本，提升企业的经济效益和社会效益。

6. 分布式能源领域

燃气轮机作为分布式能源系统的核心动力将发挥越来越重要的作用，这也是中小型燃气轮机的一个非常重要的应用方向。分布式能源系统就是分散式直接面向终端用户，按需就地产能供能，并具有很小的输电能耗损失和很强的调节、控制与保障能力的小型能源系统。首先，为避免大电网事故给集中供电系统带来灾难性后果，以集群式微小型、中小型燃气轮机为核心的分布式供能技术在21世纪将有较大发展，既可作为如机场、车站、医院等国家重要公共设施和社区、园区、商业中心、大型住宅区乃至未来住宅较理想的能源系统，又可作为大规模集中式供能系统的有益补充。其次，分布式供能系统基于能量梯级利用原理，即将高品位能量用来发电，低品位能量用来供热和制冷，实现了能量的梯级利用，可同时具有发电、供热与制冷能力。冷热电联产的能源综合利用率可达80%以上，这是其最大的技术优势。此外，以燃气轮机为核心的分布式供能系统为边远地区和我国众多的海岛利用可再生能源提供了新的途径，同时燃气轮机也适合于无电网地区与新建工矿、油田等的使用。因此，分布式供能技术对于我国能源安全具有重要意义。另外，燃气轮机与中高温燃料电池，如融熔碳酸盐燃料电池（MCFC）、固体氧化物燃料电池（SOFC）等组成的联合循环，效率将达70%以上。

1.2　燃气轮机的类型和技术特点

1.2.1　燃气轮机的类型

燃气轮机分类有多种方法，可按其热力循环基本原理分类，也可按其轴系方案分类，或可按其机组结构类型分类，还可按其用途进行不同分类。

1. 按热力循环基本原理分类

可分为开式循环和闭式循环两大类，根据循环基本原理，又可细分为简单循环、回热循环、间冷循环、再热循环、复杂循环、联合循环等各种不同的热力循环。其中，开式循环工质来自于大气，做功后又排向大气；闭式循环是指工质在封闭的体系中运行，通常选择应用能提高装置性能的工质，如可减少腐蚀、积垢等的工质，一般为惰性气体，但这些气体在经过压气机压缩后需要通过气体锅炉间接加热，随后进入透平膨胀做功，并在闭式系统中循环运行。有关不同循环的详细分析将在第 2 章的热力循环分析中介绍。

2. 按轴系方案分类

可分为单轴机组、分轴机组、双轴机组、三轴机组甚至更为复杂的轴系方案，以获得适合其应用对象所要求的不同的机组热力性能，包括机组的变工况性能，相关内容将在第 6 章的燃气轮机变工况中介绍。

3. 按结构类型分类

可分为重型结构和轻型结构两类，其中重型燃气轮机机组结构的零部件厚重，设计时不以减轻重量为主要目标，结构上整个静子水平中分，滑动轴承支撑；轻型燃气轮机机组结构通常指航空改型（aeroderivatives，又称航改型）燃气轮机机组，结构紧凑，材料要求高，结构上一般采用部分静子水平中分，滚动轴承支撑。目前，轻型燃气轮机机组功率最大的是 52.9MW，功率大于此的一般均为重型结构且为单轴机组。

应该说明的是，目前对于燃气轮机重型结构和轻型结构的划分界限并不明确，同时与下述按用途分类可能不完全一致。而大部分文献资料中将不考虑尺寸、重量的地面用燃气轮机称为重型燃气轮机，将地面和海洋应用中重量较轻、利用航空燃气轮机派生的机组称为航改型燃气轮机。航改型燃气轮机本质上是采用航空燃气轮机技术进行改型，使其在地面和海洋上得以应用。航改型机组一般用于发电，尤其是在对重量有要求的场合，如海洋平台。

在航改型燃气轮机领域，普惠（PW，Pratt & Whitney）公司的 JT-8D 是目前最大的航改型系列，在其早期（1950 年）就可发出约 10000lb 的推力［1lb（磅）=0.45359237kg］，其后 20 年中经过各种改进可发出约 20000lb 的推力，这种在相同初始设计上的功率提升可大大降低设计成本。FT-8D 燃气轮机就是源自 JT-8D 的航改型机组，可用于发电和机械驱动。同样，通用电气（GE）的 LM2500 和 LM6000 系列也是 CF6-80C2 航空发动机的改型燃气轮机机组。ABB 的 GT 35，包括其后更换了合作伙伴的 Alstom GT 35，还有西门子西屋（Siemens Westing House）公司的 SGT500 均是航改型燃气轮机机组。

4. 其他分类

此外，简单循环燃气轮机按照用途和功率通常还可以分为以下类型：

（1）重型燃气轮机　通常为固定式机组，是一种大功率发电装置，其简单循环机组的功率范围为 50～590MW，效率范围为 35%～43%。

（2）航空改型燃气轮机　即源于航空发动机改型的发电机组，是将发动机拆除其旁路风扇并在排气出口加装一个动力透平，以适合用作发电装置。其功率范围大致为 2.5～50MW，效率范围为 35%～40%。

（3）工业燃气轮机　其功率变化范围为 2.5～15MW，广泛应用在石化、冶金等企业，作为驱动工业流程压气机的动力。这些机组的效率一般低于 30%。

（4）小型燃气轮机　其功率范围为 1～2.5MW。通常采用离心式压气机和向心式透平结构，机组的简单循环效率在 15%～25% 范围内。

（5）微型燃气轮机　其功率范围为20kW～1MW。由于分布式能源市场的急剧升温，在20世纪90年代末期，微型燃气轮机呈现出了爆发式的增长态势。

（6）车用燃气轮机　此类机组的功率范围为300～1500hp（1hp＝745.700W）。世界上第一辆燃气轮机驱动的汽车（JETI）是由英国Rover公司于1950年研制成功的，此外还有福特汽车公司的货车用燃气轮机。取得成功应用的车用燃气轮机是美国艾布拉姆斯（M1）主战坦克和俄罗斯T80主战坦克上的燃气轮机机组。

1.2.2 燃气轮机的技术特点

与目前广泛使用的蒸汽轮机和往复式内燃机动力装置相比，燃气轮机的主要技术特点和优势如下：

1）体积小，重量轻。燃气轮机装置（不包含所驱动的负荷）的单位功率重量轻，重型燃气轮机机组约在2～5kg/kW之间，仅个别的大于10kg/kW，而很多轻型燃气轮机小于1kg/kW。

2）设备简单。与蒸汽轮机不同，燃气轮机自带燃烧室，但不需要水，因而不需要锅炉、冷凝器、给水处理等大型设备。

3）起动快，自动化程度高。视机组功率的大小及结构的不同，燃气轮机装置可在数分钟至半小时之间完成起动过程。

4）排放低，污染小。燃气轮机以天然气等气体燃料为主要燃料，其NO_x、CO和未燃碳氢化合物（UHC）等的排放均可达到较低值。

5）燃料灵活性好。燃气轮机除天然气外，还可燃用柴油、石脑油（粗汽油）、甲烷、原油、蒸发燃油、低热值可燃气、生物质气和氢气等。

6）安装周期短。对于燃气轮机电厂来说，当基础建好后机组可在1～2个月内完成安装并投入发电。

当然，燃气轮机动力装置也有其特定的局限性。如其单机功率较小，相比于汽轮机的最大功率等级1200～1300MW，目前燃气轮机的最大功率等级大致为590MW，联合循环功率可达800MW以上；此外，以煤为燃料的整体煤气化联合循环机组（IGCC）尚处于研发和示范阶段。

图1-9所示为燃气轮机与内燃机这类内燃式热力原动机在工作方式上的比较，以加深对燃气轮机技术特点及其优势与不足的理解。

从图1-9中对比可知，燃气轮机作为旋转式叶轮机械动力装置，没有内燃机作为往复式动力机械时对其活塞体积与运动速度上的限制；燃气轮机工作时采用续流式，即工质的流动是源源不断进行的，而内燃机的往复运动工作为周期式，因而燃气轮机可在单位时间内通过更大的空气流量，从而获得更大的输出功率。同时，与同为续流式叶轮机械的蒸汽轮机相比，燃气轮机工质为空气，可不用水或少用水；燃气轮机采用自带燃烧室的内燃方式，可免除蒸汽轮机高温高压蒸汽产生所需要的锅炉与冷凝器等一系列庞大的外部换热设备中的传热和冷凝过程；燃气轮机的高温加热及高温放热的工作特性，也为燃气轮机热效率的提升提供了极大的空间。

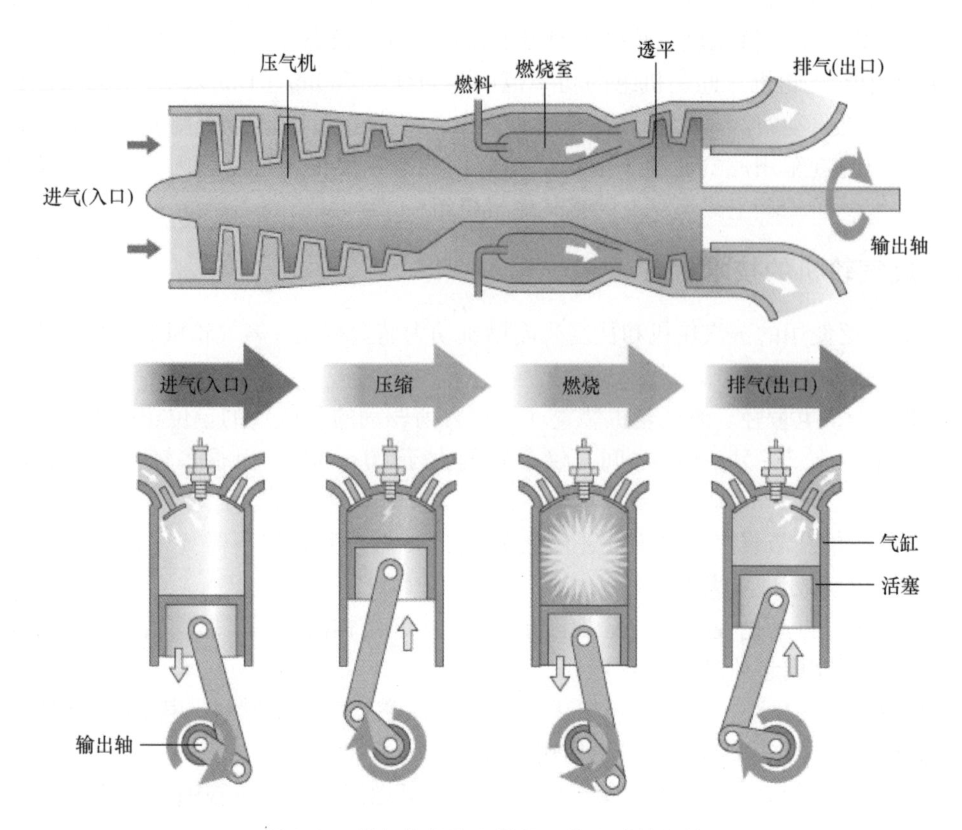

图 1-9　燃气轮机和内燃机工作方式的比较

1.3　燃气轮机技术的发展历程、现状和趋势

燃气轮机是一种先进而复杂的成套热力叶轮机械动力装备，是典型的高新技术密集型产品。针对燃气轮机的高温、高负荷、高速（高转速和高流速）、低排放等苛刻的工作条件以及近年来参与深度调峰应用的宽工况和高可靠性的要求，作为高新科技的典型载体，燃气轮机技术的研发集中代表了多学科基础理论和多工程技术领域交叉融合集成发展的水平，是21世纪的尖端先导技术。发展集新技术、新材料、新工艺于一身的燃气轮机产业，是国家高新技术水平和科技实力的重要标志之一，具有十分突出的战略地位。

进入21世纪以来，随着世界各国对能源的清洁、低碳、高效利用以及对全球环境与气候变化问题的关注，燃气轮机技术得到了前所未有的高度重视和全面发展。为有助于了解燃气轮机技术的发展，本节将主要结合国外先进燃气轮机制造商有关燃气轮机技术的发展历程、目前燃气轮机技术现状和水平、未来燃气轮机技术发展所需要面对的能源清洁、低碳、安全、高效利用要求以及与全球环境、气候变化紧密相关的问题，介绍燃气轮机技术的发展历程、现状和趋势。

1.3.1　燃气轮机技术的发展历程

1. 燃气轮机技术发展历程

按技术特征来看，燃气轮机技术的发展历程大致可分为四代。过去的20世纪后60年，世界发展了前两代燃气轮机，其传统的提高性能的途径是：不断提高透平初温，相应增大压气机压比并完善有关部件。进入21世纪以来及未来30年，主要利用新材料和新技术的突破，开发出先进级和未来级两代燃气轮机。

（1）第一代燃气轮机　20世纪40至60年代，其技术特点为单轴重型结构（航空改型除外），高温合金材料，简单空冷技术，压气机采用亚声速设计。性能参数特征为：透平初温低于1000℃，压比4～10，简单循环效率低于30%。典型机组有：苏联GT-600-1.5型、GT-12-3型，瑞士BBC公司6000 kW燃气轮机，美国GE公司21500kW燃气轮机。

（2）第二代燃气轮机　20世纪70至90年代，充分吸收先进航空发动机技术和传统汽轮机技术，沿着传统的途径不断提高性能，开发出了一批“F”“FA”“3A”型技术的新产品，它们代表着当时燃气轮机的最高水平：透平初温达到1260～1300℃，压比10～30，简单循环效率36%～40%，联合循环效率55%～58%。其技术特点为：采用轻重结合结构、超级合金和保护层、先进空冷技术、低污染燃烧、数字式微型计算机控制系统、联合循环总能系统。性能参数特征为：E级燃机，120MW等级；F级燃机，燃气初温<1430℃，效率<40%，联合循环效率<60%。

（3）第三代燃气轮机　21世纪初的20年，称之为先进级，如图1-10所示。机组的技术特点为：采用了更有效的蒸汽/空气冷却技术，高温部件材料仍以超级合金为主，通过采用先进工艺（定向结晶、单晶叶片等）进一步改善合金性能，部分静止部件可能采用陶瓷材料，应用智能型微型计算机控制系统是其发展方向。GE公司的GE37燃机相当于第三代水平的航空涡喷发动机，使用超级合金和少量可提供的陶瓷材料，透平初温在1400～1500℃，短时达到1600℃。目前已研制出的典型机型是：H级、G级和J级燃气轮机，透平初温在1500～1600℃，简单循环效率最高可达42%，联合循环效率最高可达62%。

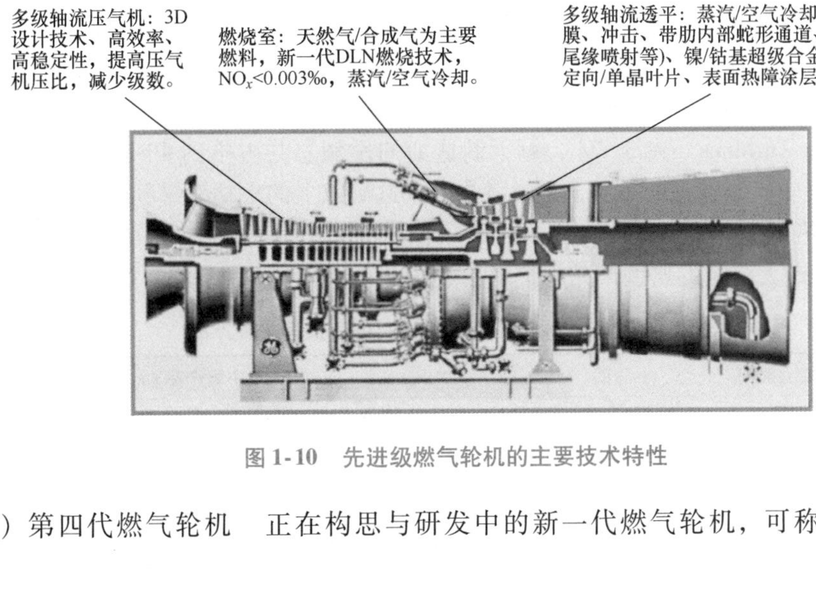

图1-10　先进级燃气轮机的主要技术特性

（4）第四代燃气轮机　正在构思与研发中的新一代燃气轮机，可称为未来级，如

图 1-11所示。对第四代燃气轮机的构思与研发是基于采用革命性的新材料，燃料将以氢燃料为主，燃烧室在处于或接近理论燃烧空气量的条件下工作，透平初温范围将为 1650 ~ 1800℃，传统冷却系统将被取代为变革性的冷却技术，目前采用的熔点 1200℃、密度为 $8g/cm^3$的超级合金将被淘汰，新的高级材料应是小密度（$<5g/cm^3$）并有更好的综合高温性能，其中陶瓷材料也许是一种选择。

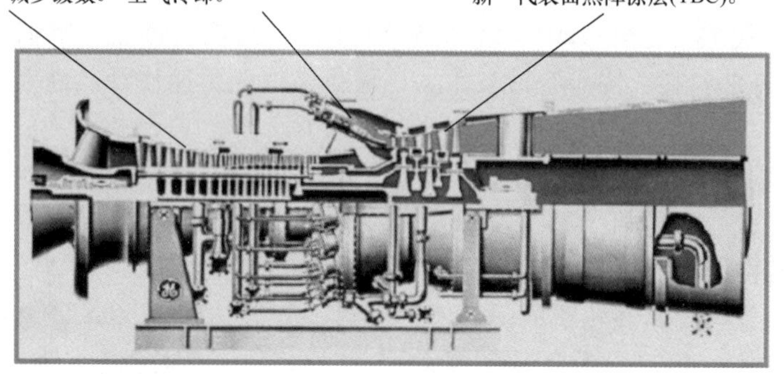

图 1-11　未来级燃气轮机的主要技术特性

2. 世界燃气轮机行业发展格局

目前，世界燃气轮机行业中从事研究、设计、生产、销售的著名企业有 20 余家，全球的燃气轮机市场几乎被欧美日公司所垄断。总体上看，国际上燃气轮机技术主要沿两条技术路线发展：一是以 GE、三菱、西门子、安萨尔多为代表的遵循传统的蒸汽轮机理念发展起来的主要用于大型电厂的重型燃气轮机，二是以罗·罗（罗尔斯·罗伊斯）、普惠、GE 为代表的航空发动机公司利用航空发动机改型而形成的工业和船用轻型燃气轮机。其中，GE 公司两条技术路线兼有。

20 世纪 90 年代开始，国际重型燃气轮机市场上已逐步形成美国通用电气（GE）、德国西门子（Siemens）与日本三菱重工（MHI，现为三菱日立电力，MHPS）“三足鼎立”的格局，目前这三大国际重型燃机原始设备制造商（OEM）控制了整个市场份额的 84%，其中 GE 占 46%，西门子为 22%，三菱日立为 16%。剩下的 16% 由 10 多家公司瓜分，其中意大利安萨尔多（Ansaldo Energia，简称 Ansaldo）占 6.3%，日本川崎重工（KHI）占 3.3%，美国索拉（Solar Turbines）占 3.2%，剩下制造商的份额总共占不到 4%。表 1-1 给出了全球十大主流燃气轮机制造商的主要产品。其中，50MW 以上的大功率燃气轮机的制造，特别是用于发电和热电联产的应用，主要由 GE、Siemens、MHPS 和 Ansaldo 四大公司主导，表 1-2所列为这四大公司的典型产品的技术参数。

表 1-1　全球十大主流燃气轮机制造商及其主要产品

制造厂商	成立时间	总部	主要产品
GE 发电	1892	美国纽约斯克内克塔迪	LM2500、LM6000、7E. 03、6FA. 03、7F. 05、7HA. 01、9F. 03、9F. 05、GT13E2、7HA. 02、7HA. 03、9HA. 01、9HA. 02
西门子能源	1847	德国柏林和慕尼黑	SGT-100、SGT-45、SGT-05、SGT-700、SGT6-8000H、SGT-A65、SGT5-8000HL、SGT5-9000HL、SGT6-9000HL

（续）

制造厂商	成立时间	总部	主要产品
三菱重工/三菱日立电力	1884	日本东京港区	M501D、M501F、M701F、M701G、M701J、H-25、H100、M701JAC
安萨尔多	1853	意大利热那亚	AE64.3A、AE94.3A、AE94.2、GT13E2、GT26、GT36-S6、GT36-S5
川崎重工	1896	日本东京神户中央区和港区	M1A-13A、L30A、M7A-03、GPS2000、GPS5000、MGP1250
索拉透平（卡特彼勒）	1925	美国加利福尼亚州圣地亚哥	土星 20、半人马座 40、水星 50、金牛座 70、火星 90、泰坦 250
凯普斯通	1988	美国加利福尼亚州范努伊斯	C30、C65、C200、C200S ICHP、C600S 和 C800S
MAN 能源方案	1758	德国巴伐利亚州奥格斯堡	MGT6000-1S、MGT6000-2S、THM1304
OPRA 燃气轮机	1991	荷兰亨厄洛	OP16 系列燃气轮机
中央燃气轮机	1946	英国德文郡阿伯特	CX501-KB5、CX501-KB7、CX300 和 CX400

表 1-2　世界四大重型燃气轮机生产商及其主要产品技术参数

公司名称		美国 GE		德国 Siemens		日本 MHPS		意大利 Ansaldo
简单循环	机型	MS9001F	MS9001G	V94.3A	SGT6-5000F	M701F	M701G	GT26
	输出功率/MW	226.5	282.0	240	260	385	334	265/370
	压比	14.7	23.2	16.6	19.5	21	21	30/35
	透平前温/℃	1288	1430	1190	1260	1350	1415	1260
	热效率（%）	35.7	39.5	38	40.0	41.9	39.5	38.5/41
	机型	7HA.01	7HA.03	SGT5-8000HL	SGT5-9000HL	M701J	M701JAC	GT36-S5
	输出功率/MW	290	430	450	593	478	574	538
	压比	21.5	21.5	21.0	24.0	23	23	26
	透平前温/℃	1562	1562	1556	1556	1600	1600	1550
	热效率（%）	42.0	43.3	41.2	43.0	42.3	43.4	42.8

（1）美国 GE 公司　20 世纪 80 年代，GE 公司 E 级燃气轮机开始推向市场，单机功率 85.4～169.2MW，压比 12.3～14.0，透平前温 1104～1204℃，单机循环热效率 32.8%～34.9%。20 世纪 90 年代开始，先进的 F 级燃气轮机开始推向市场，压比 15～15.5，透平前温 1288～1318℃，循环热效率 34.2%～36.9%。2000 年开始，GE 公司推出更先进的 H 级燃气轮机，主要型号有 PG7001 以及 PG9001，压比、透平前温以及循环热效率分别提高至 23、1427℃以及 39.5%。图 1-12 所示为 GE 公司的燃气轮机产品及其发展历程，其中 9HA 是目前行业内领先的 H 级发电机组，其简单循环功率范围为 429～519MW，简单循环效率可达 42.4%～42.7%，联合循环效率可达 62.2%～63%。值得提及的是，装备第一台 9HA.01 重型燃机的法国 Bouchain 电厂，曾被 Power Magazine 评为 2017 年“Top Plant”。

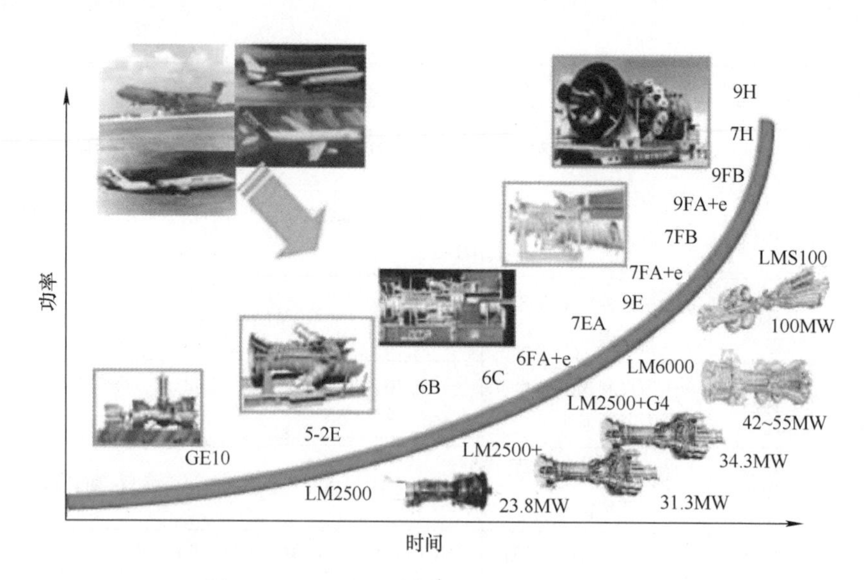

图 1-12　GE 公司燃气轮机产品及其发展历程

（2）德国西门子公司　1964 年，西门子公司生产的第一台燃用高炉煤气的燃气轮机机组投入运营，单机功率约为 8MW；1977 年研发制造了当时世界上功率最大的燃气轮机，单机功率可达 113MW；1990 年研发制造了 V84.2 燃气轮机，单机功率达到 103MW。其后，西门子公司采用美国普惠公司航空发动机技术研发和制造了 V84.3A 燃气轮机，并在原有的 V82.2 以及 V94.2 燃气轮机的基础上开发出了 V94.3A 以及 V64.3A 燃气轮机。图 1-13 所示为西门子公司的燃气轮机主要产品。其中，E 级主要型号有 SGT6-2000E 及 SGT5-2000E，单机功率分别为 113MW 和 168MW，压比分别为 11.8 和 11.7，透平前温 1125℃，单机循环热效率分别为 34% 和 34.7%；F 级主要型号有 SGT5-4000F 及 SGT6-5000F，压比、透平前温以及单机循环热效率分别为 17.2～18.2，1400℃以及 37.6%～39.5%；H 级主要型号为

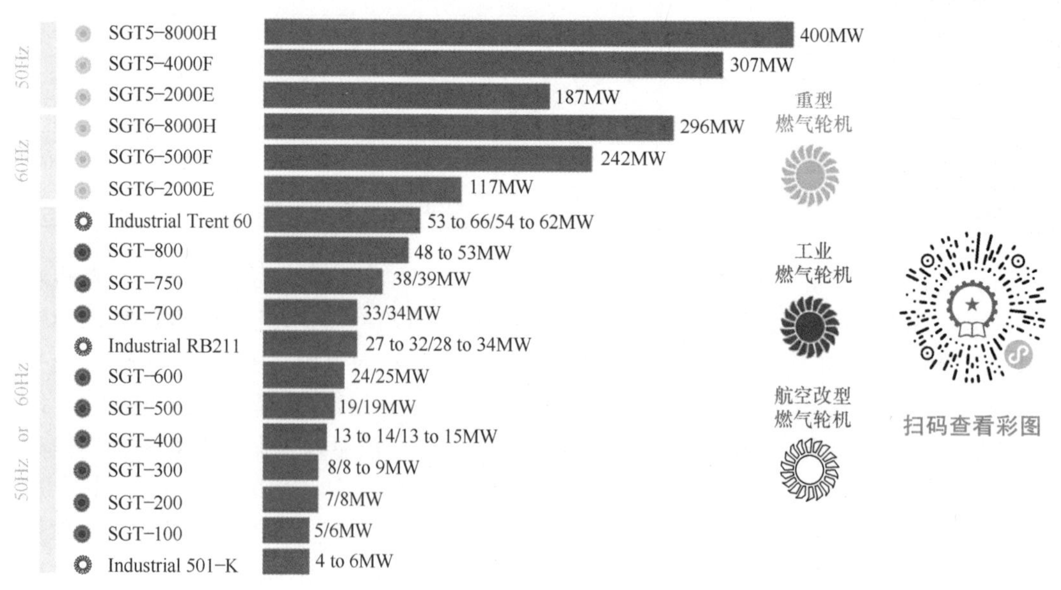

图 1-13　西门子公司燃气轮机主要产品

SGT5-8000H，压比提高至21，透平前温达1550℃，单机循环热效率超过41%，联合循环效率可达62%。至今，西门子公司已为60多个国家提供了7000多台各类燃气轮机机组，其中H级燃气轮机100台，累计运行已经超过240万等效运行小时和4万次起动。

（3）日本三菱重工公司　三菱重工（MHI，现为MHPS）于1961年与美国西屋公司建立了技术合作伙伴关系，1963年研发出的第一台730℃的MW-171燃气轮机投入商业运行。自20世纪80年代开始，三菱公司陆续开发了5个系列不同型号的燃气轮机，分别为D级、F级、G级、H级以及J级燃气轮机机组，可提供从30MW到560MW的不同级别的燃气轮机。其中，F级主要型号有501F及701F，单机功率分别为155.4MW和237.4MW，压比分别为14和16，透平前温均为1350℃，循环热效率为35.5%和36.5%；G级主要型号有501G、701G以及701G2，其压比、透平前温及循环效率分别达到19.2～21、1500℃以及约39.5%；H级/J级主要型号有M501H及M501J，压比分别提高至25和23，透平前温分别提高至1500℃和1600℃，其中M501J燃气轮机在2013年投入商业运行时，创造了重型燃气轮机中燃气温度最高和热效率最高两项技术指标纪录。图1-14所示为三菱重工公司J级系列重型燃气轮机的技术发展路径与研发历程，包括采用了经过F级系列燃机验证和G级系列部件验证的基本技术，同时依托日本“1700℃级超高温燃气轮机部件技术研制”国家项目的研发成果，在其自身拥有的燃气轮机测试设备以及自建的联合循环试验电厂（T-Point电厂）进行了全面的试验运行，从而为J级燃气轮机的成功研制和可靠运行铺平了道路。

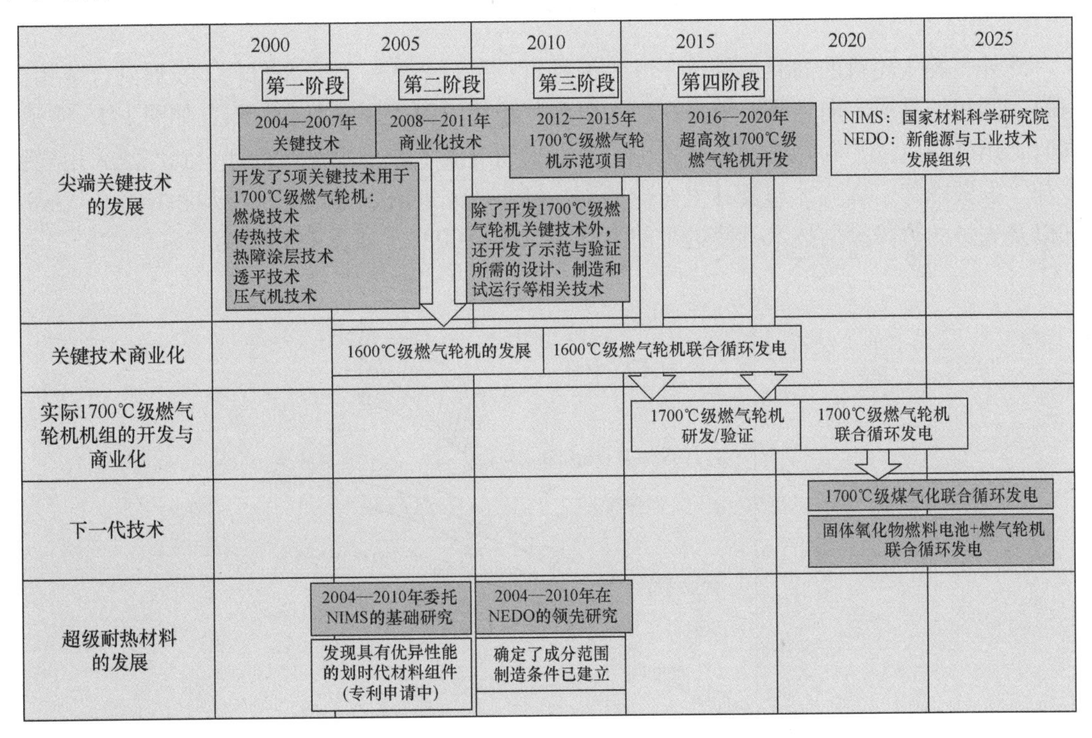

图1-14　三菱重工公司J级系列重型燃气轮机的技术发展路径与研发历程

从上述世界三大燃气轮机制造商的研发历程可以看出，燃气轮机技术水平的发展主要体现在其热力参数、功率和效率的不断提高上。如表1-2和图1-15所示，目前，燃气轮机透平前燃气温度已发展到高于1300℃且最高可达1600℃以上；简单循环热效率已发展到36%

以上且最高可达43%，联合循环热效率则可达63%；简单循环功率已发展到300～500MW甚至更高，联合循环功率达到500～800MW或更高。

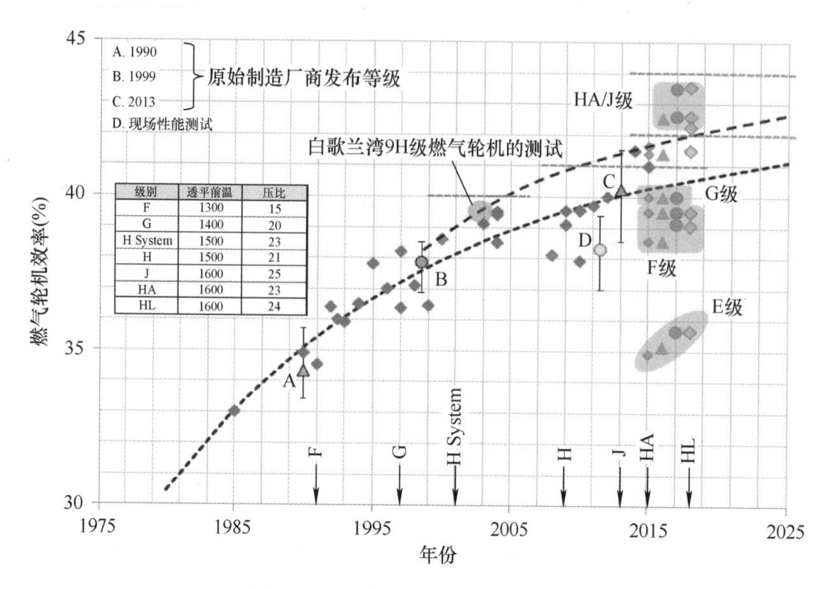

级别	透平前温	压比
F	1300	15
G	1400	20
H System	1500	23
H	1500	21
J	1600	25
HA	1600	23
HL	1600	24

图1-15　燃气轮机热效率的发展

此外，燃气轮机的高温部件透平叶片的材料，由最早的一般合金材料，发展到合金相控材料、同相结晶或定向结晶、单晶材料，再到开始使用陶瓷和碳复合材料，如图1-16所示。同时，燃气轮机透平叶片的冷却技术也由早期采用对流、冲击等空气冷却，到广泛采用气膜冷却、发散冷却、旋流冷却及其复合冷却等。目前，先进的多通道蛇形冷却和异形孔气膜冷却以及先进的热障涂层技术可使透平前温升高500～800℃，如图1-17所示。

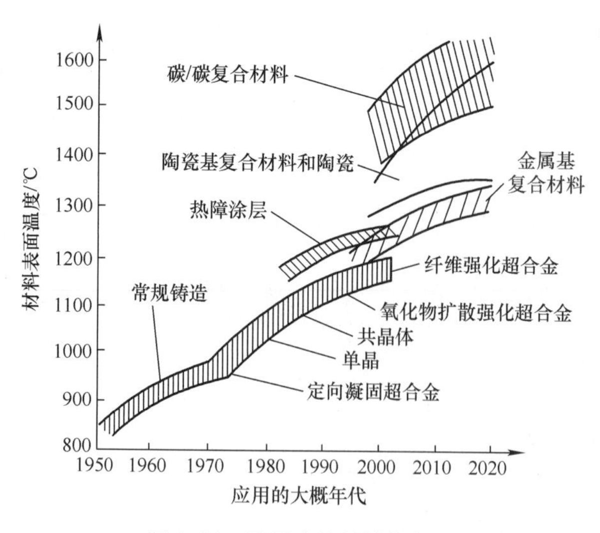

图1-16　透平叶片材料的发展

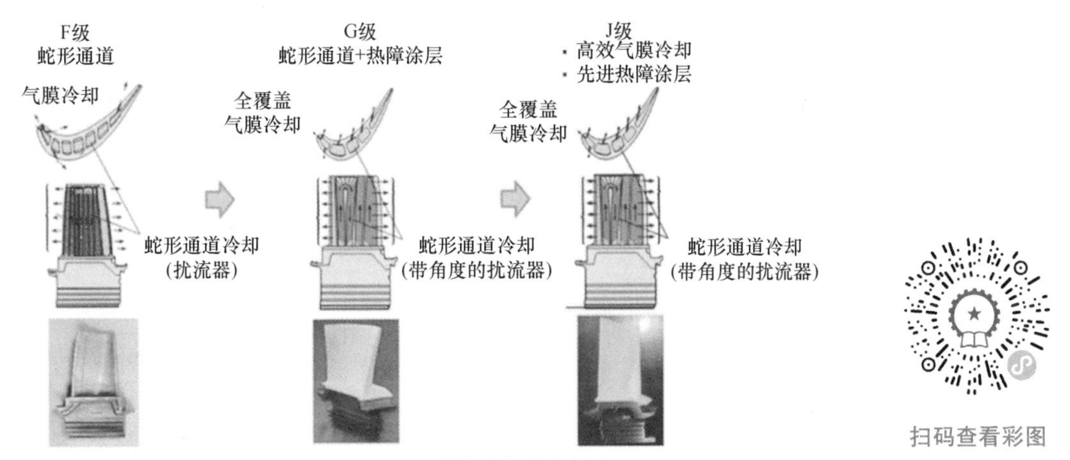

图1-17　燃气轮机透平叶片冷却技术的发展

1.3.2　燃气轮机技术的发展现状

当前燃气轮机的四大集成技术可概括为：高温长寿命材料技术，包括高温合金材料和陶瓷材料；高效冷却及高可靠性涂层技术；高负荷气动热力设计技术；低排放低污染燃烧技术，具体可以用以下几个方面来描述燃气轮机技术的发展现状以及目前达到的技术水平。

1. 不断提升参数以提高效率和功率

通过持续提升燃气轮机透平前燃气温度和循环压比等参数来提高机组的热效率和功率，是最近20年来燃气轮机技术发展的一个重要特点。进入21世纪以来，随着燃气轮机先进材料、铸造和制造技术以及热障涂层和先进气膜冷却技术的发展和应用，使得透平前温的不断提升成为可能，从而持续提高了燃气轮机的热效率。这也是世界各大燃气轮机制造商以及相关的研究院所与高校研究团队共同努力取得的结果。

GE公司于2019年10月发布了60Hz的7HA.03重型燃机，预计在2022年开始商业运营。其简单循环功率430MW，分别较早期7HA.02的384MW提高约12%、7HA.01的290MW提高约48%，单轴联合循环功率可达640MW，发电效率达63.9%。此外，9HA.02机组的联合循环功率可达830MW以上，效率超过63%。

西门子公司H级燃机新开发的HL型产品包括SGT5-9000HL、SGT6-9000HL和SGT5-8000HL三种机型。HL型燃机采用空气冷却，单轴联合循环发电效率均大于63%。其中，SGT6-9000HL的简单循环效率约为42.6%，升负荷速率约为85MW/min。2019年11月西门子公司向美国北卡罗来纳州杜克能源电厂交付了首台HL型重型燃机。

三菱公司通过将透平前温提高到1600℃并采用最新技术后，使M501J级燃机联合循环发电热效率达到了62%。其后，为验证1650℃的JAC和1700℃级超高温先进级燃机，在T-Point 2联合循环电厂进行了调试和验证。其中，M501JAC采用增强型空气冷却技术，简单循环额定功率484MW，效率为44.0%，1×1联合循环额定功率614MW，效率达64%。

需要指出的是：透平前温的提升取决于材料水平和冷却技术的发展。统计表明：随着材料抗热应力、热疲劳、热腐蚀性和蠕变能力的提升，每年大约能提高透平前温10℃。燃气透平叶片的冷却技术包括气膜冷却、对流冷却、冲击冷却、旋流冷却、发散冷却和双层壁冷却等，在第5章中将专门介绍，冷却技术每年大约能提高透平前温15℃。在透平前温提高的同时，相应的机组压比也在不断提升，目前简单循环的最高压比已超过40。

通常来说，燃气轮机的温度等级越高，其功率也越大。但燃气轮机单机功率的提升主要取决于比功（单位质量工质输出的功）以及流量。由于比功受气动因素影响，其提高程度有限，因而机组提高功率的手段主要依赖于流量的增加，而机组流量的增加可通过增加压气机和透平通流部分的面积、提高流速及提高工质的密度等不同方法来实现。然而，通流面积的增加受到材料强度的限制，流速的提高受到气动因素和损失大小的制约。对于开式循环燃气轮机机组而言，进口工质的密度为大气的密度，无法改变；而闭式循环机组由于工质的密度可以较大，因而不受功率大小的制约。

2. 不断提高燃烧性能并拓宽燃料适应性

当前各大公司的核心技术竞争之一，主要集中在燃烧器的设计制造上，以不断提高燃烧性能并拓宽燃料的适应性。

GE 公司的 9H 和 7H 机组分别采用 14 和 12 个环管形燃烧室。7HA/9HA 在燃烧技术方面将早期 DLN 2.6+燃烧系统中使用的四元回路设计改进为直接将燃料注入燃烧反应区。这种新的轴向燃料分级系统（AFS）可降低 NO_x 排放并改善调节范围，同时降低了热负荷，结合先进的材料和涂层技术，还能提供最先进的耐用性，机组可在 30%～100% 的负荷范围内以低于 25ppm/15ppm 的 NO_x/CO 运行。通过降低燃烧温度或加入废气选择性催化还原（SCR），可以确保 7HA/9HA 的排放更低。其后在此基础上进一步改进了其预混燃料喷嘴，用更为细小的管状掺混器阵列取代了喷嘴，从而可实现更高的掺混效率，在维持 H 级燃烧温度 1430℃不变的条件下可进一步降低 NO_x 的排放。

西门子 50Hz 燃机的 HL 型燃烧室为 16 个环管形结构。HL 型进气温度比 H 级提高约 100℃。在燃烧系统和燃烧器方面，HL 型由 H 级平面燃烧系统（PCS）升级为 ACE 系统（advanced combustion system for high efficiency），也采用了更精细、燃烧效果更佳的阵列燃烧器布置。H 级为每个管式燃烧单元布置了 8 个预混燃烧器，HL 型则增加至 25 个。西门子 ACE 燃烧系统还包括了全氧混合、缩短过渡段降低燃烧气体停留时间等技术特征。

Ansaldo 的 GT36-S5 型燃烧室为 16 个环管形结构，图 1-18 所示为 H 级 GT36 的一个管形燃烧室单元结构及部件组成，图 1-19 所示为新型 CPSC（constant pressure sequential combustion，等压顺序燃烧）系统的工作原理示意图。在该燃烧室中，燃料在第 1 级、第 2 级燃烧器轴向位置点分两级供入，空气按第 1 级燃烧器头部、第 1 级与第 2 级燃烧器间火焰筒外壁面开设的稀释孔两级分配，透平前温 T_3 由注入的燃料流量确定。两级反应可有效降低 CO 的生成量：第 1 级反应燃烧产物及气流为第 2 级反应提供了一个自燃/点火的高温热气流，低氧燃烧产物及气流量稀释了第 2 级燃烧反应的 O_2 浓度，从而降低了 NO_x 生成量。机组的 NO_x 和 CO 排放低于 25ppm。

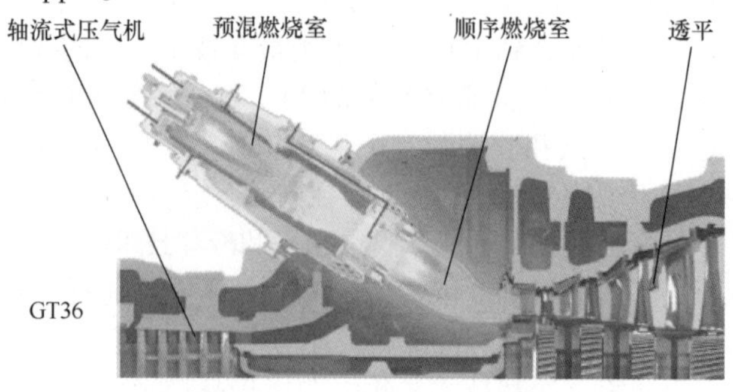

图 1-18　H 级 GT36 燃机环管形 CPSC 燃烧室

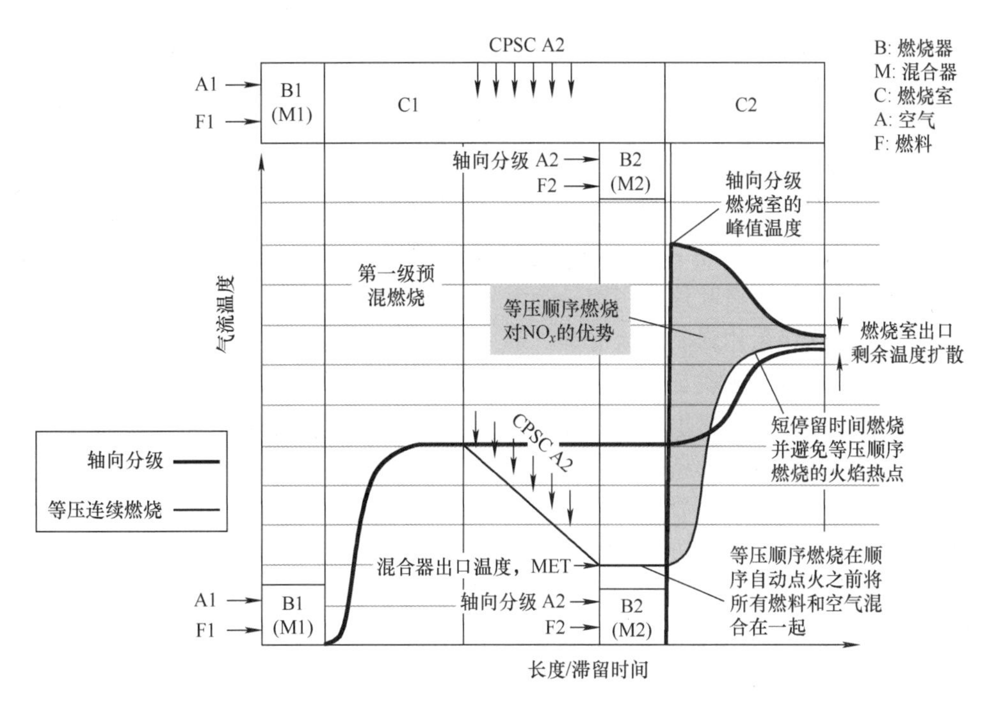

图 1-19　CPSC 燃烧室工作原理

3. 不断改善压气机和透平部件性能

GE 公司的 7HA/9HA 压气机是由 7F. 05 型燃机（而非 H 级）直接演变而来，压气机为 14 级，总压比 21. 8，平均压比 1. 246，较 H 级原型 18 级压气机的平均压比 1. 190 提高了 4. 71%。透平沿用了 H 机组的 4 级设计，与经运行验证的 7H/9H 级原型机透平相似，区别在于将蒸汽冷却改为了空气冷却并简化了相关设备。透平叶型气动设计采用 CFD（计算流体动力学）模拟流动与冷却特性，对三维气动设计、间隙控制进行了改进。透平内、外缸结构设计可实现间隙优化控制；同时沿用 H 级燃机初始的蜂窝状、可消耗耐磨护环，并采纳 GE 航空的流道边缘密封技术来增强喷嘴的密封性能。在转子结构上，GE 放弃了原先在 E/F 级上采用的分布式拉杆，改用了贯通式环状分布式拉杆转子，与三菱的转子设计接近。

西门子 HL 型压气机压比为 24，较 H 级压比 20 有所提升。HL 型共 12 级，单级平均压比为 1. 303；H 级为 13 级，平均压比 1. 259。结构设计方面，HL 型为 1 级 IGV（Inlet Guide Vane，进口导叶）和 2 级 VSVs（Variable Stator Vanes，可调静叶），而 H 级为 1 级 IGV 和 3 级 VSVs。HL 型的压气机气动性能设计较 H 级有显著改进，减少 1 级压气机后仍能将级平均压比提升 3. 49%。通过降低级数，可对改善转子刚性带来好处。从设备运维的复杂性和全寿命周期成本评价，减少 1 级 VSV 意味着节省了整圈可动叶片及配套齿轮、齿圈等活动件，同时使燃气轮机日常运维复杂性、故障发生概率降低。

三菱的 1650°C 级 JAC 燃机压气机设计的高压比与 H 系列相当，具有良好的运行性能，压比由 J 系列的 23 提升至 25。采用高压比的设计使压气机出口流通面积相对减小，因此需要关注起动过程中低压比阶段低流量时的旋转失速问题。三菱先后在 T-Point 电厂对 H 系列压气机（压比 25）和基于 J 系列设计压比为 25 的压气机进行了验证，证实了起动特性和空气动力性能均良好。三菱在增强型空气冷却系统基础上，验证了一种可在带负荷运行时进行间隙控制的系统。该系统包括两种供气模式，在带负荷运行期间可在两种模式间切换运行。其中，前一种为调峰模式，可通过放大间隙适应较大范围变负荷运行；后一种为性能模式，适用于缩小透平叶尖间隙的最优性能运行，通过应用该系统可进一步提高运行性能。

4. 不断发展材料技术和冷却技术

GE公司借助于透平冷却、密封、材料和涂层技术的发展，对7HA/9HA燃机的热通道完全采用空气冷却，其中9HA动叶采用较短的动叶叶柄，第一、二级为自由叶片。9HA.01透平共有4级叶片，第1级叶片采用单晶合金和表面热障涂层技术，其余3级采用定向合金及无热障涂层。前3级采用强制对流冷却，第4级静叶不冷却。得益于先进的材料、简化的高效空气冷却结构以及经过验证的运行灵活性和可靠性，9HA燃机拥有极低的单位千瓦生命周期成本。特别是高功率密度带来的规模效益以及超过62%的联合循环效率，使得9HA燃机成为最经济有效的发电设备之一。

西门子HL型燃机与H级燃机一样为4级透平，主要技术进步在于改进了叶片冷却方式和叶片防护水平。包括采用改进的“超高效（super-efficient）”内部冷却设计，由美国Microsystems提供的专门技术能够在叶片内部构建非常复杂的冷却通道，HL型透平的前7排静、动叶栅采用气膜冷却，H级透平在前3级静、动叶栅采用气膜冷却；压气机提供的透平冷却空气经过外部冷却器（air-cooled rotor）冷却后，再进入透平转子作为冷却气，一方面节约了冷气的消耗，另一方面也可用钢材制造透平盘而避免采用昂贵的合金。为避免加工环节潜在的防护涂层剥落隐患，采用激光雕刻技术切割细微的涂层。为应对调试期间金属碎屑破坏涂层这一常见问题，在主涂层表面额外涂覆一层可牺牲涂层，允许在经历最初数百运行小时后剥落，并由主保护涂层接替并承担主要的防护功能。

三菱透平叶片前缘具有喷淋头气膜孔的冷却结构，并且使用相对大的冷气量。在材料方面，三菱在1650℃级JAC机组中采用了超厚热障涂层（TBC），在501J透平1600℃基础上提高50℃后仍实现了高性能和高可靠性。通常，涂层寿命会随着TBC厚度的增加而降低，但三菱基于日本国家项目研制的超厚TBC具有更高的耐久性，在真实动叶应用前，验证了超厚TBC的使用性能及耐久性。超厚TBC应用于燃烧室、第一至第三级透平动叶与静叶以及复环分段，并通过长周期运行验证确认了其可靠性。图1-20所示为第一级透平静叶片上超厚TBC涂层的验证情况。

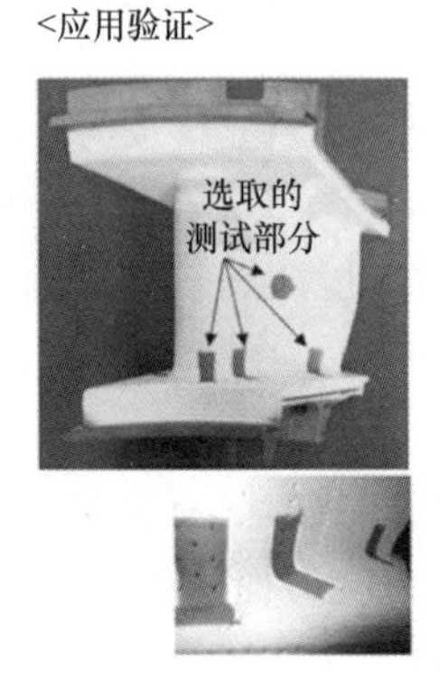

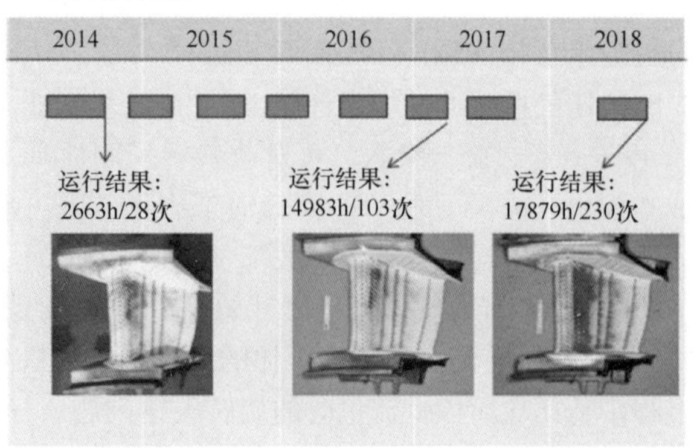

图1-20　三菱1650℃级燃机透平一级静叶上超厚TBC的验证情况

5. 不断推进燃气轮机的多样化应用（GTCC/IGCC/高炉煤气/混合发电）

燃气轮机联合循环发电厂（GTCC）是使用化石燃料的最清洁、最高效的发电方式。如图 1-21 所示，联合循环除了通过燃气轮机发电，还可利用其余热产生蒸汽通过汽轮机发电以实现能源的梯级高效利用。燃气轮机联合循环技术的不断发展，提供了更高的效率并降低了燃机生命周期内的发电成本。先进的联合循环电厂可提供更高的运行灵活性、更短的起动时间和宽广的燃料灵活性，同时保持较高的可靠性和可用性。

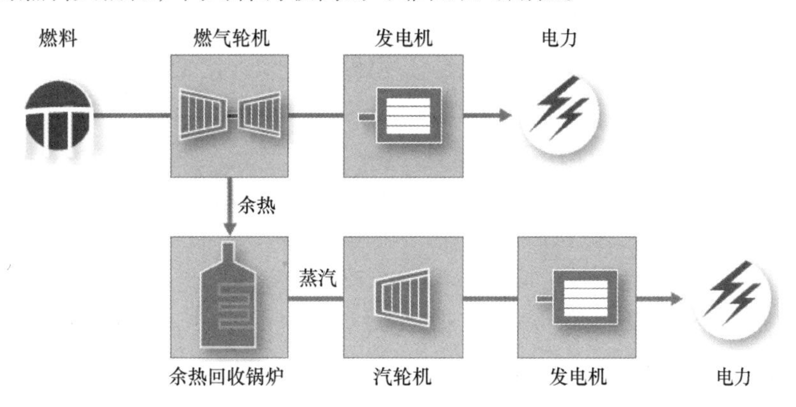

图 1-21　燃气轮机联合循环发电

三菱最新 J 级燃气轮机联合循环发电厂，其发电效率比传统的燃煤火力发电设备提高约 25% ~30%，综合效率超过 64%，为世界最高水平。同时，二氧化碳排放量可减少约 50%。

整体煤气化联合循环发电（IGCC）是结合了联合循环系统和煤气化工艺的火力发电系统，其发展可以促进煤炭资源的有效利用，具有更高的效率和更低的碳排放，特别适用于我国煤资源储量丰富的基本国清。IGCC 的主要优点是可以使用低品质煤，如低灰分熔点煤，这些煤很难用于常规的燃煤火力发电，且还可有效地利用灰分，如用作水泥原料等。

三菱一直致力于使用吹气和吹氧两种煤气化技术开发 IGCC 并进行实际应用，以提高效率、可操作性（即快速负荷变化和最小负荷）、可靠性、安全性和环保性。其中，采用空气气化技术的 250MW 发电厂于 2013 年 4 月首次在日本开始商业运营。其后，与三菱共同经营的合资企业获得了两个 543MW IGCC 订单，通过采用高效燃气轮机来尝试大幅度提高功率和效率。此外，三菱采用了可燃用高炉煤气（BFG）等低热值气体燃料的燃烧室，并成功应用于 M701F 系列燃气轮机，大大降低了 CO_2 的排放。

日本于 2012 年实施 Osaki CoolGen IGCC 166MW 项目，采用三菱纯氧气化炉和三菱日立 1300℃ 等级的 H-100 燃气轮机机组。项目第一步为 2017 年 3 月开始的 IGCC 示范实验，先后进行了电厂性能和环境性能、设施可靠性、电厂可控制性和可操作性、多煤适用性和经济效益有关的基本性能的验证，实现了 40.8% 的净热效率（高位发热量），16% 氧浓度下排气中 SO_x <8ppm、NO_x <5ppm，标准状态下烟灰 3mg/m^3，通过 2168h 连续运行和 5119h 累计运行时间，并于 2018 年 10 月完成了示范测试运行；第二步为 2019 年 12 月开始的 IGCC + CCS（CO_2 捕集）示范实验；第三步为 IGFC（具有 CO_2 捕集的煤气化燃料电池联合循环）示范实验。

在全球环境减负的努力中，钢铁行业在抑制二氧化碳排放方面承受着越来越大的压力。燃用高炉煤气的 GTCC 装置可充分利用钢厂排放的气体副产品，从而也是减少对环境的影响、促进能源高效利用的有效手段。高炉煤气（BFG）的热值较低，需要先进的技术来确保燃气轮机的稳定燃烧。三菱最早开发了特殊的燃烧器和其他设备，拥有专有的 BFG 燃烧 GTCC 发电技术，在全球市场中占有 60% 以上的份额。

混合发电技术是解决当今能源需求的另一种方法。美国南加州爱迪生（SCE）公司和 GE 在美国加利福尼亚州诺沃克推出了世界上第一个电池-燃气轮机混合发电系统。该系统有助于平衡可变的能源供需，其核心是先进的控制系统，可将电池和燃气轮机之间的输出无缝融合在一起。GE 公司还在 2020 年 2 月首次实现了使用储能电池系统的重型燃气轮机黑起动，GE 称其为混合发电，该技术在 Entergy 公司佩里维尔电厂 150MW 的 GE 7F.03 燃气轮机上实现。

6. 不断拓宽燃气轮机电厂的运行灵活性

随着供能及用能（电）侧的变化，燃气轮机电厂在拓宽其运行灵活性方面有了新的需求和挑战。燃气轮机及与之配套设计的联合循环电厂，由于其设计理念基于调峰、两班制或带基本负荷运行，能在一定程度适应运行灵活性的要求。一方面，采用先进的设计、验证、试验手段，可进一步挖掘燃气轮机及联合循环电厂在运行灵活性方面的潜力；另一方面，需要采取系统优化的方法，如燃气轮机进气空调（加热或冷却）、邻机预暖等方法，可使燃气轮机电厂进一步拓宽灵活性、提高适应性，具有较好的工程实践性。

GE 公司将其 H 级燃机研制目标确定为：为先进的联合循环电厂提供更高运行灵活性、更短起动时间、更快变负荷速率以及广泛的燃料适应性，并保持较高的可靠性和可用性。运行灵活性广泛覆盖发电厂，以适应各种发电需求所具备的稳健的调控能力，包括在满足可靠性基础上的快速起动、快速加载、快速进入达标排放能力、快速变负荷、深度调峰、电网规范合规性、燃料灵活性以及整套机组调控的灵敏性。

GE 现有的 HA 型燃机产品，在运行灵活性方面已能达到如下性能：①起动盘车 30min 之内即可满负荷运行；②满足达标排放前提下，超过 15% 基本负荷/min 的加载率；③低至 30% 基本负荷（联合循环 33% 基本负荷）下的深度调峰能力。

Ansaldo 公司通过等压顺序燃烧室，可在“仅第 1 级燃烧器投运”“第 1、2 级燃烧器投运”两种运行模式之间切换运行，通过分别细化对应的调节方式，就可以获得所需的透平进口燃气温度、温比等诸项目标的优化以及便捷、快速的燃烧温度调整。

7. 不断提高氢燃料燃气轮机的掺氢比例

氢能是一种来源广泛、清洁无碳、灵活高效、应用场景丰富的二次能源，在长周期波动、大容量储能方面具有一定的转换效率优势，并且供能稳定，不排放 CO_2，有望在未来占据二次能源主导地位。在推动新能源利用、优化能源结构、降低碳排放以及燃料灵活性等方面，氢燃料燃气轮机具有十分重要的技术优势。目前各大燃气轮机制造商都在致力于研究利用氢能、提高燃料掺氢比等先进燃烧技术，一是进一步开发注水或注蒸汽扩散燃烧器，二是重新设计干式低污染（DLE）燃烧器。其中，改进设计仍是目前的主要方式，DLE 是最终目标。

GE 公司燃机使用氢气和类似低热值燃料运行已有 30 多年，累计推出了 75 台成熟的氢燃料燃机机型，使用燃料的氢体积分数为 5% ~85% 不等，总运行小时数超过 600 万 h。为此，GE 提供了一系列的燃烧系统，包括扩散燃烧、DLE 燃烧和干式低 NO_x（DLN）燃烧系统等，这些燃烧系统可用于航改型燃机和重型燃机向氢燃料燃机的改造，也可以直接用于新的氢燃料燃机设计。2020 年 GE 参与了美国俄亥俄州长岭能源站 485MW 联合循环电厂的改造工作，2021 年 10 月开始商业运行后，2022 年 3 月完成掺氢测试，所用氢气为附近工厂产生的工业副产氢，目标是在未来具备 100% 的氢气燃烧能力。为此，长岭能源站成为美国第一个以纯氢燃烧为目标的电厂，也是世界上第一个使用 7HA. 02 燃气轮机进行掺氢燃烧（目前为 15% ~20%）的电厂。

西门子公司对氢燃气轮机极为关注，目前已经设计生产了如图 1-22 所示的可以使用不同掺氢比例燃料的一系列产品，至少有 55 台以上燃机，累计燃氢运行时间超过 250 万 h。在航改型燃机方面，西门子公司利用 WLN 扩散燃烧技术将系统的运行掺氢比例提升到了 100%，并将 DLE 技术的燃料掺氢比例提升到了 15%；对于使用 DLE 技术的重型燃机，燃料掺氢比例提升到了 30%；对于中小型燃机，使用 DLE 燃烧技术时燃料掺氢比例分别达到了 60% 和 30%。此外，使用扩散燃烧技术的燃机在满足排放要求下燃料掺氢比例也可以达到 65%。西门子目前已经开发出了第三代 DLE 系统，设定了能够提供可在整个范围内燃烧 100% 氢气的燃气轮机目标，第四代 DLE 系统目前正在研究中，预计到 2023 年使用 DLE 的工业燃气轮机将具备 100% 的燃氢能力。

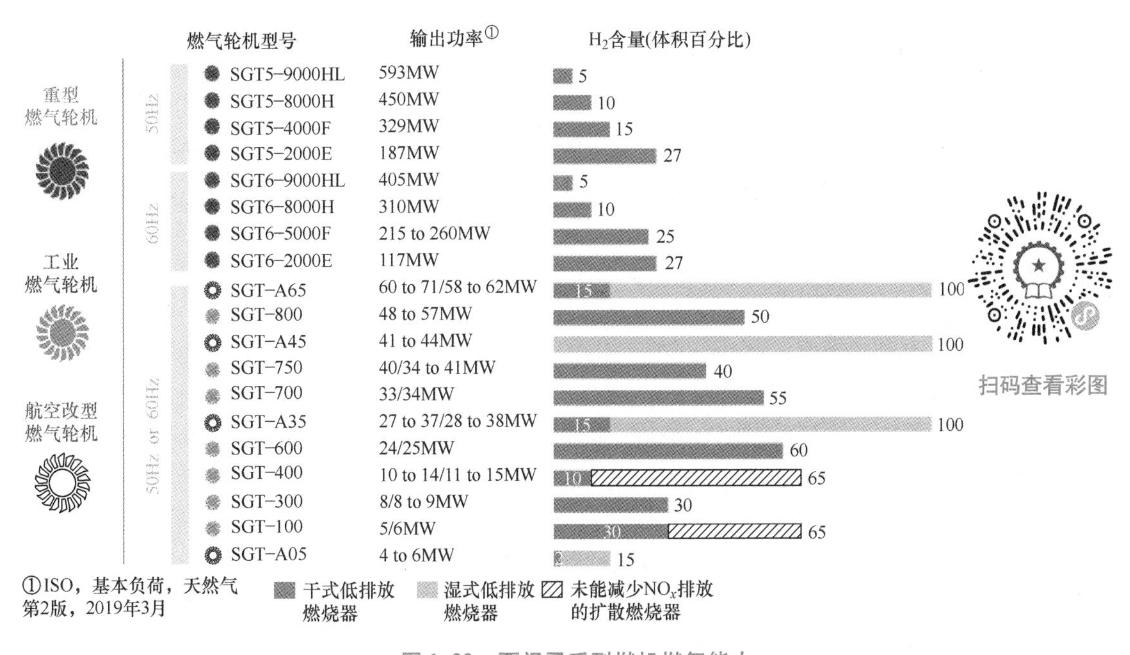

图 1-22　西门子系列燃机燃氢能力

三菱公司于 1970 年开始研发含氢燃料的燃机，截至 2018 年已制造了 29 台燃氢燃机，燃料氢含量在 30% ~90% 之间，总运行时间已超过 350 万 h。三菱开发了新型扩散燃烧室，具有较宽的稳定燃烧范围，通过注蒸汽或注水来达到低 NO_x 排放的目标，对含氢 30% 的燃料进行的试验表明：在联合循环输出功率 700MW、透平进口温度 1600℃的情况下，与天然气联合循环发电机组相比，碳排放减少了约 10%。三菱目前还在试行一个项目，目标是到 2023 年将荷兰 1. 3GW 马格南联合循环电厂中三个机组之一转换为燃氢机组。项目主要针对 440MW 功率的 M701F 燃机进行改造，通过使用新的燃烧技术可在维持相同 NO_x 排放的前提下，实现100%的氢燃料燃烧，而无须注蒸汽或注水。

Ansaldo公司的燃机系列产品也可燃用不同含量的氢。H级GT36燃机可在天然气中包含最高50%（体积分数，后同）的氢气，而F级GT26（根据等级的不同）可在天然气中掺入最高30%或45%的氢气。F级AE 94.3A燃机在天然气中掺氢最高可达25%，并在商业电厂的燃氢运行方面获得了一定经验，在不同的氢气/天然气混合气下累积了数十万等效运行小时。目前Ansaldo可对现有燃气轮机提供燃氢改装方案，装有贫预混燃烧器的GE 6B/7E/9E机组中天然气可含最高35%的氢气；使用FlameSheet燃烧室进行机组改造，可用0%～40%的氢气。目前正计划在H级GT36重型燃机上进行100%的氢燃料燃烧室试验。

1.3.3 燃气轮机技术的发展趋势

如上所述，国际上燃气轮机技术，包括重型燃气轮机及其联合循环机组的热力性能、单机功率和环保性能均已达到较高的水平。目前主要研发目标着重于更高温度、更低污染的天然气燃气轮机技术和使用新型能源的燃氢无污染燃气轮机技术，以构建清洁低碳的能源系统及应用环境。燃气轮机技术研发工作难度大，投资费用高，收效周期长，单靠企业自主研发的可行性相对较低，因此国际上主要采用的是政府支持、企业与相关科研机构及大学研究团队共同研发、企业制造的技术路径。其中进入21世纪以来的代表性项目有：美国能源部（DOE）于2005年启动的为期6年的“先进IGCC/H_2燃气轮机”项目和“先进燃氢透平的发展”项目，欧盟第七框架（FP7）于2008年启动的“发展高效富氢燃料燃气轮机”重大项目，我国政府2002年启动的“863”计划能源领域燃气轮机重点专项、2007年启动的“973”计划能源/制造领域重型燃气轮机项目以及2015年启动的“航空发动机及燃气轮机”重大科技专项等一系列基础研究、技术研发、产品研制、试验验证项目，推动了燃气轮机技术的不断发展。

燃气轮机技术的发展与创新主要集中在提高燃气轮机循环热效率和压气机、透平部件的性能，以从多方面提升燃气轮机的效率。在提高热效率的同时，特别强调燃烧室的燃烧稳定性和低排放，包括选择环管形燃烧室结合预混、多喷嘴和分级燃烧等方式实现在较大的工作范围内稳定燃烧并确保较低的污染物排放，同时保证燃烧室出口温度分布。有关燃气轮机压气机、透平部件性能，其中先进叶型、三维叶片设计理念以及多排可调叶片等方式在压气机上应用很多，而先进冷却技术、叶片气热耦合分析及设计优化技术等是透平的研发重点。

未来针对燃气轮机技术研发，有以下几个方面的发展趋势值得关注：

1. 提升装置热效率

美国国家科学院、国家工程院和国家医学院2020年发布的咨询报告指出：对于发电用燃气轮机，其目标是到2030年将燃气轮机联合循环（CCGT）的发电效率提高到70%，简单循环效率提高到50%以上；对于航空燃气轮机，其目标是开发先进的技术以提高热效率，与目前用于窄体和宽体民用客机的一流涡扇发动机相比，可将燃油消耗减少25%。

出于成本和环境方面的考虑，提高系统热效率是所有燃气轮机（含航空发动机）制造商、用户和研究者的共同目标。由于燃料成本是大多数燃气轮机应用的总体运营成本的重要组成部分，效率的提高则意味着节省燃料，并可直接转化为二氧化碳排放量的减少。

除设计因素外，发电用燃气轮机的热效率取决于现场特性、机组环境（温度和湿度）和负载条件（满负荷和部分负荷），燃气轮机在部分负荷下的性能取决于硬件设计和制造商的设计理念。通常，燃气轮机效率随着负载的减小以及环境温度的升高而降低。更高的循环压比和更高的透平进口温度可以提高燃气轮机的热效率。尽管循环压比对效率的影响最大，但由于压气机功率消耗的增加和联合循环发电应用中蒸汽底循环的输出功率降低，会对燃气轮机净输出功率产生不利影响，因此透平进气温度是提高简单循环燃气轮机和联合循环燃气轮机效率的最重要的设计参数。

效率的提高除带来直接经济收益外，还将降低对环境的影响，燃料量的减少会减少燃烧产生的目标排放物（NO_x、CO、CO_2和颗粒物）。然而对于 NO_x 而言，未来的发展将使其更加难以控制，因为一些提高效率的方法涉及提高燃烧温度，这会增加 NO_x 的生成。

从长远目标看，燃气轮机要达到70%的联合循环效率或50%的简单循环效率，以及航空发动机的燃油消耗减少25%，可能需要引入革命性技术而非渐变性技术，包括更改燃气轮机的基本配置等。其中有关开发、测试和验证的进度可能取决于设计和制造等必要硬件的能力，而解决方案需要新材料和新冷却技术，因此可能需要更长的开发时间。

2. 增大单机功率

从技术经济性看，更大功率等级的燃气轮机正在进入市场。一台400MW的燃气轮机的成本远远低于两台200MW的燃气轮机，随着燃气轮机单机功率的不断增加，这种差异会稳步增加。当建设大型集中发电设施时，大功率燃气轮机机组将更加经济。

根据国际组织预测，图1-23所示为2018—2027年燃气轮机总的发电装机容量和不同燃气轮机功率等级产品的增加量的预测，图1-24所示为2019—2028年燃气轮机发电机组数量增加量的预测。

从图1-23和图1-24可以看到，2020年燃气轮机发电装机容量的平均功率为110MW，到2027年将增加到120MW以上，图中数据表明这种趋势正在加速；而燃气轮机机组主要功率等级集中在250~500MW和500~750MW范围内，其中250~500MW级是发电行业的主要机型，至少在接下来的十年中，有望保持这一地位。

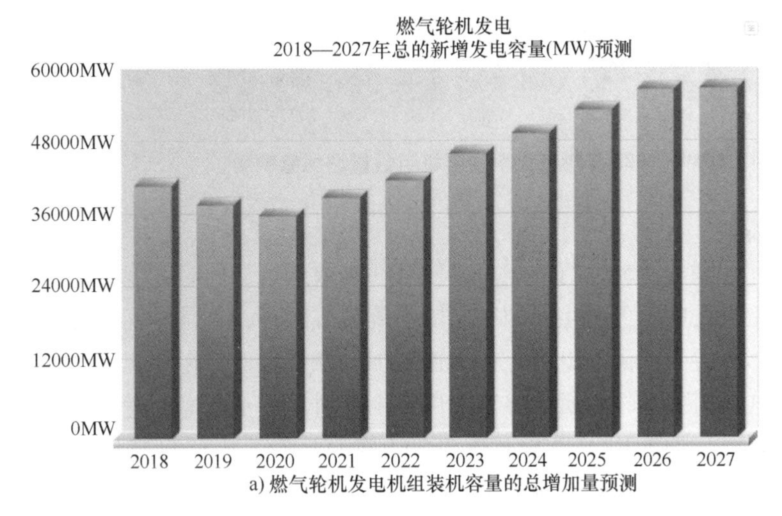

a) 燃气轮机发电机组装机容量的总增加量预测

扫码查看彩图

图1-23 2018—2027年燃气轮机发电机组装机容量和功率等级增加量的预测

b) 燃气轮机发电机组不同功率等级增加量的占比预测

图 1-23　2018—2027 年燃气轮机发电机组装机容量和功率等级增加量的预测（续）

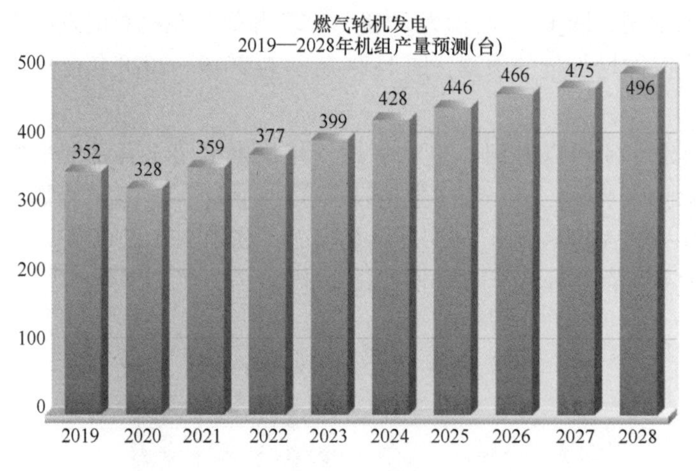

图 1-24　2019—2028 年燃气轮机发电机组数量增加量预测

3. 兼容可再生能源与储能

提高燃气轮机简单循环和联合循环运行的能力，使其在高效运行的同时，能够适应灵活的电力需求，并能将燃气轮机发电与可再生能源和储能系统集成融合，这是燃气轮机技术的又一重要发展方向。当前，可再生能源发电量正在迅速增加，燃气轮机将在补充可再生能源发电方面发挥重要作用，这就需要燃气轮机能够使用可再生燃料。用于发电的燃气轮机需要更快的起动速度，联合循环电厂通常用于基本负载（全功率）运行，因此将其与提供间歇性电力的可再生能源有效地整合在一起具有挑战性。简单循环燃气轮机电厂效率低于联合循环燃气轮机电厂，但就其部分负载下适应功率波动的能力而言，简单循环燃气轮机具有更大的运行灵活性。此外，过去未考虑的运行方式也将变得重要。越来越多的太阳能和风能发电也意味着电网越来越分散，电厂数目更多，发电容量范围更大，这对作为可再生能源基础设施的燃气轮机的快速启停和更大范围变工况运行提出了更高的要求。

另一方面，在对电力需求增加的同时，需求的性质也正在改变。当间歇性可再生能源产生的电力超过电网需求时，需要用替代方法来存储这种多余的能量。一种存储形式是通过电解或其他方法生产氢，然后将氢引入现有的天然气管道网络中，进行存储、分配和使用。

综上，减少燃气轮机起动时间，提高简单循环和联合循环燃气轮机高效运行的能力，同时适应灵活的电力需求以及将发电燃气轮机与可再生能源和储能系统有机集成，是未来燃气轮机技术的重要发展趋势之一。

4. 减少 CO_2 排放

将碳排放量减少到近零排放，同时仍满足氮氧化物（NO_x）排放标准，也是当前燃气轮机制造商面临的一个关键挑战。这是由于在燃气轮机的新设计力图减少 CO_2 排放的同时，其产品竞争力可能会有所下降。因为在目前的技术条件下，通常达到这一目标的代价就是燃气轮机性能的降低。

以天然气为燃料的燃气轮机发电是化石燃料最清洁的电力来源，其产生的二氧化碳不到相同功率燃煤电厂的一半。目前，减少发电厂各类排放的压力很大，尤以减少二氧化碳的排放最为重要，因为全球变暖带来的威胁以及能源行业脱碳的需求，迫切要求改变现状。但是，如果其代价是降低了性能或不能满足 NO_x 与其他有害排放标准的要求，那么减少二氧化碳排放的燃气轮机的新设计，将毫无竞争力可言。

减少或消除燃气轮机的 CO_2 净排放量有两种选择：一是提高燃气轮机效率，将直接减少由碳氢燃料驱动的燃气轮机产生的 CO_2 排放量；二是应用氢或其他可再生燃料部分或全部替代碳氢化合物燃料，将相应减少 CO_2 排放量，无论如何，最终目标是减少 CO_2 的总排放。因此，尽管用可再生燃料代替碳氢化合物燃料可以减少燃气轮机排气中的二氧化碳排放，但其净收益将根据生成可再生燃料过程中所释放出的 CO_2 多少而有所不同。由此可知，如果能够将燃气轮机与可再生能源发电及其制氢和储氢系统有机结合起来，即在可再生能源发电量富裕时采用电制氢并将氢储存起来，在用电高峰或电力不足时将氢气作为燃气轮机燃料用于发电，则能够很好地解决上述问题。在我国“双碳”战略目标的背景下，这将是燃气轮机技术的一个重要发展趋势。有关技术研发难点与可再生能源兼容性及其带来的燃气轮机氢燃料燃烧方面的技术密切相关。

5. 提高燃料灵活性

发电用和油气管线燃气轮机能够使用高比例（最高 100%）的氢燃料与含各种成分的其他可再生气体燃料的天然气燃料混合物运行，这将是未来燃气轮机以及航空发动机的另一个技术发展趋势。

理论上，燃气轮机可以设计成使用各种液体和气体燃料，包括天然气等常规燃料以及来自废气的燃料（例如垃圾填埋场的甲烷）和可再生燃料（例如氢、氨、生物质燃料和合成气）等替代燃料。如前所述，当可再生能源（例如风能和太阳能）发电量超过需求时，这些可再生燃料可以由多余的电力转换得到。

当前，世界主要的燃气轮机制造商已经对氢燃料燃气轮机进行了很多研究，并正在开发可燃用高氢含量的天然气和氢气的混合燃料的燃气轮机，但增加氢气含量会带来一系列极具技术难度的挑战。在现有的天然气管道网络中引入大量的氢，会引起与管道本身以及与燃气轮机相关的重大技术问题。对于燃气轮机来说，天然气-氢燃料混合物会导致燃气轮机燃烧室和燃料分配系统出现问题，通常将会随着氢含量的增加而突显，主要体现在：由于氢气的相对分子质量非常低，因此与天然气相比，氢气极有可能发生泄漏；氢的可燃性和爆炸极限比天然气大得多，具有爆炸的风险；需要新的传感器来监视燃气轮机的运行；需要新方法和相关技术来安全处理氢与天然气的混合燃料；需要新的控制系统来快速响应，以防因气体供应中断而导致熄火。此外，氢的湍流火焰速度比天然气高得多，这增大了燃烧过程中的回火风险。

6. 发展燃气轮机总能系统

所谓燃气轮机总能系统，是指将能量品位按“温度对口、梯级利用”且包含有燃气轮机的系统。典型的燃气轮机总能系统有两大类：一是以燃气轮机为核心的大型冷热电联产或中小型冷热电分布式能源系统；二是以燃气轮机为核心、以煤为燃料的整体煤气化联合循环（IGCC）系统。

目前，以燃气轮机为核心的大型冷热电联产系统或中小型冷热电分布式能源系统比较常见，其中大型冷热电联产主要采用燃氢-蒸汽联合循环，其总热效率大于55%；而中小型冷热电分布式能源系统的能源利用率可高达80%以上。特别是后者，若能结合互联网，应用智能化控制技术对总能系统用能进行优化运行，则可与各种用户侧设备协同优化并利用低谷燃气资源和低谷电力资源为用户蓄能、储能，实现燃气、电力、供暖、制冷、热水的供需平衡，使系统始终处于最优能效的运行模式，为用户带来全方位的综合能源服务和更高效的能源利用率。

随着燃气轮机燃料的多样化，如煤、重油、合成气、氢气、生物质气、核能等多种能源，特别是由于我国能源结构以储量丰富的煤这一化石燃料为主，在实施“双碳”战略的背景条件下，需要加大力度推动燃气轮机以煤为燃料的整体煤气化联合循环走向商业化，同时降低燃气轮机发电的均衡成本，以确保其在与太阳能和风力发电系统成本的长期竞争中拥有相应的竞争力。图1-25所示为以煤为燃料的燃气轮机先进总能系统。此外，结合新型热力循环与总能系统的开发，积极采用新技术、新材料、新工艺，也将会使燃气轮机的技术发展得到极大推进。

综上所述，作为多种技术集成的高新技术，燃气轮机技术已经成为一个国家科技水平、军事实力、综合国力的重要标志之一。作为21世纪先进的动力机械，燃气轮机是能源动力装备领域的最高端产品，也是关系国家能源及国防安全的战略性新兴产业，在电力、航空、舰船、油气、石化和分布式能源系统等产业领域有着不可替代的战略地位和引领作用。

燃气轮机产品的产业链很长，覆盖面十分广泛，上游涉及机械、冶金、材料、化工、能源、电子、信息等诸多工业部门，本身涉及气动热力学、工程热力学、传热学、燃烧学、结构力学、材料科学、制造工艺、控制理论、测试技术、氢能科学及储能技术等众多基础专业学科和工程技术领域，因此对各个相关学科和技术领域的交叉融合发展具有十分重要的理论意义和工程价值。

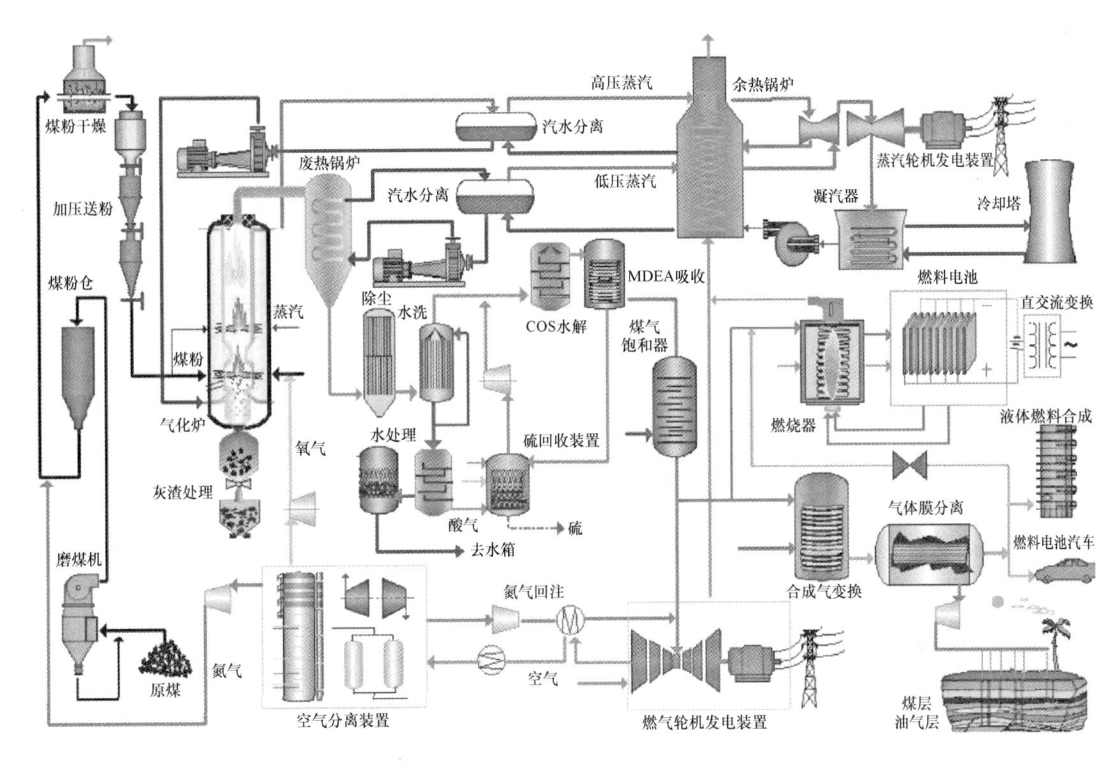

图 1-25　以煤为燃料包含燃气轮机的先进总能系统

1.4　我国的燃气轮机工业

2009 年，我国的一次能源消费总量达到 33.2 亿 t 标准煤，成为世界上最大的能源消费国家。而以天然气为主要燃料的燃气-蒸汽联合循环机组效率可达 60% 以上，单位功率二氧化碳排放量远低于燃煤机组，仅为 51kg/GJ，可以降低近一半的二氧化碳排放。由此可见，燃气轮机是关系到我国“碳减排、碳中和”战略目标以及能源、交通、环保等国计民生领域和国防安全科技的先进动力机械和重大动力装备，是具有巨大发展前景的先进制造业和高技术产业，充分发挥燃气轮机在我国能源战略及能源高效低碳利用中的积极作用，将对人类社会的可持续发展产生重要的影响。

为了控制一次能源消费总量以及煤炭的消费比重，2014 年国务院正式颁布了《能源发展战略行动计划（2014—2020 年）》，明确提出了“到 2020 年，非化石能源占一次能源消费比重达到 15%，天然气比重达到 10% 以上，煤炭消费比重控制在 62% 以内”的绿色低碳战略目标；同时提出了“到 2020 年，年产常规天然气 1850 亿立方米，页岩气力争超过 300 亿立方米，煤层气力争达到 300 亿立方米”的大力发展天然气的目标。鉴于我国能源资源的禀赋特点为“富煤缺油少气”，该行动计划的实施为我国大力推进燃气轮机的研发和应用奠定了重要的能源资源基础。经过 7 年的持续努力，2020 年我国基本达到了上述计划的目标：一次能源生产总量 40.8 亿 t 标准煤（同比增长 2.8%），天然气产量 1925 亿 m^3（同比增长 9.8%）；一次能源消费总量 49.8 亿 t 标准煤，其中煤炭消费占比 56.8%，天然气消费 3280

亿 m^3，占比 8.47%。

同时，2019 年 12 月国家油气管网公司的成立，为推动我国管道公平开放奠定了良好的基础，并形成了“横跨东西、纵贯南北、联通境外”三大天然气供应格局。2020 年我国天然气管道里程达 8.34 万 km，年输气能力约 3500 亿 m^3。“十四五”期间，我国天然气管道将保持高速发展，预计管道里程将达到 16.3 万 km。干线管道重点是加快陆上进口管道、沿海 LNG 接收站外输管道、油气田外输管道、国内互联互通管道的建设，进一步完善天然气干线管网布局，加快形成“全国一张网”。预计 2025 年我国天然气消费规模有望达到 4300 亿~4500 亿 m^3，2030 年达到 5500 亿~6000 亿 m^3。届时，我国将彻底克服天然气供应瓶颈，燃气轮机行业将面临前所未有的发展机遇，燃气轮机产业的蓬勃发展也必将为我国实现二氧化碳减排的战略目标做出重要贡献。

1.4.1 我国的燃气轮机工业历史

我国的燃气轮机工业始于 20 世纪 50 年代，当时引进苏联的涡喷发动机，在消化吸收相关技术的基础上开始设计、试验和制造燃气轮机。20 世纪 60 年代至 70 年代，有关单位曾自行设计和生产过透平进气初温为 700℃等级的燃气轮机，与当时的世界水平差距不大，并培养了我国第一代燃气轮机技术设计、研发与制造队伍。典型机型有 1MW、1.5MW、3MW、6MW 发电燃气轮机机组，6MW 船用燃气轮机机组，3000hp㊀、4000hp 机车燃气轮机机组。20 世纪 70 年代中期，为配合川沪输气管线建设，国家投资 1.4 亿，原第一机械工业部负责在南京汽轮电机厂（南汽）组织全国近百个单位开展了“23MW 燃气轮机”大会战，于 1978 年成功完成了透平进气初温为 990℃等级的第一台全国产化样机的试制，共生产 3 套，这是当时我国最大功率的燃气轮机。20 世纪 70 年代后期，按照国家川沪输气管线计划，哈尔滨汽轮机厂（哈汽）、上海汽轮机厂（上汽）、东方汽轮机厂（东汽）和南汽等单位联合设计过 17.8MW 管线驱动用燃气轮机。

20 世纪 80 年代开始，由于我国油气供应严重短缺，燃气轮机失去市场需求，除南汽一家企业外，其他非航空企业全部退出，与国际水平差距迅速拉大。期间，南汽与美国 GE 公司合作生产透平进气初温为 1100℃等级的 MS6001B 型燃气轮机，如图 1-26 所示，其单机功

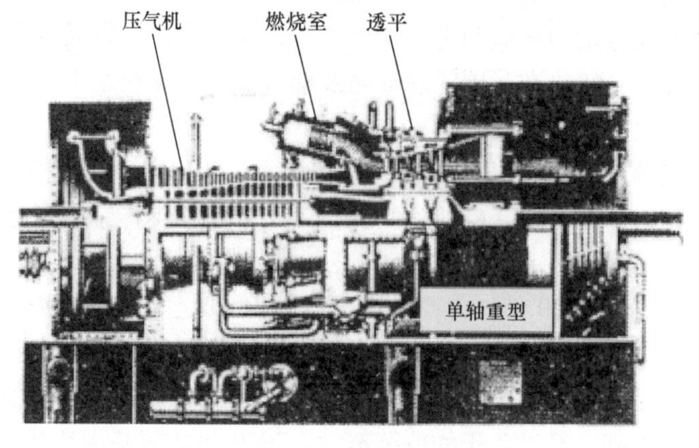

图 1-26 GE MS6001B 型燃气轮机

㊀ hp，英马力，1hp=745.700W。

率约40MW，效率为32%，是当时世界上该功率等级燃气轮机的主力机型。然而，机组的核心部件由GE公司提供，包括压气机-透平转子、燃气轮机控制系统、燃烧室和喷嘴、静叶及压气机可转导叶等，国产化率约为60%～70%。

同时，我国航空院所与企业从20世纪70年代开始，在航空发动机基础上改型生产了WJ-5G、WJ-6G、WP-6G、WZ-6G等四个型号十多种工业燃气轮机100多台套，并用于油田、石化等部门。1986年航空部与美国普惠公司合作开发了FT-8燃气轮机，功率25MW，效率38.4%，为当时同等功率中效率最高，其中我国负责制造的零部件约占装机工作量的30%。1994年，国家决定引进乌克兰的UGT25000舰用燃气轮机，由中国船舶工业总公司703研究所牵头负责成套，哈汽厂负责动力透平，中航工业430厂负责燃气发生器；1998年开始国产化，型号为GT25000，其后装备052B驱逐舰试用。

进入21世纪以来，我国高度重视燃气轮机技术研发和应用，燃气轮机发电行业进入了全面发展阶段。2001年国家发展和改革委员会发布了《燃气轮机产业发展和技术引进工作实施意见》，以"市场换技术"的方式，组织了三次F级（250MW）和E级（125MW）燃气轮机的打捆招标，先后引进美国通用电气（GE）、日本三菱重工（MHI）和德国西门子（Siemens）的燃气轮机制造技术，分别由哈汽-GE、东汽-MHI、上汽-Siemens和南汽-GE四个联合体实施国产化制造，生产了50余套共20000MW，产品水平达到20世纪90年代初的国际水平。表1-3给出了引进的F级/E级燃气轮机的主要产品及其技术指标。引进技术生产的燃气轮机产品基本满足了当时我国电力市场对重型燃气轮机的需求，但是外方严密封锁重型燃气轮机核心技术，坚持不转让燃气轮机设计技术、热端部件制造与维修技术、控制系统设计与调试技术等核心技术。尽管这些机组的国产化率接近70%，但核心热端部件完全依靠进口，制造企业的销售利润被挤压，机组维修维护和备品备件成本高昂，特别是其关键核心技术和国内外市场受制于外方。事实表明：燃气轮机的关键核心技术是要不来、买不来、讨不来的，我国必须通过自主研发创新，掌握燃气轮机关键核心技术。

表1-3　引进的F级/E级燃气轮机的主要产品及其技术指标

合作公司	哈尔滨电气集团-通用电气	上海电气集团-西门子	东方电气集团-三菱重工	南京汽轮集团-通用电气
型号 代号	PG9351FA	V94.3A/SGT5-4000F	M701F	PG9171E
简单循环功率/MW	255.6	265	270.3	123.4
简单循环效率（%）	36.9	38.5	38.2	33.8
联合循环效率（%）	56.7	57.3	57.0	52.0

为了突破燃气轮机关键技术，我国自"十五"开始，国家有关部门相继启动了一系列技术研究计划。2002年国家科技部在国家"863"高科技计划中布局了燃气轮机专项，对110MW重型燃气轮机和100kW微型燃气轮机分别进行研究，其中重型燃气轮机由中航工业沈阳黎明航空发动机（集团）公司牵头承担，微型燃气轮机由中航工业哈尔滨东安发动机（集团）公司牵头承担，并在"十一五"期间予以持续支持。其中，R0110重型燃气轮机于2008年完成制造并点火试车成功，输出功率110MW，发电效率34.5%，透平初温1211℃；2013年11月完成168h联合循环试验运行考核，累计运行超过450h，2014年3月通过了国家科技部组织的验收。100kW级微型燃气轮机及其供能系统于2011年12月实现满负荷发电

运行，2014年9月回热循环实现满负荷发电运行，12月完成工程示范装置411h运行考核，热电联供综合效率75.4%，2015年1月通过了国家科技部组织的验收。“十一五”期间，国家“863”计划还启动了“F级中低热值燃料燃气轮机关键技术与整机设计研究”“中低热值燃料R0110燃气轮机研制及其在IGCC电厂中的工程应用示范”等项目，围绕F级/E级中低热值燃气轮机总体设计技术、关键部件设计与试验技术及相关材料与工艺开展了自主开发工作，建立了相应的设计研发平台。这些以企业牵头实施的“863”计划项目，通过产学研结合开展研发，进一步提升了企业在燃气轮机技术上的自主研发能力和设计制造水平。与此同时，中航工业沈阳发动机设计研究所、沈阳黎明航空发动机（集团）公司等单位在2002年至2006年期间还研制成功具有自主知识产权的QD128、QD70、QD185航改型燃气轮机和QD400间冷循环燃气轮机。

与此同时，国家科技部在“十一五”期间国家“973”重点基础研究计划中，分别在能源基础研究领域和制造基础研究领域布局了相关研究，其中“燃气轮机的高性能热-功转换科学技术问题”项目在燃气轮机轴流式压气机、燃烧室和空冷透平的气动、燃烧、传热机理以及设计理论基础研究方面解决了一批关键科学问题，并建设了一批机理性实验研究平台；“大型动力装备制造基础研究”项目对高温透平蒸汽/空气双工质超强冷却机理进行了研究，研制了F级透平高温动叶片，建成了重型燃气轮机转子综合试验系统。“十二五”期间，“973”计划进一步实施了“先进重型燃气轮机制造基础研究”项目，重点研究了严酷服役环境下的大型高温叶片制造新理论和新方法、组合转子性能退化机理和故障演化规律，为国内重型燃气轮机研发提供了基础理论支持。

为了彻底改变我国航空发动机及燃气轮机发展落后、关键核心技术受制于人的局面，我国在“十二五”期间将航空发动机及燃气轮机列为国家科技重大专项。国家有关部门从2012年起进行了“航空发动机及燃气轮机”重大专项的立项论证工作，在基础研究、关键技术研究验证、型号产品研制、条件建设等方面，统筹规划、系统布局、全面发力，以突破航空发动机及燃气轮机关键技术，研制出自主品牌产品，初步建立航空发动机及燃气轮机自主创新的基础研究、技术与产品研发和产业体系。此外，国家发展和改革委员会还立项实施国家重大科技基础设施“高效低碳燃气轮机试验装置”项目，围绕化石燃料高效转化和洁净低碳利用，建成一批总体技术水平和研究支撑能力位居世界前列的燃气轮机试验装置，研究先进新型动力循环能量转换规律，开辟燃气轮机技术发展的新路径，为“航空发动机及燃气轮机”重大专项实施提供基础支撑。

与此同时，哈尔滨电气集团、东方电气集团、上海电气集团等企业作为我国动力装备制造领域的主力，各自在燃气轮机自主研发和技术引进方面开展了一系列卓有成效的工作。

哈尔滨电气集团在2008年至2015年承担了“863”计划“F级中低热值燃料关键技术与整机设计研究”项目，开展了总体设计技术以及压气机、透平、燃烧室、控制系统等核心部件设计技术、试验技术及相关材料与工艺技术和制造技术攻关，初步建立了重型燃机总体、压气机、燃烧室、透平设计研发平台。2011年至2013年还开展了天然气管线低污染型燃气轮机（30MW级燃压机组）工艺技术研发，完成了首台国产30MW级燃压机组的加工制造。2015年，该燃压机组在中石油西部管道西三线烟墩站一次点火成功，于2016年通过72h零质量事故工业运行试验并正式投入商业运行。

东方电气集团从2009年开始，在国家重大技术创新及产业化项目支持下，汇聚集团内外燃气轮机研发、制造、试验验证优势资源，实施50MW/F级（G50）重型燃气轮机自主研发项目，历时十年时间，建成了从部件到整机的全流程研发、设计、制造和试验验证体系，同时建成长寿命高温材料国家重点实验室，培养了一支重型燃气轮机设计、制造、试验和运维技术的研发队伍。2019年9月27日，50MW燃气轮机原型机空负荷试验点火成功，2020年9月完成满负荷运行试验，11月27日在十余位院士和特邀专家的见证下实现了满负荷运行，其后依托国家能源局“第一批燃气轮机持续发展示范项目”进行长时考核与商业运行。

中国科学院金属研究所自2009年起先后实施了重型燃气轮机大型定向结晶透平叶片材料与制备工艺项目、燃气轮机高温透平叶片研制与验证项目，重点突破了F级燃气轮机透平叶片抗热腐蚀高温合金材料技术、叶片的无余量精密铸造制造技术和大尺寸定向结晶技术。

北京华清燃气轮机与煤气化联合循环工程技术有限公司（简称华清公司）自2010年起开展了60MW级重型燃气轮机技术验证机CGT-60F的自主设计工作。至2016年，CGT-60F研制工作完成了产品概念设计、初步设计和施工设计，进入透平叶片冷却效果热态试验、燃烧室全温全压性能试验等核心热部件试验验证阶段。

上海电气集团2014年收购了意大利安萨尔多（Ansaldo）公司40%的股权，在重型燃气轮机技术上开展了深度合作。依托与安萨尔多的战略合作，上海电气通过联合开发和自主研究双线并举的方式，开展了新一代F级燃气轮机研制以及面向钢铁化工行业超低热值E级燃气轮机研制工作，建立了以F级和E级（含中低热值燃料）为核心的重型燃气轮机产品系列。2018年6月，完成与安萨尔多合作的F级AE94.3A燃气轮机国产化制造，开始供货F级透平叶片并完成叶片修复的本地化。同时，开展了代表目前世界燃气轮机先进水平的H级GT36燃气轮机的研发，正在加快H级首台示范工程落地。

2016年国家启动实施“航空发动机及燃气轮机”国家科技重大专项（简称两机专项），2016年12月，中国联合重型燃气轮机技术有限公司，简称中国重燃，2014年由国家电力投资集团公司控股，哈尔滨电气股份有限公司、中国东方电气股份有限公司、上海电气（集团）总公司共同出资组建，其作为两机专项重型燃气轮机项目的实施责任主体，推进包括300MW级F级产品研制、400MW级G/H级技术验证、先进重型燃气轮机关键技术研究与验证、条件建设和试验电站建设等任务目标的重燃专项的实施。2019年6月，中国重燃完成了300MW级F级重型燃气轮机概念设计及支撑概念设计的试验验证工作，建立了支撑300MW级F级重型燃气轮机概念设计的设计体系和材料体系，2019年11月通过国家工信部组织的概念设计评审，2021年2月通过国家工信部组织的300MW级F级重型燃气轮机产品研制（初步设计阶段）评审。

与此同时，为落实“航空发动机及燃气轮机”国家重大专项的战略决策，紧密围绕能源革命和装备制造业发展新要求，加快推动燃气轮机创新发展，国家发展改革委和国家能源局于2017年6月联合印发《依托能源工程推进燃气轮机创新发展的若干意见》，国家能源局于2019年9月发文就22个燃气轮机型号和2个运维服务项目作为第一批燃气轮机创新发展示范项目开展示范，涵盖哈尔滨电气、东方电气、上海电气、中国航发、中国船舶等国内主要燃气轮机研制单位的重型燃气轮机和系列中小微型燃气轮机。

随着“航空发动机及燃气轮机”国家科技重大专项的实施和我国相关部门推进燃气轮机创新发展政策的出台，以及第一批燃气轮机创新发展示范项目的推进，当前我国燃气轮机技术和产业进入了快速发展的新阶段。

1.4.2 我国的燃气轮机工业现状

如上所述，进入21世纪以来，国内燃气轮机企业通过技术引进和核心技术自主研发攻关，已基本建立了总体与仿真、气动、传热、燃烧、控制与健康管理、结构完整性与机械传动、试验测试、先进材料、制造工艺等基础研究学科体系，在设计理论、模型、方法和基础数据等方面形成了一定的积累，建立了相应的机理试验研究平台和部件性能试验平台，并取得了一批重要的研究成果。

我国在重型燃气轮机制造方面，分别以东方电气、上海电气、哈尔滨电气以及南京汽轮电机和中国航发燃气轮机等企业为核心形成了燃气轮机产业群，具有比较完整的燃气轮机制造体系。目前整个行业可年产约40套燃用天然气的E级、F级以及G级/H级燃气轮机，并拥有生产与之配套的燃气-蒸汽联合循环发电设备的能力，可基本满足我国电力工业的市场需求。但总体上我国燃气轮机工业与国际先进燃气轮机工业相比，基础力量相对薄弱，急需在设计技术、试验验证、高温材料与关键核心热端部件生产等方面迎头赶上。

以下通过对相关燃气轮机企业的燃气轮机设计、研发、试验及生产情况的介绍，简要给出我国的燃气轮机工业现状。

1. 东方电气集团东方汽轮机厂有限公司（简称东汽）

目前，东汽的燃气轮机产品主要包括G50、M701D、M701F、M701J与H100五种型号，表1-4和表1-5分别给出了东汽的部分燃气轮机产品配置和参数。其中，M701D、M701F、M701J和H100是引进日本三菱公司的燃气轮机产品，该类机型的透平动叶、静叶与燃烧器由三菱和东汽的合资厂生产，其余部分则由东汽生产，经过多年的发展，自主化制造水平已从最初的58.3%提高到目前的85%。其中，M701D和M701F型燃机是在2003年引进的，M701J型燃机于2016年引进，H100型燃机于2020年引进，至此东汽具备了较为完整的重型燃气轮机产品系列。截至2022年6月，东方电气累计在重型燃机领域签约燃机订单共106台，其中71台已投运，在国内F级燃机市场的占有率达到40%。

G50机型是国内首台50MW自主知识产权重型燃机，东汽自2009年开始自主研发，经过十多年的努力，在完成50MW燃机设计和试验的同时，基本建立起了完整的设计体系、试验验证平台和完整的制造能力。2019年9月27日整机点火试验一次成功，2020年9月22日完成满负荷运行试验，2020年11月27日成功实现原型机满负荷运行。G50燃机的成功试运行，标志着我国已初步具备完整的F级重型燃机设计、制造和试验验证的能力，填补了国内重型燃机技术体系的空白。

表1-4 东汽的燃气轮机产品配置

结构特点	燃气轮机型号		
	G50	M701D	M701F
压气机	17级高效率压气机，先进叶型设计；1级可调进口导叶设计，确保运行稳定，提高部分负荷效率	19级高效率压气机，运行稳定	17级高效率压气机，先进3D叶型设计，1级可调进口导叶设计，确保运行稳定，提高部分负荷效率

（续）

结构特点	燃气轮机型号		
	G50	M701D	M701F
燃烧系统	8 个环管式低氮燃烧器，NO_x 排放 <25ppm	18 个环管式低氮燃烧器，配备自动燃烧调整系统，确保低排放	20 个环管式低氮燃烧器，配备自动燃烧调整系统，确保低排放
透平	4 级空气冷却透平叶片，效率高，服务寿命长	4 级透平叶片，采用外部转子冷却空气冷却器设计，服务寿命长	4 级空气冷却透平叶片，效率高，服务寿命长
转子	拉杆轮盘式转子设计，适合长期运行和快速启停；所有压气机和透平动片可独立更换而无须起吊转子	所有压气机和透平动片可独立更换而无须起吊转子	拉杆轮盘式转子设计，适合长期运行和快速启停；所有压气机和透平动片可独立更换而无须起吊转子

表 1-5 东汽的燃气轮机参数

参数	燃气轮机型号			循环方式
	G50	M701D	M701F	
燃机出力/MW	50	145	270 ~ 360	单循环
频率/Hz	50/60	50	50	
燃机效率（%）	36	35	38 ~ 41	
转速/(r/min)	5933	3000	3000	
NO_x 排放/ppm	<25	<25	<25	
联合循环出力/MW	71.5	220	400 ~ 530	1×1 联合循环
联合循环效率（%）	51.7	53	58 ~ 60 以上	

2. 哈尔滨电气集团哈尔滨汽轮机厂有限责任公司（简称哈汽）

哈汽目前的燃气轮机产品主要有 CGT25D、9FA 与 GT13E2 三种型号，表 1-6 和表 1-7 分别给出了哈汽的燃机产品配置和参数。其中，GT13E2 型燃机是 2013 年哈汽与阿尔斯通签署长期协议引进的机型，为 E 级产品中效率最高。该机型在国内生产并组装，一些关键部件由阿尔斯通提供。而 9FA 型燃机自 GE 公司于 2003 年 2 月通过技术转让引进，已具备燃机静子部分和转子装配的生产能力。在 9FA 重型燃机技术改造过程中，哈汽引进并建立了现代化的燃机生产线，完成了转子国产化工作的相关技术准备并通过了 GE 公司的认证。同时，哈汽通过国家“863”计划“F 级中低热值燃料燃气轮机关键技术与整机设计研究”项目，开展自主化 F 级重型燃机的研制，完成了该型燃机的部分试验工作。

在长输天然气管道燃气轮机领域，由中国石油西气东输管道公司牵头，联合中船 703 所和哈汽于 2010 年开展了 30MW 级管道燃气轮机 CGT25D 型号的国产化试制工作，2015 年 12 月 26 日在西气东输西三线烟墩站一次点火成功；2016 年 10 月正式投入商业运行，运行时间超过 600h 并以零质量事故完成首台机组的运行试验；2016 年 12 月完成西气东输衢州站第二台燃压机组的制造。30MW 燃压机组实现了整个机组的国产化，填补了国内空白，2021 年 4 月，在衢州通过了国家能源局组织的 30MW 西气东输燃驱压缩机组的鉴定验收。

表 1-6　哈汽的燃气轮机产品配置

结构特点	燃气轮机型号		
	30MW 燃压	9FA	GT13E2
压气机	30MW 燃压机组，为 18 级轴流式压气机	18 级轴流式，压比为 16.5，空气质量流量 645kg/s	21 级压气机，压比 17，轴流式及高效的三维动静叶设计，具有流量大、效率高的优点
燃烧系统	干式低排放燃烧室，回流环管式结构，由罩壳、16 个火焰筒、2 个等离子点火器、16 个燃料喷嘴等组成	18 个逆流管环形燃烧室，直径 350mm，每个燃烧室有 6 个燃料喷嘴，共 108 个燃料喷嘴	环形燃烧室，72 个标准燃烧器设计，无过渡段或联焰管，不需要进行燃烧器检查
透平	2 级轴流式结构，转子转向为顺时针；功率 27MW；效率 92%；设计工作转速 5000r/min	3 级轴流式，应用压气机的排气冷却	高效率 5 级设计，低维护成本，零件寿命长，采用多级对流冷却
转子	双转子结构	由单个叶轮用多根 IN738 合金钢轴向拉杆连接成的刚性转子	整体焊接转子，是免维护转子，在整个寿命期转子不需再拆装，减少维护时间

表 1-7　哈汽的燃气轮机参数

参数	燃气轮机型号			循环方式
	30MW 燃压	9FA	GT13E2	
燃机出力/MW	26.7	212	180	单循环
频率/Hz	50	50	50	
燃机效率（%）	36.5	36.9	37.2	
转速/(r/min)	5000	3000	3000	
NO_x 排放/ppm	<39	<25	15~25	

3. 上海电气集团股份有限公司（简称上海电气）

2014 年上海电气收购了意大利安萨尔多公司 40% 股份，并在国内成立两家合资公司：上海电气燃气轮机有限公司和上海安萨尔多燃气轮机科技有限公司，前者由上海电气控股，负责重型燃机研发、制造、销售与服务；后者由上海电气参股，负责燃机热部件制造和维修等。双方开展全面合作，主打的三款燃机 AE94.3A、AE94.2（或 AE94.2K/KS）和 AE64.3A 均具有清洁、高效、灵活等特点。表 1-8 和表 1-9 分别给出了上海电气的部分燃机产品配置和参数。其中，F 级重型燃机 AE94.3A 配置形式丰富，如一拖一单轴/分轴和二拖一配置用于调峰和供热的机组，广泛应用于国内市场。2016 年上海电气研制的第一台安萨尔多 AE94.3A 燃机正式交付中电四会燃机电厂。AE94.3A 的 NO_x 排放最低为 15ppm，并具有快速启停的特点：燃机从点火到满转速约 5min，从并网到满负荷仅需约 23min。小 F 级燃机 AE64.3A 结构上类似于 AE94.3A，近年来广泛应用于小功率电厂或分布式能源项目。E 级重型燃机 AE94.2 及 AE94.2K/KS 具有高可靠性、耐用性及较高的出力等优点，其筒形燃烧室结构适用于轻油、部分重油、高炉煤气、焦炉煤气等多种特殊燃料，为双燃料用户所青睐。

上海电气在联合循环领域中拥有F级和E级燃机技术，其中F级燃机是主力机型，E级燃机则是重要机型，适合低热值燃料，可应用于IGCC项目，继承了原天然气燃机高效、可靠等优点，能满足合成气运行时稳定、低排放和可用率高的要求。其筒形燃烧室装有专门燃用合成气设计的燃烧器，已在欧洲IGCC电厂得到商业应用。

表1-8 上海电气的燃气轮机产品配置

特点	燃气轮机型号		
	小F级AE64.3A	E级AE94.2及AE94.2K/KS	F级AE94.3A
应用市场	小功率电站或分布式能源项目	国内外天然气发电市场	国内市场
压气机	15级大流量、轴流式压气机、1级可调导叶，前4级动叶及前3级静叶上涂有防腐蚀涂层	16级轴流压气机、1级可调静叶、前6级压气机叶片上涂有防腐蚀涂层	15级大流量、轴流式压气机、2级可调导叶
燃烧室系统	环形燃烧室	2个筒形燃烧室分布于机体两侧（燃料适应性强）	环形燃烧室，配备有24个低NO_x组合燃烧器
转子	—	水平中分面结构气缸和中心拉杆转子	中心拉杆转子
透平	—	4级轴流透平	4级轴流透平
常规加载负荷	3.5MW/min	11MW/min	13MW/min
参与电网调峰负荷	7MW/min	30MW/min	22～30MW/min

表1-9 上海电气的燃气轮机参数

参数	燃气轮机型号			
	小F级AE64.3A	E级AE94.2	E级AE94.2K/KS	F级AE94.3A
单机出力/MW	约78	约185	约180	≥325
单机效率（%）	≥36.5	≥36.2	≥39.0	≥40.1
压比	18.2	12	12	20
NO_x排放/(mg/m^3)（标态）	≤50	≤50	≤50	≤50
耗气量/（m^3/s）（标态）	6.4	15.3	—	24.3
排气温度/℃	573	541	550	589
排气流量/(kg/s)	215	555	520	750
尺寸/m（长×宽×高）	5.9×3.1×3.1	9.6×4.0×4.0（不含燃烧筒）	9.8×4.0×4.0	10.8×5.1×4.9
质量/t	60	186	187	316

4. 南京汽轮电机（集团）有限责任公司（简称南汽）

南汽的燃气轮机产品主要包括6F.01与6F.03两种型号，均为与美国GE公司合作生产，表1-10和表1-11分别给出了南汽的燃气轮机产品配置和参数。

GE的F级燃机已在全球投运机组1200多余台，累计运行5000万h，起动100万次，非常适合天然气分布式热电联产机组。2012年10月，南汽与GE公司签订了6F.03燃气轮机及轴排联合循环汽轮机技术转让协议，2014年5月签订了6F.01燃气轮机技术转让协议。

2017 年 4 月，南汽生产的全球首台 6F. 01 燃机在桂林顺利点火，并于 5 月首次并网成功，由此开启了 6F. 01 燃气轮机的全球首例应用。2018 年 6 月，南汽生产的我国首台 6F. 03 燃机成功通过空负荷试车试验，标志着南汽产品转型升级取得了新的发展。

表 1-10　南汽的燃气轮机产品配置

结构特点	燃气轮机型号	
	6F. 01	6F. 03
压气机	12 级高效率压气机，先进叶型设计；3 级可调导叶，可现场拆卸	18 级高效率压气机，压比 15. 8
燃烧系统	6 个分管式 DLN 燃烧室，具有双燃料能力，不需要开缸即可拆卸燃烧室的过渡段和内衬，NO_x 排放 <25ppm	6 个环管式燃烧室，可使用 DLN 和 MNOC 燃烧系统处理气体和液体燃料，具有双燃料能力，燃烧温度 1327℃，NO_x 排放 <15ppm
透平	先进及验证过的热通道部件材料，透平初温高	3 级透平叶片，先进叶片材料及冷却设计
转子	拉杆穿销结构和镍基合金转子，适应高压比	镍基合金转子

表 1-11　南汽的燃气轮机参数

参数	燃气轮机型号		循环方式
	6F. 01	6F. 03	
燃机出力/MW	52. 5	80. 4	单循环
频率/Hz	50	50	
燃机效率（%）	38. 03	35. 86	
转速/(r/min)	7266	5231	
NO_x 排放/ppm	<25	<15	
循环效率（%）	57. 2 以上	57 以上	1×1 联合循环

5. 杭州汽轮动力集团有限公司（简称杭汽轮）

杭汽轮源自 1958 年成立的杭州汽轮机厂，是我国工业汽轮机设计、研制和生产的重要支柱企业，进入 21 世纪后开始向工业燃气轮机市场拓展。2003 年，杭汽轮与日本三菱公司在 M251S 小型燃机项目上开展合作，2006 年首台燃气轮机出厂。2016 年杭汽轮和与其在汽轮机领域有过多次合作的德国西门子公司在天然气分布式能源开发利用方向上进行合作，2017 年 8 月杭汽轮与西门子签订了 SGT-800 技术转移协议，推进了 SGT-800 燃机在我国市场上的应用。图 1-27 和表 1-12 所示分别为杭汽轮与三菱重工和西门子合作的燃气轮机产品线及其参数，涵盖了 SGT-500、SGT-600、SGT-700、SGT-750 和 SGT-800，功率范围 20 ~ 57MW，可应用于电力、市政、石油、化工、造纸、食品等行业，以满足用户冷、热、电等耗能需求。

M251S 型高炉煤气联合循环发电装置效率大于 38%，是常规锅炉发电效率的 1. 5 ~ 2 倍；装置功率达 50MW，年发电量 4 亿 kW · h，总收入近 2 亿元，投资回收速度约 3 ~ 5 年，经济效益可观，充分体现了资源的高效利用、洁净环保，并能满足用户对热电的需求，是钢铁企业余热利用的主要发展方向。SGT-800 燃机是针对天然气分布式与区域型热电联产的产品，前身为 GTX100 燃机，通过持续的改进开发已成为 50MW 等级全球业绩最丰富、性能最可靠的燃机产品。SGT-800 单机出力 50～57MW，联合循环出力达 70～80MW，发电效率超过 56%，全球业绩超过 350 套。

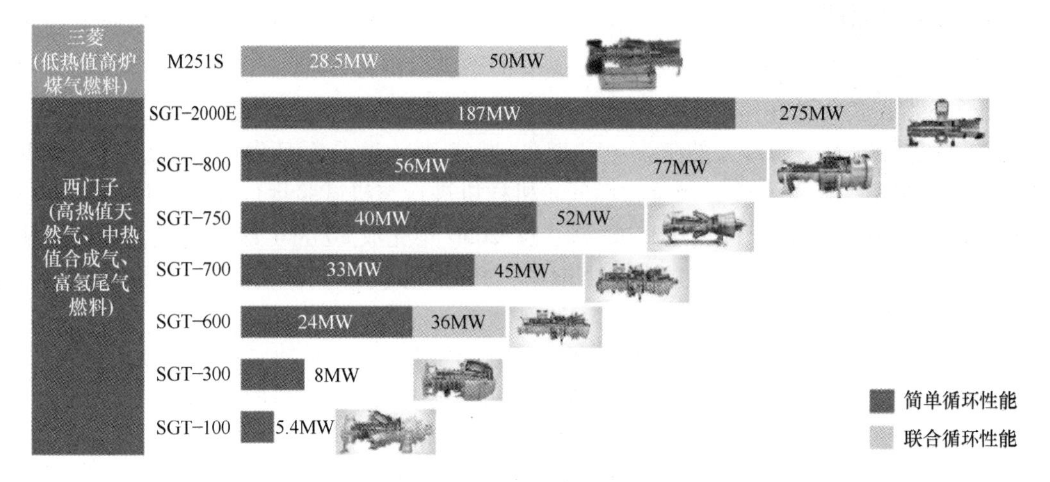

图 1-27 杭汽轮合作的燃气轮机产品

表 1-12 杭汽轮合作的燃气轮机参数

参数	燃气轮机型号			循环方式
	SGT-600	SGT-700	SGT-800	
燃机出力/MW	24.5	32.8	54～56	单循环
频率/Hz	50/60	50/60	50/60	
燃机效率（%）	33.6	37.2	38.7～39.0	
转速/(r/min)	7700	6500	6608	
NO_x 排放/ppm	<15	<15	<15（20）	
循环出力/MW	35.9	45.2	75～77	1×1×1 联合循环
循环效率（%）	49.9	52.3	55.3～55.7	
循环出力/MW	73.3	91.6	151.0～155.0	2×2×1 联合循环
循环效率（%）	50.9	53.1	55.4～55.8	

6. 中国联合重型燃气轮机技术有限公司（简称中国重燃）

中国重燃前身是中电联合重型燃气轮机技术有限公司，2014 年 9 月 28 日在上海注册成立，2017 年 7 月 26 日经国务院批准更名。中国重燃由国家电力投资集团有限公司（简称国家电投）控股，哈尔滨电气股份有限公司、东方电气股份有限公司、上海电气（集团）总公司参股。截至 2020 年底，注册资本为 16.2 亿元人民币。

中国重燃是能承担国家科技重大专项的新型科研企业，主要从事重型燃气轮机设计、研发、试验验证、相关技术开发、技术转让、技术咨询和技术服务、燃气轮机试验电站建设管理、运行维护等业务，并致力于形成自主知识产权的燃气轮机核心技术。2016 年 12 月，经国家批准，国家电投为重型燃气轮机工程国家科技重大专项的实施责任单位，中国重燃为具体实施单位，承担着重型燃气轮机型号和工程验证机研制、关键技术研究与验证等科研工程项目等任务。

重燃专项按照“夯实基础、突破关键、强化研制、攻坚型号、提升能力”的方针，着眼于“研制一代、发展一代、预研一代”，联合国内相关企业、科研院校等各方力量形成产学研用深度融合的联合研发团队，研制具有完全自主知识产权的300MW功率等级F级重型燃气轮机产品，额定功率不小于300MW，燃气透平进口温度不低于1400℃，简单循环热效率不低于38%，联合循环热效率不低于57%。开展G级/H级燃气轮机关键技术研究和技术验证，满足我国电力市场对天然气发电和燃煤/燃气-蒸汽联合循环发电的需求。预期2023年对自主知识产权300MW级F级重型燃气轮机样机进行整机试验运行考核，并且完成G级/H级燃气轮机试验部件的设计制造和试验验证。2030年完成300MW级F级重型燃气轮机研制全过程并形成自主品牌产品，进入电力市场，并且完成400MW级G级/H级重型燃气轮机样机的自主研制。

目前，300MW级F级重型燃气轮机研制、400MW级G级/H级重型燃气轮机技术验证、燃气轮机试验验证基地建设以及自主品牌燃气轮机试验电站建设等项目正在按计划推进。

7. 中国航发燃气轮机有限公司（简称中国航发燃机）

中国航发燃机成立于2019年4月28日，隶属于中国航空发动机集团有限公司，本部位于沈阳市。公司致力于提供燃气轮机综合解决方案，业务覆盖各种能源、动力应用场景，包括燃气轮机研发、制造、装配、试车、销售、维修保障以及售后技术支持，燃气轮机成套工程服务，燃气轮机技术研究，以及燃气轮机技术向其他领域的拓展等。

中国航发燃机整合了中国航发集团现有燃气轮机产业资源，重点发展表1-13所示的AGT-7、AGT-15、AGT-25、AGT-110“三轻一重”燃气轮机产品，设计生产的各型燃机可满足石油天然气、工矿、电力、分布式能源与备用应急等多个行业的多层次应用需求，具有燃料灵活性和低排放性，可兼容多种气、液清洁燃料。

表1-13 中国航发燃机的燃气轮机产品参数

参数	燃气轮机型号			
	AGT-7	AGT-15	AGT-25	AGT-110
轴输出功率/kW	7200	18500	22900	114500
热效率（%）	32.1	38	34	36
排气温度/℃	580	495	500	517
排气流量/(kg/s)	27.6	58.5	80.5	362

AGT-7机型具有体积小、起动快、运行维护方便、便于集中控制、燃料适应性强等特点，可应用于陆地工业发电、备用发电、海上平台、机械驱动等领域，如AGT-7A用于分布式能源，AGT-7B用于海上平台，AGT-7C用于应急备用电源，市场前景广泛。AGT-15机型具有热效率高、结构紧凑、运营成本低、燃料灵活性良好等特点，便于使用和维护，可应用于船舶动力、陆地工业发电、分布式能源、机械驱动等领域。AGT-25机型适用范围广、可靠性高，可应用于分布式能源、管道增压、工业发电等领域。AGT-110是我国首款具有完全自主知识产权的重型燃气轮机，主要性能指标略高于国际同类产品，适用于柴油、天然气和中低热值燃料，可应用于热电联产、天然气调峰电厂、中热值IGCC联合循环发电等领域。

AGT-110 示范项目于 2012 年 12 月在中海油深圳电力有限公司实现燃机 72h 简单循环连续运行试验考核；2013 年 11 月完成 168h 联合循环试验考核；2014 年完成机组 1000h 工业运行考核，并启动机组低排放改造项目；2015 年 8 月换装低排放燃烧室的 AGT-110 重型燃机在中海油深电开始调试运行，截至 2015 年 9 月在中海油深电满负荷累计运行超 1600h。2020 年 12 月，AGT-110 重型燃气轮机总装下线，产品具有完全自主知识产权。

综上所述，我国燃气轮机工业通过近 20 年的“以市场换技术”、引进技术消化吸收、自主设计研发试制等技术途径和国家“863”计划、“973”计划、“两机重大专项”计划以及创新发展示范项目的实施推进，至今已经取得了长足的技术进步和企业发展，特别是通过 R0110（AGT-110）和 G50 两型燃气轮机的自主研制，相关企业积累了设计、材料、制造、装配、试验和调试方面的宝贵经验，突破了设计、材料和制造、试验、调试等关键技术，建立了具有自主知识产权的 E+级和 F 级重型燃气轮机的设计、研制、试验和调试平台，建立了自主的燃气轮机材料研发平台和体系，形成了完整的燃气轮机制造工艺能力和制造体系，培养了一支掌握核心技术的燃气轮机研发队伍，同时燃气轮机安装调试、运行维护与检修服务方面的技术队伍也在快速发展。总之，经过近 20 年的发展，我国已构建了完整的燃气轮机产业链，具有了年产数十套燃气轮机的批量成套供货能力。相信未来十年我国的燃气轮机工业将通过进一步的关键技术攻关和产业发展提升，特别是通过“两机专项”300MW 级 F 级燃气轮机的自主研制和 400MW 级 G 级/H 级燃气轮机核心技术的研发，加速向燃气轮机技术强国迈进。

参考文献

[1] 国家制造强国建设战略咨询委员会.《中国制造 2025》重点领域技术路线图［Z］. 2015.

[2] 国家发展改革委、国家能源局. 能源技术革命创新行动计划（2016—2030 年）［Z］. 2016.

[3] The National Academies of Sciences, Engineering and Medicine. Advanced Technologies for Gas Turbines［R］. Washington D C: The National Academies Press, 2020.

[4] STUART S, CARTER P, Worldwide Gas Turbine Report［R］. Value Market Research, 2020.

[5] 中国动力工程学会. 2018—2019 动力机械工程学科发展报告［M］. 北京：中国科学技术出版社, 2020.

[6] 陆燕荪, 刘吉臻, 周鹤良. 电力强国崛起：中国电力技术创新与发展 上册［M］. 北京：中国电力出版社, 2021.

[7] MEHERWAN P B. 燃气轮机工程手册［M］. 丰镇平, 李祥晟, 邓清华, 等译. 北京：机械工业出版社, 2022.

[8] GIAMPAOLO T, MSME P E. Gas Turbine Handbook: Principles and Practice［M］. 5th ed. ［S. l.］: Fairmont Press, 2014.

[9] SOARES C. Gas Turbines: A Handbook of Air, Land and Sea Applications［M］. 2nd ed. Oxford, UK: Butterworth-Heinemann, 2015.

[10] RAZAK A M Y. Industrial Gas Turbines Performance and Operability［M］. Cambridge England: Woodhead Publishing Limited, 2007.

[11] 沈炳正, 黄希程. 燃气轮机装置［M］. 2 版. 北京：机械工业出版社, 1991.

[12] 翁史烈. 燃气轮机［M］. 北京：机械工业出版社, 1989.

[13] 朱行健, 王雪瑜. 燃气轮机工作原理及性能［M］. 北京：科学出版社, 1992.

[14] 姜伟, 赵士杭. 燃气轮机原理、结构与应用［M］. 北京：科学出版社, 2002.

[15] 赵士杭. 燃气轮机循环与变工况性能 [M]. 北京：清华大学出版社，1993.
[16] 焦树建. 燃气-蒸汽联合循环 [M]. 北京：机械工业出版社，2000.
[17] 闻雪友，翁史烈，翁一武，等. 燃气轮机发展战略研究 [M]. 上海：上海科学技术出版社，2016.
[18] 林汝谋，金红光. 燃气轮机发电动力装置及应用 [M]. 北京：中国电力出版社，2004.
[19] 李孝堂. 航机改型燃气轮机设计及试验技术 [M]. 北京：航空工业出版社，2017.
[20] 韩介勤，杜达，艾卡德. 燃气轮机传热和冷却技术 [M]. 程代京，谢永慧，译. 西安：西安交通大学出版社，2005.
[21] LEFEBVRE A H，BALLAL D R. Gas Turbine Combustion：Alternative Fuels and Emissions [M]. 3rd ed. Boca Rtaon：CRC Press，2010.
[22] WELCH M，LGOE B. An Introduction to Combustion，Fuels，Emissions，Fuel Contamination and Storage for Industrial Gas Turbines [C]. [S. l.]：ASME Turbo Expo 2015 Turbine Technical Conference and Exposition，2015.
[23] GUELEN S C. Gas Turbines for Electric Power Generation [M]. Cambridge：Cambridge University Press，2019.
[24] LIEUWEN T C，YANG V. Gas Turbine Emissions [M]. Cambridge：Cambridge University Press，2013.
[25] 张栋芳. 燃气轮机及联合循环在灵活性方面的研究 [R]. 北京：中国电机工程学会，2018 年清洁高效发电技术协作网年会，2018.
[26] 丰镇平. 掺氢燃气轮机产业发展方向及技术趋势研究 [R]. 东方电气股份有限公司科技发展咨询报告，2021.
[27] 北极星火力发电网. 世界重型燃气轮机产品系列发展史及其启示 [EB/OL].（2016-05-30）[2022. 05. 30] http：//news. bjx. com. cn/html/20160530/737723. shtml.
[28] 庞名立. 2021 年世界各国电力生产、消费及结构报告 [R/OL].（2021-07-19）[2022-5-30]. http://www. chinapower. com. cn/zx/zxbg/20210719/89067. html.
[29] 庞名立. 2021 年中国燃气发电报告 [R/OL].（2021-08-03）[2022-05-30]. http：//www. chinapower. com. cn/zx/zxbg/20210803/92227. html.
[30] 中国东方电气集团有限公司. 国内首台 F 级 50MW 重型燃气轮机满负荷运行 [EB/OL].（2020-11-27）[2022-05-30]. http：//www. sasac. gov. cn/n2588025/n2588124/c16079389/content. html.
[31] 中国船舶重工集团公司第 703 研究所. 科技成果：30MW 级 CGT25-D 型燃气轮机 [EB/OL]. [2022-05-30]. https：//wenku. baidu. com/view/6daa1deca7e9856a561252d380eb6294dc882231. html? fr = income3-doc-search.
[32] 哈尔滨电气股份有限公司. 燃气轮机技术国产化解决方案 [EB/OL]. [2022-05-30]. https：//wenku. baidu. com/view/7f146cab2aea81c758f5f61fb7360b4c2f3f2a5e. html.
[33] 上海电气燃气轮机有限公司. 上海电气燃气-蒸汽联合循环产品 [EB/OL].（2019-11-12）[2022-05-30]. https：//www. shanghai-electric. com/listed/upload/resources/file/2019/11/12//79685. pdf.
[34] 南京汽轮电机（集团）有限责任公司. 6F 燃气轮发电机组 [EB/OL]. [2022-05-30]. http：//www. ntcchina. com/product/177. html.
[35] 杭州汽轮机股份有限公司. 中高热值燃料燃气轮机 [EB/OL].（2021-4-1）[2022-05-30]. http：//www. htc. cn/pd4. html? id = 480612.

第 2 章

燃气轮机的热力循环分析

2.1 概述

燃气轮机与其他热机一样，都是利用工质通过热力系统的某些循环过程，将燃料的化学能转化为热能，再转化为机械能而对外做功。为了提升燃气轮机的工作性能，需要对燃气轮机的工作过程进行分析研究。理论上，可以将燃气轮机的实际工作过程进行简化，通过对各循环过程进行分析，获得提高燃气轮机在设计工况下性能的方法，并为变工况性能的研究提供理论依据。

热力循环是指热力系统经过一系列的变化，重新回复到原来状态的全部过程。其中，将热能转换为机械功的循环称为正向循环；将机械功转换为热能的循环称为逆向循环。燃气轮机、蒸汽轮机等热机（热力原动机）都是按照正向循环工作的。

自燃气轮机问世以来，通过对循环过程进行分析研究，人们已经提出了一系列提高燃气轮机性能的方法，包括：提高透平前的燃气温度，压气机最佳压比的选取，提高各部件的效率，采用压缩过程中间冷却和膨胀过程中间加热等复杂循环等。因此，熟悉并掌握燃气轮机的热力循环理论，是研究燃气轮机工作原理、提升机组性能的重要理论基础。

在状态参数的平面坐标图（如压容图或温熵图）上，循环的全部过程构成一条封闭曲线，其起点和终点重合。整个循环可以看作一个闭合过程，所以也称循环过程，简称循环。工质在完成一个循环之后，就可以重复进行下一个循环，如此周而复始，就能连续不断地将热能转化为机械能。

燃气轮机的热力循环有开式循环和闭式循环两大类。开式循环燃气轮机的工质来自于周围大气，通过压缩、加热、膨胀做功后再排回大气放热而不断地进行循环做功。开式循环具体还可进一步细分为简单循环、回热循环、间冷循环、再热循环以及由几种以上的循环所构成的更加复杂的循环。本章的后面部分将对每一种循环的基本工作过程和性能进行详细讨论。开式简单循环的工作过程大致为：

空气→压气机→燃烧室→透平→排气

闭式循环燃气轮机可以采用热力性质较好（如可以减少对机组的腐蚀、积垢等）的非空气工质气体，其压缩、加热和膨胀做功及放热过程都是在封闭的系统中周而复始地进行。其工作过程大致为：

		换热器		换热器
与外界隔绝的非空气工质 (N_2，H_2，CO_2，稀有气体、惰性气体等)	→ 压气机 →	⇕ Q	→ 透平 →	⇕ Q
		锅炉，核能		冷却剂

由于闭式循环设备笨重、造价高，且闭式循环透平前温受换热过程的限制，所以至今尚未得到推广应用。因此，现有的燃气轮机多为采用开式循环的机组。

通常所说的半闭式循环指工质的主要部分在装置中循环，但一部分燃烧后的废气被排向大气，同时吸收一部分新鲜的空气来补充氧气的一类循环。

燃气轮机在发展的初期曾采用过等容的爆燃方式加热，其燃烧室需要进气阀和排气阀。与等压加热方式相比，以等容方式工作的燃烧室结构复杂，透平进气压力脉动大，透平工作效率低，缺点显著。因此，现用的燃气轮机均采用了比较简单而更适宜于续流式透平机械的等压不间断方式加热。实际上，由于各种损耗的存在，实际的等压工作过程是不可能存在的，只是尽量地接近它。

需要说明的是，近年来对旋转爆燃（震）增压燃烧室的研究呈井喷式发展，该燃烧室属于等容加热的燃烧方式。目前，旋转爆燃增压燃烧室的研究大多处于概念验证阶段，其对燃烧稳定性、压气机和透平的影响，以及对污染物排放的影响还需要深入研究。

燃气轮机工质经过一次压缩、一次燃烧加热、一次膨胀做功的过程是燃气轮机工作的最基本的必不可少的过程，该循环称为简单循环。此外，可以在简单循环基础上，加入相应的子过程来进一步提高循环效率和做功能力。例如，由于燃气轮机排气温度较高，可达 500 ~ 650℃，因此还可利用其热量来加热压缩后的空气，从而减少燃烧室中燃料的加入量来提高机组效率，这样的循环被称作回热循环。又如，在压缩过程还可以对工质进行中间冷却以减少压缩耗功，在膨胀过程可以对工质进行中间加热以提高膨胀功，这样的过程分别被称为间冷循环和再热循环。

同时，还可将燃气轮机循环和其他动力装置循环联合而组成所谓的复合循环，目的是实现能量的梯级利用，以充分利用燃气排气的低温余热，进一步提高能源的利用率。例如，现在广泛应用的燃气-蒸汽联合循环就是典型的复合循环。

本章主要讲解循环的热力参数和性能参数的定义及所代表的物理意义；燃气轮机在采用不同的循环时所具有的性能，即热力参数和性能参数之间的关系；循环的热力计算方法，即给定热力参数时机组的性能计算；燃气-蒸汽联合循环、闭式循环等其他复杂循环方案的工作过程和性能。

2.2 热力学基本定律和状态参数

2.2.1 热力学的基本定律

热力学第一定律表明了能量不会自己产生或消失，它只能从一个物体传递到另一个物体，或者从一种形式转化为另一种形式。例如，如果对一个热力系统加入 10MJ 的热量来产生功，那么最多只能够输出 10MJ 的功。

热力学第二定律通常与热机相关，热机是循环中运行的一个重要装置，它从高温热源提取热量并向冷源（热汇）释放热量，如图 2-1 所示。应该注意，对于这样一种热机热力循环系统，最后会使得初始状态和最终状态相同，这也是循环的基本含义。热力学第二定律的一种定义是限制能够产生的功，换句话说，如果加入 10MJ（Q_1）的热来产生功，则最多能够产生的功一定小于 10MJ，因为排向冷源的热量 Q_2不能是 0，因此机组的效率（输出功与加入的热量的比值）永远不能为 1，因为系统必须丢失掉一些热量（即 Q_2不能为 0）。紧接着的问题是：热机能够达到的最高效率是多少？卡诺给出了热机能够达到的最高效率的理想表达式：

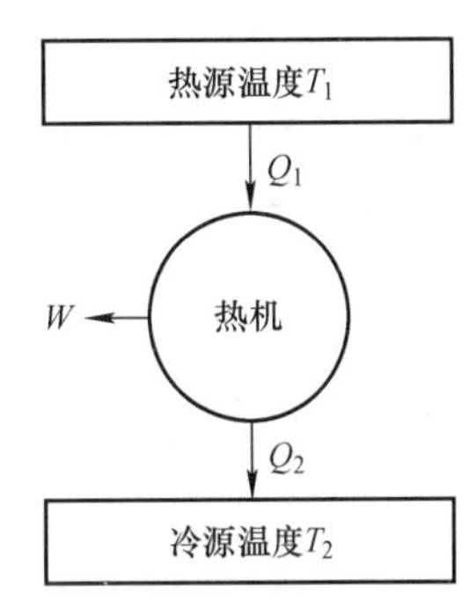

图 2-1 热机的表示

$$\eta = 1 - \frac{T_2}{T_1} \tag{2-1}$$

式（2-1）中的 T_2和 T_1分别是冷源和热源的温度（K）。显然，卡诺循环的效率会随着 T_2/T_1比值的减小而增加。

2.2.2 热力学的状态参数

1. 温度

温度是表征物体冷热的一个物理量。在工程热力学中通常使用绝对温标，或称为开氏温标，其对应的物理量为热力学温度或称为开氏度，符号为 K（Kelvins），其单位为开尔文，简称开。它是一个纯理论上的温标，因为它与测温物质的属性无关。热力学温度以绝对零度（0K）为最低温度，它与摄氏温度的换算关系为：$\{T\}_K = 273.15 + \{t\}_{℃}$。

2. 压力

热力学中的压力即物理学中的压强，国际单位为 Pa，在英美习惯以 psi 来表示压力，其意义为 1 磅/英寸，它们之间的单位换算关系为 1psi = 6.895kPa。在本书中出现的另一个压力单位为 bar，1bar = 0.1MPa ≈ 14.5psi。

3. 比体积（比容）

比体积就是单位质量的工质所占的体积，即 $v = V/m$（m^3/kg）。

4. 熵

能量的可用性（品质）对于热向功的转化过程十分重要，即能量不仅有大小，而且有品质。能量越可用，其熵越低，反过来能量越不可用，其熵越高。熵是一种热力学属性，用符号 S 表示。在热力过程中熵的变化为

$$\Delta S = \int \frac{dQ}{T}$$

式中，Q 为热量。假定前述的热机所做的功为 0，那么根据热力学第一定律，$Q_1 = Q_2 = Q$。热源降低的熵为 $\Delta S_{source} = -Q/T_1$，冷源增加的熵为 $\Delta S_{sin\ k} = Q/T_2$，正负号的规定为系统向外放出的热量为负，系统对外所做的功为正。系统熵的净变化为

$$\Delta S_{system} = \Delta S_{source} + \Delta S_{sin\ k}$$

$$\Delta S_{system} = \frac{Q}{T_2} - \frac{Q}{T_1} = Q\left(\frac{1}{T_2} - \frac{1}{T_1}\right)$$

由于 T_1 必须比 T_2 高以使热量由高温向低温流动，因而系统的熵必须为正值。由于热源的熵降低，但是冷源的熵增加比热源的熵降低来得多，故系统总的熵一定增加，这就是热力学第二定律的另一种描述。

上述的热机不能获得 100% 效率的原因是由于熵增或能量品质的下降，因而系统向冷源丢弃掉的热量不能为零，即必须有一些热被丢弃掉。

2.3 性能指标

燃气轮机循环的主要指标可用两个热力参数和三个性能参数来表示。

2.3.1 热力参数

1. 温比 τ

温比是决定系统性能的重要参数之一，其定义是循环最高温度与最低温度之比。需要注意的是，循环的最高温度并非为工质在工作过程中所经历的最高温度，事实上，传统的扩散燃烧室主燃区的温度要远高于循环的最高温度。温比在数学上可表示为

$$\tau = \frac{T_3^*}{T_1^*} \tag{2-2}$$

式中，T_1^* 为压气机进口温度（K）；T_3^* 为透平进口温度（K），又称作透平前温。

通常，在透平前温的概念上存在两种温度，一种是指燃烧室出口实际进入透平的温度 TIT（turbine inlet temperature），另一种是指透平第一级动叶之前真正开始产生有用透平功的燃气温度 RIT（rotor inlet temperature）或称 firing temperature（TFIRE），RIT/TFIRE 值由于冷却气流的加入而低于 TIT[⊖]。燃气轮机等级的划分基于 TIT，而循环计算中根据实际需要可能需要采用 RIT 值。因此，有必要了解不同定义之间的区别，并确定要使用哪个定义来正确解释所讨论的特定燃气轮机技术。本书在循环过程论述中主要是指 TIT（而对二者未加以详细区别，但在实际工程应用中二者是不同的，应加以区别）。

物理上，τ 代表了工质被加热的程度。由定义可以看出，在进气条件一定的条件下，τ 主要决定于循环的最高温度。一般来说，τ 越高越好，同时 τ 的提高，体现了燃气轮机对高温材料和冷却技术更高的要求。

2. 压比 π

压比也是决定系统性能的重要参数之一，定义为压气机出口与进口的总压之比，其数学表达式为

$$\pi = \frac{p_2^*}{p_1^*} \tag{2-3}$$

物理上，π 代表了工质被压缩的程度。后面将讨论说明，π 与 τ 的配合，即 τ 提高时，π 也应有相应的提高，两者合理匹配将是决定循环性能的关键。

应当指出的是，以上的温比和压比的定义方法通常也称为滞止温比和滞止压比，与此对应的分别还有静温比和静压比。由于采用滞止参数和静参数在循环计算时过程相同，所获得

⊖ 透平一级静叶采用先进的空气冷却方式时，TIT 比 RIT 高 100℃以上，采用闭环蒸汽冷却时相差较小。

的关于循环性质的结论也相同，因此在本书的各章节中，除非特别需要加以区别，对滞止参数和静参数不再加以区别，而在实际应用中需要加以区分。

2.3.2　性能参数

1. 比功

比功，也称为比输出，指单位质量的工质所做（或所需）的功，其单位为kJ/kg；或单位流量的工质所发出（或所需）的功率，其单位为kW/(kg·s^{-1})。压气机的比功也称为能量头或压头。以某F级燃气轮机为例，若已知其压气机进口的空气质量流量为650kg/s，输出功率为270MW，则装置的比功值约为415kJ/（kg·s^{-1}）。

在近似计算中，如果忽略压气机与透平中的流量差别以及机械损失，则燃气轮机的装置比功 w_n 等于透平比功 w_T 与压气机比功 w_C 之差。数学上可表示为

$$w_n = w_T - w_C \tag{2-4}$$

物理上，装置比功的大小代表了装置做功能力的大小。装置的比功越大，则发出相同功率所需要的工质流量越小，此时所需要的管道和装置的尺寸都较小，相应的制造成本低；反之，装置的比功越小，发出相同功率所需要的工质流量就大，此时所需的管道和装置尺寸都较大，相应的制造成本也高。因此，应尽量提高装置的比功。

燃气轮机发出的功率等于其比功与压气机进口空气流量的乘积。在发电用燃气轮机装置功率的表述上，可以有以下几种表述方式。

（1）标准额定功率　指在环境温度15℃、海平面高度、相对湿度60%（ISO）工况下，发电机的输出功率。

（2）合同额定功率　在事先确定的运行工况下连续运行，发电机能够保持的功率。

（3）现场额定功率　在发电厂所处的当前环境条件下，如大气压力、大气温度、压力损失等条件下的最大持续功率。

（4）尖峰功率　在规定的运行条件下，保持一个约定的短时间内，燃气轮机以高于连续额定功率安全运行的最大功率。

2. 热效率 η

对于一种热力装置，通常用热效率衡量该装置的产出与投入的比值。燃气轮机的产出为输出功，投入为加入系统中的热量，因此装置的热效率值可表示为一定量的工质输出的有用功与输入的燃料完全燃烧所能放出的热量（或燃料的化学能）之比。数学上可表示为

$$\eta = \frac{G_a w_n}{G_f H_u} = \frac{w_n}{f H_u} \tag{2-5}$$

式中，G_a 和 G_f 分别为进入压气机的空气质量流量和燃烧室中加入的燃料的质量流量(kg/s)；f 为燃料空气比 $= G_f/G_a$[㊀]；H_u 为单位质量燃料的热值（kJ/kg）。

需要说明的是，式（2-5）中的 H_u 也称为单位质量燃料的发热量，本书的后续章节单位燃料的热值与单位燃料的发热量为同一概念。热效率的计算通常是以低发热量（LHV）为基础来表示的，有关燃料发热量见第4章的相关介绍。这是因为，尽管高发热量（HHV）

㊀ 注意，燃料空气比是燃烧室中的一个重要参数。这里的燃料空气比与燃烧室中的燃料空气比尽管意义相同，但考虑到进入燃烧室中的实际空气流量与压气机进口的空气流量差异，二者数值不同。

是燃料的真实发热量，但其中包含了燃烧产物冷却至常温时由燃烧产物中的 H_2O 凝结释放的汽化潜热。而在燃气轮机中，由于排气温度并未冷却到凝结的温度，因此，汽化潜热未被回收和利用。

物理上，循环的热效率表明了燃料的有效利用程度，是燃料转化为有用功的经济性指标。除此之外，工程中还经常采用燃料消耗率和热耗率来表示装置工作的经济性，燃料消耗率 b 指单位输出功的燃料消耗量（kg/kJ），结合式（2-5）可得

$$b = \frac{G_f}{P} = \frac{G_f}{G_a w_n} = \frac{f}{w_n} = \frac{1}{\eta H_u} \tag{2-6}$$

式中，P 为机组的输出功率（kW）。通常，燃料消耗率 b 还可以用每千瓦时所需的燃料量表示[kg/(kW·h)]：

$$b = \frac{3600}{\eta H_u} \tag{2-7}$$

式（2-6）和式（2-7）中的分母包含有燃料的热值 H_u，不利于不同装置之间的经济性比较，为此，还可采用热耗率 q 来表示，其定义为单位输出功所需的热耗[kJ/(kW·h)]，以千瓦时表示为

$$q = \frac{3600}{\eta} \tag{2-8}$$

例如，某简单循环燃气轮机装置的效率36%，由式（2-8）计算其热耗率为10000kJ/（kW·h），若天然气热值以 36MJ/m^3 计算（见表4-4），折合单位体积天然气的发电量为3.6(kW·h)/m^3。不难看出，其单位体积天然气发电价格较高，因此需要大大提升效率或采用燃气-蒸汽联合循环发电。

需要说明的是，对燃气轮机的热效率有三种定义方式：循环效率 η、装置效率 η_x 和机组有效效率 η_e。三者分母均是燃料所具有的比能，循环效率的输出功指当工质完成一个循环时，将外界加给工质的热量转化的全部的机械功，无其他损失；而装置效率则在输出功上，进一步考虑了机械效率 η_m；机组有效效率还考虑了所驱动的负载的效率，如发电机的效率 η_G。

此外，对机组和系统来说，热效率常简称为效率，在本书的其他章节中，均不再对热效率和效率加以区分。

3. 有用功系数 λ

有用功系数也称为功比，指装置的比功（输出功）与透平比功（膨胀功）之比。数学上可表示为

$$\lambda = \frac{w_n}{w_T} = 1 - \frac{w_C}{w_T} \tag{2-9}$$

当有多个透平和多个压气机时，透平和压气机的功分别为其各个透平和压气机发出（或消耗）的功的总和，此时有用功系数表示为

$$\lambda = \frac{w_n}{\Sigma w_T} = 1 - \frac{\Sigma w_C}{\Sigma w_T}$$

物理上，有用功系数可表征燃气轮机装置中透平发出的功有多少可以用于驱动负荷（如发电机）。例如，当 $\lambda = 0.35$ 时，表示透平发出的功有35%可驱动负荷，而65%则用于

压气机耗功。有用功系数还可以用来衡量燃气轮机的相对大小和表明变工况时装置性能对各部件性能变化的敏感性。λ 越大，w_n 占 w_T 的份额越大，故相同功率的装置可造得较小。此外，λ 越大，透平比功的相对变化和压气机比功的相对变化对装置的性能影响都较小。因此 λ 越大，装置的性能也越好。在目前的技术水平下，有用功系数值可达0.5。

在对装置性能进行总体评估上，鉴于有用功系数的实用意义明显减弱，在本章后面的循环计算和分析中，不再做重点讨论。

2.4　理想简单循环的热力性能

燃气轮机的工质经过一次空气压缩、一次燃烧加热和一次膨胀做功的过程是其工作的最基本的必不可少的过程，采用这种工作过程的循环称为简单循环。通常，为研究循环性能的需要，可考虑满足下列条件的理想循环：

1）假设工质是理想气体，且其比定压热容（定压比热容）c_p 和比热比 κ 在循环中不发生变化，即不随着燃气组分以及气体的温度和压力变化。

2）空气的压缩过程和燃气的膨胀过程都是理想的等熵过程。

3）不考虑燃烧室和管道内的压力损失以及燃烧不完全损失等。

4）循环中各个工作过程的工质流量保持不变。

通常，可用图2-2来表示一台燃气轮机装置的布置方案，图中的数字表示每个热力过程的起点和终点，后均同此。理想简单循环的热力过程见图2-3中的 p-v 图和 T-s 图，其中：过程1-2表示气体在压气机中被等熵压缩，过程2-3表示气体在燃烧室中被等压加热，过程3-4表示气体在透平中等熵膨胀做功，过程4-1表示气体排入大气的等压放热过程。将热力过程的 p-v 图和 T-s 图同时画出，有助于清楚地理解各工作过程的特点。通常，在燃气轮机中习惯用 T-s 图，故一般对循环进行分析时，仅给出系统的 T-s 图。

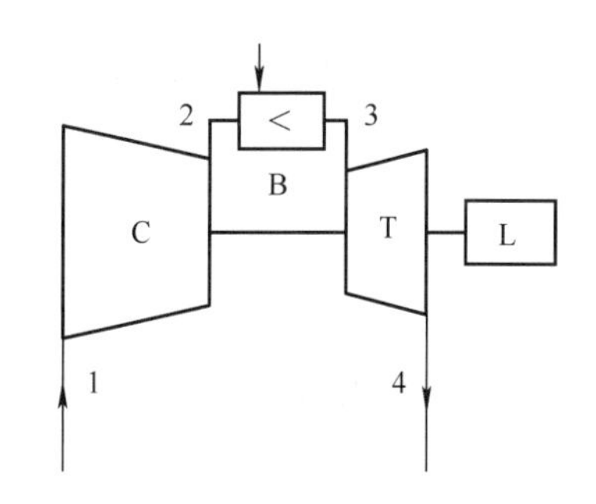

图2-2　理想简单循环的装置示意图

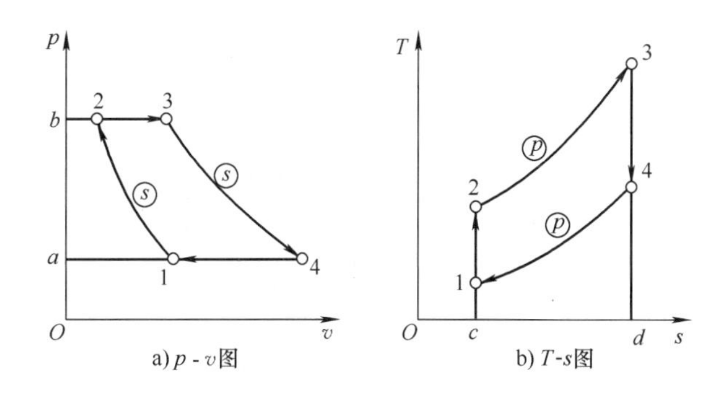

a) p - v图　　b) T-s图

图2-3　理想简单循环的工作过程压-容图和温-熵图

下面分析循环中各个过程的热功转换关系。根据热力学第一定律，外界加给单位气体的

热量等于气体对外做功与气体的比焓增之和，即

$$Q = w + c_p \Delta T$$

因而，理想简单循环四个工作过程的计算式为：

1）等熵压缩过程 1-2：

$$Q_{1\text{-}2} = 0,\ w_{\mathrm{C}} = c_p(T_2 - T_1) = c_p T_1(\pi^{\frac{\kappa-1}{\kappa}} - 1) \tag{2-10}$$

式（2-10）中的后半部分，可根据等熵过程 $T_2 = T_1 \pi^{(\kappa-1)/\kappa}$ 得到，$\pi = p_2/p_1$；κ（即 c_p/c_V）为比热比，c_p 和 c_V 分别为比定压热容和比定容热容。

2）等压加热过程 2-3：

$$Q_{2\text{-}3} = c_p(T_3 - T_2),\ w_{2\text{-}3} = 0 \tag{2-11}$$

3）等熵膨胀过程 3-4：

$$Q_{3\text{-}4} = 0,\ w_{\mathrm{T}} = c_p(T_3 - T_4) = c_p T_3(1 - \pi^{-\frac{\kappa-1}{\kappa}}) \tag{2-12}$$

注意，式中的 $\pi = p_3/p_4$，由于不考虑燃烧室和进排气的压力损失，如图 2-3 所示的 T-s 图，$p_2 = p_3$、$p_4 = p_1$，故其与式（2-10）中的压比表达式相同。

4）等压放热过程 4-1：

$$Q_{4\text{-}1} = c_p(T_4 - T_1),\ w_{4\text{-}1} = 0 \tag{2-13}$$

与图 2-3 相对照，w_{C} 相当于 p-v 图中 1-2-b-a 所围面积，$Q_{2\text{-}3}$ 相当于 T-s 图中 2-3-d-c 所围面积，w_{T} 相当于 p-v 图中 3-4-a-b 所围面积，$Q_{4\text{-}1}$ 相当于 T-s 图中 4-1-c-d 所围面积。

2.4.1 理想简单循环的比功

由式（2-4）、式（2-10）和式（2-12）可得，理想简单循环的比功为

$$\begin{aligned} w_{\mathrm{n,s}} &= w_{\mathrm{T}} - w_{\mathrm{C}} = c_p(T_3 - T_4) - c_p(T_2 - T_1) \\ &= c_p T_1[\tau(1 - \pi^{-\frac{\kappa-1}{\kappa}}) - (\pi^{\frac{\kappa-1}{\kappa}} - 1)] \end{aligned} \tag{2-14}$$

式中，下角标 s 表示简单循环。对比图 2-3 可见，比功在图 2-3 中相当于 1-2、2-3、3-4 和 4-1 四个过程所包围的面积，即 1-2-3-4 所围的面积。

式（2-14）表明，理想简单循环的比功是温比和压比的函数，取 $c_p = 1.0\mathrm{kJ/(kg \cdot K)}$，$\kappa = 1.4$ 和 $T_1 = 288\mathrm{K}$ 代入式（2-14），可将所得结果绘制成曲线，如图 2-4 所示。

目前，先进燃气轮机中的最高循环温度 T_3 可达 1900K 以上，采用简单循环可获得超过 40% 的效率。但是为了讨论和说明，图中的最高循环温度取值较低，这样会得到较低的更实际的压比范围，以便更好地进行讨论。后面在实际循环的讨论中，将选取接近实际的更高的循环最高温度。

图 2-4 表明，理想简单循环的比功随着温比 τ（由于 $T_1 = 288\mathrm{K}$ 不变，图中以 T_3 表示）和压比 π 变化。当 π 不变时比功随着 τ 的增加而增加；τ 一定时，比功随 π 的变化有一最大值，对应于使比功获得最大值的压比称为最佳压比 $(\pi_{w_{\mathrm{n,s}}=\max})_{\mathrm{opt}}$。事实上，将式（2-14）进行求导并令其等于 0 即可获得该最佳压比的具体数值：

$$\frac{\mathrm{d}w_{\mathrm{n,s}}}{\mathrm{d}(\pi^{\frac{\kappa-1}{\kappa}})} = c_p T_1\left(\frac{\tau}{\pi^{\frac{2(\kappa-1)}{\kappa}}} - 1\right) = 0$$

可得

$$(\pi_{w_{\mathrm{n,s}}=\max})_{\mathrm{opt}} = \tau^{\frac{\kappa}{2(\kappa-1)}} \tag{2-15}$$

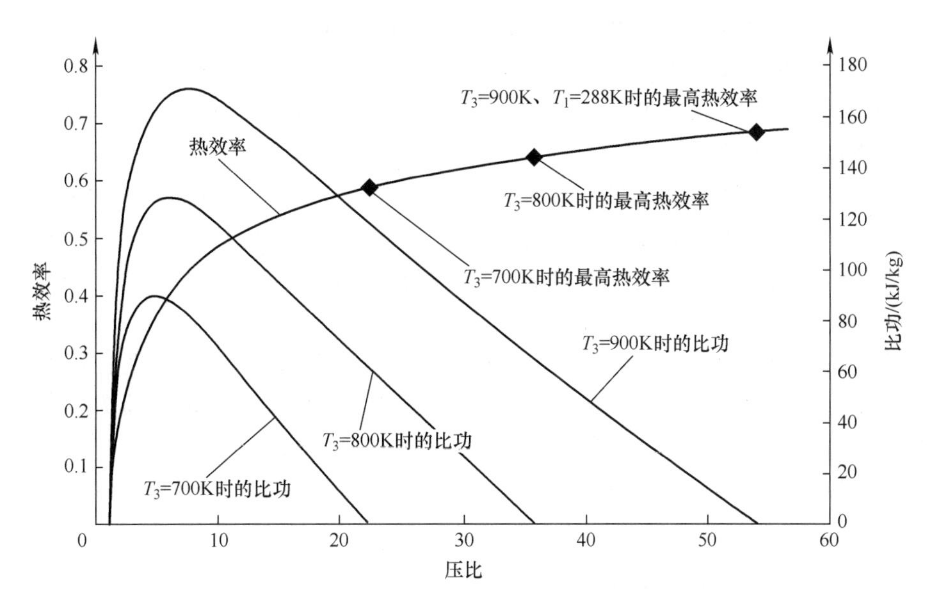

图 2-4　理想简单循环的比功和热效率

式（2-15）给出了温比一定时，使比功获得最大值的最佳压比。将式（2-15）进行简单变形，可以得到，当 $T_2 = T_4$，即压气机压缩后的空气温度等于透平膨胀后的燃气温度时，装置的比功最大。

此外，从图 2-4 中还可以看出，随着温比 τ 的增加，使比功获得最大值的最佳压比 $(\pi_{w_{n,s}=\max})_{opt}$ 不断增大。

图 2-5 进一步说明了 $(\pi_{w_{n,s}=\max})_{opt}$ 的存在。由图中可以看出，当 T_1 和 T_3 都不变（即 τ 一定）时，π 从小变大，循环从 1-2-3-4 变为 1-2′-3′-4′，再变为 1-2″-3″-4″，即面积先由小变大，后由大变小。因此，必然存在一个最大的面积，即意味着具有最大的比功，该比功下的压比即为 $(\pi_{w_{n,s}=\max})_{opt}$。

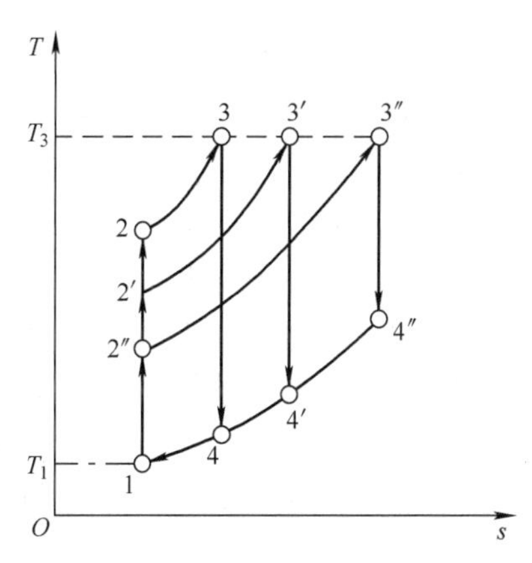

图 2-5　温比不变时，比功随压比的变化

2.4.2　理想简单循环的热效率

下面分析理想简单循环的热效率。由热效率的表达式［式（2-5）］可得

$$
\begin{aligned}
\eta_s &= \frac{w_n}{fH_u} = \frac{c_p(T_3 - T_4) - c_p(T_2 - T_1)}{c_p(T_3 - T_2)} \\
&= 1 - \frac{\tau \dfrac{1}{\pi^{\frac{\kappa-1}{\kappa}}} - 1}{\tau - \pi^{\frac{\kappa-1}{\kappa}}} \\
&= 1 - \frac{1}{\pi^{\frac{\kappa-1}{\kappa}}}
\end{aligned}
\tag{2-16}
$$

由式（2-16）很容易得到理想简单循环的循环效率 $\eta_s = 1 - T_1/T_2$。由此可知，理想简单循环的效率仅取决于压气机的进出口温度比，也即取决于压比。将理想简单循环的效率与对应的卡诺循环的效率（$\eta = 1 - T_1/T_3$）相比可以看到，因为 T_2 小于 T_3，理想简单循环的效率小于卡诺循环的效率。

在图 2-3 中，η_s 相当于 T-s 图中 1-2-3-4 所围面积与 2-3-d-c 所围面积的比值。由图 2-4 中可以看出，理想简单循环的热效率 η_s 仅与压比 π 有关，而与温比 τ 无关；η_s 随 π 的增加而单调增加，这是因为随着压比 π 的增加，压气机出口气体温度 T_2 增加，达到相同的 T_3 时所需要加入的燃料变少，从而热效率变高。

但是不能说理想简单循环的热效率可以随压比的增加而无限增加，因为任何循环的效率都不可能高于卡诺循环的效率。实际上，π 仅能小于由 τ 决定的最大值，即 $T_2 = T_3$ 时所对应的压比，此时循环的效率为卡诺循环的效率，循环中也无热量加入，$T_3 = T_2$，$T_4 = T_1$，系统的膨胀功与压缩功相同，循环对外不做功。相反，若压比减小，则循环的效率下降，当压比为 1 时，循环的效率为 0，系统同样不对外做功。

2.4.3 理想简单循环的有用功系数

由式（2-9）有用功系数的定义，可得：

$$\lambda_s = \frac{w_n}{w_T} = 1 - \frac{T_1\left(\pi^{\frac{\kappa-1}{\kappa}} - 1\right)}{T_3\left(1 - \frac{1}{\pi^{\frac{\kappa-1}{\kappa}}}\right)} = 1 - \frac{\pi^{\frac{\kappa-1}{\kappa}}}{\tau} \tag{2-17}$$

将式（2-17）的有用功系数与压比 π 和温比 τ 的关系 $\lambda_s = f(\pi,\tau)$ 绘制成曲线，如图 2-6所示。可以看到，当压比 π 一定时，随着温比 τ 增加，有用功系数增加。这是因为 π 不变时，压气机耗功 w_C 不变，而 τ 增加使得 w_T 增加，从而使得有用功系数增大。此外，当温比不变时，随着压比的增大，装置的有用功系数降低。事实上，式（2-17）也可以写作 $\lambda_s = 1 - T_2/T_3$，可以看到随压比增大，T_2 增加，有用功系数降低。

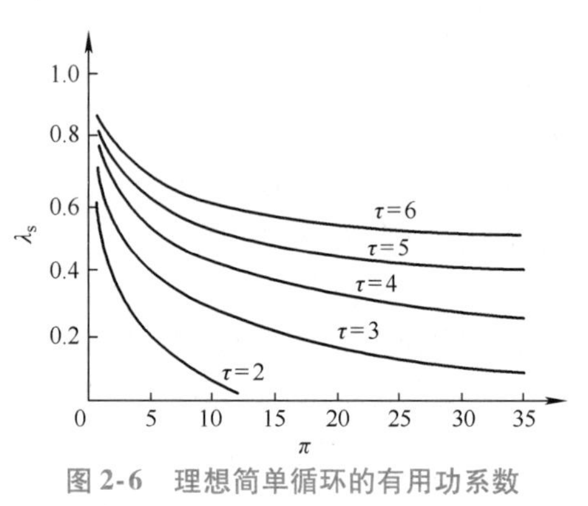

图 2-6 理想简单循环的有用功系数

2.5 理想复杂循环的热力性能

本节介绍的理想复杂循环包括理想回热循环、理想间冷循环和理想再热循环等，应该说明的是，很多文献资料将以上的两种或多种循环的组合才称为复杂循环。

2.5.1 理想回热循环

理想简单循环当温比 τ 一定时，存在着使装置比功获得最大值的最佳压比 $(\pi_{w_{n,s}=\max})_{opt}$，且由式（2-15）可以看到，当压气机出口的温度 T_2 等于透平的排气温度 T_4 时，这时装置在所采用的压比下可以获得最大的比功。当压比偏离该最佳值时，透平的排气温度与压气机出口温度不同。很明显，当透平排气温度高于压气机出口空气温度时，就可以将排气所包含的热量加入到压气机出口的空气，以此来降低进入燃烧室的燃料量，从而使装置的效率得以提升，此概念即为回热循环。

图2-7所示为理想回热循环的工作过程图及装置示意图。由图可见，理想回热循环和理想简单循环的装置布置基本相同，只不过是在透平出口排气和压气机出口压缩空气之间加了一个回热器。

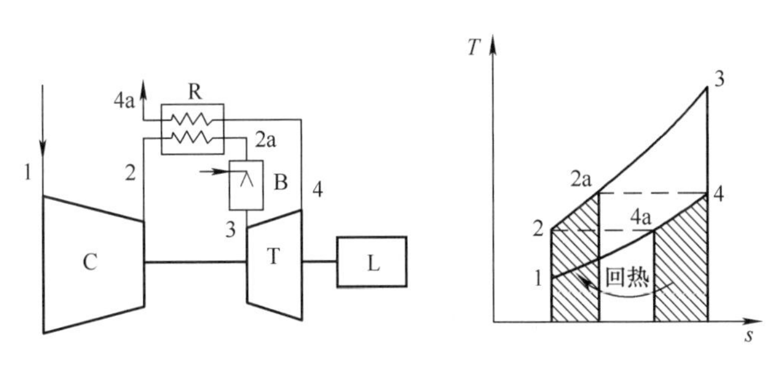

图2-7　理想回热循环的工作过程图及装置示意图

C—压气机　R—回热器　B—燃烧室　T—透平　L—负荷

所谓的理想回热循环，除了具有2.3节所叙述的理想简单循环的假设条件外，还假定压缩空气在回热器中被加热到了透平排气的温度，即在图2-7中，$T_{2a}=T_4$，同时透平的排气在回热器中被冷却至压气机出口空气的温度，即$T_{4a}=T_2$。很明显，这仅在换热表面积为无限大的理想回热器中才可能实现（相当于回热度$\sigma=1$的循环）。此外，还假定回热器中燃气和空气均无流动损失。

理想回热循环的工作过程为：1-2为空气的等熵压缩过程，2-2a为空气等压预热过程，2a-3为燃烧室中的等压燃烧过程，3-4为燃气等熵膨胀过程，4-4a为排气等压冷却过程，4a-1为等压放热过程。

由图2-7可以看到，采用回热后的理想回热循环的过程T-s图与理想简单循环完全重合，且比功均为面积1-2-3-4，故对于理想回热循环，装置的比功不变。

此外，由图2-7还可以看到，采用理想简单循环时，装置中加入的燃料所具有的比能为2-3下所围图形的面积；而加入回热后，装置中加入的燃料所具有的比能为2a-3下所围图形的面积。显然，采用回热循环后，装置中加入的燃料量减少，比功不发生变化而燃料加入量减少，因而装置的热效率得到了提升。

同样，根据热效率的定义，理想回热循环装置的热效率可写作（下标R表示采用回热循环）：

$$\begin{aligned}\eta_{\mathrm{R}} &= \frac{w_{\mathrm{n}}}{\dot{Q}_{\mathrm{B}}} = \frac{c_p(T_3-T_4)-c_p(T_2-T_1)}{c_p(T_3-T_{2\mathrm{a}})}\\ &= 1-\frac{T_1\left(\pi^{\frac{\kappa-1}{\kappa}}-1\right)}{T_3\left(1-\pi^{-\frac{\kappa-1}{\kappa}}\right)}\\ &= 1-\frac{\pi^{\frac{\kappa-1}{\kappa}}}{\tau}\\ &= \lambda_{\mathrm{s}}\end{aligned} \tag{2-18}$$

由式（2-18）可见，理想回热循环的热效率在数值上与理想简单循环的有用功系数相等。同样，可绘制出理想回热循环的热效率 $\eta_R = f(\pi,\tau)$ 的图形，如图 2-8 所示。

图 2-8 说明，与理想简单循环不同，理想回热循环的热效率不仅与压比 π 有关，而且与温比 τ 也有关系。在相同的压比和温比条件下，采用理想回热循环可以提高装置的热效率，即 $\eta_R > \eta_s$。当温比 τ 一定时，随着 π 的增加，η_R 下降，这是因为 π 的增加造成了回热温差 $T_4 - T_2$ 减小，从而回热的有效性降低。随着 π 增加到 $\pi = \tau^{\frac{\kappa}{2(\kappa-1)}}$ 时（此时 $T_4 = T_2$），$\eta_R = 1 - \frac{1}{\sqrt{\tau}} = 1 - (\frac{1}{\pi})^{\frac{\kappa-1}{\kappa}} = \eta_s$，即此时回热循环的效率与简单循环相同。图 2-8虚线以下的部分没有画出，原因是虚线以下 $T_4 < T_2$，回热温差小于零，此时若采用回热器，则压缩空气会将热量传递给透平的排气，故此时采用回热已经没有意义。通常，将 $T_2 = T_4$ 时的压比称为临界压比。同样，随着压比 π 的降低，回热温差增加，η_R 增加，当 $\pi = 1$ 时，$\eta_R = 1 - \frac{1}{\tau}$，装置的效率最高，但此时不向外做功，故同样无意义。由图 2-8 还可以看出，对于同一个压比，随着 τ 的增加，装置的热效率也提高。

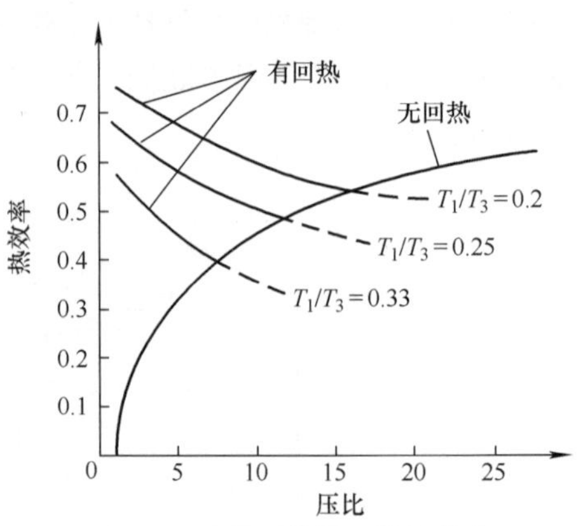

图 2-8　理想回热循环的热效率

2.5.2　理想间冷循环

根据装置比功的定义式（2-4）可知，要提高装置的比功，可以从两个方面着手，或者提高透平的膨胀功，或者降低压气机的压缩耗功。对于压缩过程，气体的温度越低，其分子运动速度也越低，达到同样的压比所需的压缩功也越小，因而等温的压缩过程较等熵压缩过程更加有利；同样，对于膨胀过程，透平发出的比功与燃气的进口温度成正比，气体的温度越高，在相同的膨胀比下可发出的膨胀功也越多。基于以上的降低压缩功和提高膨胀功的观点，分别对应提出了间冷循环和再热循环。

所谓间冷循环，是指在压缩过程中，将工质引至冷却器进行冷却后，再回到压气机中继续压缩以完成压缩过程的循环。这种类型的燃气轮机的装置示意图如图 2-9 所示。其中的 IC 表示中间冷却器（又称间冷器），一般采用水来进行冷却。由于采用了间冷器，压气机被分成了高压压气机和低压压气机两个部分，在图中分别用 HC 和 LC 表示。所谓理想间冷，指除了具有 2.3 节中所叙述的对于理想简单循环的假设条件外，还假定间冷器出口的工质可以被冷却到进入燃气轮机进口时的温度 T_1，即 $T_{1m} = T_1$；此外，在间冷器中假定无损失存在。

图 2-9 给出了理想间冷循环的工作过程 T-s 图，从图中可以看出，采用间冷循环后，装置的比功由简单循环的面积 1-2′-3-4 增加到了面积 1-2m-1m-2-3-4，显然比功增大面积相应于图中的 1m-2-2′-2m 这一部分阴影面积。可表示为

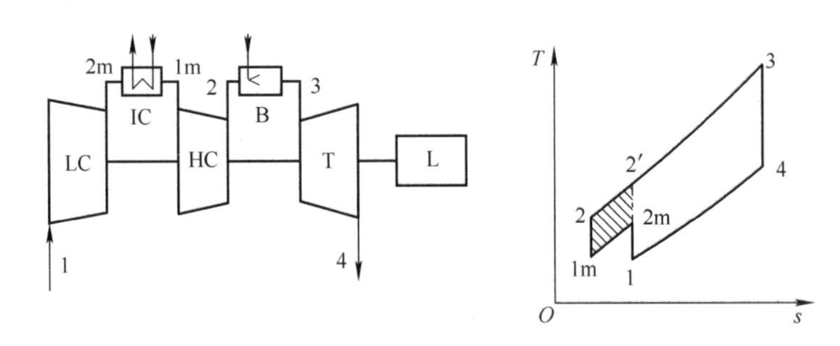

图 2-9　理想间冷循环的装置示意和 *T-s* 图

LC—低压压气机　IC—间冷器　HC—高压压气机　B—燃烧室　T—透平　L—负荷

$$w_{n,i} = w_T - w_{HC} - w_{LC} = c_p(T_3 - T_4) - c_p(T_{2m} - T_1) - c_p(T_2 - T_{1m})$$
$$= c_pT_3(1 - \pi^{-\frac{\kappa-1}{\kappa}}) - c_pT_1(\pi_{LC}^{\frac{\kappa-1}{\kappa}} - 1) - c_pT_{1m}(\pi_{HC}^{\frac{\kappa-1}{\kappa}} - 1) \tag{2-19}$$

式中的下角标 i 表示间冷循环。

由图 2-9 可以看出，工质被引出时的压力大小不同，图中阴影部分的面积也不同，亦即增加的比功大小不同，因此必然存在着使比功增加最多的最佳引出压力，此即 LC 与 HC 之间的最佳压比分配。通过将比功对 π_{LC} 或 π_{HC} 求导可获得该最佳压比分配的值，具体过程如下：

不失一般性，考虑 $T_{1m} \neq T_1$ 的一般情况，若令 $k_i = \dfrac{T_{1m}}{T_1}$，则

$$w_{n,i} = c_pT_3(1 - \pi^{-\frac{\kappa-1}{\kappa}}) - c_pT_1(\pi_{LC}^{\frac{\kappa-1}{\kappa}} - 1) - c_pk_iT_1\left[\left(\frac{\pi}{\pi_{LC}}\right)^{\frac{\kappa-1}{\kappa}} - 1\right]$$

令 $\dfrac{dw_{n,i}}{d(\pi_{LC}^{\frac{\kappa-1}{\kappa}})} = -c_pT_1^* + c_pk_iT_1^*\pi^{\frac{\kappa-1}{\kappa}}\dfrac{1}{\pi_{LC}^{\frac{2(\kappa-1)}{\kappa}}} = 0$，可以得到

$$\pi_{LC} = \sqrt{k_i^{\frac{\kappa}{\kappa-1}}\pi} \tag{2-20}$$

当 $k_i = 1$ 时

$$\pi_{LC} = \sqrt{\pi} \tag{2-21}$$

式中，π 为总压比，$\pi = \pi_{LC}\pi_{HC}$。式（2-21）为理想间冷循环使总输出功最大时，总压比在两台压气机之间的最佳分配，可以看到当两台压气机的压比相同时，循环的比功最大。

上述是把压缩过程分为两段，即采用一次间冷的情况。当把压缩过程分为多段，并采用多次间冷时，可更多地增大比功，这时同样存在着总压比在各压气机之间的最佳压比分配问题。同样可以证明，当采用 n 段压缩、$n-1$ 次冷却时，当每段压缩的压比为 $\pi_i = \sqrt[n]{\pi}$ 时的比功最大。

理论上，采用无穷多次间冷时，压缩过程就变为等温过程，压缩耗功降为最低，循环比功增加最多。当然，实际上这是做不到的，且采用多次间冷时，系统的损失也会增大，这在以后叙述实际循环的时候可以看到。

理想间冷循环的比功随压比和温比的变化关系如图 2-10 所示。可以看到相对于相同参数的简单循环，采用间冷循环可以提高装置的比功；此外，间冷循环的比功与压比 π 和温比 τ 均有关。当 T_3 增加时，装置比功增大。对于某一个确定的 τ 来说，存在着使间冷循环

的比功获得最大值的最佳总压比（$\pi_{w_{n,i}=\max}$）$_{opt}$，间冷循环的（$\pi_{w_{n,i}=\max}$）$_{opt}$ 要较简单循环的（$\pi_{w_{n,s}=\max}$）$_{opt}$ 更大一些。

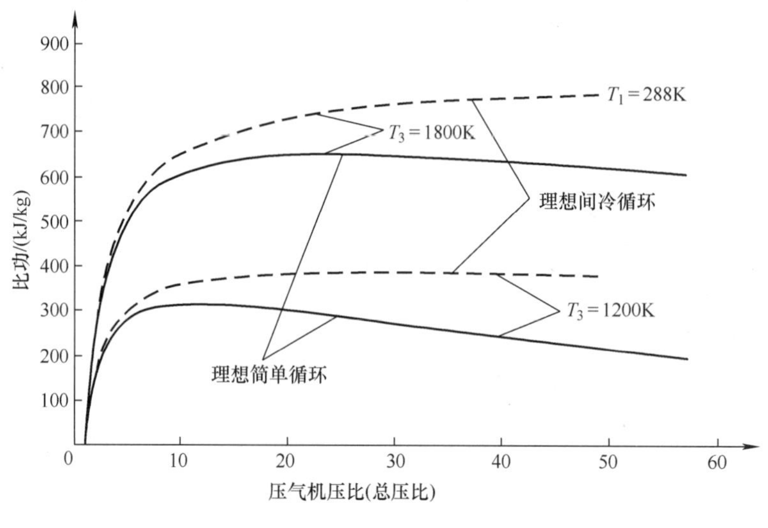

图 2-10 理想间冷循环的比功

理想间冷循环的加热量和热效率的计算公式仍与简单循环相同。不同的是由于采用了间冷，使得压气机出口温度 T_2 降低，这样要到达相同的温比 τ，需要加入更多的热量：

$$Q = c_p(T_3 - T_2) = c_p\left[T_3 - k_i T_1 (\pi/\pi_{LC})^{\frac{\kappa-1}{\kappa}}\right]$$

故

$$\eta_i = \frac{w_{n,i}}{Q} = \frac{\tau\left[1-(1/\pi)^{\frac{\kappa-1}{\kappa}}\right] - \left[\pi_{LC}^{(\kappa-1)/\kappa} - 1\right] - k_i\left[(\pi/\pi_{LC})^{\frac{\kappa-1}{\kappa}} - 1\right]}{\tau - k_i(\pi/\pi_{LC})^{\frac{\kappa-1}{\kappa}}} \tag{2-22}$$

图 2-11 给出了理想间冷循环的热效率随温比 τ 和压比 π 的变化情况。由图 2-11 中可以看出，理想间冷循环的热效率要低于理想简单循环。事实上，可以将理想间冷循环看作是两个理想简单循环（2m-1m-2-2′）和（1-2′-3-4）的叠加（图 2-9）。间冷循环比功的增加是由于图 2-9 中多了左下角的一个小的循环（2m-1m-2-2′），而这个小循环的热输入是在小于右侧大循环的压比下被利用的，燃料的利用效率不高，因此理想间冷循环的热效率小于理想简单循环的热效率。

此外，当循环的进气温度 T_1 给定时，增加循环的最高温度 T_3 将使得右侧较大循环的比功增大且需要对循环提供更多的热输入，由于较大的循环的热效率高于较小的循环，因此理想间冷循环的热效率将会随着最高循环温度的增加而增加，即随着温比的增加而增加，这与理想简单循环不同，理想简单循环的热效率与温比 τ 无关。

最后，对于间冷循环，存在着使热效率获得最大值的最佳压比（$\pi_{\eta_i=\max}$）$_{opt}$，且使得热效率获得最大值的最佳压比大于使比功获得最大值的最佳压比。该结论可以这样理解，适当地提高 π，可使得 T_2 增加得多，相应地达到相同的 T_3 时需要加入的燃料少，此外，π 的提高意味着膨胀比的增加，使得透平发出的功增大，这些对于提高装置的热效率都是有利的。

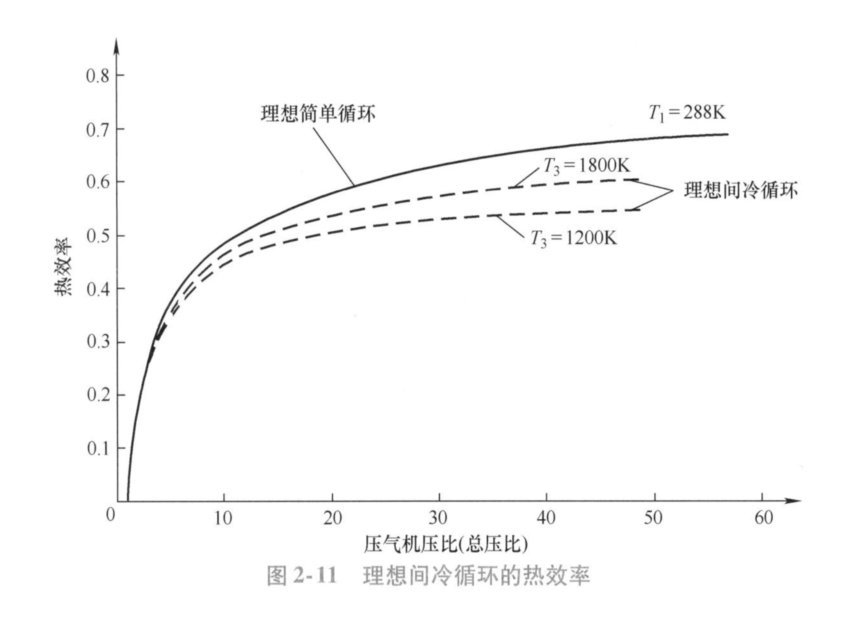

图 2-11　理想间冷循环的热效率

2.5.3　理想再热循环

所谓再热循环，是指在膨胀过程中间，将工质引至再热燃烧室进行加热后，再回到透平中继续膨胀以完成膨胀过程的循环。这种燃气轮机的方案布置如图 2-12 所示。图中 B_2 是再热燃烧室，由此使得透平被分为高压透平和低压透平两个部分，分别用 HT 和 LT 表示。所谓理想再热，是指透平再热后的温度与进入透平前的温度相同，即 $T_3=T_5$，且在燃烧室中不考虑各种损失的存在。

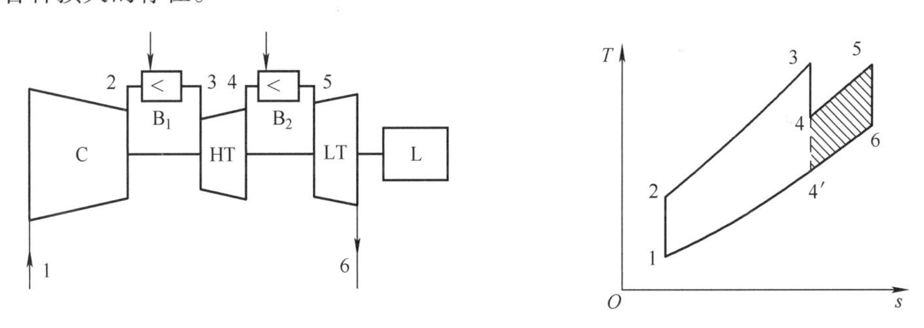

图 2-12　理想再热循环方案图及 T-s 图

C—压气机　B_1—燃烧室　HT—高压透平　B_2—再热燃烧室　LT—低压透平　L—负荷

图 2-12 给出了理想再热循环的工作过程 T-s 图，从图中可以看出，采用再热循环后，装置的比功由简单循环的面积 1-2-3-4′增加到了面积 1-2-3-4-5-6，显然比功增大的面积相应于图中的 4-5-6-4′这一部分阴影面积，可表示为

$$
\begin{aligned}
w_{n,r} &= w_{HT} + w_{LT} - w_C = c_p(T_3 - T_4) + c_p(T_5 - T_6) - c_p(T_2 - T_1) \\
&= c_p T_3\left(1 - \pi_{HT}^{-\frac{\kappa-1}{\kappa}}\right) + c_p T_5\left(1 - \pi_{LT}^{-\frac{\kappa-1}{\kappa}}\right) - c_p T_1\left(\pi^{\frac{\kappa-1}{\kappa}} - 1\right)
\end{aligned}
\tag{2-23}
$$

式中，下角标 r 表示再热循环。

与间冷循环相同，由图 2-12 可以看出，工质被引出时的压力大小不同，增加的比功大小不同，因此同样也存在着总的膨胀比在两个透平之间的最佳分配问题。与间冷循环相同，

可以得到理想再热循环使输出功最大时总膨胀比在两个透平之间的最佳分配为

$$\pi_{HT} = \pi_{LT} = \sqrt{\pi} \tag{2-24}$$

同样，上述过程是把再热过程分为两段，即采用一次再热的情况。当把再热过程分为多段，并采用多次再热时，可更多地增大比功，这时同样存在着最佳膨胀比的分配问题。同样，可以得到最佳膨胀比的分配为 $\pi_i = \sqrt[n]{\pi}$ 时的比功最大。

理论上，采用无穷多次再热时，膨胀过程就变为等温过程，膨胀功达到最大，循环比功增加最多。当然，与间冷循环相同，采用无穷多次再热实际上也是做不到的。

图 2-13 所示为理想再热循环的比功随温比 τ 和压比 π 的变化曲线。可以看到，采用再热循环可以大大地增大装置的比功，理想再热循环的比功随着温比 τ 的增大而增大。当 τ 一定时，存在着使比功获得最大值的最佳总压比 $(\pi_{w_{n,r}=\max})_{opt}$，此外，图中可以看到，使得理想再热循环比功获得最大值的最佳压比 $(\pi_{w_{n,r}=\max})_{opt}$ 大于使理想简单循环的比功获得最大值的最佳压比 $(\pi_{w_{n,s}=\max})_{opt}$，即 $(\pi_{w_{n,r}=\max})_{opt} > (\pi_{w_{n,s}=\max})_{opt}$。

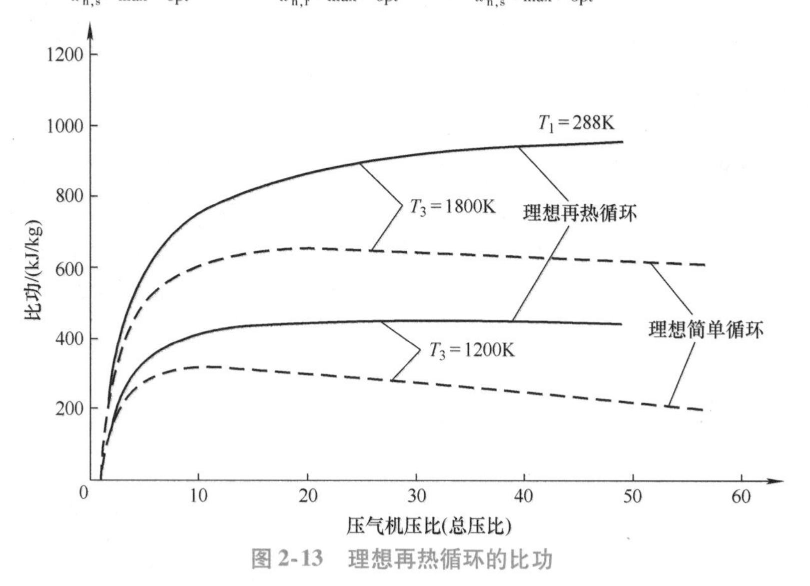

图 2-13 理想再热循环的比功

由于再热燃烧室还需要额外地加入燃料，因此理想再热循环的加热量要大于理想简单循环，再热循环加入到装置中的总的热量为

$$Q = c_p(T_3 - T_2) + c_p(T_5 - T_4) \tag{2-25}$$

将比功的表达式（2-23）和加热量的表达式（2-25）代入效率的定义式（2-5）中，可以得到理想再热循环热效率的表达式。图 2-14 所示为理想再热循环和理想简单循环热效率随压比 π 和温比 τ 的变化。由图中可以看到，采用再热循环后，装置的热效率降低。理想再热循环热效率降低的原因与理想间冷循环相同，也可以看作是两个理想简单循环（1-2-3-4′）和（4′-4-5-6）的叠加，如图 2-12 所示。注意再热的一部分循环（4′-4-5-6）同样压比较低，因而效率低于其对应的简单循环。对于理想再热循环，同样存在着使效率获得最大值的最佳总压比 $(\pi_{\eta_r=\max})_{opt}$，且使效率获得最大值的最佳压比大于使比功获得最大值的最佳压比。

对于理想简单循环、理想间冷循环和理想再热循环，在相同的温比和压比下，采用再热循环，装置的比功最大。这是因为对于间冷循环和再热循环而言，间冷循环改变的是压气机

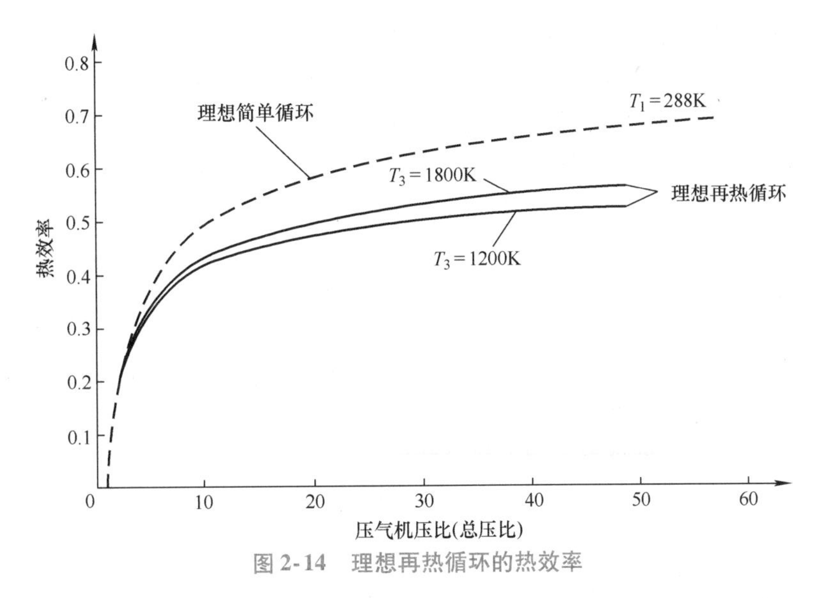

图 2-14　理想再热循环的热效率

的比功 w_C，而再热循环改变的是透平的膨胀功 w_T，由于 $w_T > w_C$，因而效果更加显著。

2.5.4　理想间冷回热循环

前已述及，采用理想回热循环时，装置的效率提高，比功不发生变化；采用理想间冷循环时，装置的比功增加而效率下降。由此可以预料，间冷回热循环可以增加装置的比功（回热不变，间冷提高）。下面考察间冷回热循环的效率，间冷循环会使装置的效率下降，其原因是装置采用间冷后，压气机出口的温度 T_2 低于其所对应的简单循环，因而要达到相同的 T_3 在燃烧室中需要多加入燃料，而 T_2 的降低会使得回热温差 $T_4 - T_2$ 增大，为回热创造了良好的条件，所以间冷和再热联合的方案，可极大地提高回热器的换热效率，所以采用间冷回热循环后装置的效率增加。

图 2-15 给出了理想间冷回热循环的热效率随压比的变化情况，为便于比较，图中还同时

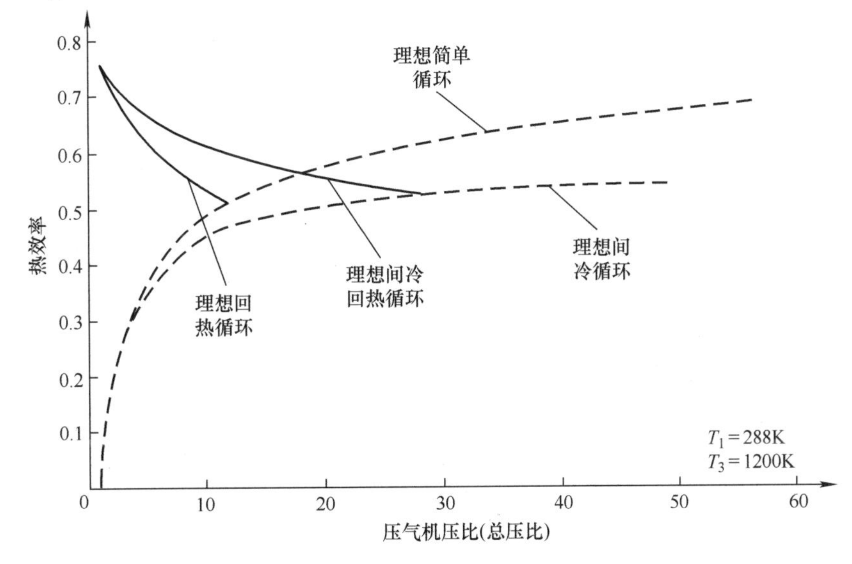

图 2-15　理想间冷回热循环的热效率

给出了理想简单循环、理想回热循环和理想间冷循环的热效率曲线。图中的理想回热循环和理想间冷回热循环的效率随着压比的增加而降低，两种循环的曲线与理想简单循环曲线的交点所对应的压比即压气机出口的温度与透平排气的温度相等时的压比，低于此压比回热不再有意义，故曲线在交点以下不再绘制。很显然，与理想回热循环相比，间冷回热循环压气机出口温度达到透平排气温度时的压比要更高一些。

2.6 理想循环与实际循环的差距

至此，已经对理想循环的性能进行了分析，而燃气轮机工作的实际循环与理想循环之间存在许多差别。回到 2.4 节对于理想循环的四个假设条件，可以知道，实际循环中燃气和空气的热力性质是不同的，此外，工质的热力性质也随着温度、压力以及气体的组分而变化。实际的压缩和膨胀过程是非等熵过程。在燃气轮机的各个部件和进排气部分存在着包括热损失、化学损失、泄漏损失、摩擦损失、传动辅机耗功等各种损失。此外，在透平和压气机之间，由于冷却透平用空气的抽取和燃料的加入等还存在着工质流量的差别等。因而对理想循环所做的假定与实际情况偏差较大，表现为实际的燃气轮机的性能与理想循环不同。下面逐一分析这些差距对循环性能的影响，并在下一节中将分析实际循环的燃气轮机性能。

2.6.1 压气机和透平效率

由透平机械的工作原理可知，实际上的压缩和膨胀过程都不可能是等熵的而是有损耗的。同时，由热力学的基本知识可以知道，熵的增加会使得能量的品质下降而不可用，这种损失可以通过引入压缩和膨胀过程的效率来加以考虑。图 2-16 所示为理想压缩和膨胀过程以及实际压缩和膨胀过程的示意图。

在图 2-16 中，1-2s 为压缩过程中压力由 p_1 增加到 p_2 的理想过程，此时压缩功为

$$w_{sC} = c_p(T_{2s} - T_1) \tag{2-26}$$

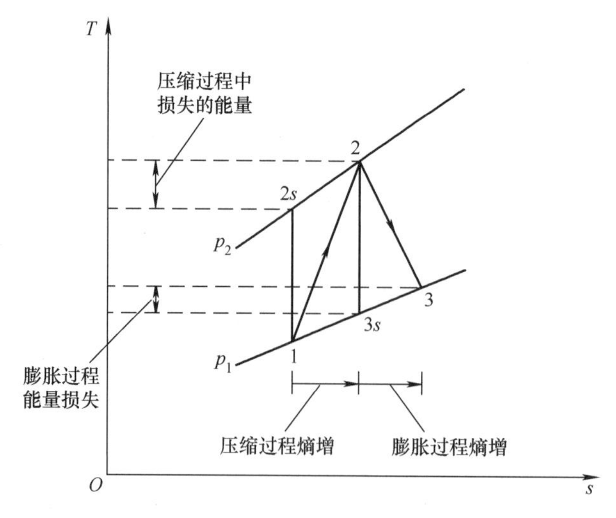

图 2-16 理想过程与实际过程示意图

若该过程可逆，则压力由 p_2 至 p_1 的膨胀过程为过程 2s-1，且膨胀功等于压缩功。但实际上的压缩和膨胀过程是有损失的，考虑了损失后的压缩过程会沿着过程线 1-2 进行，相应地膨胀过程为 2-3，如图 2-16 所示。图中还给出了在压缩过程中损失掉的能量，这部分能量是将工质的压力由 p_1 提升到 p_2 所需要的理想压缩功之外必须损失掉的能量，它所对应的功为 $c_p(T_2 - T_{2s})$。类似地，在膨胀过程中要损失掉的能量为 $c_p(T_3 - T_{3s})$。实际的过程中能量的损失导致了熵的增加。为了衡量实际的压缩和膨胀过程与等熵过程的差距，分别引入透平和压气机的效率，也称作等熵效率或内效率。

对于压气机来说，实际的压缩过程耗功要大于等熵压缩过程耗功，引入压气机效率：

$$\eta_C = \frac{w_{sC}}{w_C} = \frac{\Delta T_{sC}}{\Delta T_C} \tag{2-27}$$

式中，w_{sC} 为等熵压缩过程压气机的比功（kJ/kg）；w_C 为实际压缩过程压气机的比功（kJ/kg）；ΔT_{sC} 为等熵压缩过程压气机内工质的温升（K），$\Delta T_{sC} = T_{2s} - T_1$；$\Delta T_C$ 为实际压缩过程压气机内工质的温升（K），$\Delta T_C = T_2 - T_1$。

有了压气机的效率公式（2-27）后，实际的压缩耗功为

$$w_C = c_p(T_{2s} - T_1)/\eta_C = c_p T_1(\pi^{\frac{\kappa-1}{\kappa}} - 1)/\eta_C \tag{2-28}$$

对于透平，实际的膨胀功小于等熵膨胀功，引入透平效率：

$$\eta_T = \frac{w_T}{w_{sT}} = \frac{\Delta T_T}{\Delta T_{sT}} \tag{2-29}$$

式中，w_{sT} 为等熵膨胀过程透平的比功（kJ/kg）；w_T 为实际膨胀过程透平的比功（kJ/kg）；ΔT_{sT} 为等熵膨胀过程透平内工质的温降（K），$\Delta T_{sT} = T_3 - T_{4s}$；$\Delta T_T$ 为实际膨胀过程透平内工质的温降（K），$\Delta T_T = T_3 - T_4$。

同样，有了透平的效率公式（2-29）后，实际的膨胀功为

$$w_T = c_p(T_3 - T_{4s})\eta_T = c_p T_3(1 - \pi^{-\frac{\kappa-1}{\kappa}})\eta_T \tag{2-30}$$

故实际的装置比功为

$$w_n = w_T - w_C = \eta_T w_{sT} - w_{sC}/\eta_C \tag{2-31}$$

由上式可知，装置的比功 w_n 随着压气机的效率 η_C 和透平的效率 η_T 的下降而下降，即压气机和透平的性能对装置的比功均有影响。实践证明，压气机的效率和透平的效率对于装置性能的影响程度是不同的。下面具体给出压气机的效率 η_C 和透平的效率 η_T 的变化对装置性能所带来的影响。

假定 η_T 改变了 $\Delta\eta_T$，其他参数不变，则装置的比功变化为

$$w_n + \Delta w_n = (\eta_T + \Delta\eta_T)w_{sT} - w_{sC}/\eta_C = w_n + \Delta\eta_T w_{sT}$$

将上式变形，可得：

$$\frac{\Delta w_n}{w_n} = \Delta\eta_T \frac{w_{sT}}{w_n} = \frac{\Delta\eta_T}{\eta_T}\frac{w_T}{w_n} = \frac{1}{\lambda}\frac{\Delta\eta_T}{\eta_T} \tag{2-32}$$

从式（2-32）可以看出，透平的效率 η_T 对装置比功的影响有“放大”作用，其“放大”系数为 $1/\lambda$。由 2.3 节知道，有用功系数可以用来衡量工况变动时装置性能对各部件性能变化的敏感性，λ 越小，透平的效率 η_T 对装置比功的影响就越大，装置对 η_T 的变化也就越敏感。反之，λ 越大，η_T 的变化对比功的影响就越小，装置对 η_T 的变化就越不敏感，装置的性能越好。

假定 η_C 改变了 $\Delta\eta_C$，其他参数不变，则装置的比功变化为

$$w_n + \Delta w_n = \eta_T w_{sT} - \frac{w_{sC}}{\eta_C + \Delta\eta_C} = w_n + \frac{w_{sC}}{\eta_C} - \frac{w_{sC}}{\eta_C + \Delta\eta_C} = w_n + \frac{\Delta\eta_C w_{sC}}{\eta_C(\eta_C + \Delta\eta_C)}$$

将上式变形，可得：

$$\begin{aligned}\frac{\Delta w_n}{w_n} &= \frac{\Delta\eta_C}{\eta_C + \Delta\eta_C}\frac{w_{sC}}{\eta_C w_n} = \frac{\Delta\eta_C}{\eta_C + \Delta\eta_C}\frac{w_T - w_C}{w_n} \\ &= \left(\frac{1}{\lambda} - 1\right)\frac{\Delta\eta_C}{\eta_C + \Delta\eta_C} \approx \left(\frac{1}{\lambda} - 1\right)\frac{\Delta\eta_C}{\eta_C}\end{aligned} \tag{2-33}$$

从式（2-33）可以看出，压气机的效率 η_C 对装置比功的影响小于透平的效率 η_T，其系数近似为$\frac{1}{\lambda}-1$。

图 2-17 给出了压气机的效率 η_C 和透平的效率 η_T 对简单循环比功影响的示意图。图中可以清楚看到，η_C 和 η_T 发生变化时，对装置的比功会产生较大影响。

下面考察压气机和透平的效率对装置热效率的影响。假定 η_T 改变了 $\Delta\eta_T$，其他参数不变，此时由于压气机的效率 η_C 不发生变化，因而压气机出口温度 T_2 不发生变化，亦即T_3-T_2 不发生变化，对装置的加热量 Q 也就不变，所以 η 的变化与 w_n 的变化成正比，前面已经知道透平效率 η_T 的变化对装置比功的影响系数为 $1/\lambda$ 倍，故 η 的相对变化同样为 η_T 的相对变化的 $1/\lambda$ 倍。

假定 η_C 改变了 $\Delta\eta_C$，其他参数不变。此时由于 η_C 的变化会使得压气机出口的工质温度发生变化，当 η_C 下降时，会使得压气机出口处工质温度 T_2 增加，而 T_2 增加会使得加入到装置中的燃料量相应减少，因此可以得出结论，压气机的效率 η_C 对整个装置热效率的影响将小于$\frac{1}{\lambda}-1$ 倍。

图 2-18 给出了 η_C 和 η_T 对简单循环装置热效率的影响示意图。同样，压气机的效率 η_C 和透平的效率 η_T 对装置的热效率也有较大影响。

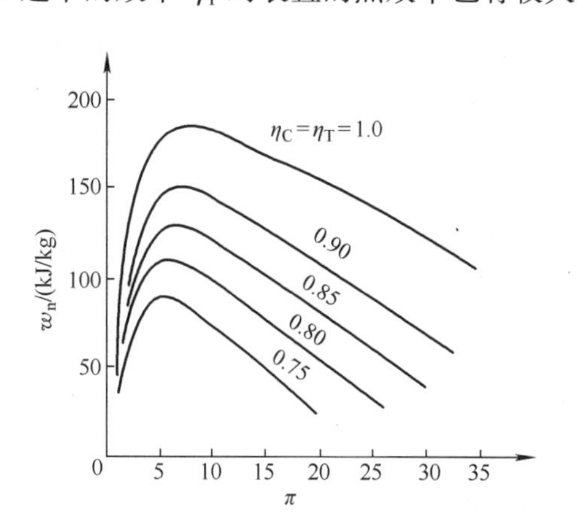

图 2-17 η_C 和 η_T 对简单循环比功的影响，$\tau=4$

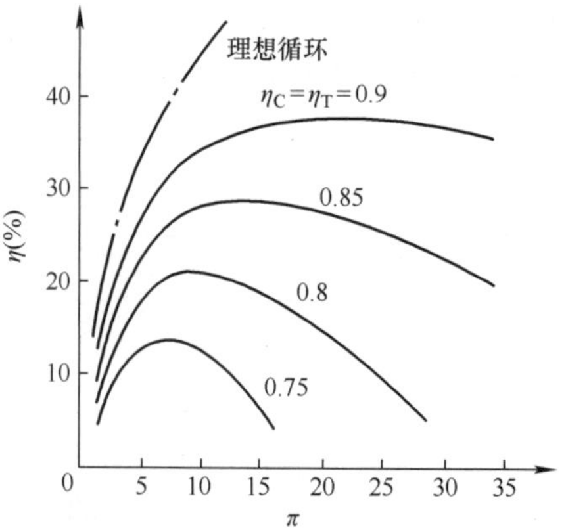

图 2-18 η_C 和 η_T 对简单循环热效率的影响，$\tau=4$

综上，压气机和透平的效率对装置性能有较大影响，因而透平机械相关研究人员通过先进设计方法、气动计算分析方法及型线优化技术等，不断努力提升压气机和透平的效率。目

前，压气机和透平效率的一般范围为：轴流式压气机 $\eta_C = 0.85 \sim 0.9$；离心式压气机 $\eta_C = 0.75 \sim 0.85$；轴流式透平 $\eta_T = 0.85 \sim 0.92$；向心式透平 $\eta_T = 0.75 \sim 0.88$。

2.6.2　压力损失

在理想简单燃气轮机循环中，加热和放热过程都是等压过程；理想回热循环、理想间冷循环及理想再热循环中，换热器和燃烧室中也均不考虑流动损失。实际的燃气轮机装置中，工质在流动的过程中不可避免地存在着各种流动损失，表现为工质的总压损失。通常，燃气轮机各部件中压损的大小可用压力损失系数 ξ 或压力保持系数 Φ 来衡量。所谓压力损失系数，也称压损率，是指部件的局部压力损失占当地总压的比例。压力保持系数，也称压力恢复系数，是指部件的出口与进口全压之比。根据定义，可以很容易看出，压力损失系数与压力保持系数反映的物理本质相同，二者代数和为1。对于简单循环，压力损失主要包括进气压力损失 Δp_1^*、燃烧室压力损失 Δp_2^* 和排气压力损失 Δp_4^*。这些损失用压力损失系数（压损率）可表示为

$$\xi_1 = \frac{\Delta p_1^*}{p_a} = \frac{p_a - p_1^*}{p_a} \tag{2-34}$$

$$\xi_B = \frac{\Delta p_2^*}{p_2^*} = \frac{p_2^* - p_3^*}{p_2^*} \tag{2-35}$$

$$\xi_4 = \frac{\Delta p_4^*}{p_4^*} = \frac{p_4^* - p_a}{p_4^*} \tag{2-36}$$

式中，ξ_1、ξ_B 和 ξ_4 分别为进气段、燃烧室和排气段的压损率；压力 p 的下角标 a、1、2、4 分别表示进气段进口（大气条件）、压气机进口、压气机出口和透平出口（排气段进口）位置。

以上压力损失用压力保持系数可表示为

$$\Phi_1 = \frac{p_a - \Delta p_1^*}{p_a} = 1 - \xi_1 \tag{2-37}$$

$$\Phi_B = \frac{p_2^* - \Delta p_2^*}{p_2^*} = 1 - \xi_B \tag{2-38}$$

$$\Phi_4 = \frac{p_4^* - \Delta p_4^*}{p_4^*} = 1 - \xi_4 \tag{2-39}$$

式中，Φ_1、Φ_B 和 Φ_4 分别为进气段、燃烧室和排气段的压力保持系数。联立以上各式可得

$$p_1^* = p_a - \Delta p_1^* = \Phi_1 p_a$$
$$p_3^* = p_2^* - \Delta p_2^* = \Phi_B p_2^*$$
$$p_4^* = p_a + \Delta p_4^* = p_a / \Phi_4$$

由此可得

$$\pi_T = \frac{p_3^*}{p_4^*} = \frac{\Phi_B p_2^*}{p_a/\Phi_4} = \frac{\Phi_B p_1^* \pi}{p_a/\Phi_4} = \Phi_1 \Phi_B \Phi_4 \pi \tag{2-40}$$

由于压力保持系数总是小于1，因而由式（2-40）可知，压力损失的存在使得透平的膨胀比小于压气机的压缩比，即 $\pi_T < \pi$，因而透平的输出功降低，导致循环的比功和效率下

降。图2-19给出了当透平的效率η_T、压气机效率η_C、燃烧室的热效率η_B以及温比τ分别取0.88、0.87、0.98以及5时，压力损失对循环比功和效率的影响。一般来说，压力损失系数每增加5%，将会使比功下降2%～5%，效率下降1%～2%。由于压力损失与工质流速的二次方及阻力系数有关，因而应尽量减少流道中的弯转并控制流速。

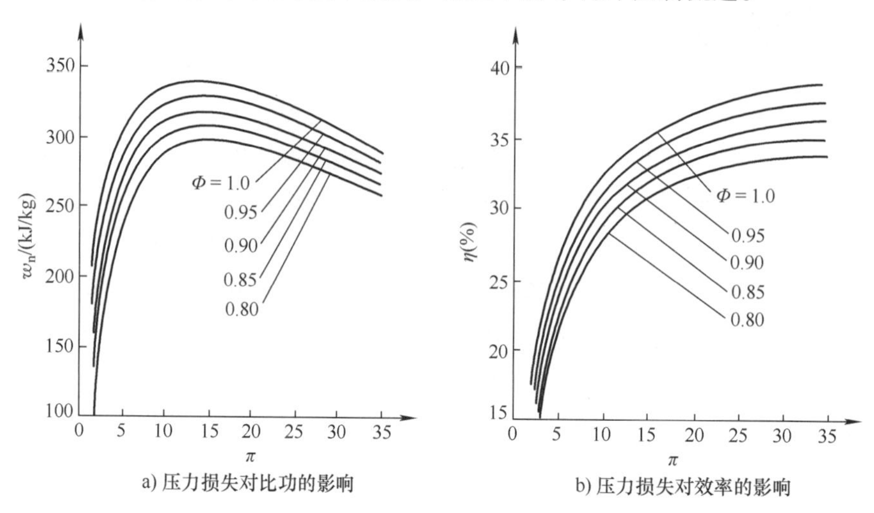

图2-19　压力损失对比功和效率的影响（$\eta_C=0.87$，$\eta_T=0.88$，$\eta_B=0.98$，$\tau=5$）

通常，在燃烧室中，由于气流的混合、火焰筒壁面的冷却等过程会产生流动损失，使得燃烧过程的压力损失约为压气机出口压力的1%～5%，其中，工业用燃气轮机取小值，航空燃气轮机取大值。进口和出口的压力损失要小得多，通常在10mbar（$1\text{bar}=10^5\text{Pa}$）左右。一般来说，简单循环燃气轮机整台机组的压力保持系数大约为0.92～0.96。对于其他复杂循环，还需考虑回热器、间冷器、再热器等的压损。

2.6.3　燃烧效率

燃烧室的实际燃烧过程存在着物理和化学上的不完全燃烧损失，故需要用燃烧效率来表示燃烧的完善程度。燃烧效率指工质在燃烧室中实际获得的热量（使工质温度升高）与加入燃烧室的燃料完全燃烧时所放出的热量之比，用数学表达式可表示为

$$\eta_B=\frac{\text{工质吸收的热}}{\text{消耗燃料具有的比能}}=\frac{c_p(T_3-T_2)}{fH_u} \tag{2-41}$$

应该说明的是，在上述表达式中，燃烧效率的文字表达式（物理描述）是清晰准确的，而将文字表达式转换为数学表达式的过程中进行了一些简化。如转换过程中未考虑燃烧室中加入的燃料流量，也未考虑燃料和空气之间的温度差。这种简化对于空气与燃料流量相差很大的高热值燃料具有足够的精度。然而，对于高炉煤气、生物质气等低热值燃料，由于燃料流量大，采用不考虑燃料流量的式（2-41）来计算燃烧效率，会对计算结果带来很大误差。因此，还可使用以下更精确的燃烧效率计算式：

$$\eta_B=\frac{(1+f)c_{pg}(T_3-298)-c_{pa}(T_2-298)-fc_{pf}(T_f-298)}{fH_u} \tag{2-42}$$

式中，c_{pg}、c_{pa}和c_{pf}分别为已燃气体、空气和燃料的比定压热容[kJ/(kg·K)]。

由式（2-41）结合循环热效率的表达式（2-5），可得热效率和燃烧效率的以下关系：

$$\eta = \frac{w_n}{fH_u} = \frac{w_n}{c_p(T_3 - T_2)}\eta_B \tag{2-43}$$

由式（2-43）可见，燃烧效率 η_B 的大小会对循环热效率产生直接影响，原因是当 η_B 变化时，为达到相同的 T_3，加入到燃烧室的燃料量会发生变化，从而使得循环热效率降低。然而，η_B 对循环热效率的影响不像压气机和透平的影响一样具有放大作用，而是成正比地影响循环的总的热效率。由于燃烧效率的大小不直接影响压气机和透平的比功，其对装置总的比功的影响主要为进入透平的工质流量的差别。由于燃料的流量一般很小，仅占空气流量的1%～2%，故其对比功的影响很小，一般不予考虑。

燃烧效率 η_B 的大小主要取决于燃烧室中燃料不完全燃烧的程度。目前，η_B 已达到较高水平，不允许燃烧室的燃烧效率处于较低值，一方面是因为燃烧的低效意味着燃料的浪费，另一方面燃烧效率的下降会明显增大如未燃碳氢化合物和一氧化碳等污染物的排放量。通常，燃气轮机对燃烧效率的要求是不小于99%。对于航空燃气轮机，要求在航空器飞行中发动机由低转速加速到其正常转速时，燃烧效率具有相对较高值，一般不低于75%～80%。因为在高海拔时，温度和压力很低，稳定性范围很窄，发动机的控制系统需要向燃烧室供应更多的燃料来弥补燃烧的低效率。

上面的燃烧效率表达式，在计算燃烧室在给定燃料量时的温升（$\Delta T_B = T_3 - T_2$）时十分有用，而在给定燃烧室进口温度条件 T_2 时，通常还可以使用燃烧图来计算温升。燃烧图中绘制有燃烧室温升 ΔT_B 在不同的进口温度条件 T_2 下随着理论燃料空气比 f 的变化，如图2-20所示。在给定了燃料空气比 f 和燃烧室进口温度 T_2 时，可快速地确定燃烧室的温升 ΔT_B。如果已知燃烧室的空气流量，则燃烧室（也即燃气轮机）的理论热输入 Q_B 可以很容易地由 $m_{air} fH_u$ 确定。同样，如果燃烧室温升 ΔT_B 和燃烧室进口温度 T_2 已知，则可确定理论燃料空气比 f。

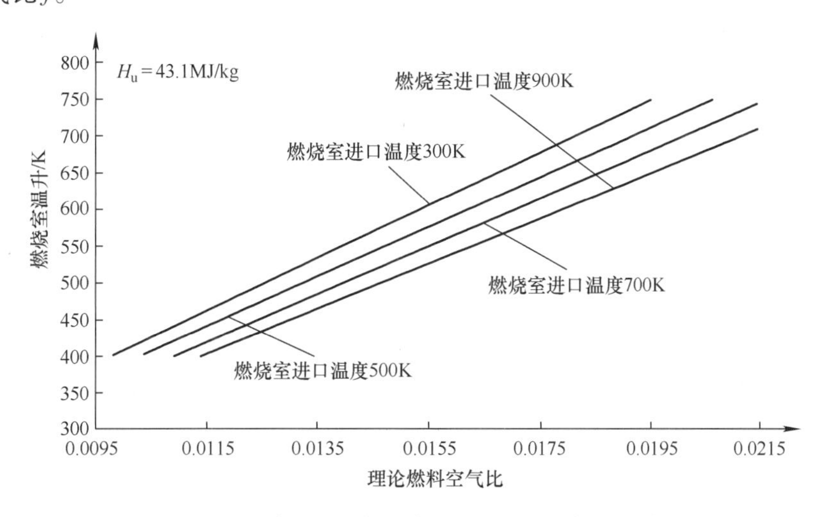

图2-20　燃烧室温升与燃烧室理论燃料空气比的关系

然而需要注意，该图的绘制条件为理论燃烧室温升，即假定了燃烧效率 η_B 为100%，且该图所使用的燃料为发热量为43100kJ/kg 的标准燃料。因而，对已知燃烧效率和燃料热

值的实际燃料的燃烧过程来说，需要对查得的结果进行修正，具体方法为

对燃烧效率的修正：
$$f' = \frac{f}{\eta_B} \tag{2-44}$$

对燃料发热量的修正：
$$f' = \frac{fH_u}{H'_u} = \frac{f \cdot 43100\text{kJ/kg}}{H'_u} \tag{2-45}$$

式中，f'和H'_u分别为实际的燃料空气比和燃料热值。

2.6.4 工质的流量变化

在理想循环计算中，不考虑透平和压气机中工质的流量差异，假定二者相同且均等于压气机中空气的流量。实际的燃气轮机在工作时，压气机的进口空气流量 G_a 与透平的进口燃气的流量 G_g 是不同的，甚至有时候相差很大。

造成透平和压气机流量差异的原因主要有：①燃烧室中需要加入燃料，设其流量为 G_f，这部分燃料燃烧后形成的燃气流量与空气流量不同，尤其在机组采用高炉煤气等低热值燃料时，燃料量会占空气量的很大份额；②压气机中有一部分空气需要引出以对透平高温叶片进行冷却，假设冷却空气流量为 G_{gl}，其中流到透平去冷却第一级静叶（喷嘴）的流量以 G_{gl1} 表示，到其他级冷却的部分以 G_{gl2} 表示，即 $G_{gl} = G_{gl1} + G_{gl2}$。当燃气初温很高时，这部分冷却空气的流量可达压气机进口空气总流量的 15% 以上；③机组的辅助系统需要一定量的空气来完成一定的功能，例如轴承的密封需要压缩空气来防止润滑油的外溢。

考虑到以上的各种因素，并将辅助空气系统的空气流量统一考虑进冷却空气中，则实际透平进口 T_3 点处的工质流量 G_3 可表示为

$$G_3 = G_a + G_f - G_{gl} + G_{gl1} \tag{2-46}$$

在计算透平的膨胀功时采用燃气当量流量 G_T，主要考虑冷却空气在完成透平叶片冷却后依旧具有做功的能力，但这部分空气在参与膨胀做功时要打一个折扣，折合后参与做功的冷却空气的流量为 G_{glt}，其计算式为

$$G_{glt} = G_{gl1} X_{glt} \tag{2-47}$$

式中，X_{glt}为冷却空气做功能力的折合系数。

所以，参与透平做功的燃气流量为

$$\begin{aligned} G_T &= G_a + G_f - G_{gl} + G_{gl1} X_{glt} \\ &= G_a (1 + f - X_{gl} + X_{gl} X_{gl1} X_{glt}) \end{aligned} \tag{2-48}$$

式中，$f = G_f / G_a$，表示进入燃烧室中的燃料质量流量与压气机空气质量流量的比值；$X_{gl} = G_{gl} / G_a$，表示冷却空气流量与压气机空气流量的比值；$X_{gl1} = G_{gl1} / G_{gl}$，表示进入透平第一级静叶流量与总冷却空气流量的比值。

此时，燃烧室中的燃料空气比为

$$f = \frac{G_f}{G_a - G_{gl}} \tag{2-49}$$

其计算方法为

$$f = \frac{c_{pB}(T_3 - T_2)}{H_u \eta_B + L_0 c_{pa}(T_3 - 298) - (1 + L_0) c_{pg}(T_3 - 298)} \frac{1}{1 - X_{gl}} \tag{2-50}$$

式中，c_{pB}、c_{pa}和 c_{pg}分别为燃烧室中气体、空气和纯燃气的平均比定压热容[kJ/(kg·K)]；

L_0 为单位质量燃料的理论空气需要量（kg/kg），其具体计算方法在第 4 章有关燃烧室的内容中给出，也可通过查阅一般的燃烧学书籍中获得，

在燃气轮机中，一般 f 值不超过 0.02，X_{gl} 的大小随 T_3 的高低以及冷却状况的不同在较大的范围内变化，其范围大致在 10% ~15%。现代燃气轮机机组中，由于压比 π 不断提高，因而使得高压冷却空气本身的温度已经很高，相应的冷却空气量也需要更多，其值占总空气量的比重可高达 18% 以上。因此，进入透平的燃气流量要比压气机的空气流量小，使得透平的总输出功减小，导致循环的比功和效率下降。

这里，要着重说明一下透平叶片冷却对装置热效率 η 的影响。一般来说，透平冷却越好，则 T_3 可以越高，使得 η 提高。但从上面的分析又可以看出，当冷却空气量增大时，则实际进入到透平中的工质流量减少，使得 η 下降。因而可能出现虽然 T_3 提高了，但循环效率反而下降的情况。通常 X_{gl} 每增加 5%，约会使比功 w_n 下降10% ~20%，η 下降0.02 ~0.06。

图 2-21 所示为冷却空气消耗对装置热效率影响的示意图。图中的实线表示有冷却空气时装置的热效率，虚线为无冷却时装置的热效率，即不考虑压气机和透平流量差别的理想情况下的热效率。由图中虚线可以看出，当 π =30 时，虽然 t_3 由 1140℃提高到 1205℃，但 η 的提高很小甚至可能下降。

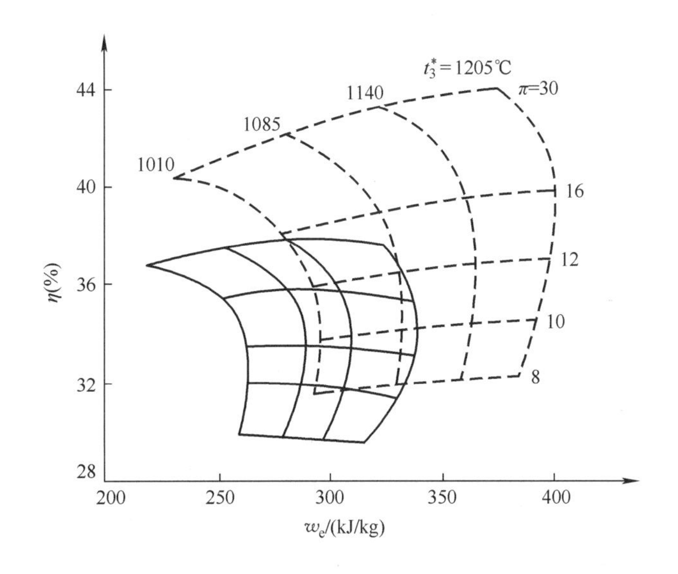

图 2-21 冷却空气消耗对装置热效率的影响

因此，必须不断提高透平叶片的冷却技术，使得在保证很好的冷却效果的同时，用于冷却的空气量增加很少，这样才能使得热效率得到显著的提高。

2.6.5 工质的热力性质

在前述的理想循环中，假定工质的热力性质不变，即假定了空气与燃气的热力性质相同，且不随温度和其他条件变化，均取空气的对应值。即在理想循环中，认为

$$c_{pa} = c_{pg} = c_p,\ \kappa_a = \kappa_g = \text{const}$$

实际上，比热容对于压缩过程、燃烧过程和膨胀过程是不同的，在开式循环的燃气轮机

中，压缩过程的工质是空气，其比热容仅随着温度变化。而当燃烧室中加入了燃料后，空气与燃气的组成成分不同，此时燃气的热力性质还受到燃烧产物的组成成分的影响。为了准确计算 w_n 和 η，必须要考虑工质热力性质的变化。通常，对于单一气体来说，c_p 的计算可采用比热容随着温度变化的分段平均拟合多项式：

$$c_p = f(T) = a + b\frac{T}{100} + c\left(\frac{T}{100}\right)^{-2} \tag{2-51}$$

式中，T 表示热力学温度；a、b 和 c 对给定气体为常数，其值在表 2-1 中给出。

表 2-1　空气和燃烧产物中各单一气体的比热容计算的系数

气体	系数		
	a	b	c
O_2	936	13.1	-523
N_2	1020	13.4	-179
H_2O	1695	57.1	0
CO_2	1005	20.0	-1959
Ar	521	0	0

比热比 κ 可由式（2-52）通过 c_p 来计算：

$$\kappa = \frac{c_p}{c_p - R} \tag{2-52}$$

式中，R 为

$$R = \frac{R_0}{M} \tag{2-53}$$

式中，R_0 为理想气体常数，$R_0 = 8.314\text{J/(mol}\cdot\text{K)}$；$M$ 为气体的摩尔质量（kg/mol）。

燃气和空气的比热容可使用各气体的 c_p 值以及混合气体定律（道尔顿分压定律）来计算。首先，由式（2-51）确定每一种组分的 c_p 值，然后由式（2-54）计算混合气体的 c_{pg}：

$$c_{pg} = \Sigma\frac{q_i}{q_g}c_{p,i} = \frac{q_{CO_2}}{q_g}c_{p,CO_2} + \frac{q_{CO}}{q_g}c_{p,CO} + \cdots \tag{2-54}$$

工程中有时需要由 c_p 值来确定温度，因此需要进行循环迭代来获得准确的气体组分及对应的热力性质。在近似计算中，可取

$$c_{pa} = 1.01\text{kJ/(kg}\cdot\text{k)},\ c_{pg} = 1.147\text{kJ/(kg}\cdot\text{k)},\ \kappa_a = 1.4,\ \kappa_g = 1.333$$

2.6.6　回热度与间冷度

在前述理想回热循环中曾假定，离开回热器的高压空气可以被加热至透平排气的温度，即 $T_{2a} = T_4$，同时热的燃气排气可以被冷却至压气机出口的空气温度，即 $T_{4a} = T_2$。在理想间冷循环中假定，间冷器出口的工质可以被冷却到进入燃气轮机时的温度 T_1^*，即 $T_{1m} = T_1$。以上假定仅在换热器面积为无限大时才可能实现，而实际的换热器面积有限，因而换热器中冷热介质的温度不可能相同。通常，可通过引入回热度和间冷度来分别说明工质在回热器中加热和在间冷器中冷却的程度。

回热度指实际回热量与理想回热量的比值，其表达式为

$$\sigma = \frac{T_{2a} - T_2}{T_4 - T_2} \tag{2-55}$$

式中，σ 为回热度；T_{2a}为回热器出口空气的温度；T_2 为回热器进口空气的温度；T_4 为回热器进口燃气的温度。

离开回热器的燃气的温度 T_{4a}可由热力学第一定律通过能量的平衡来计算：

$$T_{4a} = T_4 - \frac{G_a c_{pa}}{c_{pg} G_g}(T_{2a} - T_2) \tag{2-56}$$

回热度的大小通常随采用的回热器形式的不同而不同，可以由不同类型的回热器的性能曲线来确定其回热度。对于钣式回热器，σ 约为 0.75 ~ 0.90；对于再生式回热器，σ 约为 0.90 ~ 0.92。

同样，在间冷循环中，间冷度可表示为

$$\sigma_1 = \frac{T_{2m} - T_{1m}}{T_{2m}^* - T_w} \tag{2-57}$$

式中，T_w 为间冷器中冷却水的温度。由于采用水作为冷却剂，传热快，故间冷度一般很高，σ_1 约为 0.9 ~ 0.99。

2.6.7 机械损失

在燃气轮机中，除了各部件所具有的流动损失以及燃烧室的燃烧不完全和换热等损失外，还有转动部件的轴承摩擦和传动辅机等的机械损失，这些损失可统一用机械效率 η_m 来衡量。在考虑机械损失时，可将 η_m 折合到透平（w_T）、压气机（w_C）或输出功（w_n）中进行计算，例如，将 η_m 折合到 w_C 中时，装置比功值为

$$w_n = w_T - \frac{w_C}{\eta_m} \tag{2-58}$$

也可将 η_m 考虑成传动轴上的总的机械损失，此时的装置比功为

$$w_n = (w_T - w_C)\eta_m \tag{2-59}$$

通常，η_m 可取为 0.99。在辅机传动有特殊需要时，η_m 值将降低，可视具体情况取定。由于 η_m 会使得装置的比功和效率下降，因而在燃气轮机设计时应尽量减少这部分损失。

2.7 实际循环的热力性能

由 2.6 节可知，实际燃气轮机循环与理想循环之间存在着较大的差异，这些差异导致实际的燃气轮机循环相比理想循环，在性能上也有较大的变化。

2.7.1 实际简单循环

图 2-22 所示为实际简单循环工作过程 T-s 图。图中，过程 1-2 和过程 3-4 是考虑了压气机和透平效率后的实际压缩过程和膨胀过程；a-1 表示压气机前进气段的压力损失，该压力损失使得压气机进口空气压力由大气压力 p_a 降至 p_1；过程 2-3 为燃烧室中的实际过程，Δp_2^* 为燃烧室内的压力损失；过程 4-a' 为考虑了排气压力损失的实际过程，其压力损失为 Δp_4。

鉴于 T-s 图的如上变化，使得实际循环的性能与理想循环相比有较大差异。在考虑了实际循环性能的影响因素后，对循环计算所得的比功为实际的有效输出功，相应的热效率也是实际的有效效率。为了区别于理想循环，以下分别用 w_e 和 η_e 来表示实际循环燃气轮机的比功和热效率。

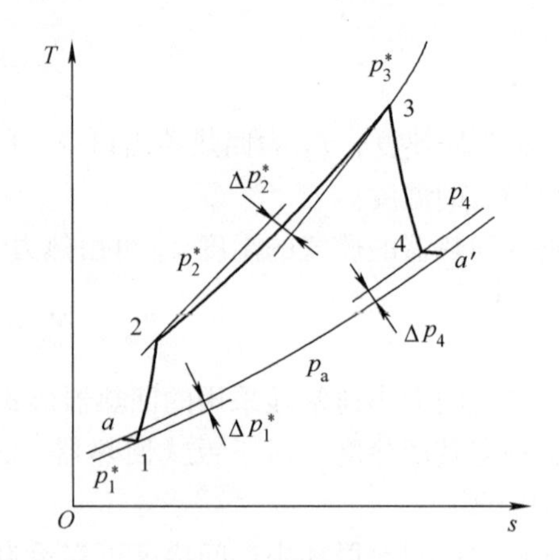

图 2-22 燃气轮机实际简单循环工作过程 T-s 图

图 2-23 和图 2-24 所示分别为实际简单循环的比功 w_e 和热效率 η_e 随压比 π 和 T_3（即温比 τ）的变化曲线。图中的曲线是在 $\eta_C=0.87$，$\eta_T=0.87$，$T_1=288K$ 下获得的，其中虚线代表理想简单循环，实线表示实际简单循环。由图 2-23 可以看到，对于实际简单循环，其比功和理想循环的比功图形基本类似，但在相同的 τ 和 π 下，由于部件流动损失的存在，使比功值下降较多。对于实际简单循环，仍然存在着使比功获得最大值的最佳压比 $(\pi_{w_e=\max})_{opt}$，但其具体数值与理想简单循环不同。同时，与理想情况相同，随着 T_3（即温比 τ）的增大，$(\pi_{w_e=\max})_{opt}$ 也增大。在实际工程应用中，这也意味着随着燃气轮机性能等级的提高，在 T_3 不断增加时也应不断增加压气机的设计压比以获得更优的循环性能。

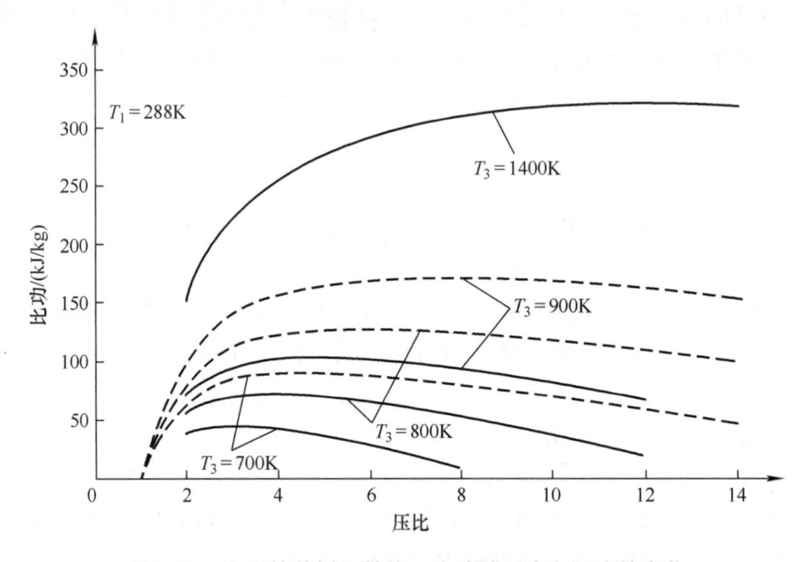

图 2-23 实际简单循环性能：比功随压比和温比的变化

与图 2-4 所给出的理想简单循环类似，在图 2-24 中同样绘制了 700～900K 的三条曲线，也绘制了 T_3 = 1400K 时实际简单循环的热效率随压比和温比的变化关系曲线。为了更好地进行比较，将理想简单循环的热效率也在图中一并给出。由于理想简单循环的热效率与温比无关，仅决定于压比 π，因此其效率曲线的虚线仅有一条（或可看成多条不同的 T_3 线的叠加）。而实际简单循环与理想简单循环不同，首先，其装置的热效率不仅决定于压气机的总压比 π，而且也与 T_3（也即温比 τ）有关，T_3 越大效率越高。其次，当 T_3 一定时，循环热效率首先随压比增加，随后随着压比的增加而降低，即存在使效率获得最大值的最佳压比$(\pi_{\eta_e=\max})_{opt}$，并且该最佳压比值随着$\tau$的增加而增大。例如，在图2-4中，当$T_3$为700K时，使效率获得最大值的最佳压比值$(\pi_{\eta_e=\max})_{opt}$约为4，此时对应的最高效率值约为15%；当$T_3$为900K时，最佳压比值$(\pi_{\eta_e=\max})_{opt}$约为8，对应的最大效率值约为24%。最后，在$\pi$与$T_3$相同的情况下，实际简单循环的效率值比理想简单循环时（虚线）下降较多。

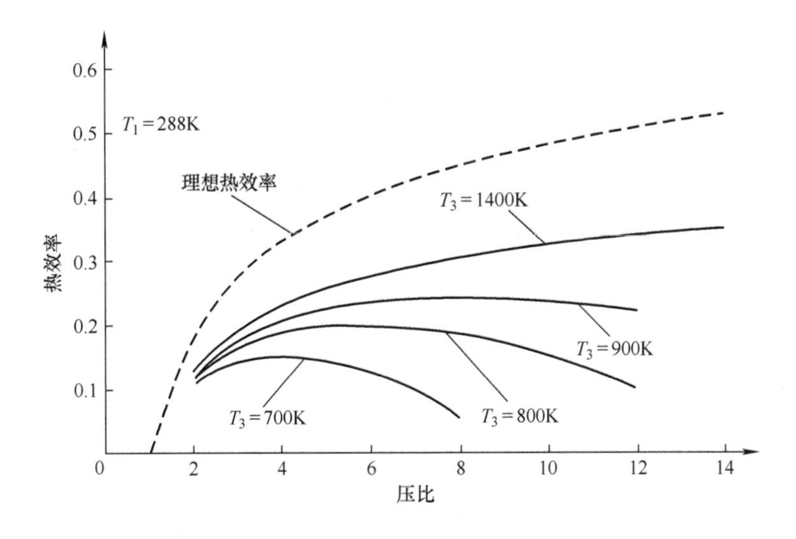

图2-24 实际简单循环性能：热效率随压比和温比的变化

此外，对于实际简单循环，使效率获得最大值的最佳压比与使比功获得最大值的最佳压比一般不同，前者要高于后者，即$(\pi_{\eta_e=\max})_{opt}>(\pi_{w_e=\max})_{opt}$，且二者相差较大。例如，在图2-23和图2-24中，当$T_3=700K$时，$(\pi_{w_e=\max})_{opt}$约为3，而$(\pi_{\eta_e=\max})_{opt}$约为4；当$T_3=900K$时，$(\pi_{w_e=\max})_{opt}$约为5，而$(\pi_{\eta_e=\max})_{opt}$约为8。当循环的最高温度为1400K时，$(\pi_{w_e=\max})_{opt}$约为12，而$(\pi_{\eta_e=\max})_{opt}$大于14，热效率和比功也明显增大，此时的热效率约为35%，比功为315kJ/kg。

由上可见，T_3（温比τ）对实际循环的性能影响很大，这促使人们不断地努力提升它。由于τ值的大小取决于T_1和T_3，因而T_1的降低和T_3的提高均可使得τ值增加。但T_1一般是大气温度，在实际燃气轮机装置中很难控制，因而在相同的T_3下，在冬季和寒冷地区燃气轮机的效率通常较高，而在夏季和热带地区时效率较低。T_3的提高主要取决于燃气轮机高温部件材料的发展和冷却技术的提高。目前，燃气轮机的冷却及材料技术的发展使得循环的最高温度超过1900K，压比超过了45。

图2-25所示为目前技术水平下运行的实际燃气轮机循环的性能，该性能图的绘制条件为$\eta_C=\eta_T=0.87$，燃烧室压损率$\varepsilon_B=3\%$，$T_1=288K$。当压比$\pi=20$，循环的最高温度为1700K时，对应的热效率和比功分别为37%和450kJ/kg，这是当前F级燃气轮机的典型参数。目前，E级燃气轮机的比功值约为325kJ/kg，F级/G级/H级燃气轮机的比功值约为440～465kJ/kg，J级/HA级燃气轮机的比功值约为490～510kJ/kg。当循环最高温度为1800K，压比为40时，对应的简单循环效率将达到42%。

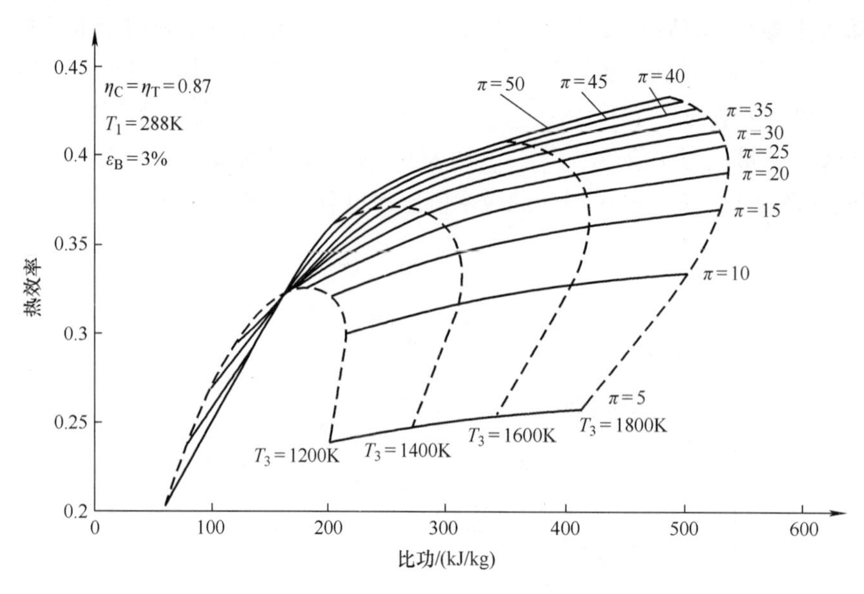

图 2-25　实际简单循环性能曲线网

2.7.2　实际回热循环

从 2.5.1 节的分析中可以知道，理想回热循环的热效率随着压比的增加而降低，当压比等于 1 时，循环可获得最高效率，该效率等于卡诺循环的效率。然而，当压比趋近于 1 时，装置的比功趋向于零，系统没有功发出。

在理想回热循环中，假定回热器为理想回热器，其回热度 σ 等于 1。然而，在实际循环中，由于回热器的表面积并非无限大，因而回热度总是小于 1。当循环的压比接近 1 时，回热器需要一定的热量来达到所要求的最高循环温度 T_3 值，由于装置的输出功为 0，同时需要一定的热量加入（$Q_B \neq 0$），因此热效率为 0。

图 2-26 所示为实际回热循环热效率随压比变化的曲线，图中的回热度 σ 分别为 0.7、0.8 和 0.9，同时还给出了不采用回热即简单循环的效率曲线。图中回热循环和简单循环的最高循环温度 T_3 均为 900K。从图中可以看出，回热循环使效率获得最大值的最佳压比 $(\pi_{\eta_e=\max})_{opt}$ 较简单循环大为下降，使其趋近于使比功获得最大值的最佳压比 $(\pi_{w_e=\max})_{opt}$。可见，采用回热循环后，可在较低的总压比 π 下使得装置的比功和效率同时获得最佳值。此外，$(\pi_{\eta_e=\max})_{opt}$ 随着回热度的增加而降低，如图 2-26 所示。当回热度为 0.7 时，$(\pi_{\eta_e=\max})_{opt}$ 约为 3.5，对应的热效率约 28%；当回热度增加到 0.9 时，$(\pi_{\eta_e=\max})_{opt}$ 约为 2.5，热效率增加到 36% 左右。与之对应的简单循环的热效率约 23%，对应的最佳压比约为 8。

从图中可以看出，在相同的压比 π 下，随着回热度 σ 的增大，系统的效率增加。但是，σ 的增大必然意味着换热器尺寸的增大，进而使压力损失增大。此外，随着 σ 的增大，$(\pi_{\eta_e=\max})_{opt}$ 会有所下降。在相同的温比 τ 下，不同回热度 σ 时的曲线将随着压比 π 的增大而最终汇集于一点，该点即为此温比 τ 下的临界压比。

图 2-27 所示为回热度 σ 为 0.8 时，不同的 T_3 下，回热循环的效率随压比的变化关系，

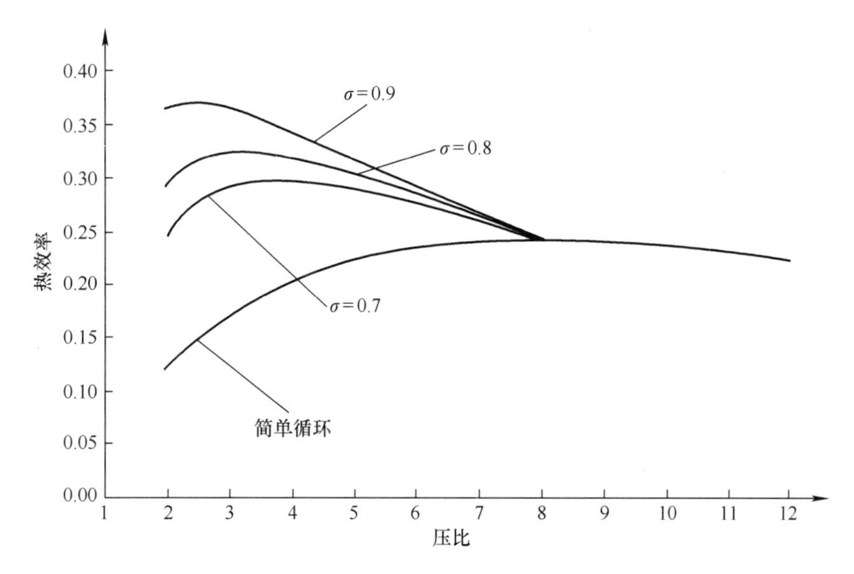

图 2-26　不同回热度下回热循环的效率随压比 π 的变化（T_3 =900K）

图中最高的循环温度 T_3 分别为 700K、800K 和 900K。由图 2-27 可以看出，与简单循环相比，增大循环的最高温度对于回热循环的性能影响更大，原因在于当压比一定时，提高循环的最高温度意味着透平排气温度 T_4 增加，因而回热温差增大，更有利于换热过程的进行。

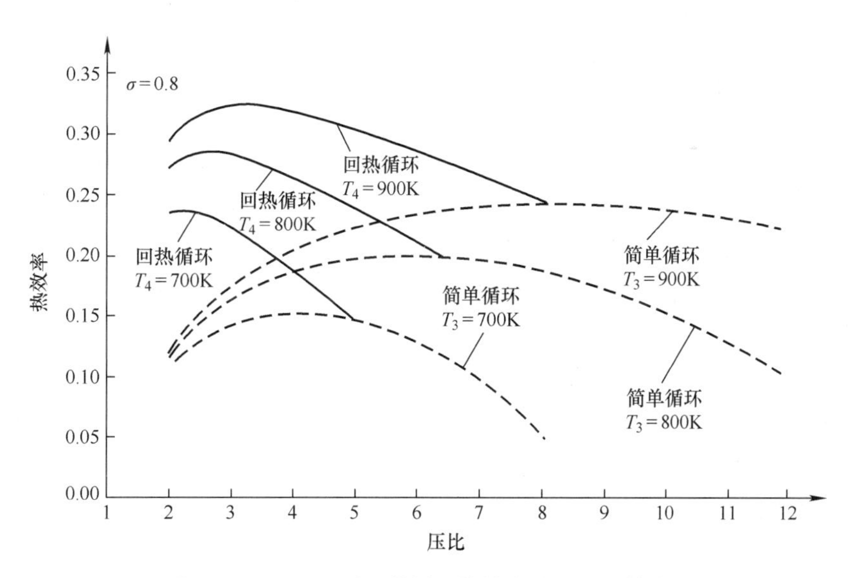

图 2-27　不同 T_3 时回热循环的效率随压比 π 的变化

需要注意的是，与理想情况不同，在实际回热循环中，装置的比功小于相对应的简单循环。这是由于回热器两侧分别流动着空气和燃气，因此存在着与管道流动中一样的压力损失，回热器中压力损失的存在使得透平的膨胀比进一步下降。考虑回热器中的压力损失后，式（2-40）变为

$$\pi_{\mathrm{T}}=\frac{p_3^*}{p_4^*}=\frac{p_{2a}^*\Phi_{\mathrm{B}}}{p_{4a}/\Phi_{\mathrm{g}}}=\frac{p_2^*\Phi_{\mathrm{a}}\Phi_{\mathrm{B}}}{p_{\mathrm{a}}/\Phi_{\mathrm{g}}\Phi_5}=\frac{\Phi_{\mathrm{a}}\Phi_{\mathrm{B}}p_1^*\pi}{p_{\mathrm{a}}/\Phi_5\Phi_{\mathrm{g}}}=\Phi_1\Phi_{\mathrm{B}}\Phi_5\Phi_{\mathrm{a}}\Phi_{\mathrm{g}}\pi=\Phi_{\Sigma}\pi \tag{2-60}$$

通常，采用回热器后会使总的压力保持系数下降0.04~0.08，造成实际回热循环的比功下降，而比功随压比 π 和温比 τ 的变化情况与简单循环相同，如图2-23所示。图2-28所示为回热循环所具有的性能，该图绘制时取 $\eta_{\mathrm{C}}=\eta_{\mathrm{T}}=0.87$，$T_1=288\mathrm{K}$，$\varepsilon_{\mathrm{B}}=0.3$，$\sigma=0.9$，回热器空气侧和燃气侧的压损率为 $\varepsilon_{\mathrm{a}}=\varepsilon_{\mathrm{g}}=0.05$。

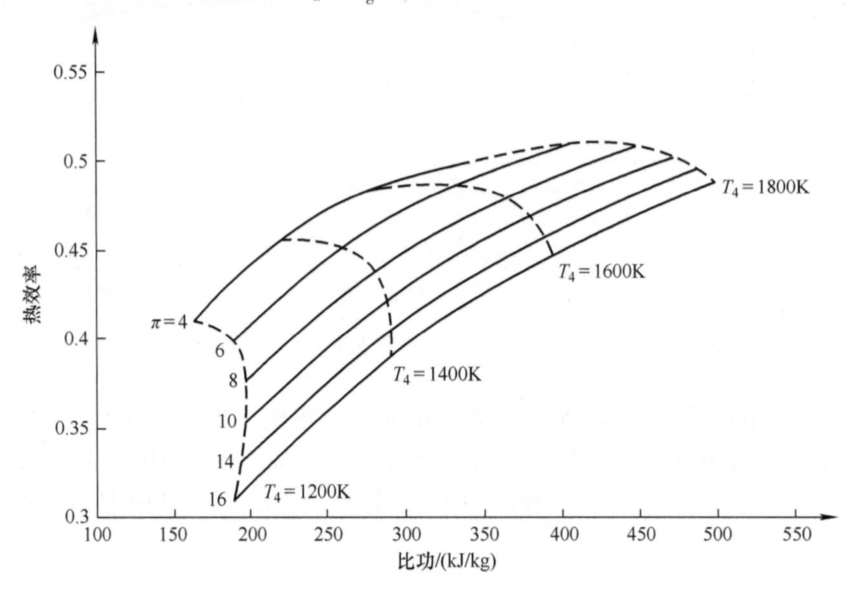

图2-28 实际回热循环性能图

采用回热循环可较大地提高机组的效率，但目前只在小功率的机组中应用较多，原因如下：①对于大功率机组，需要的回热器体积和尺寸较大，系统热惯性大，调节缓慢，且运行过程中回热器的清洗困难；②近年来简单循环燃气轮机发展迅速，机组效率已达36%~43%的高水平；③燃气-蒸汽联合循环和燃气轮机冷热电联供系统的迅速发展，同样实现了能量的梯级利用。

而在某些应用中，燃气轮机则必须采用回热以有效地提高效率，增强其在应用中的竞争力。例如应用于车辆的燃气轮机，只有采用回热循环后才能达到较低的燃料消耗率，从而增强与柴油机的竞争能力。

2.7.3 实际间冷循环

理想间冷循环假定压缩和膨胀过程为等熵过程，燃烧加热和排气放热过程没有任何的压力损失，实际的循环由于存在着损失，因而比功和热效率均会有明显下降，理想情况下得出的间冷循环的效率总是低于简单循环效率的结论不再成立。

实际的间冷循环，由于间冷器中有传热温差，因而一般是 $T_{1\mathrm{m}}>T_1$，采用水冷却的间冷器，二者相差约15~20℃。其次，工质在间冷器中有压力损失，使得压缩过程各段中的压比比理想的高些，才能在压缩后达到所需的 p_2 的压力，导致各段压缩过程压比的乘积大于总的压比，即

$$\pi_{LC}\pi_{HC} = \frac{p_{2m}}{p_1}\frac{p_2}{p_{1m}} > \pi \tag{2-61}$$

显然，这样使得采用间冷的实际循环比功的增大量小于理想时的情形。实际间冷循环的 T-s 图如图 2-29 所示，其中阴影部分的面积是比功增大的部分。

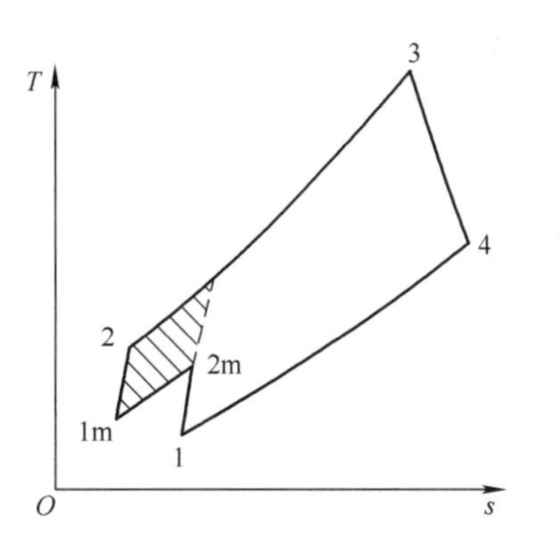

图 2-29　实际间冷循环 T-s 图

实际间冷循环与简单循环的性能比较如图 2-30 所示。与简单循环相比，间冷循环比功增加较多，且 $(\pi_{w_e=\max})_{opt}$ 也提高了一些，效率随 π 的变化要比简单循环平坦些，$(\pi_{\eta_e=\max})_{opt}$ 要高很多，在高的压比范围内效率高于简单循环。因此，间冷循环宜采用较高的压比，这样不仅比功增加较多，而且能获得较高的效率。

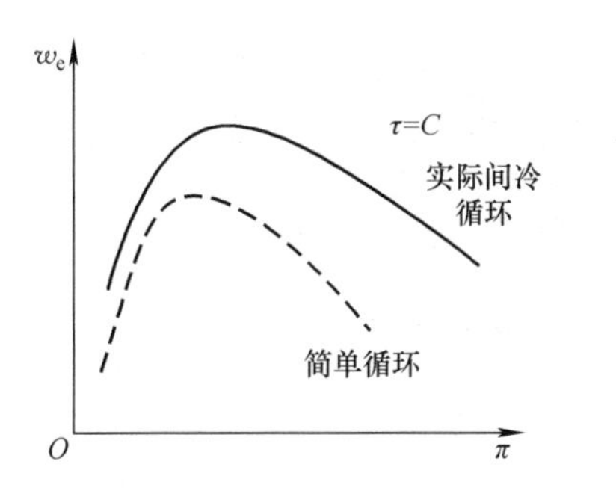

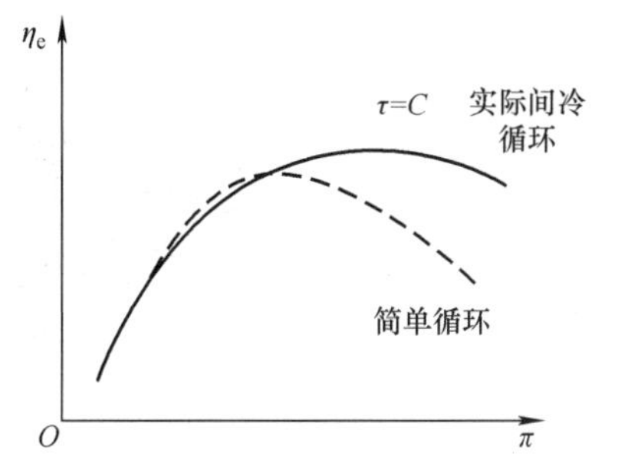

图 2-30　实际间冷循环与简单循环的性能比较

图 2-31 所示为间冷循环的比功和效率随压比和 T_3 变化的性能图，总压比在低压压气机和高压压气机之间的分配采用使比功最大的原则，即等压比的分配原则。该图在绘制时取 $\eta_C = \eta_T = 0.87$，$T_1 = 288\text{K}$，$\varepsilon_B = 0.3$，间冷器压损率 $\varepsilon_i = 0.01$。

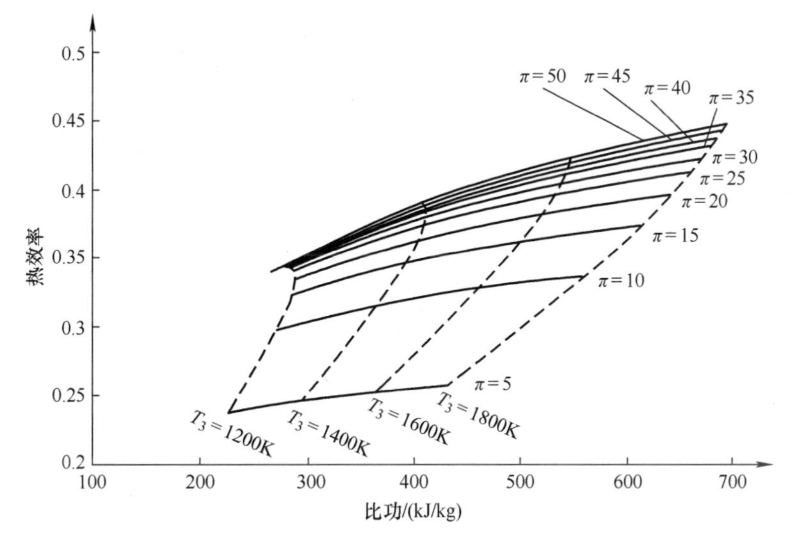

图 2-31　实际间冷循环的性能（压比按比功最大的原则分配）

间冷循环在各段压缩的压比分配方面，除按各段压比相等的原则来分配压缩功以获得最大比功以外，还可采用不相等的分配方法，主要是适当降低低压段压比，提高高压段压比，这样比功的增加量虽不是最大，但是却提高了 T_2 从而减少了燃烧室中的加热量，对于提高热效率有利。因而在实际应用中，通常为了提高效率，低压压气机的压比取得很小。图 2-32所示为当压气机的压比采用使效率获得最大值的分配方案时，间冷循环在不同的压比和 T_3 下的性能图。由图 2-32 中可以看到，在 T_3 和总压比 π 很高时，间冷循环的效率可以达到 45%。

图 2-33 所示为使效率最高时压比在两台压气机之间的分配情况。从图 2-33 中可以看出，与理想情况使比功获得最大值时所采用的压比平均分配相比，此时的低压压气机的压比要小得多，且 T_3 值越高，低压压气机的最佳压比值越低。

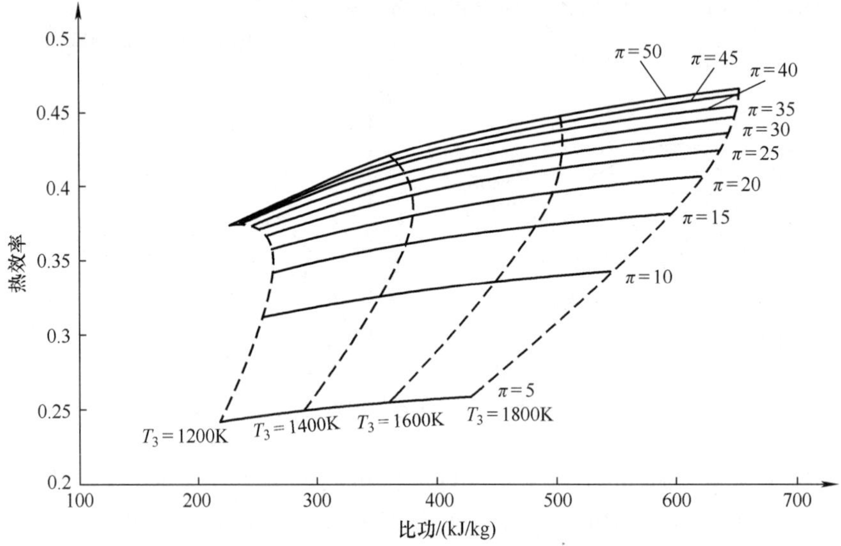

图 2-32　实际间冷循环的性能（压比按效率最大的原则分配）

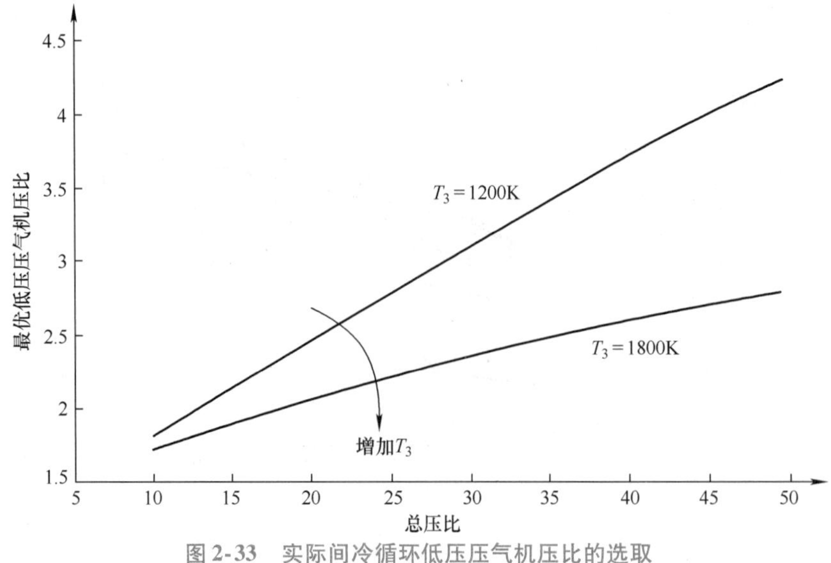

图 2-33　实际间冷循环低压压气机压比的选取

2.7.4　实际再热循环

实际的再热循环，由于再热燃烧室中有压力损失及存在不完全燃烧等损失，影响循环比功的增加和效率的变化。实际再热循环工作过程 T-s 图如图 2-34 所示，图中阴影部分表示比功增大的部分。与间冷循环相同，当考虑了实际的压缩、燃烧加热、膨胀和再燃烧加热过程后，理想情况下得出的再热循环的效率一定小于简单循环效率的结论也不再成立。

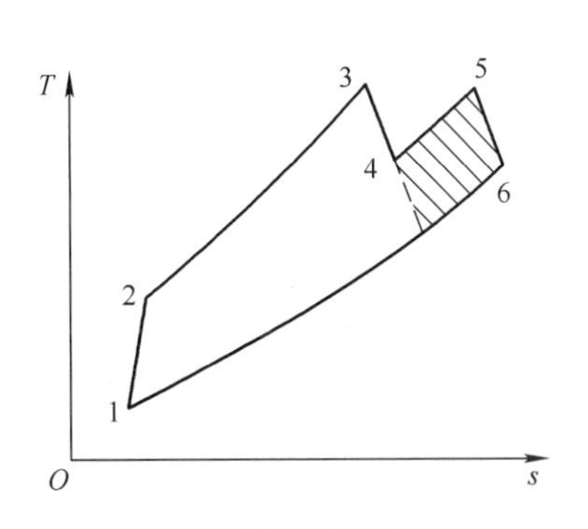

图 2-34　实际再热循环工作过程 T-s 图

实际再热循环与简单循环的性能比较如图 2-35 所示。采用再热后，循环比功较简单循环大很多，使比功获得最大值的最佳压比$(\pi_{w_e=\max})_{opt}$也要高些。与图 2-30 所示的间冷循环性能相比，再热循环的比功增加得更多些。在高的压比下，采用再热循环效率也高于简单循环，且使效率获得最大值的最佳压比$(\pi_{\eta_e=\max})_{opt}$也高出很多。因此，再热循环也适宜于选取较高的压比，使比功增加而效率较高。

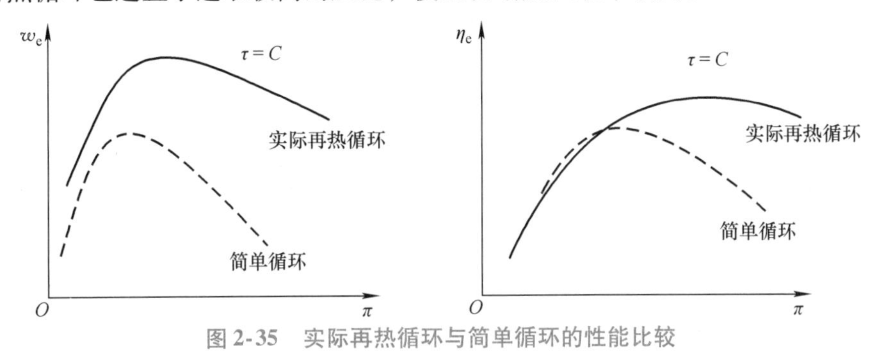

图 2-35　实际再热循环与简单循环的性能比较

图 2-36 所示为实际再热循环的比功和效率随 T_3（温比）和压比变化的性能曲线，图 2-36

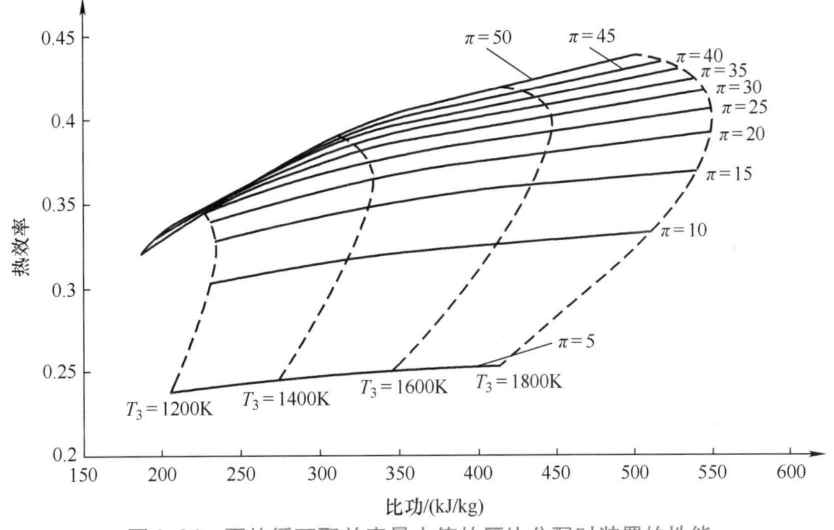

图 2-36　再热循环取效率最大值的压比分配时装置的性能

中曲线所示的两台透平的膨胀比按照最大效率时的膨胀比进行分配，它比膨胀比按照最大比功进行分配时获得的曲线效率有明显提升，如图 2-37 所示，曲线绘制时取 $\eta_C = \eta_T = 0.87$，$T_1 = 288K$，$\varepsilon_{B1} = 0.3$，$\varepsilon_{B2} = 0.2$。

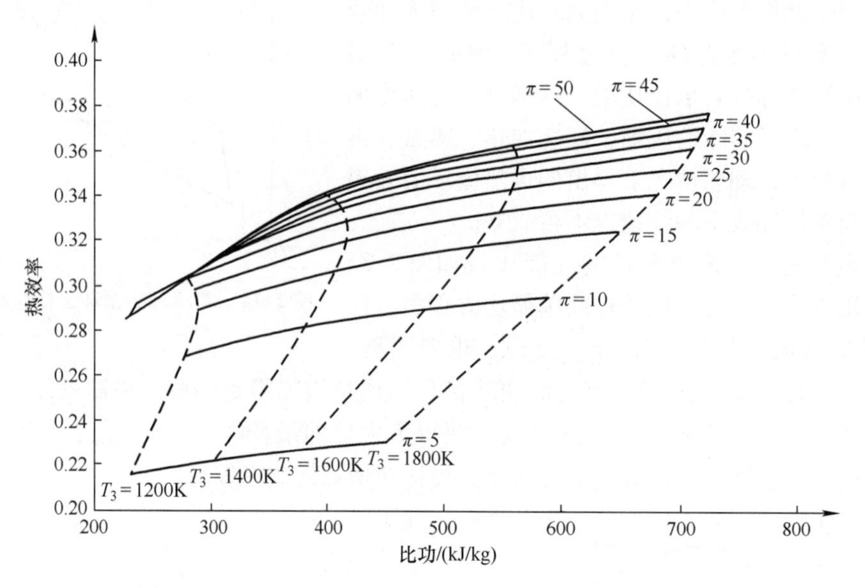

图 2-37　再热循环取比功最大值的膨胀比分配时装置的性能

图 2-38 所示为使效率获得最佳值时的高压透平最佳膨胀比的变化，图 2-38 中给出了 T_3 为 1200K 和 1800K 两条曲线，由图中可以看到，当 T_3 值低时，使效率最大的高压透平膨胀比的最佳值更大，且随着总压比的增加而增加。

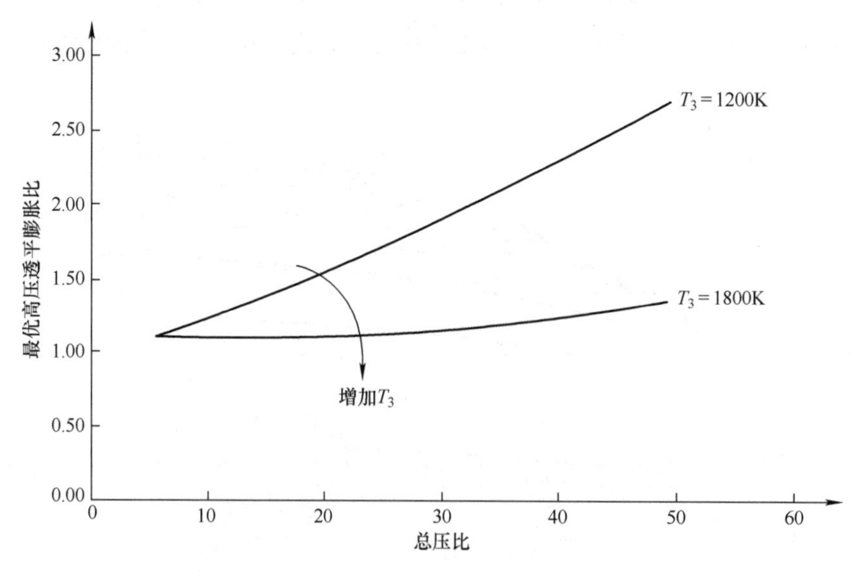

图 2-38　再热循环取效率最大值时高压透平膨胀比的变化

再热循环在实际应用中通常只采用一次再热。再热后工质的温度 T_{3m} 一般与 T_3 相同。但在 T_3 很高时，为了减少再热燃烧室冷却结构设计的困难（因其进口工质的温度已经很高），可取 $T_{3m} < T_3$。例如，一台试验性的大功率燃气轮机采用再热，其 $t_3 = 1300℃$，$t_{3m} = 1124℃$。

由上可知，再热循环与间冷循环比较，可使比功增加的更多，效率也能稍高一些。但由于再热燃烧室火焰筒的冷却设计难度大，且多了再热燃烧室的调节问题，使控制系统趋于复杂。因此，一般在小功率机组中，当间冷循环能满足增大比功的要求时，一般不再采用再热循环。当要求更多地增加比功时，才将再热与间冷一同使用。而在大功率机组中，由于间冷器尺寸重量大、设备系统复杂且需要大量的冷却水，通常不采用间冷。

2.7.5　实际间冷回热循环

当考虑实际工作过程的损失后，间冷回热循环的热效率比理想时有所下降，但是，使用该种循环仍可以获得很高的热效率，图 2-39 所示为实际间冷循环的热效率和比功随着 T_3（温比 τ）和压比 π 变化而变化的情况。曲线绘制所采用的参数在图中左侧标出。

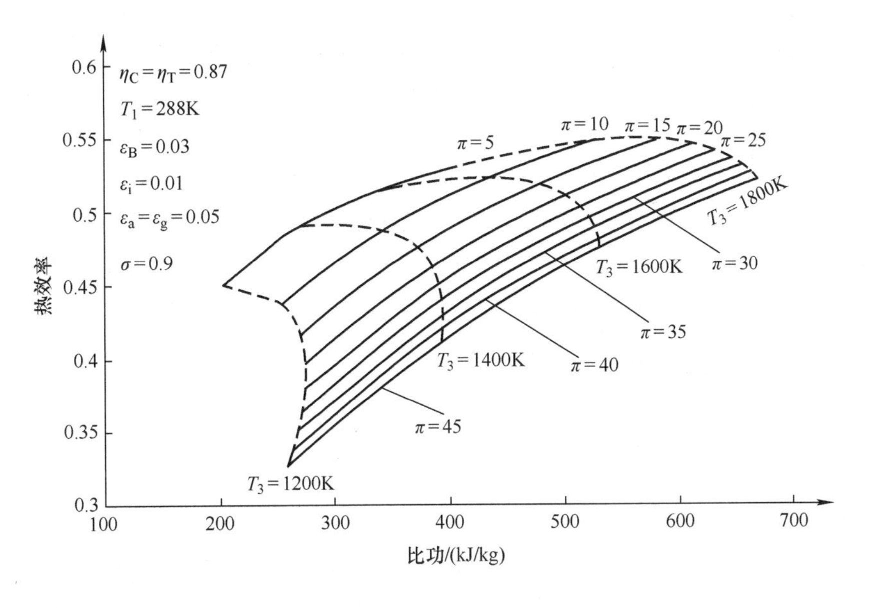

图 2-39　实际间冷回热循环的性能

由图 2-39 可见，采用间冷回热循环的热效率可以达到 55% 的量级，与间冷循环相比有很大的增长。此外，其总压比的最佳值也小于实际的间冷循环，使得机组的压气机设计难度降低。同时，进行透平冷却的空气温度低，也会降低冷却空气的需求。对于给定的总压比，最佳的压比分配接近于使比功获得最大值的压比（即低压压气机 LC 的压比和高压压气机 HC 的压比相等）。随着回热度的降低，最佳的 LC 压比将小于最大的比功所需要的值。

2.8 燃气-蒸汽联合循环

第1章中提到，现代燃气轮机工作的两个基本特性是等压燃烧和开式循环[一]。通常，习惯将前面章节讲述的燃气轮机开式简单循环称为布雷顿（Brayton）循环，将2.8节中的闭式循环称为焦耳循环[二]。

目前，采用布雷顿循环的燃气轮机透平前温为1300~1700℃，排气温度为500~650℃，效率约为40%。而采用朗肯循环的蒸汽轮机效率约为40%左右，超超临界机组[三]效率接近50%。为了提高能源的利用率，可以把燃气轮机和蒸汽轮机结合起来，同时利用燃气轮机排气温度高和蒸汽轮机平均温度低的特点，将两种循环有机结合起来，可大幅度提高装置的热效率。

上述的这种循环系统还可概况地称为总能系统，在系统中能源从高品位到中低品位被逐级利用，形成能源的梯级利用，大大提高了能源的利用率。总能系统的应用和发展，为节约能源提供了一种极为有效的途径。这种总能系统还包括动力回收系统[四]、涡轮增压系统等其他一些复合系统。

燃气-蒸汽联合循环简称为联合循环，是指利用燃气轮机的排气余热加热蒸汽轮机系统中的给水，从而产生高温、高压的水蒸气，送到蒸汽轮机中去做功。这样，就能多发出一部分机械功，相应地提高了燃料的化学能和机械能转化的效率。

第一代联合循环机组于1949年投入运行，如图2-40所示。该机组是用燃气轮机来扩建蒸汽轮机电厂形成的发电机组，它既提高了原有电厂的发电量，同时又提高了电厂的效率。其后，1968年至1999年推出了第二代联合循环机组，20世纪90年代后期至2010年为第三代联合循环机组，目前为第四代联合循环机组，其效率已达60%以上。

2.8.1 常规联合循环的几种方案

根据燃气与蒸汽的组合方式，常规的联合循环主要可分为余热锅炉型、排气补燃型和增压锅炉型三种方案。

1. 余热锅炉型联合循环

在这种联合循环中，燃气轮机的排气被送至余热锅炉中，用于加热锅炉中的水以产生蒸汽至蒸汽轮机中做功，其循环布置方案及工作过程 *T-s* 图如图2-41所示。由于燃气轮机循环工作在前，因此通常将其称为前置循环；相应地，蒸汽轮机循环工作在后，被称作为后置

[一] 航空爆燃燃烧室以类似于等体积的燃烧方式工作。

[二] 事实上，从燃气轮机的发展历史上来看，布雷顿和焦耳都没有具体地研究过燃气轮机。1872年，侨居美国的英国工程师布雷顿创建了一种把压缩气缸和膨胀做功气缸分开的往复式煤气机，采用了等压加热循环。而焦耳在19世纪中叶建议过一种工质封闭循环使用的往复式热空气发动机，也采用等压加热循环。而从工作循环来看，1872年德国人斯托尔兹提出的热空气轮机与现代的燃气轮机机组更加接近。

[三] 超超临界机组指主蒸汽压力大于水蒸气临界压力22.12MPa的蒸汽轮机机组。

[四] 有的工厂中某个生产过程需要不断地供给压缩空气，同时又不断地排放出还有一定压力的烟气或尾气。这时可采用透平来回收烟气或尾气的压力能做功，并用它来带动压气机供给生产过程用的压缩气体。这样的节能系统称为动力回收系统。

图 2-40　第一代联合循环机组

循环。在图 2-41 给出的工作过程 T-s 图中，由于燃气轮机循环的位置在上部，因此也被称为顶循环，而蒸汽轮机循环位置靠下，因此也被称为底循环。

在这种类型的联合循环中，蒸汽的产生完全利用燃气轮机排气的余热，余热锅炉中不补充燃料，故又称无补燃的余热锅炉型。由于蒸汽完全依赖于排气余热，所以蒸汽的温度受到燃气透平排气温度 T_4 高低的限制，所产生的总的蒸汽量也有限，机组总的输出功率较小。通常，在这种联合循环中，蒸汽轮机功率是燃气轮机功率的一半左右，即这是一种总输出以燃气轮机为主、蒸汽轮机为辅的循环。例如，某 F 级燃气轮机所组成的余热锅炉型联合循环中，循环的总输出功率为 400MW，其中燃气轮机功率约为 270MW，蒸汽轮机功率约为 130MW。

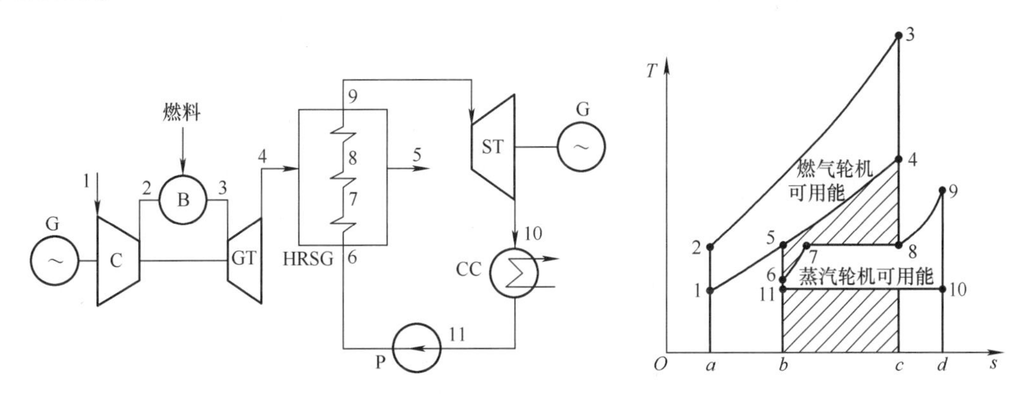

图 2-41　余热锅炉型联合循环机组布置方案及工作过程 T-s 图

G—发电机　C—压气机　B—燃烧室　GT—燃气透平

HRSG—余热锅炉　ST—蒸汽透平　CC—凝汽器　P—泵

在联合循环中，燃气轮机的温比 τ 也是整个循环的温比，前已述及，提高温比 τ 可使燃气轮机简单循环的效率提升，而对联合循环来说，这种影响更加显著，原因在于 τ 的提升不仅对前面的简单循环会产生影响，同时还会使得燃气透平的排气温度提高，对其后底循环效率的提升有益。当 τ 一定时，存在着使联合循环的效率获得最大值的最佳压比 $(\pi_{\eta_{cc}=\max})_{opt}$，且该最佳压比值与相同参数下使简单循环比功获得最大值的最佳压比$(\pi_{w_s=\max})_{opt}$接近。

2. 排气补燃型联合循环

排气补燃型联合循环的总体布置与图 2-41 所示的余热锅炉型联合循环大致相同，但是需要在余热锅炉中补充燃料，燃气轮机的排气作为余热锅炉中燃烧用的空气。由于采用了补燃，锅炉中的蒸汽量增大，因此蒸汽轮机的功率可以明显增加。通常，采用排气补燃型的联合循环，蒸汽轮机的功率可以达到燃气轮机输出功率的 5 ~ 6 倍，因此，这种循环是以蒸汽轮机为主而燃气轮机为辅的联合循环。应该提及，另外一种加热给水型联合循环，燃气的排气余热仅用于加热锅炉给水，因此燃气轮机功率远小于蒸汽轮机的功率。

在这种联合循环中，提高装置的温比，对装置性能的影响也较单一的简单循环大，同样存在使装置的效率获得最大值的最佳压比等。

与余热锅炉型联合循环相比较，排气补燃型联合循环的优点是：蒸汽的初参数不受燃气轮机排气温度的限制，因而可采用较高温度的蒸汽初温以提高蒸汽部分的循环效率；在部分负荷下，可在较大或很大的输出功率变化范围内，不改变燃气轮机的工况而仅改变补燃燃料，即仅改变蒸汽轮机的功率就可改变联合循环的输出功率，使部分负荷下的效率较高；此外，在余热锅炉中补燃用的燃料可以使用廉价的煤，此时，当燃气轮机因故障发生停机后，蒸汽轮机仍能够正常运行。

但是，由于补燃燃料的能量仅在蒸汽轮机的循环中被利用，并未实现能源的梯级利用，因此这种联合循环的效率一般低于余热锅炉型联合循环。鉴于联合循环的主要目的是提高效率，降低污染，因此余热锅炉型联合循环应用的更加广泛。当用燃气轮机来改造和扩建已有的蒸汽轮机电厂时，排气补燃型联合循环得到了较多的应用。

3. 增压锅炉型联合循环

这种联合循环的特点是把燃气轮机的燃烧室和余热锅炉合二为一，形成在一定压力下燃烧的锅炉，如图 2-42 所示。此时，燃气轮机的压气机供给锅炉高压空气，由于换热系数与参与换热的工质的密度近似成正比，因此锅炉内气体侧的换热系数大大提高。当炉膛的压力提高 10 倍时，换热面积可降低约 8 倍，因此，增压锅炉的体积比常压锅炉要小得多，这是它的一个显著优点。这种联合循环输出的功率中，蒸汽轮机也占大部分。

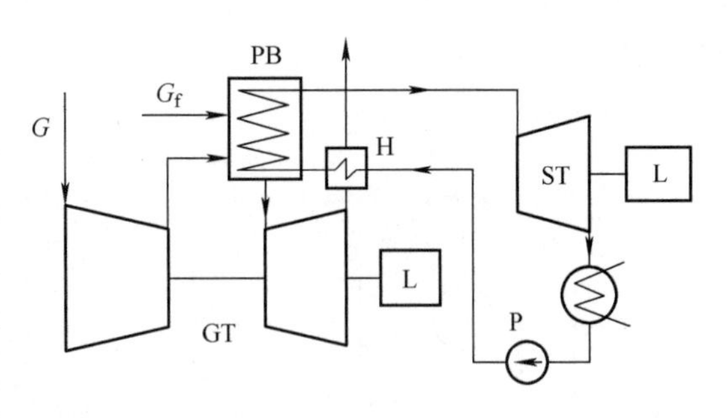

图 2-42　增压锅炉型联合循环的机组布置方案

G—空气量　G_f—燃料量　GT—燃气轮机　PB—增压锅炉　H—热交换器　ST—蒸汽轮机　P—泵　L—负荷

与上面两种联合循环相比较，由于在增压燃烧过程中，整个锅炉是一个尺寸很大的密闭压力容器，为机组的设计和安全运行等带来了困难。此外，在性能方面也有所不同，图 2-43所示为增压锅炉型联合循环与余热锅炉型联合循环效率的比较。通常，当燃气初温在 1100℃以下时，增压锅炉型联合循环的效率较高，反之，当燃气初温超过 1100℃时，余热锅炉型联合循环的效率高，并且随着燃气初温的提高，两者效率的差距逐渐增大。鉴于在目前的燃气轮机机组中，透平前温均远高于 1100℃且仍在逐渐提升，因此，增压锅炉型联合循环应用很少。近些年来，随着流化床燃煤联合循环的发展，增压燃烧锅炉型联合循环又得到了极大关注。

4. 其他循环方案

联合循环的其他方案还包括加热给水型联合循环、程氏双流体循环，以及燃煤的流化床循环和整体煤气化联合循环（IGCC）等，限于篇幅本节不对这些循环逐一进行讨论。事实上，对于包括燃气轮机及其联合循环的各种新型循环的探讨，直至今天也仍是本领域的研究热点之一㊀。本部分仅对程氏双流体循环作一简要介绍。

从本质上说，程氏双流体循环方案也是一种燃气-蒸汽联合循环，该循环也被称为注蒸汽的联合循环，图2-44所示为这种循环的装置布置示意图。

从图2-44可以看到，这种循环的主体设备与余热锅炉型联合循环非常接近。在燃气轮机后同样配有一台余热锅炉，但是，由余热锅炉产生的过热蒸汽不是送到蒸汽轮机中去做功，而是送回到燃气轮机燃烧室中去，与来自压气机的空气一起被加热到燃气透平前的初温，然后共同进入到燃气透平中进行膨胀做功。在这种循环方案中，燃气与蒸汽两种流体在同一台燃气透平中膨胀做功，由于透平中工作的是两种流体，所以被称双流体循环。由燃气透平排出的燃气与蒸汽的混合物进入余热锅炉，用于加热锅炉的给水，温度降低后排出。

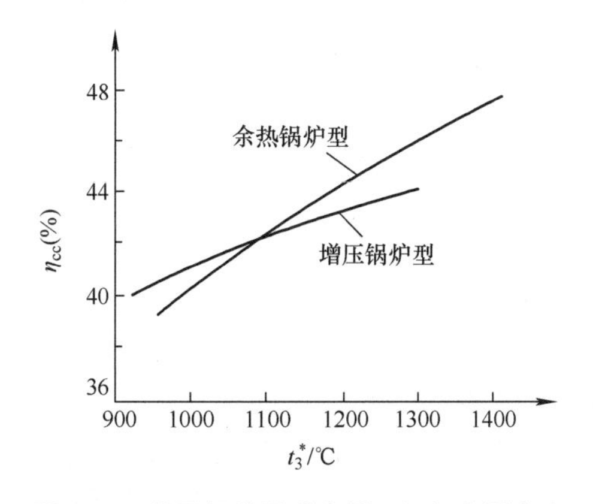

图2-43　增压锅炉型联合循环机组布置方案

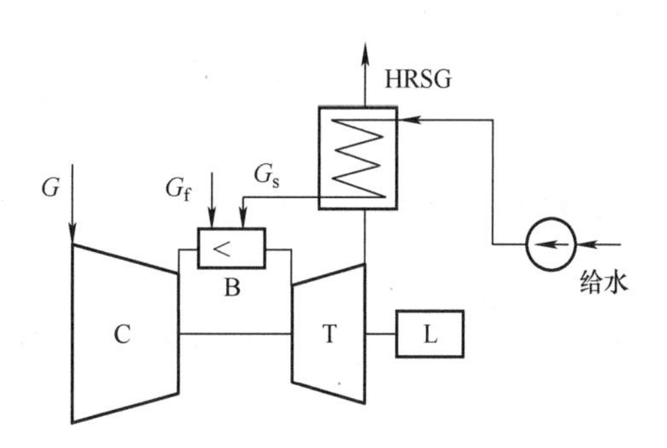

图2-44　程氏双流体循环装置示意图

G—空气量　G_f—燃料量　G_s—蒸汽量　C—压气机

B—燃烧室　T—燃气透平　HRSG—余热锅炉

L—负荷

显然，这种循环与前面所述的余热锅炉型联合循环相比有几个重要优点。首先，装置中不再配置蒸汽轮机和凝汽器等设备，因而整个装置的设备大大简化，尺寸上也减小了很多。其次，由余热锅炉提供的全部或部分蒸汽㊁被进一步加热到透平前温的水平，使蒸汽做功能力大大增加。再次，由于蒸汽被喷注到燃气轮机燃烧室的燃烧区中区，可适当地降低燃烧火焰的温度，有利于降低 NO_x 的排放量。最后，由于燃气中含有水蒸气，就会增加混合气体的传热系数，有利于改善余热锅炉中混合气体的换热效果。在相同的燃气温降条件下，可以从混合气体中抽取更多的热能，使余热锅炉的效率提高。

㊀ 美国机械工程师学会的ASME Turbo Expo学术会议有专门的关于循环的研究主题Cycle Innovations。

㊁ 有时，有一部分蒸汽不经过燃烧室，直接至透平后部做功。

程氏双流体循环主要有以下两个缺点：一方面由于蒸汽被连续不断地排向大气，难于回收，因而需要庞大的水处理设备，耗费昂贵；另一方面，由于蒸汽膨胀后是直接排向大气的，因此蒸汽的膨胀背压要比采用凝汽器的高很多，从而限制了蒸汽做功能力的充分发挥。

2.8.2 联合循环的热力性能

由于联合循环由燃气轮机循环与蒸汽轮机循环所组成，因而这两个循环的参数，例如燃气轮机的压比和温比、蒸汽的初温和初压等，也即是联合循环的热力参数。联合循环的比功 w_{cc}、效率 η_{cc} 和功率 P_{cc} 分别按照以下公式计算：

$$P_{cc} = P_{GT} + P_{ST} - P_{aux} \tag{2-62}$$

$$\eta_{cc} = P_{cc}/(G_{f1}H_{u1} + G_{f2}H_{u2}) \tag{2-63}$$

$$w_{cc} = P_{cc}/G \tag{2-64}$$

式中，P_{GT} 和 P_{ST} 分别为燃气轮机和蒸汽轮机的功率；P_{aux} 为辅机耗功（机械损失可包含在该项中）；G_{f1} 和 G_{f2} 分别为燃气轮机和余热锅炉中（如有）加入的燃料流量，H_{u1} 和 H_{u2} 为加入燃料的单位热值；G 为燃气轮机进口空气质量流量。

显然，上述公式中 w_{cc} 是折算到每千克空气所做的功。在联合循环的效率确定上，通常已知其所构成的燃气轮机和蒸汽轮机的效率，此时其效率可计算为

$$\eta_{cc} = \eta_{GT} + (1 - \eta_{GT})\eta_{ST} \tag{2-65}$$

例如，已知某联合循环燃气轮机效率为36%，蒸汽轮机的效率为33%，则由其构成的联合循环的效率 $\eta_{cc} = 0.36 + (1 - 0.36) \times 0.33 = 57\%$。

2.8.3 联合循环电厂的经济性

燃气-蒸汽联合循环发电是一种能源梯级综合利用技术，与燃气轮机简单循环或者蒸汽轮机电厂相比，具有突出的性能优势，其经济性主要体现在以下几个方面：

1）热效率高。燃气-蒸汽联合循环包含布雷顿循环和朗肯循环，热力学原理先进，能量可以得到充分利用。目前，联合循环电厂热效率在60%以上，而燃煤电厂机组热效率仅20%~42%。即便在同等功率条件下，联合循环热效率也要高出15%以上。如300MW等级联合循环的热效率已达55%以上，而同等功率蒸汽轮机的热效率在30%~40%。

2）耗水量少。燃煤电厂的耗水量十分巨大，2013年国际环保组织“绿色和平”发布的《煤炭产业如何加剧全球水危机报告》指出，截至2013年底，全球已运行的燃煤电厂的年耗水量高达190亿m^3，相当于10亿人口一年的基本用水需求。我国已运行的燃煤电厂的年耗水量约为74亿m^3，其中45%燃煤电厂建在“过度取水”区（即人类取水速度远超过淡水资源的再生速度，地表水资源被过度取用的地区）。若不对燃煤电厂加以控制，当地水资源危机将进一步恶化，严重威胁生态环境。在2×1配置的联合循环电厂中，汽轮机仅占总容量的1/3，联合循环电厂的用水量远低于燃煤电厂。联合循环电厂凝汽负压部分的发电量在整个系统中十分有限，国际上已广泛采用空气冷却的方式，用水量近乎为零。此外，在以天然气（主要成分为甲烷）为燃料的联合循环电厂中，甲烷中的氢燃烧后还会产生水，每立方米天然气理论上可回收约1.5kg水，可以大幅减少联合循环电厂的用水。

3）环境污染低。燃煤电厂锅炉排放物中粉尘、二氧化硫和氮氧化物多，同时还会产生煤渣，而联合循环电厂以燃油或天然气为燃料，燃烧产物没有煤渣，余热锅炉没有粉尘排放。由于燃料在燃气轮机燃烧室中燃烧充分，高温排气中的二氧化硫和氮氧化物极少，即使有高于排放标准的氮氧化物，也可采用燃烧室注水、注蒸汽或干式低 NO_x燃烧室等方法，将氮氧化物的含量降低到国家排放标准以下。因此，相比于燃煤电厂，联合循环电厂排放更加清洁。当前，国家对发电厂污染物的排放要求日益严格，为了满足环保要求，燃煤电厂不得不花费大量资金和场地，用于环保治理（如安装烟气脱硫装置等）。据估计，大型燃煤电厂用于烟气脱硫和脱硝的费用，占到了发电厂总投资的 1/4 ~ 1/3。由此可见，联合循环电厂从排放和投资两方面都具有明显优势。

4）投资省、占地少。在初期建设投资方面，联合循环电厂每千瓦的投资费用目前仅约为 4000 ~ 5000 元，甚至更低，而燃煤电厂则达到约 8000 ~ 11000 元。在燃料成本方面，我国原煤产量增速远低于下游煤炭消费行业的需求，动力煤价格持续上涨，而联合循环电厂的燃料灵活，燃料来源广泛。在土地成本方面，一方面没有了煤和灰渣的堆放，又可使用空冷系统，联合循环电厂占地面积减少；另一方面由于功率密度更大，同等功率下联合循环电厂占地更少，一般联合循环电厂占地仅为燃煤电厂的 10% ~ 30%，节约了土地资源，节省了土地投资成本。

5）运行可靠灵活。联合循环电厂可以实现高度的自动化，在大大减少运行人员数量的同时，长时间运行也十分可靠。如天津滨海燃气电厂在投运以来，年运行小时数达 7500 以上，非常可靠。此外，燃煤电厂只能作为基本负荷运行，不能调峰运行，而燃气轮机运行灵活、起动快，联合循环电厂不仅能作为基本负荷运行，还可作为调峰电厂运行。燃气轮机快速起动至满负荷只需要十几分钟，即便是包括汽轮机的联合循环，汽轮机冷起动仅在 1.5h 以内，而以汽轮机为动力系统的燃煤电厂，冷起动时间一般需要 10h 以上。若燃气轮机以油和天然气为燃料，联合循环电厂还可以对市政天然气进行调峰。

6）建设周期短。燃气轮机简单循环电厂的建设周期为 8 ~ 10 个月，联合循环电厂的建设周期为 16 ~ 20 个月，而燃煤电厂需要 24 ~ 36 个月。此外，联合循环电厂土建少，可以分阶段投资建设，比如先建设燃气轮机电厂，然后再扩建成联合循环电厂，投资回报快，资金效率高。

7）管理费用低。现代大型联合循环电厂机组的自动化水平都很高，机组运行管理人员的数目可以大幅减少，从而降低日常管理费用。比如，在 1 × 1 的单轴配置中，启停操作只需 2 名值班人员即可完成，整套机组的常设人员一般也不超过 32 名。即使对于复杂一些的多轴机组，常设管理人员规模也基本相当。

2.8.4　联合循环电厂的发展方向

到目前为止，燃气-蒸汽联合循环已在世界电力工业中获得了很大的发展，它的单机功率已超过了 500MW，供电效率达 60% 以上，发展潜力仍十分巨大。总体来说，今后联合循环将沿着两个方向继续发展：

1）对于燃烧天然气和液体燃料的机组来说，需要进一步提高单机容量和供电效率，其发展方向是高参数、高性能、大功率和低污染的联合循环机组。

2）为了适应固体燃料煤的使用需要，需发展燃煤的燃气-蒸汽联合循环。

我国以煤为基础的能源格局在未来几十年里不会产生较大的改变，而目前高效洁净煤发电技术主要是采用超超临界蒸汽轮机电厂和联合循环，它们集中了目前热力发电系统的几乎所有可用的先进技术，燃煤技术的大力提升可有效地解决我国天然气不足和价格昂贵的问题。在燃煤的技术方面，主要的方案有整体煤气化联合循环（IGCC）、增压流化床联合循环（PFBC-CC）、高温陶瓷管外燃式联合循环（EFCC），以及直接在燃气轮机中使用水煤浆的技术。其中，IGCC 是目前相对而言最为成熟的技术。

广义的 IGCC 是指将煤炭、生物质、石油焦、重渣油等多种含碳燃料进行气化，得到合成气净化后用于联合循环的发电技术，图 2-45 所示即为这样的一个系统示意图。在整个联合循环的工作过程中，可将前面的气化、除灰/脱硫过程归于气化岛，而将包含燃气轮机和蒸汽轮机的发电装置归于动力岛，如图 2-46 所示。

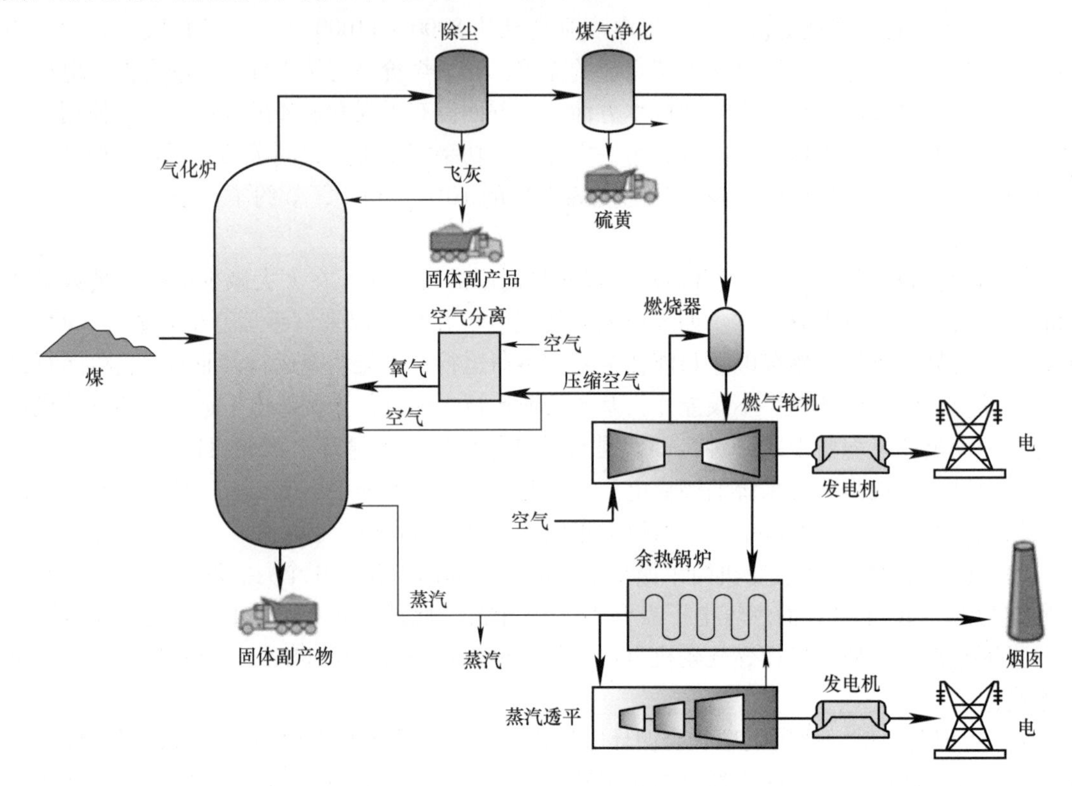

图 2-45　IGCC 总体系统构成示意图

在图 2-46 中的气化岛部分，目前的关键技术是除灰和脱硫技术。空气到氧气的制氧过程可采用常温制氧和低温制氧技术，其中大规模使用的是低温制氧，约占总量的 85%，而常温制氧规模较小。制氧过程所获得的纯度为 95% 以上的氧气可供入气化炉中进行煤的气化，用纯氧进行气化有利于合成气品质的提升。空气分离制氧后剩余的氮气可用于煤粉输送和飞灰再循环，也可用于其他工业用途。

IGCC 是能够同时提高燃煤发电效率、降低污染物排放的先进洁净煤发电技术。目前，IGCC 已走过概念验证和工业示范阶段，进入商业示范阶段。示范电厂的运行证明了其高效洁净的特点。IGCC 技术不存在障碍性的技术难题，但目前造价高，因此，开发高效低成本的关键技术，打破技术垄断和加快自主技术的工程化，是降低 IGCC 造价的有效手段。

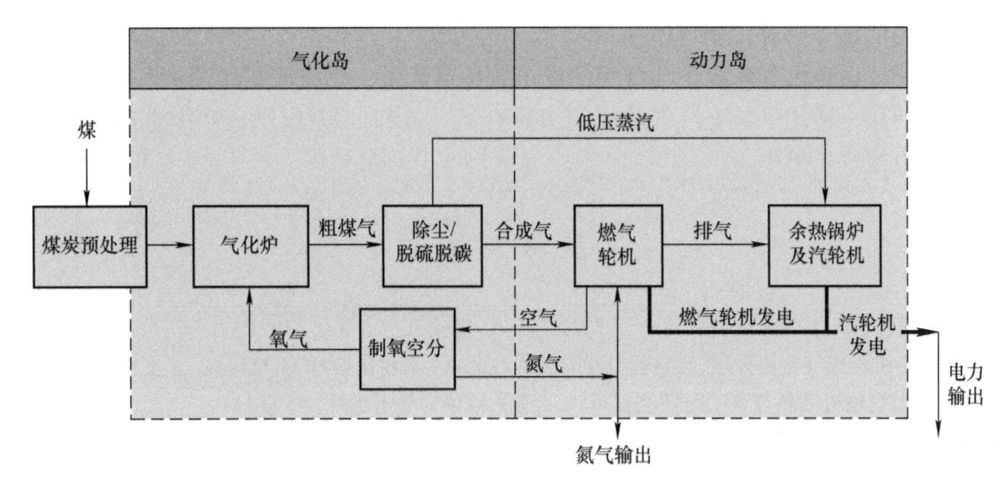

图 2-46　IGCC 联合循环电厂示意图

2.9　闭式循环燃气轮机

当燃气轮机所使用的工质与外界隔绝而循环使用时，就形成了闭式循环。通常，为了提高装置的性能，闭式循环燃气轮机的工质可选择为密度和比体积比较大的惰性气体，此时就不能用燃烧室直接通过燃烧的方式来加热压缩后的工质，而需要使用气体锅炉或换热器来间接加热工质。同时，闭式循环燃气轮机还需要采用冷却器来对透平中膨胀做功后的工质进行冷却。图 2-47 所示为闭式循环燃气轮机的系统布置示意图。

为了提高循环的效率，闭式循环往往采用回热，这时虽然增加了一个体积较大的回热器，但由于气体锅炉中的加热量减少，使得锅炉的尺寸下降，因而回热后机组的尺寸增加不多，而效率可得到提升。

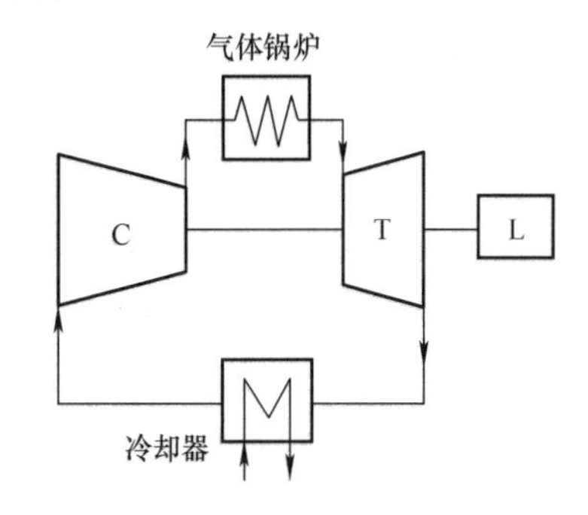

图 2-47　闭式循环燃气轮机系统示意图
C—压气机　T—透平　L—负荷

与开式循环比较，闭式循环燃气轮机有以下的一些优点。首先，闭式循环燃气轮机的单机功率可以做得很大，原因一方面是由于在工质的选择上，可选用密度大于空气的工质，因而在相同的体积流量下可获得较大的质量流量；另一方面由于工质相对密闭，因而循环的最低工作压力（基础压力）可以高于大气压力，例如可取 0.4 ~ 0.6MPa，这时工质工作的密度可进一步增大，使得压气机和透平的尺寸要比开式循环的小很多。其次，闭式循环燃气轮机的燃料可灵活选取，可以方便地燃用煤，以有效地减少燃料费用，还可利用核能。第三，闭式循环机组的变工况性能好，机组在变工况下工作时，可采用改变工质质量流量的方法，使机组效率随功率的下降变化平稳，机组在部分负荷下的效率可在很大的功率变化范围内基本不变。

闭式循环的缺点主要有两点：其一是气体锅炉的尺寸大，造价昂贵；其二是由于间接加热工质，透平前温受到换热器金属耐热温度的限制，使机组效率的提升受到限制，因而燃气轮机主要使用的循环为开式循环。

目前，闭式循环燃气轮机主要应用于核电气冷反应堆，燃气轮机工质的气体也作为反应堆的冷却剂使用。适用于核电燃气轮机的工质有氦、氮和二氧化碳，其中通常认为氦较好，因而用于核电氦气轮机中。

参考文献

[1] 沈炳正，黄希程. 燃气轮机装置［M］. 2版. 北京：机械工业出版社，1991.

[2] 姜伟，赵士杭. 燃气轮机原理、结构与应用［M］. 北京：科学出版社，2002.

[3] 赵士杭. 燃气轮机循环与变工况性能［M］. 北京：清华大学出版社，1993.

[4] 焦树建. 燃气-蒸汽联合循环［M］. 北京：机械工业出版社，2000.

[5] RAZAK A M Y. Industrial Gas Turbines：Performance and Operability［M］. Cambridge England：Woodhead Publishing Limited，2007.

[6] BOYCE M P. Gas Turbine Engineering Handbook［M］. 4th ed. Oxford：Butterworth-Heinemann，2012.

[7] GIAMPAOLO T. Gas Turbine Handbook-Principles and Practice［M］. 5th ed. Lilbum：Fairmont Press，2014.

[8] SOARES C. Gas Turbines：A Handbook of Air，Land and Sea Applications［M］. 2nd ed. Oxford：Butterworth-Heinemann，2015.

[9] GÜLEN S C. Gas Turbines for Electric Power Generation［M］. Cambridge：Cambridge University Press，2019.

[10] KOÇ Y，YAĞLI H，GÖRGÜLÜ A，et al. Analysing the Performance，Fuel Cost and Emission Parameters of the 50 MW Simple and Recuperative Gas Turbine Cycles Using Natural Gas and Hydrogen as Fuel［J］. International Journal of Hydrogen Energy，2020，45（41）：22138-22147.

习　题

1. 一理想简单循环燃气轮机的输出功（率）为1MW，试确定需要的空气流量和热输入。循环的压比为8，最高循环温度为1000℃，入口条件为15℃，标准大气条件。（参考答案：2.942kg/s；2.232MW）

2. 一理想简单循环燃气轮机的效率为40%，比功为200kJ/kg，循环最低温度为15℃。确定循环需要的压比和最高温度。（参考答案：5.98；975K）

3. 某燃气轮机压气机入口压力及温度为101kPa、17℃，在等熵效率为0.8的情况下被压缩至808kPa，在燃烧室中被加热到1200K。气体在透平中以0.84的效率膨胀到101kPa。确定空气流量为30kg/s时的输出功及效率。燃料的加入量忽略。（参考答案：4.33MW；20.4%）

4. 一燃气轮机装置空气流量为0.5kg/s，输出功为40kW，压气机入口空气参数为101kPa、17℃，压比为4。透平入口压力比压气机出口压力低5%，忽略加入的燃料量。透平的出口压力为101kPa。若压气机与透平的效率均为0.82，确定最高循环温度和效率。对燃气使用$c_p=1.15\mathrm{kJ/(kg\cdot K)}$，$\kappa=1.3$。（参考答案：1014K；12.6%）

5. 某燃气轮机机组入口空气参数为17℃、101kPa，压比为8。机组采用高压透平驱动压气机，低压透平驱动负荷的分轴装置。压气机和高、低压透平的等熵效率分别为0.8、

0.85 和 0.83。计算进入动力透平的气体的压力和温度，单位质量工质的净输出功和机组的热效率。最高循环温度为 650℃，燃烧和膨胀过程的 $c_p = 1.15\text{kJ/(kg} \cdot \text{K)}$，$\kappa = 1.333$。[参考答案：163.2kPa；665K；71.8kW/(kg · s^{-1})；18.4%]

6. 某汽车公司考虑设计一燃气轮机来驱动汽车。已决定采用高压透平驱动压气机，低压透平通过减速齿轮驱动车轮。在整个过程采用空气的 κ 和 c_p。初始条件如下：压气机入口条件为 101.5kPa、289K；压比为 4；压气机等熵效率为 0.85；透平等熵效率为 0.86，排气压力为 101.5kPa；最高循环温度为 1090K；空气流量为 0.908kg/s；燃料热值为 41.9MJ/kg。计算高压透平出口的压力。忽略所有的损失，并假定燃烧效率为 100%，计算净输出功和在最大空气流量条件下的比燃料消耗。[参考答案：205kPa；134kJ/kg；0.375kg/(kW · h)]

7. 简单循环燃气轮机的压比为 6，最高温度 1070K，入口温度为 290K。如果压缩和膨胀过程的等熵效率为 0.87，计算总效率、净输出功、燃料空气比和比燃料消耗。

假定：燃料热值为 43000kJ/kg，燃烧效率为 0.98，机械效率 0.99，入口压力 101.5kPa。压缩、燃烧和膨胀过程的 c_p 分别为 1013J/(kg · K)、1126J/(kg · K) 和 1145J/(kg · K)。[参考答案：25%；161kJ/kg；66：1；0.304kg/(kW · h)]

8. 一简单循环燃气轮机，压比为 π，压气机和透平的入口温度分别 T_1 和 T_3，证明其输出功仅在压气机的等熵效率 η_C 和透平的等熵效率 η_T 之积大于 $\frac{T_1}{T_3}\pi^{\frac{\kappa-1}{\kappa}}$ 时才为正值，且最大输出功所对应的压比为 $\left(\eta_C\eta_T\frac{T_3}{T_1}\right)^{\frac{\kappa}{2(\kappa-1)}}$。

第 3 章

压 气 机

3.1 概述

压气机是燃气轮机机组三大核心部件之一，其作用是从大气环境中吸气，实现燃气轮机布雷顿循环中空气的压缩过程，向燃烧室提供高压空气。在燃气轮机中，压气机是由燃气透平驱动的。

从流程上来说，压气机位于三大核心部件的首位，其后与燃烧室相连，燃烧室后布置有燃气透平，其中工质在透平中膨胀做功过程的实现，离不开压气机源源不断地为燃烧室提供压缩空气，而后空气在燃烧室中与燃料发生化学反应生成高温高压燃气进入透平。因此，在布雷顿循环中，压气机是其四个基本过程之一的压缩过程中的关键设备，其作用是将机械功传递给空气并使其压力增加。压气机的压缩过程也决定了循环过程能否顺利完成。从广义上来说，压气机是一种叶片式压缩机，这里特指用于提高空气压力的压缩机。

空气在压气机中流动时不可避免会产生流动损失，与理想的压缩过程相比，实际的压缩过程会带来更大的空气温升和机械功损耗。其中，更大的空气温升意味着压气机高压级的空气温度提高，不利于用于燃气透平高压级叶片的冷却，更大的功率损耗则说明压气机效率低下，不利于提高整个布雷顿循环的热功转换效率。因此，压气机的气动设计需要尽可能提高压气机效率，将更多份额的机械功传递给空气，使其压力升高，流动损失减少，并尽量降低由于流动损失产生的温升。

不同于燃气透平，压气机内的流动属于逆压流动，更容易发生流体脱离叶片壁面的流动分离现象，特别是在气流冲角达到一定程度时，叶片发生失速，升力降低，压气机压比降低，失速发生到一定程度时会引起压气机内流动的轴向反流，压气机将不能正常工作。为此，压气机只能正常运行在阻塞线和喘振线之间的区域。因此在压气机设计时，在提高压气机效率的同时，还要特别注意其稳定工作范围。

燃气轮机效率的提高，要求不断提高燃烧室的出口温度，当前J级燃气轮机燃烧室的燃气出口温度已高达1600℃，远超燃气透平材料的耐温极限，这也一直推动着先进材料技术和冷却技术的进步。为提高燃气轮机的循环效率，随着燃气轮机温比（燃烧室出口温度与压气机进口温度之比）的提高，还需要压气机压比的提高才能相互匹配。一方面，燃气轮机压气机的压比随着燃烧室出口温度的提高而提高，致使压气机的稳定工作范围越来越窄，设计难度进一步增大；另一方面，随着压气机气动设计技术的提高以及流动控制技术的不断发展，压气机单级的压比在不断提高，这样也降低了压气机通流部分的轴向长度，有助于降低成本和转子的结构设计难度。

3.2 压气机分类及性能要求

3.2.1 压气机分类

如前所述，压气机的作用是实现燃气轮机布雷顿循环中空气的压缩过程。在空气压缩过程中，压气机通过高速旋转的叶片对气体做功，故也称叶片式压气机，其工作特点是供气量大且连续稳定。压气机按照其内空气的流程可以分为轴流式压气机和离心式压气机两类。其中，轴流式压气机的空气沿与轴线近似平行的方向流动，空气流量大，单级压比低，级数较多，效率较高，应用广泛，尤其适用于5MW以上的较大功率机组，如图3-1所示。表3-1给出了当前的技术条件下具有代表性的轴流式压气机的典型技术参数。

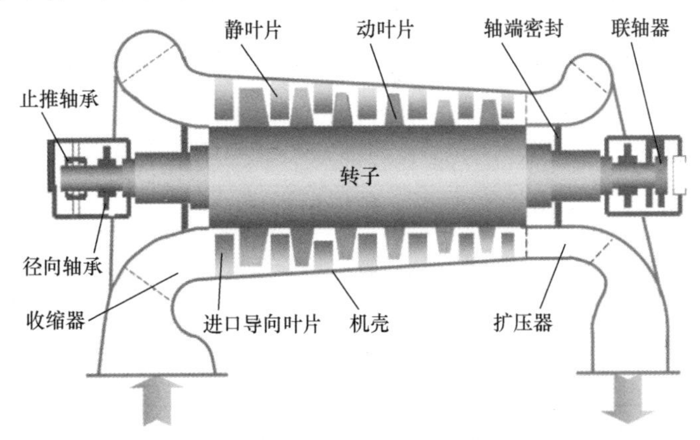

图3-1 轴流式压气机示意图

表3-1 轴流式压气机的典型技术参数

应用场合	流动类型	进口相对马赫数	级压比	级效率（%）
工业	亚声速	0.4~0.8	1.05~1.2	88~92
航空	跨声速	0.7~1.1	1.15~1.6	80~85
研究	超声速	1.05~2.25	1.8~2.2	75~85

离心式压气机也称径流式压气机，工作叶轮中空气沿与轴线近似垂直的半径方向流动，由于离心力的作用，单级的压比有可能达到4~4.5，甚至更高。但是其气流流动的路线比较曲折，因此其效率要比轴流式压气机的低，一般只有85%，甚至在80%以下。此外，由于受到材料强度的限制，工作叶轮的尺寸不能太大，因而其空气流量小，即使采用双面进气的结构，空气流量仍然不能设计得很大。因此，离心式压气机一般用于功率小于1MW的机组。此外，有时为了提高效率，也可在前面级中采用轴流级，后面级根据机组的设计需求采

用离心级，从而构成复合式压气机，以避免轴流式压气机的后几级由于叶片绝对高度过小造成损失剧增，同时也可使机组的轴向尺寸缩短，如图3-2所示。

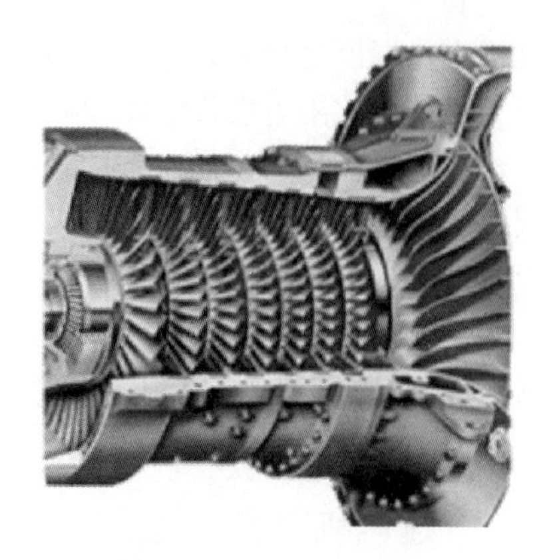

图3-2 轴流与离心组合的复合式压气机

表3-2给出了两种压气机的主要特性及适用场合，本章重点介绍轴流式压气机，离心式压气机的工作原理与轴流式相同，只是在压缩过程中多了离心力的作用。

表3-3给出了目前主要燃气轮机制造商生产的典型机组的压比以及所采用的压气机级数等参数。可以看到，除ABB-Alstom的GT26机组采用了更高的压气机压比（$\pi=30$）外，其余机组压比都在20左右，由于轴流式压气机的单级压比低，故所采用的轴流式压气机必然是多级的。

表3-2 不同类型压气机的结构、工作特性及应用

类型	结构	单级压比	流量	效率	应用
离心式	简单	较大（3~8），通常4左右，级数少	流量小（材料限制）	较低	小型燃气轮机
轴流式	简单	级压比小（1.05~1.3），级数多	流量大	高	大、中型燃气轮机

表3-3 主要型号燃气轮机的压比和压气机级数

制造商	GE		ABB-Alstom	Siemens		MHPS	
燃气轮机型号	MS9001 FA	MS9001 G/H	GT26	SGT5-4000F (V94.3)	SGT5-8000H	M701F	M701G
压气机形式、级数	轴流 18级	轴流 18级	轴流 22级	轴流 15级	轴流 13级	轴流 17级	轴流 14级
压比	15.4	23.2	30	17	19.2	17	21

3.2.2 燃气轮机对压气机的性能要求

通常，为了适应高参数、大功率燃气轮机的发展需要，对于压气机性能有以下要求：

（1）效率高　在第2章中已介绍，压气机的效率可由等熵效率η_C来衡量，提高压气机效率对整个燃气轮机装置的性能有重要影响。

（2）流量大　燃气轮机机组功率与压气机空气流量成正比，增加压气机的空气流量，一方面可提高单位面积的通流能力，但会受到气动特性的制约；另一方面可提高通流部分的面积，但会受到压气机机械强度的制约。目前大功率机组中，其流量已高达800kg/s，如三菱公司M701F机组的压气机流量为650kg/s，西门子公司SGT-8000H机组的压气机流量为829kg/s。为了进一步提高燃气轮机的单机功率，压气机的流量仍有进一步增大的趋势。

（3）单级压比高　提高压气机的单级压比，需要增大压气机的级负荷，容易导致压气机在变工况时出现叶片壁面气流的脱离现象。单级压比越高，则达到相同的总压比时需要的压气机级数就越少，从而使压气机的尺寸小、重量轻，压气机的级数对航空机组尤其重要。

（4）压气机特性与透平特性相匹配　燃气轮机需要压气机、燃烧室和透平的协同工作，因此，要求压气机和透平的压比、流量、功率、转速在各种工况下都能匹配。

（5）稳定性好　在工况发生变化时，例如流量、转速发生变化时，压气机可能会发生喘振，影响到机组工作的可靠性。关于喘振将在本章第 10 节中介绍，机组可采取级间放气、可调导叶等措施来防止压气机发生喘振。

（6）结构紧凑、坚固耐用、便于制造

3.3　压气机级的增压原理

3.3.1　基元级

级是多级轴流式压气机的基本组成单元，由工作叶栅和静叶栅（又称导向器）组成。通常，将一列工作叶片和其后的一列静叶片称作压气机的一个级，图 3-3 所示为圆柱面上的基元级。多级压气机由多个相关联的压气机级构成。工作叶片与静叶片组成的通道被称作级的通流部分。

气体在多级轴流式压气机级中流动时，气流参数沿轴向、径向和周向都会发生变化，在任意半径处的流线曲线，绕主轴旋转形成回转面，近似可以看成圆柱面或圆锥面，如图 3-4 所示。

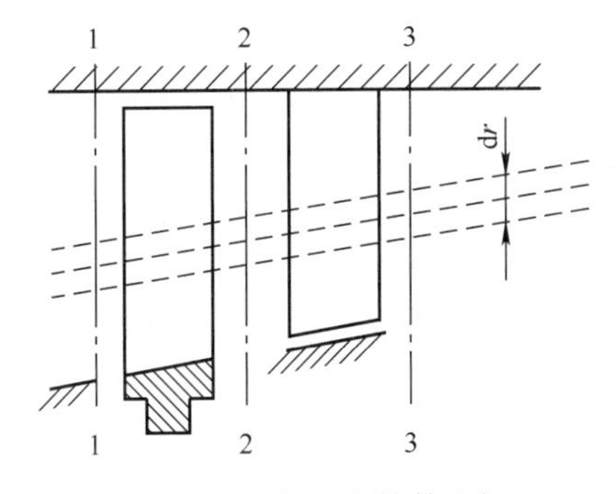

图 3-3　圆柱面上的基元级

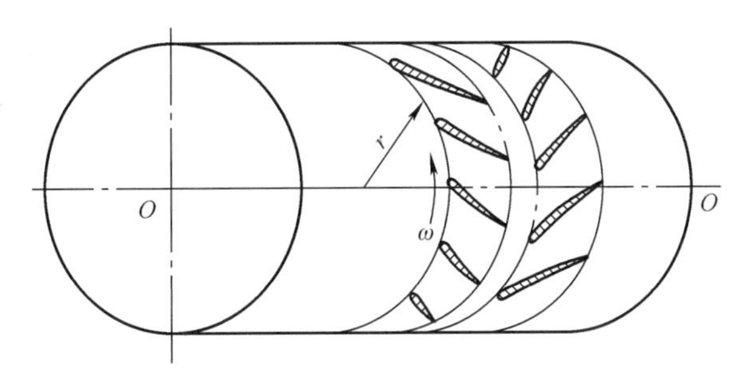

图 3-4　压气机级的构成

在级中取两个径向相距为 dr 的无限接近的流面和叶片，构成所谓的“基元级”。在基元级中，气流参数沿径向的变化可以忽略，气流参数沿周向的变化可取平均值，因此气流参数仅沿轴向变化，气体在基元级中的流动被简化为了一维流动。在压气机的设计计算中，通常以平均直径处的基元级参数来代表整个级的计算。将基元级展开，得到一列平面工作叶栅和一列平面静叶栅，如图 3-5 所示。

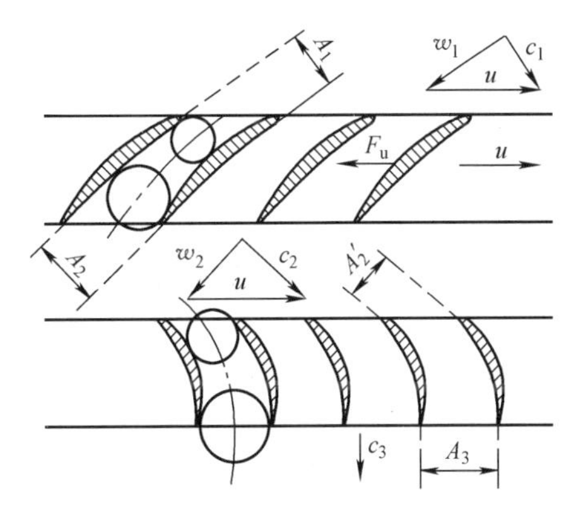

图 3-5　基元级平面叶栅及速度三角形

多级轴流式压气机是由多个单级压气机串联而成，而其中每一个单级压气机又是由许多基元级沿叶高叠加而成，因此，压气机由无数个基元级实现对气体的加功和增压，基元级构成了轴流式压气机的基础。压气机的设计从基元级开始，而设计基元级又是从确定基元级的气动参数开始。基元级的气动参数可通过速度三角形来进行研究，速度三角形中的各个量对压气机基元级的加功、增压和流阻损失等气动性能有重要影响。

3.3.2　基元级的速度三角形

在研究基元级时，通常将动叶前、后和静叶后的截面定义为1—1、2—2和3—3截面，如图3-3所示。气体流过基元级叶栅时，以绝对速度 c_1 流入工作叶栅，同时工作叶栅以圆周速度 u_1 运动，这样气体就以相对速度 w_1 流入工作叶栅通道，速度 c_1、w_1 和 u_1 构成工作叶栅进口速度三角形，满足矢量相加：$\boldsymbol{c}_1=\boldsymbol{u}_1+\boldsymbol{w}_1$。

气体流出基元级叶栅时，以相对速度 w_2 流出工作叶栅，而工作叶栅以圆周速度 u_2 运动，这样气体以绝对速度 c_2 流出工作叶栅通道，速度 c_2、w_2 和 u_2 构成工作叶栅出口速度三角形，满足矢量相加：$\boldsymbol{c}_2=\boldsymbol{u}_2+\boldsymbol{w}_2$。通常，将工作叶栅进、出口的气流速度三角形画在一起，称为级的速度三角形，如图3-6所示。

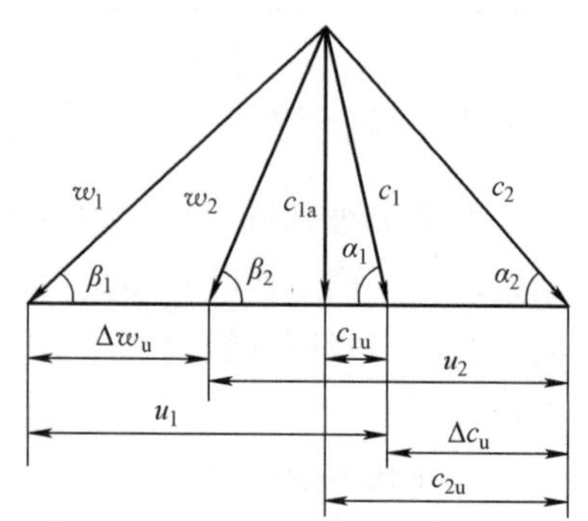

图3-6　压气机级的速度三角形

气流在压气机中流动时，随着压力的提升，密度增大，比体积减少，由连续方程：$Gv=Ac_a$ 可知，随流动过程的进行，需要减小通流部分的面积或者轴向分速度来满足连续方程。方程中：G 为质量流量（kg/s）；v 为比体积（m^3/kg）；A 为通流面积（m^2）；c_a 为轴向速度（m/s）。若仅降低通流部分面积而保持轴向分速度不变，会导致末级叶片过短，效率下降；而轴向分速度的过快降低除了会使级做功能力下降，还会对压气机的气动性能产生很大影响，因此在实际的压气机中，二者都有下降。对轴流式压气机来说，当级的增压比不高时，可近似认为：各个截面处的轴向速度相等以及动叶进口与出口处的线速度相等。

由能量守恒观点，动能和压力能可相互转化，当具有一定压力 p_2 和速度 c_2 的气流流过通道面积不断增大的扩压通道时，随着气流速度的降低，压力将提高，因此通常将静叶栅通流截面设计成截面面积不断增大的扩压通道，如图3-7所示。而工作叶栅则向静叶栅提供高速流动的气流。

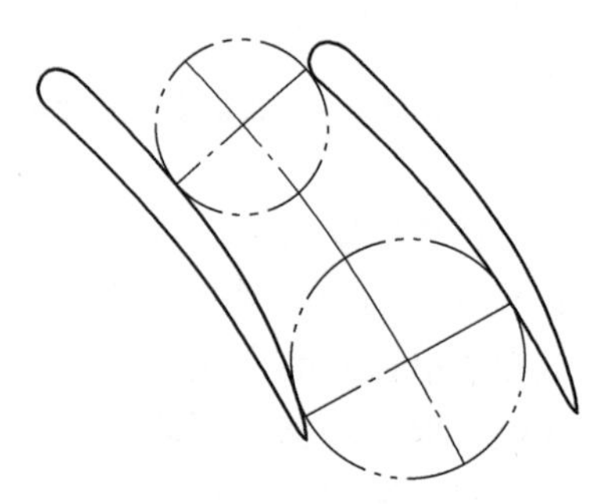

图3-7　叶栅通道的扩张

这样，在气流的流动过程中，由于静叶栅出口通流面积大于进口 $A_{3s}>A_{2s}$，因此气流流过静叶栅时，动能下降转化为压力能，即 $c_3<c_2$，$p_3>p_2$。对照图3-5可知，由于上一级静叶栅出口的气流参数即为下一级进口的气流参数，由速度三角形可以看出，$c_2>c_1$（c_3）。也就是说，工作叶栅出口气流的绝对速度大于进口气流的绝对速度，工作叶栅进出口动能的增加（$c_2>c_1$）来源于工作叶栅所做的功。

通常，为了让工作叶栅也具有扩压能力，将工作叶栅也做成面积逐渐扩张的，这样使得工作叶栅传给气流的能量一部分使绝对速度动能增加，另一部分直接提高气流的压力。工作叶栅中绝对速度动能增加和压力能提升的比例关系，可由反力度来衡量。反力度反映了动叶栅直接将机械功转化为压力能的能力特性，用 ρ_c 来表示。ρ_c 越大，意味着在级的增压过程中，气体增压在动叶中完成的份额越大。

在压气机级的速度三角形中，绝对速度 c_1 的周向分速 c_{1u} 叫预旋，如图 3-6 所示，$c_{1u} = c_1\cos\alpha_1 = c_{1a}\cot\alpha_1$。当 $\alpha_1 < 90°$ 时，c_{1u} 与 u 的方向一致，称正预旋；当 $\alpha_1 > 90°$ 时，c_{1u} 与 u 的方向相反，称负预旋；当 $\alpha_1 = 90°$ 时，代表轴向进气。

气体相对速度的周向分速的差值，称为扭速：

$$\Delta w_u = w_{1u} - w_{2u} = w_1\cos\beta_1 - w_2\cos\beta_2 \tag{3-1}$$

当 $c_{1a} = c_{2a}$，$u_1 = u_2$ 时：

$$\Delta w_u = w_{1u} - w_{2u} = u - c_{1u} - u + c_{2u} = c_2\cos\beta_1 - c_1\cos\beta_2 = \Delta c_u \tag{3-2}$$

通流部分面积的扩大是由气流的转弯引起的，气流在工作叶栅出口处 $\beta_2 > \beta_1$，转折角 $\Delta\beta = \beta_2 - \beta_1$，通过 $\Delta\beta$ 可判断叶栅的扩压程度，即叶栅的增压能力。转折角越大，叶栅的通流面积扩张就越大，其增压能力就越强，但转折角太大，会引起流动情况恶化，级效率降低。通常，压气机的最大气流转折角不超过 45°。

3.3.3　作用在叶片上的力和工作叶栅所做的功

当气流流过叶栅通道的每个叶片时，流体微团有向叶腹（又称压力面）靠拢的趋势，因而叶腹与叶背（又称吸力面）的压力不同，叶腹处的压力要比叶背处的压力高。同时，气流在流过叶片时，叶背型线长，因此压力降落慢，而叶腹型线短，压力降落快。因而，当气流流过叶栅通道的每个叶片时，叶腹的压力要高于叶背的压力。

为了进行叶片的受力分析，取图 3-8 所示的流动控制体。在该控制体中，控制面 1—2 和 1′—2′是相邻两个叶栅流道的中心流面；控制面 1—1′和 2—2′是平行于叶栅额线的两个面。对控制体进行受力分析可知，控制体受到重力、离心力等质量力作用，这部分力与其他力相比可以忽略；气流作用在 1—2 和 1′—2′两个流面上的力，由于周期性边界条件，二者可以相互抵消；此外，还包括气流作用在进口 1—1′面上的力和作用在 2—2′面上的力，以及叶片作用在控制体上的力 F'。

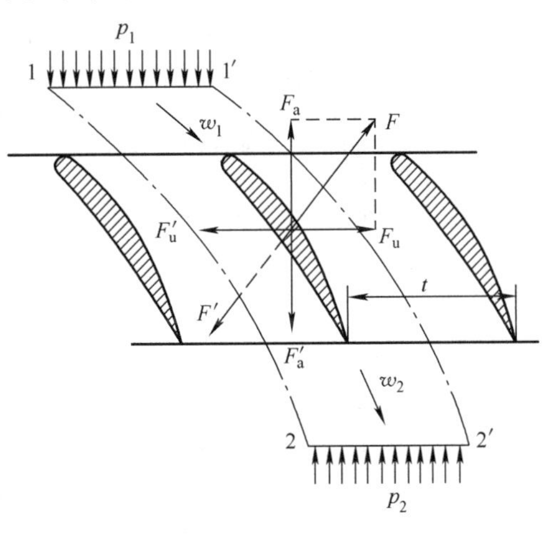

图 3-8　叶片受力分析

根据动量方程：作用在控制体上的合力 = 单位时间内引起的动量的变化（$Ft = mv \Rightarrow F = G_C v$），可得：

周向力：

$$F'_u = G_C(w_{1u} - w_{2u}) \tag{3-3}$$

轴向力：

$$F'_a = G_C(w_{2a} - w_{1a}) + (p_2 - p_1)t\Delta r \tag{3-4}$$

式中，G_C 为单位时间内流过控制体的气体质量流量（kg/s）；w 为动叶进出口相对气流速度（m/s）；t 为叶栅节距（m）；Δr 为沿叶高方向长度（m）；p 为动叶进出口静压力（Pa）。

由于轴向力 F_a' 在力的方向上没有位移，因此并不做功，但该力需在轴端通过止推轴承加以平衡。在周向力 F_u' 的作用下，气流每秒移动了 u 的距离，因此 F_u' 所做的功 = 力 × 位移 = $p_u'u = qu\Delta w_u$。定义轮周功 L_u 为单位质量气体所接受的功，则：

$$L_u = u\Delta w_u = u\Delta c_u \tag{3-5}$$

轮周功越大，意味着叶片对气体的做功能力越强，即增压能力越强。由式（3-5）可以看到，若想要增大轮周功，可以提高圆周速度以及扭速。但圆周速度的提升受到叶轮材料的限制，通常在 300～360m/s 以内，近年来随着高参数大流量压气机的发展，压气机动叶叶尖的圆周速度已超过 450m/s。扭速的提高则取决于气流的转折角，由叶栅的气动性能所决定。一般来说，扭速与工作叶栅出口速度 w_2 相关，扭速越大，则 w_2 越小，逆压梯度大，两者共同作用下易引起气流的脱离。此外，压气机超跨声速级的出现，使得扭速得到了大大的提高。

在速度三角形中，根据余弦定理，可得 $w_1^2 = c_1^2 + u_1^2 - 2c_1u_1\cos\alpha_1$，对该式进行整理，可得 $u_1c_{1u} = (w_1^2 - c_1^2 - u_1^2)/2$；同样，根据余弦定理可得 $w_2^2 = c_2^2 + u_2^2 - 2c_2u_2\cos\alpha_2$，整理得到 $u_2c_{2u} = (w_2^2 - c_2^2 - u_2^2)/2$，将上面两个式子代入轮周功的表达式中，可以得到轮周功的另一种形式：

$$L_u = \frac{w_1^2 - w_2^2}{2} + \frac{c_2^2 - c_1^2}{2} + \frac{u_2^2 - u_1^2}{2} \tag{3-6}$$

对轴流式压气机来说，由于 u_1 和 u_2 相差不大，故上式中的第三项可以略去；然而，对于径流式压气机来说，由于 u_1 和 u_2 相差较大，故上式中第三项不可忽略。通常，为了保证轮周功尽可能的大，需要 u_2 大于 u_1，以保证第三项为正值，这也是为什么径流式压气机在结构布置上趋向于采用离心式压气机的原因。

3.3.4　超声速压气机基元级的工作原理

按照气流流过压气机叶栅时的马赫数 Ma 的不同，可将轴流级分为三类不同的级。

（1）亚声速级　指在设计工况下，级的任一半径处的相对马赫数或绝对马赫数小于1，即

$$M_{w_1} = \frac{w_1}{a_1} < 1 \quad 和 \quad M_{c_2} = \frac{c_2}{a_2} < 1$$

式中，a_1 为截面 1 处的声速；a_2 为截面 2 处的声速。

（2）跨声速级　指在设计工况下，级的相对马赫数 M_{w_1} 或绝对马赫数 M_{c_2} 沿叶高自叶尖到叶根从小于 1（亚声速）向大于 1（超声速）变化。

（3）超声速级　指在设计工况下，级的任一半径处的相对马赫数或绝对马赫数大于1，即

$$M_{w_1} = \frac{w_1}{a_1} > 1 \quad 或 \quad M_{c_2} = \frac{c_2}{a_2} > 1$$

图 3-9 所示为超声速基元级及其速度三角形示意图。气流在流过叶栅通道时，工作叶栅进口的相对马赫数 M_{w_1} 大于 1，在进入两个相邻叶片构成的通道前首先减速，气流的速度由 w_1 降低为 w_2，使压力能得到提升，在进入叶栅通道后，气流的转折角度很小，因此超声速压气机主要是利用激波来完成气体的增压。由图 3-9 可以看到，在叶型工作表面（压力面、

叶腹）上，所有的工作区域均处在激波之后，即静压力很高；在非工作表面（吸力面、叶背）上的 bc 段处于激波之后，静压力高，而 ab 段处在激波之前，静压力低，因而使得叶片压力面和吸力面存在着压力差，气流对叶片有自压力面指向吸力面的力。当工作叶栅旋转时，叶片会给气流作用大小相同而方向相反的力，工作叶栅正是通过这个力完成对气流的做功（加功）。通常情况下，超声速基元级所达到的 Δw_u 比亚声速的基元级大，有时，为了进一步对后面的亚声速流动区实现增压，只要把激波后的动叶流道设计成稍带扩张形状，使气流再有些转向即可。这样的话，动叶栅出口的气流速度就变为 $\Delta w_2'$，使得 $\Delta w_u'$ 可以更大一些。

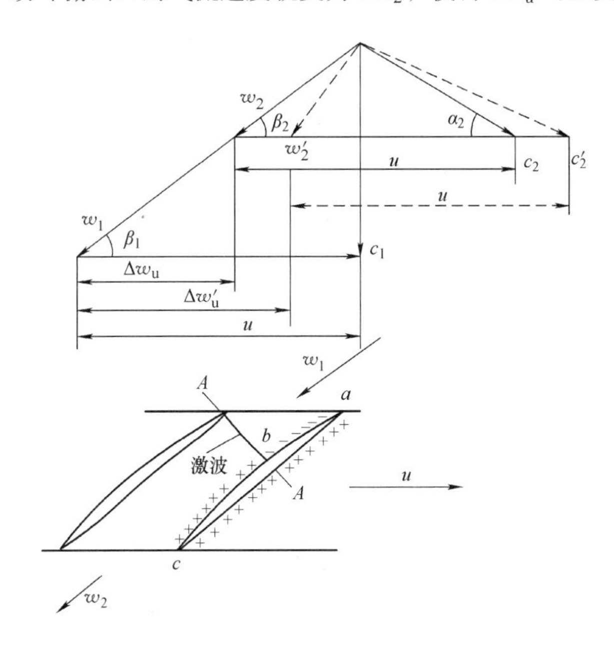

图 3-9　超声速基元级及其速度三角形

超声速级中，静叶栅的流动特性和亚声速级类似，设计方法也基本相同，这里不再赘述。只是气流在超声速级的静叶栅中的转折角往往更大，因此易造成气流分离而增大流动损失。所以，超声速级静叶栅的设计要比亚声速的困难些。在分析了超声速级叶栅的增压原理后，可以看到，由于超声速叶栅突破了亚声速 M_{w_1} 的限制，因而可有更大的 u 和 Δw_u，从而能获得大得多的级压比。

与亚声速级相比，超声速级一般叶型较薄，有较尖的前缘和较小的弯度，叶型厚度变化缓和，其最大厚度在叶型中间或靠后的位置上，最大厚度处的相对距离（指最大厚度到叶片前缘的距离与整个叶片弦长的比值，表示最大厚度所在的位置）为 50% ~80%。

目前，大多数压气机是由亚声速或亚-跨声速级所组成，很少采用超声速级。这是由于超声速压气机工作时，若激波强度过大，激波本身的总压损失以及激波与边界层（又称附面层）的相互作用，将使得级效率急剧下降。通常 $M_{w_1}=1.3\sim1.5$，级压比可达 1.8 ~2.2。

3.3.5　基元级的能量转换

图 3-10 所示为基元级中气体压缩的热力过程图。气体在工作叶栅中的等熵压缩功：

$$L_{1,s} = \int_{1}^{2s} \frac{\mathrm{d}p}{\rho} = c_{pa}(T_{2s} - T_1) = \frac{\kappa}{\kappa - 1} R_g T_1 (\pi_{1,s}^{\frac{\kappa-1}{\kappa}} - 1) \tag{3-7}$$

式中，ρ 为密度；c_{pa}为截面 1 处的比热容，该比热容在至截面 2 处的压缩过程中认为保持为定值；R_g 为空气的气体常数。气体在整流叶栅（静叶栅）中的等熵压缩功：

$$L_{2,s} = \int_{2}^{3's} \frac{\mathrm{d}p}{\rho} = c_{pa}(T_{3's} - T_2) = \frac{\kappa}{\kappa - 1} R_g T_2 (\pi_{2,s}^{\frac{\kappa-1}{\kappa}} - 1) \tag{3-8}$$

整个级的等熵压缩功：

$$L_{st,s} = \int_{1}^{3s} \frac{\mathrm{d}p}{\rho} = c_{pa}(T_{3s} - T_1) = \frac{\kappa}{\kappa - 1} R_g T_1 (\pi_{st}^{\frac{\kappa-1}{\kappa}} - 1) \tag{3-9}$$

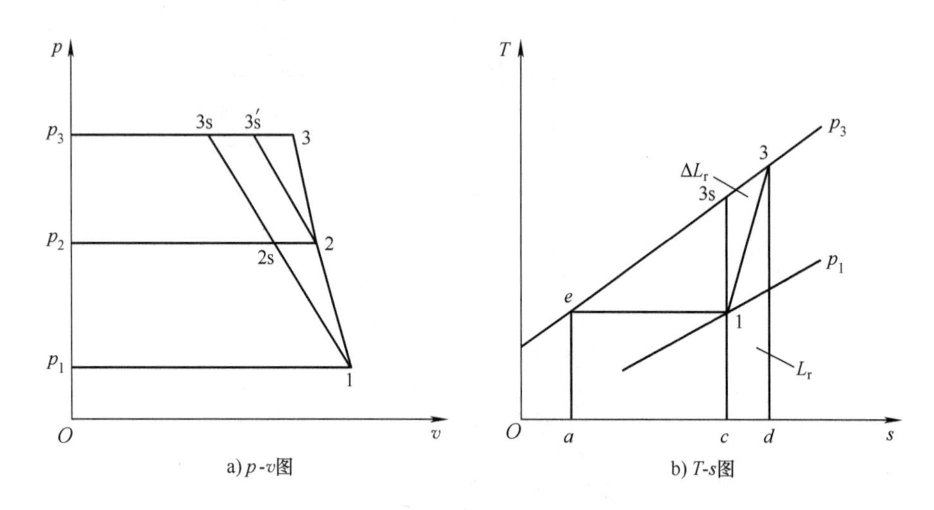

图 3-10　基元级中气体压缩的热力过程图

工作叶栅内的气体流动产生流动损失，使得 2 点温度升高，所以工作叶栅中的等熵压缩功和整流叶栅中的等熵压缩功之和大于整个级的等熵压缩功，即

$$(L_{1,s} + L_{2,s}) > L_{st,s}(\text{面积多出 2s-2-3's-3s})$$

由于轴流级的压比小、效率高，故可近似地认为 $L_{1,s} + L_{2,s} \approx L_{st,s}$。

实际的压缩过程：

$$L_{1p} = \int_{1}^{2} \frac{\mathrm{d}p}{\rho} = c_{pa}(T_2 - T_1) = \frac{n}{n - 1} R_g T_1 (\pi_1^{\frac{n-1}{n}} - 1)$$

$$L_{2p} = \int_{2}^{3} \frac{\mathrm{d}p}{\rho} = c_{pa}(T_3 - T_2) = \frac{n}{n - 1} R_g T_2 (\pi_2^{\frac{n-1}{n}} - 1)$$

$$L_{st,p} = \int_{1}^{3} \frac{\mathrm{d}p}{\rho} = c_{pa}(T_3 - T_1) = \frac{n}{n - 1} R_g T_1 (\pi_{st}^{\frac{n-1}{n}} - 1)$$

式中，n 为多变指数，其值为 $n = 1.45 \sim 1.50$。

在图 3-10b 中，等熵压缩功 $L_{st,s}$对应图形中的面积 a-e-3s-c，多变压缩功对应图形中的面积 a-e-3-1-c，两部分功之差即为热阻功，即 $L_{st,p} - L_{st,s}$ = 面积 1-3s-3-1 = ΔL_r。所谓的热阻功，是指实际压缩过程流动阻力损失对气体进行了额外的加热使压缩功增加所引起的多耗费的压缩功。压缩过程中的流动阻力损失也称流阻功 L_r，在图形中为 c-1-3-d 所对应的图形面积。

为了更好地说明级中的能量转换关系，下面分别对工作叶栅、整流叶栅及整个级写出伯努利能量方程。由于工作叶栅转动，故在坐标的选取上有两种情况：第一种情况为固定坐标系，即坐标系不随工作叶栅转动；第二种情况为运动坐标系，坐标系位于工作叶栅上，与工作叶栅一同转动。在两种情况下，所获得的工作叶栅的伯努利能量方程如下：

固定坐标系：

$$L_{u} = \int_{1}^{2} \frac{\mathrm{d}p}{\rho} + \frac{c_2^2 - c_1^2}{2} + L_{r1} = L_{1p} + \frac{c_2^2 - c_1^2}{2} + L_{r1} \tag{3-10}$$

运动坐标系：

$$L_{u} = 0,\ \int_{1}^{2} \frac{\mathrm{d}p}{\rho} + \frac{w_2^2 - w_1^2}{2} + L_{r1} = 0 \tag{3-11}$$

式中，L_{r1}为每千克气体在工作叶栅中的流动损失。从式（3-10）可以看到，工作叶栅所做的轮周功（外界输入）增加了气流的静压力、动能并克服流动阻力。从式（3-11）可以看到，气流静压力的提升是通过相对速度动能的下降（叶栅扩张）实现的。

由于整流叶栅静止，故仅可写出固定坐标系下的伯努利能量方程：

$$\int_{2}^{3} \frac{\mathrm{d}p}{\rho} + \frac{c_3^2 - c_2^2}{2} + L_{r2} = 0 \tag{3-12}$$

式中，L_{r2}为每千克气体在整流（扩压）叶栅中的流动阻力损失。分析式（3-11）可以看到，整流叶栅中压力能的提升是通过动能的下降转化来的。

整个基元级中：

$$L_{u} = \int_{1}^{3} \frac{\mathrm{d}p}{\rho} + \frac{c_3^2 - c_1^2}{2} + L_{r} \tag{3-13}$$

式中，L_r 为基元级中的流动损失，且 $L_r = L_{r1} + L_{r2}$。由式（3-13）可以看到，对整个基元级而言，轮周功大部分用于增压，小部分用于克服流动阻力损失，气流的动能几乎不发生变化。而热阻功 ΔL_r 来源于 L_r 引起的气体温度的升高。

至此，根据上面的分析，可将压气机基元级中空气增压的过程及原因总结归纳如下：

1）外界通过工作叶栅（动叶栅）把一定数量的功传递给流经动叶栅的空气，一方面使气流的绝对速度动能增高，另一方面让气流的相对速度动能降低，使气流压力增高一部分。

2）由动叶栅流出的高速气流在整流叶栅（静叶栅）中逐渐减速，使（$c_3^2 - c_2^2$）/2的一部分动能进一步转化为空气的压力能。

根据上面的分析，可以获得流经压气机一个级的气流的参数变化情况，如图3-11所示。由图3-11可知，绝对速度动能在动叶栅中增加，故 c 增大，随后动能在静叶栅中变为压力能，故 c 降低。相对速度在动叶栅中下降，转变为压力能。压力在动叶栅和静叶栅中逐步增加，后面会看到，这两部分中压力提升的幅度决定于级的反力度。反力度越大，动叶栅增压能力越强，压力提升越快；反之，反力度越小，动叶栅增压能力越弱，当反力度为零时，动叶栅中不增压，$p_1 = p_2$。在压缩过程中，气流温度不断增加。最后值得注意的是，滞止压力在动叶栅中提升，体现在一方面静压提升，另一方面动能增大。在静叶栅中没有外部功的加入，若不考虑静叶栅中的损失，则滞止压力是一条水平线，保持不变；考虑了损失后，静叶栅中的滞止压力略有下降。

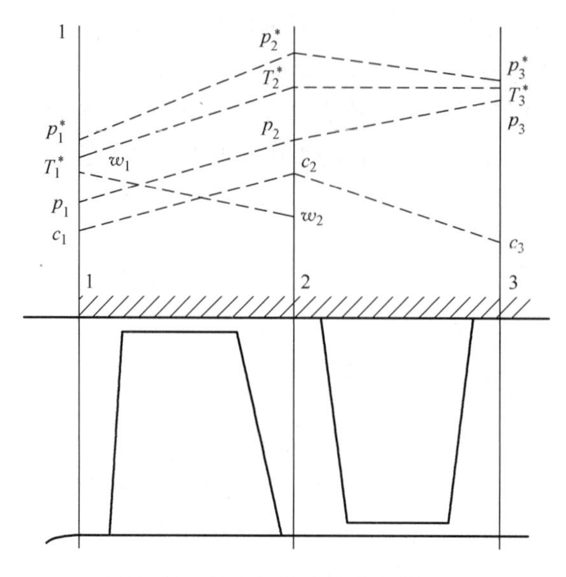

图 3-11　级中气体参数的变化特点

3.4　压气机级的基本参数

在进行压气机级的特性计算以及表示级的工况时，采用了一系列的有量纲参数和无量纲参数，这些参数可以是整个级的，也可以是各个基元级的，下面将对这些参数进行介绍。需要说明的是：以下关于压气机几何与气动参数的定义与本章 3.3 节的参数一样，包括角标所代表的含义。

3.4.1　级几何参数和总体气动参数

级的直径主要有外直径（外半径）、内直径（内半径）以及平均直径（平均半径），一种平均直径是将级的通流面积分为两个等面积，另一种平均直径为简单的几何平均。通常还可将直径（半径）同外直径（外半径）相除获得相对直径（相对半径）。上述各直径确定了压气机级的通流面积。

工作叶片相对高度，指工作（动）叶片高度与平均直径处工作叶片弦长的比值；整流叶片相对高度，指整流（静）叶片高度与平均直径处整流叶片弦长的比值，此定义的两种叶片相对高度在一定程度上决定了叶片的端壁损失。

每列叶栅的叶片数，通常为 30～80 片，多级轴流式压气机前几级的叶片数较少，最后几级的叶片数较多。

级压比是压气机级的出口压力和进口压力的比值，其中

用静参数表示为：
$$\pi_{st}=\frac{p_3}{p_1}$$

用滞止参数表示为：
$$\pi_{st}^*=\frac{p_3^*}{p_1^*}$$

级的等熵压缩功：

$$L_{st,s}=\frac{\kappa}{\kappa-1}R_gT_1(\pi_{st}^{\frac{\kappa-1}{\kappa}}-1)\text{ 或 }L_{st,s}^*=\frac{\kappa}{\kappa-1}R_gT_1^*(\pi_{st}^{*\frac{\kappa-1}{\kappa}}-1)$$

级的多变压缩功：

$$L_{st,p}=\frac{n}{n-1}R_gT_1(\pi_{st}^{\frac{n-1}{n}}-1)\text{ 或 }L_{st,p}^*=\frac{n}{n-1}R_gT_1^*(\pi_{st}^{*\frac{n-1}{n}}-1)$$

级的等熵效率是指在压比一定条件下，等熵压缩功同多变压缩功与摩擦功的和之比，它衡量级中气体压缩的完善程度，即

$$\eta_{st,s}=\frac{L_{st,s}}{L_{st,p}+L_r}\qquad\eta_{st,s}\approx\frac{T_{3s}-T_1}{T_3-T_1}$$

3.4.2　级运动和其他气动参数

1. 工作叶栅外径处的圆周速度

$$u_T=\frac{\pi D_T n}{60}\tag{3-14}$$

式中，u_T 为工作叶栅外径处的圆周速度（m/s）；D_T 为工作叶栅外径（m）；n 为工作叶栅旋转速度（r/min）。

工作叶栅外径处的圆周速度 u_T 是压气机级的基本气动参数和最重要的结构参数，它受工作叶栅叶片和轮盘强度限制。对于轴流级来说，通常 $u_T=u_{T1}=300\sim550\text{m/s}$，$u_{T1}$ 为第一级工作叶栅外径处的圆周速度。级中任意半径处的圆周速度可通过工作叶栅外径处的圆周速度计算，即：$u=\bar{r}u_T$。

2. 气流轴向分速度和流量系数

级工作叶栅进口处的轴向分速度：$c_{1a}=c_1\sin\alpha_1$，级的轴向分速度确定了流过工作叶栅进口单位面积的气体体积流量；在平均半径处，$c_{1a}=80\sim230\text{m/s}$。

级的流量系数，表示压气机的通流能力：

$$\varphi_a=\frac{c_{1a}}{u_{T1}}=\frac{Ac_{1a}}{Au_{T1}}=\frac{Gv}{Au_{T1}}\tag{3-15}$$

式中，c_{1a}为第一级的气流轴向速度（m/s）；u_{T1} 为第一级工作叶栅外径处的圆周速度（m/s）；A 为通流面积（m^2）；G 为质量流量（kg/s）；v 为比体积（m^3/kg）。

3. 压头系数

对于相同的圆周速度，工作叶栅传给气流的能量可以是不同的，可采用相对值（压头系数）$\overline{H}_c$ 表示：

$$\overline{H}_c=\frac{L_{st}}{u_T^2}\tag{3-16}$$

从而压气机级的功为：

$$L_{st}=\overline{H}_c u_T^2$$

对于轴流级，也可采用功率系数：

$$\mu=\frac{L_{st}}{u_{2m}^2}\approx\left(\frac{L_u}{u^2}\right)_m=\left(\frac{\Delta w_u}{u}\right)_m\tag{3-17}$$

式中，下标 m 表示是平均直径处的值。

4. 反力度

表示气体在工作叶栅的等熵压缩功 $L_{1,s}$ 与级的等熵压缩功 $L_{st,s}$ 之比。

$$\rho_c = \frac{L_{1,s}}{L_{st,s}} \tag{3-18}$$

反力度确定了基元级（或级）中气体压缩功在工作叶栅和整流叶栅（扩压器）之间的分配情况。当级的压比较小时，意味着级的压力变化不大，可将工作叶轮的等熵压缩功写作：

$$L_{1,s} = \int_1^{2s} \frac{dp}{\rho} = \frac{p_2 - p_1}{\rho} \tag{3-19}$$

整个级的等熵压缩功写作：

$$L_{st,s} = \int_1^{3s} \frac{dp}{\rho} = \frac{p_3 - p_1}{\rho} \tag{3-20}$$

因而，反力度可写作：

$$\rho_c = \frac{p_2 - p_1}{p_3 - p_1} \tag{3-21}$$

反力度还可以写作气体焓差的形式：

$$\rho_c = \frac{h_{2s} - h_1}{h_{3s} - h_1} = \frac{\eta_{1,s}}{\eta_{st}} \frac{(h_2 - h_1)}{(h_3 - h_1)} \tag{3-22}$$

根据伯努利能量方程，可得到：

$$L_u = h_2 - h_1 + \frac{c_2^2 - c_1^2}{2} \tag{3-23}$$

$$L_u = h_3 - h_1 + \frac{c_3^2 - c_1^2}{2} \tag{3-24}$$

将式（3-23）和式（3-24）代入式（3-22），可得

$$\rho_c = \frac{L_u - \frac{1}{2}(c_2^2 - c_1^2)}{L_u - \frac{1}{2}(c_3^2 - c_1^2)} \frac{\eta_{1,s}}{\eta_{st,s}} \tag{3-25}$$

根据图3-6所示的基元级的速度三角形，并结合余弦定理，可得到

$$c_2^2 - c_1^2 = \Delta c_u^2 + 2\Delta c_u c_1 \cos\alpha_1 = 2c_{1u}\Delta c_u + \Delta c_u^2,$$

此外，在压气机级中有 $c_3^2 - c_1^2 = 0$，根据轮周功的定义 $L_u = u\Delta w_u = u\Delta c_u$，并假定工作叶轮中的等熵效率和整个级的等熵效率相等，即 $\eta_{1,s} = \eta_{st,s}$ 可得到：

$$\rho_c = 1 - \frac{c_{1u}}{u} - \frac{\Delta w_u}{2u} \tag{3-26}$$

式（3-26）是轮周功的另一种重要的表达形式，称作运动反力度，它将反力度与速度三角形中的量密切联系了起来，式中的 c_{1u} 和 Δw_u 分别是速度三角形中的预旋和扭速。从式中可以看到，气流的预旋 c_{1u} 值对反力度 ρ_c 值有很大影响。当增大正预旋（$c_{1u} > 0$）时，将使级的反力度 ρ_c 减小；负预旋（$c_{1u} < 0$）增大时，将使反力度 ρ_c 增大。过大的正预旋（$c_{1u} > 0$），会使反力度 ρ_c 太小，增大了静叶栅的负荷；而过大的负预旋（$c_{1u} < 0$），会使反力度 ρ_c 太大，使得级的效率显著降低。通常，级的反力度 ρ_c 在0.5～0.8的范围内。

值得说明的是，气流流过压气机基元级时，动叶和静叶都对气流有增压作用，当基元级的增压比确定后，就存在一个基元级总静压的升高在动叶和静叶之间的分配比例问题。如果在动叶中的静压升所占比重大，那么在静叶中的静压升在总压升中所占的比重就小，反之亦然。实践表明，基元级的静压升在动叶和静叶之间的分配情况，对于基元级对气体的加功量和基元级的效率有较大的影响。因为，无论动叶或静叶，静压升高意味着叶片通道中的逆压梯度增大，而过大的逆压梯度将引起叶片表面的流动产生分离，严重的分离会导致该叶片排失速，动叶失速将使得动叶的加功和增压能力下降，静叶失速将使得静叶的导向和增压能力下降，动叶或静叶中的流动分离都会引起流阻功增加、气体的机械能减少和基元级的效率下降。

3.5 平面叶栅的基本参数

在亚声速基元级中，动叶和静叶构成的叶栅通道以及气流相对于动叶和静叶的流动都有着共同的特点，都是气流沿渐扩的通道减速扩压流动，同时气流的角度发生偏转（由与轴向的夹角大，偏转到与轴向的夹角小）。因此，可以用单独一列叶片来模拟气流在基元级动叶或静叶中的流动，这种在平面上展开的模拟叶栅就是压气机的平面叶栅。

在3.3节中，讨论了压气机中的一维流动情况，即沿压气机轴向（级的前后）气流流动参数的变化。本节将介绍压气机平面叶栅和气体在平面叶栅中的二维流动情况，即在两个叶片叶型组成的平面叶栅通道范围内，气流流动参数沿压气机轴向和周向发生变化的情况。

3.5.1 叶型的主要几何参数

图3-12所示为叶型的主要几何特征，可用下列叶型参数表示：

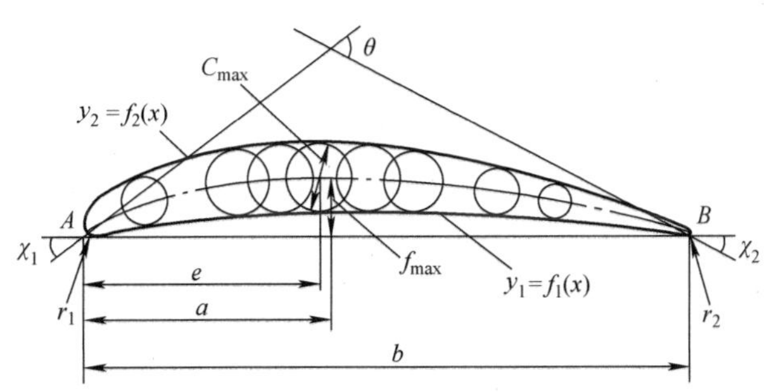

图3-12 叶型的主要几何参数

（1）叶型内弧线（型线）$y_1=f_1(x)$和叶型背弧线（型线）$y_2=f_2(x)$　在叶型的进气侧，用半径r_1的圆弧段把背弧线和内弧线光滑地连接起来，形成叶型前缘；在叶型的出气侧，用半径r_2的圆弧段把背弧线和内弧线光滑地连接起来，形成叶型后缘（又称尾缘）。通常，叶型内弧线即叶腹表面，也称为叶片压力面；叶型背弧线即叶背表面，也称为叶片吸力面。

（2）中弧线　叶型中所有内切圆圆心的连线。

（3）弦长b　内弦长是中弧线与叶型前后缘交点之间的连线；外弦长是叶型在内弧侧进口边和出口边公切线上的投影长度。通常，内弦与外弦的夹角$\gamma<1°$。

(4) 叶型最大厚度 C_{max} 叶型内切圆的最大直径，它与叶型前缘的距离用 e 表示。

(5) 最大挠度 f_{max} 中弧线至弦线 b 的最大垂直距离，它与叶型前缘的距离用 a 表示。

(6) 叶型前缘角 χ_1 和后缘角 χ_2 前缘角 χ_1 是中弧线的前缘点的切线和弦线 b 间的夹角；后缘角 χ_2 是中弧线的后缘点的切线和弦线 b 间的夹角。

(7) 叶型弯曲角 θ 前缘角和后缘角之和，即：$\theta = \chi_1 + \chi_2$。

(8) 叶型参数相对值 C_{max}/b，f_{max}/b，e/b，a/b，r_1/b，r_2/b。

3.5.2 平面叶栅的几何参数

平面叶栅的几何参数是决定叶型位置的参数，如图 3-13 所示。

(1) 栅距（节距）t 指两相邻叶型对应点之间的距离，叶栅额线是连接所有叶片前缘 A 点的直线。

(2) 叶型安装角 β_p 指叶型的外弦线与后缘点连线 $B—B$（即后缘额线）的夹角，它确定了叶型在叶栅中的安装（角度）位置。

(3) 叶栅稠度（实度）s 指弦长 b 与栅距 t 之比，即 $s = b/t$，表示叶栅排列的疏密程度。

(4) 几何进口角 β_{1B} 和几何出口角 β_{2B} 分别指中弧线前缘点和后缘点的切线与前缘点连线 $A—A$（即前缘额线）和后缘点连线 $B—B$（即后缘额线）的夹角，这两个角度是确定气流在叶栅进口和出口处方向的参考基准。

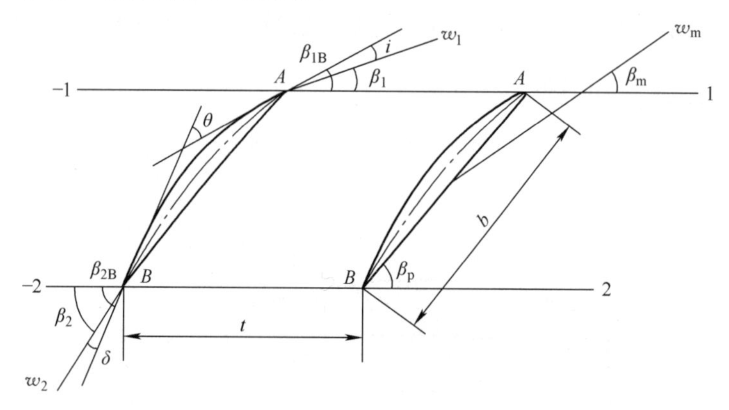

图 3-13 平面叶栅的几何参数

3.5.3 平面叶栅的气动参数

平面叶栅中的流动是二维流动，叶栅中各点处的流动参数不相同，可以采用质量平均的方法得到叶栅进出口气流参数的平均值，用气流参数的平均值来反映叶栅的工作状态和叶栅的气动性能，以下的平面叶栅气动参数（参见图 3-13）都是平均值参数。

(1) 气流进口角和出口角 气流进口角 β_1 指进口相对速度矢量 $\boldsymbol{w}_1$ 和叶栅前缘点连线 $A—A$ 的夹角；气流出口角 β_2 指出口相对速度矢量 $\boldsymbol{w}_2$ 和叶栅后缘点连线 $B—B$ 的夹角。

(2) 冲角（又称攻角）i 指几何进口角 β_{1B} 和气流进口角 β_1 的差值，即 $i = \beta_{1B} - \beta_1$。当 $i > 0$ 时，表示正冲角；当 $i < 0$ 时，表示负冲角。

(3) 落后角 δ 指几何出口角 β_{2B} 和气流出口角 β_2 的差值，即 $\delta = \beta_{2B} - \beta_2$。

（4）气流转折角 $\Delta\beta$ 指气流流过叶栅时流动方向的改变量，即：$\Delta\beta=\beta_2-\beta_1$，表示工作叶栅对气流的加功能力。可将 $\Delta\beta$ 表示成弯曲角 θ、冲角 i 和落后角 δ 的如下关系：

$$\Delta\beta=\beta_2-\beta_1=(\beta_{2B}-\delta)-(\beta_{1B}-i)=\beta_{2B}-\beta_{1B}+i-\delta=\theta+i-\delta \tag{3-27}$$

式（3-27）在变工况分析时非常有用。该式表明：增大来流冲角 i，如果气流的落后角 δ 不变，则气流的转折角 $\Delta\beta$ 增大；或来流冲角 i 不变，流动分离造成落后角 δ 增大，则气流的转折角 $\Delta\beta$ 减小。叶栅的气流转折角 $\Delta\beta$ 与动叶的加功和增压性能以及与静叶的导向和增压性能密切相关，是反映叶栅性能的重要参数之一。

（5）叶栅的损失系数 ξ 指叶栅中气动损失的大小，其定义如下：

$$\xi=\frac{p_1^*-p_2^*}{p_1^*-p_1}=\frac{L_r}{\frac{1}{2}w_1^2} \tag{3-28}$$

3.6 压气机叶栅气动特性

平面叶栅试验是通过试验的手段来研究不同几何特征的叶栅在不同的进口条件（Ma_1 和 i）和出口条件（Ma_2 和 p_2/p_1）下的叶栅气动性能。叶栅特性的获得可通过理论方法由数值计算获得，也可由试验方法获得，其中试验方法被广泛采用。轴流式压气机的设计主要是通过依据大量的平面叶栅试验建立起来的数据库进行的。由于平面叶栅试验可以较为方便地提供详细的叶栅流场信息，因此，平面叶栅试验至今依然在探索压气机中的流动机理和先进数值模拟方法的验证等方面发挥着重要的作用。

平面叶栅试验是在叶栅风洞中进行的，风洞由上游气源压气机供气，气流经风洞的扩压段流入整流段（稳定段），速度减小且上游气源传下来的脉动和不均匀性得到改善，整流段中的格栅可以将大尺寸的旋涡破碎。整流段后是风洞的收缩段，在收缩段气流重新得到加速，在顺压梯度下收缩段风洞壁面上的边界层会减薄，可使试验段进口流场更加均匀。为了减小风洞壁面边界层的影响，叶片的高度不能太小，叶片高度 h 与弦长 b 之比应满足 $h/b\geqslant 2.0$。由于是用有限个叶片的叶栅来模拟无限多叶片的叶栅（将环形叶栅展开到平面上相当于无限长的平面叶栅），叶片数目应不少于 7 个。为了进一步减少风洞四个壁面上的边界层的影响，在试验段的进口，还采用了抽取壁面边界层的装置。平面叶栅二维流场的试验测量应在叶栅中间通道的 1/2 叶高处进行。

压气机的叶栅特性可反映压气机在各种运行条件下叶栅的工作特点。叶栅特性由其空气动力特性来描述，其空气动力学参数包括：

1）反映叶栅增压能力的参数 $\Delta\beta$。

2）反映叶栅流动损失的参数 ξ。

在试验中通过改变不同的冲角，测量叶栅前后的气流压力、速度和方向，应用相关计算公式即可计算出气流转折角 $\Delta\beta$ 以及叶栅损失系数 ξ 的值。

具有一定形状的孤立叶型的升力系数或阻力系数不仅与气流的冲角有关，而且与气流的马赫数和雷诺数有关。气流的马赫数 Ma 表示气流压缩性的影响，工作叶栅进口相对速度的马赫数 Ma_{1w} 为

$$Ma_{1w}=\frac{w_1}{\sqrt{kR_gT_1}}$$

雷诺数 Re 表示气流黏性的影响，工作叶栅进口以相对速度为特性速度的雷诺数 Re_1 为

$$Re_1 = \frac{w_1 b}{v_1}$$

式中，v_1 为工作叶栅进口位置的气体比体积，即气体密度的倒数。

已有的研究结果表明，在 $Ma_{1w} = 0.4 \sim 0.6$ 范围的低马赫数下，气体压缩性的影响和黏性的影响可以忽略不计。

3.6.1 叶栅特性分析

图 3-14 中给出了气流转折角 $\Delta\beta$ 和叶栅损失系数 ξ 与冲角 i 的关系曲线，由图 3-14 可以看出：

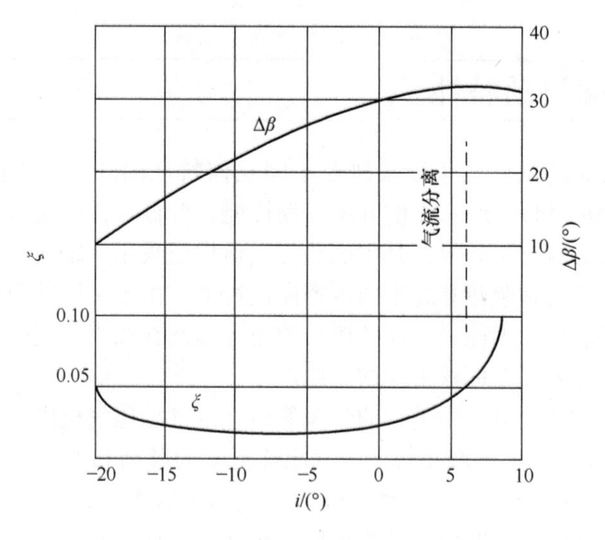

图 3-14 $\Delta\beta$、ξ 与冲角 i 的关系曲线

1）在冲角 $i = -5° \sim +5°$范围内，气流转折角 $\Delta\beta$ 随冲角 i 的增加几乎成正比增大，其原因是气流没有从叶片表面分离，所以气流出口角 β_2 基本保持不变，冲角 i 增加多少度，气流转折角 $\Delta\beta$ 也相应增加多少度[⊖]。而叶栅损失系数 ξ 的变化很小，表明流动阻力损失主要是边界层内的摩擦阻力损失，基本不变。

2）当冲角 $i = i_{\xi,\min}$时，叶栅的阻力损失最小，即：$\xi = \xi_{\min}$（或 $C_x = C_{x,\min}$）；但从叶栅做功的观点来看，在 $i = i_{\xi,\min}$下的工况不是最有利的工况，因为此时的冲角所对应的气流转折角 $\Delta\beta$ 较小，扭速 Δw_u 也较小，传给气体的功 L_u 也就较小。

3）当冲角 i 增加到最佳冲角 i_{opt}时，叶栅效率达最高值。在 $i < i_{opt}$时，随着冲角 i 增加，气流转折角 $\Delta\beta$ 增加很快，但损失系数 ξ 增加缓慢；当 $i > i_{opt}$时，随着冲角 i 增加，损失系数 ξ 增加很快，而气流转折角 $\Delta\beta$ 增加缓慢。

4）冲角增大到临界值 $i = i_{cr}$时，若冲角进一步增大，叶片背面的气流严重分离。此时，阻力损失急剧增大，气流出口角 β_2 减小很快，气流转折角 $\Delta\beta$ 减小，叶栅损失系数增加。

图 3-15 中给出了不同冲角 i 下气流流过叶片时的情况。不同几何尺寸的叶栅，其冲角

⊖ $\Delta\beta = \beta_2 - \beta_1 = \beta_{2B} - \delta - \beta_{1B} + i = \theta - \delta + i$。

特性的具体数值不同，但形状类似。

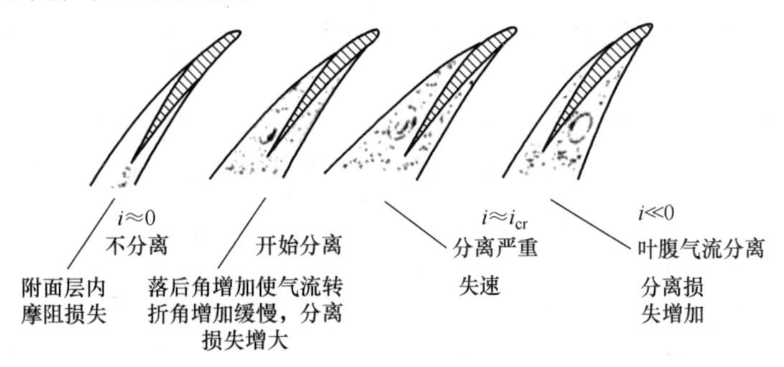

图 3-15　不同冲角时气流流过叶片表面时的情况

3.6.2　*Ma* 和 *Re* 对叶栅特性的影响

在来流低马赫数的条件下，即 $Ma_{w_1}<0.4$ 时，叶栅的性能（$\Delta\beta$ 和 ξ）只与来流的冲角 i 有关；但是，当来流马赫数 $Ma_{w_1}>0.7$ 时，叶栅的气流转角 $\Delta\beta$ 和总压损失系数 ξ 不但随冲角 i 变化，而且还与叶栅的进口马赫数 Ma_{w_1} 的变化有关。当来流马赫数 $0.4\leqslant Ma_{w_1}\leqslant 0.7$ 时，叶栅的气动性能是由来流冲角，还是由来流冲角和来流马赫数共同影响则不一定，应视具体情况而定。图 3-16 所示为叶栅在不同进口马赫数 Ma_{w_1} 下的冲角特性。从图中可以看出，随

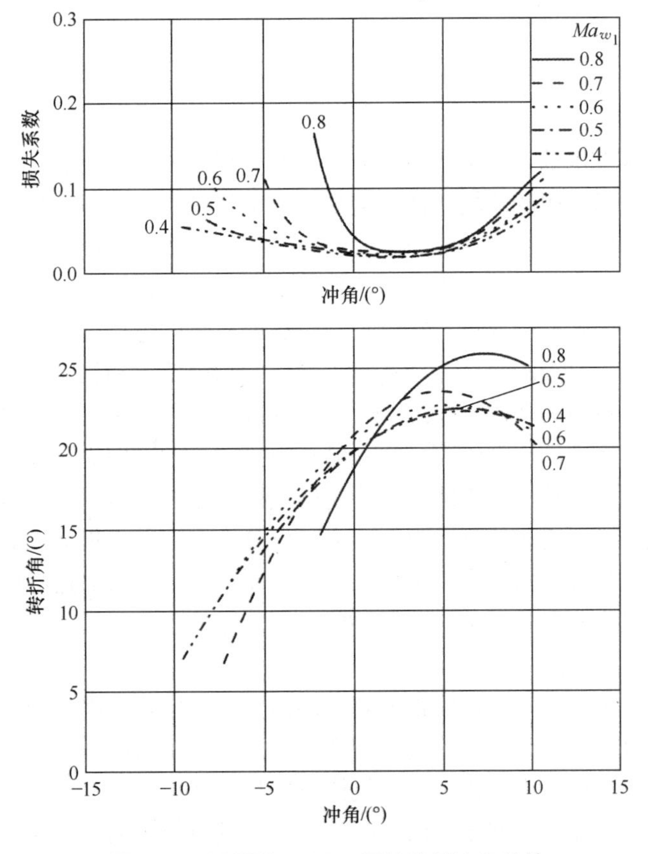

图 3-16　不同进口 Ma_{w_1} 下的叶栅冲角特性

着进口马赫数 Ma_{w_1} 的增大，低损失系数的冲角范围变窄，而且 ξ 的最低值增大。当 $Ma_{w_1}>1$ 时，叶栅中出现局部超声速流动和激波，激波-边界层干涉会加重气流的分离，导致总压损失系数 ξ 迅速增大。

通常，压气机基元级中的流动要避免静叶栅通道内出现较强的激波，因此静叶栅进口气流的相对马赫数（也是绝对马赫数）在一般情况下都小于 1.0。现阶段进口气流的相对速度马赫数大于 1.0 的情况只发生在压气机的转子叶栅上，即工作叶栅进口气流的相对马赫数 $Ma_{w_1}>1$。而且，在目前的轴流式压气机技术水平条件下，工作叶栅进口气流的轴向速度马赫数 Ma_{ca1} 仍然小于 1.0。在这种情况下，由叶片产生的对气流的扰动（激波和膨胀波）是可以传播到叶栅进口（额线）以前并影响栅前流场的。

当来流的 $Re<Re_{\mathrm{cr}}=3.0\times10^5$ 时，随着 Re 的减小，气流转折角 $\Delta\beta$ 减小，流动阻力系数 ξ 增大。当 $Re>Re_{\mathrm{cr}}=3.0\times10^5$ 时，Re 对叶栅特性几乎没有影响，如图 3-17 所示。

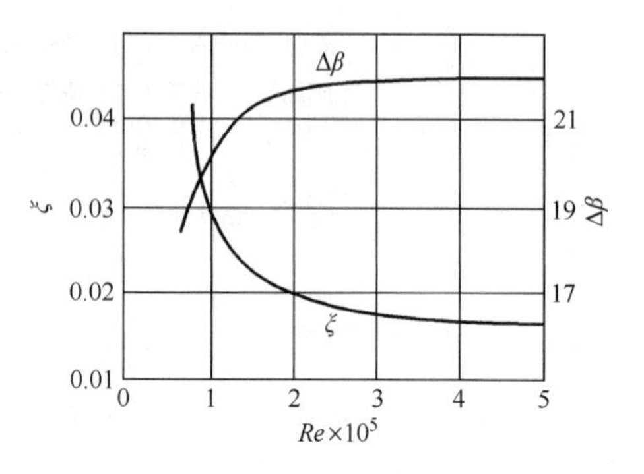

图 3-17　Re 对叶栅特性的影响

3.7　压气机级中气体的流动损失

3.7.1　级中流动损失的产生

通过前面有关压气机基元级和叶栅的流动情况介绍，初步了解了压气机加功和增压的基本工作原理和二维平面叶栅的流场特性。但是，必须认识到基元级及平面叶栅的理论和实验研究都存在着很大的局限性，不能够完全反映真实压气机中的三维流动情况。当沿叶高将基元级叠加组成压气机级的叶栅后，由于机匣和轮毂壁面的出现，在压气机的叶根和叶尖两端会出现新的边界层——端壁边界层；在叶片与轮毂或机匣的连接处，由叶片表面边界层和端壁边界层汇合而产生了复杂的角区流动；由压气机沿轴向轮毂和机匣半径的变化产生了径向流动；由动叶叶尖与机匣的间隙（无内环静叶的叶根与轮毂的间隙）产生了间隙流动等。这些因素使得压气机级中的流动呈现出强烈的三维流动特性，同时这些复杂的三维流动会使压气机级的损失增大，做功能力下降。以下对压气机级中的能量损失予以分析。

气流流过叶栅通道所引起的流动阻力损失，可分为摩擦阻力损失和涡流损失两大类。

摩擦阻力损失包括叶型损失和端面损失。叶型损失为叶片表面边界层中的摩擦损失，如图 3-18 所示；端面损失则为叶栅上、下两个端面上的边界层中的摩擦损失，如图 3-19 所示。

涡流损失包括分离损失、二次流损失和尾迹损失。其中，分离损失指叶片表面气流脱离引起的损失，压气机内气体为逆压流动，当逆向压力梯度增大时，由于边界层内流速低，边界层内的动量不足以克服压力的提高时，气体自叶片表面脱离。

二次流泛指与主流流动方向不同的所有流动，压气机级中的二次流损失包括：

1）叶片径向间隙流动损失　如图 3-20 所示，在同一个叶片上，由于叶腹和叶背存在压力差，在端部有气流自叶腹向叶背流动，由此在叶片端部形成气动损失。

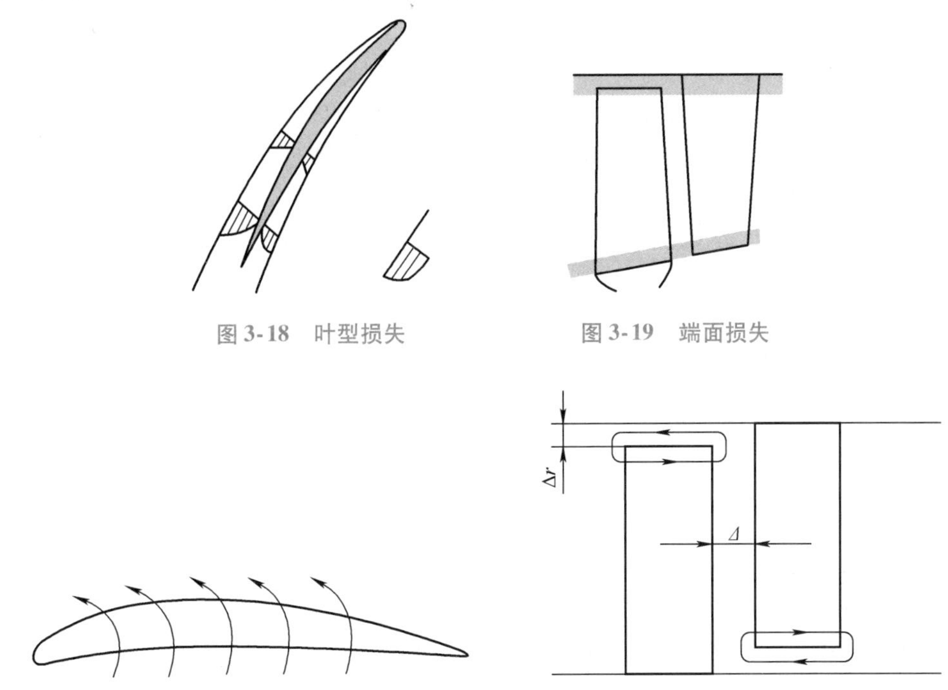

图 3-18　叶型损失

图 3-19　端面损失

图 3-20　径向间隙流动损失

2）通道涡损失　又称双涡损失，这是由叶栅上、下两个端面附近形成的涡对引起的损失。压气机静叶叶栅中的通道涡是气体由静压高的压力面通过端壁边界层流向静压较低的吸力面而产生的。引起通道涡损失的原因是由于叶栅中相邻叶片压力面和吸力面上压力的不平衡，在主流区这种力的不平衡可由离心力加以平衡，气流不会自压力面向吸力面流动，但在端壁处，由于边界层的存在，气流减速滞止，气流由压力面向吸力面流动。通道涡的特点是成对出现，旋向相反，上、下各占去叶栅通道的部分区域，如图 3-21 所示。一般情况下，叶片的弯度越大，所形成的通道涡越强烈。同样，压气机动叶栅中的通道涡也是由相邻叶片压力面和吸力面上的压力差引起的。但与静叶栅不同的是，在动叶栅中由于叶尖径向间隙的存在，使得端部二次流所产生的间隙涡与通道涡相互影响，如图 3-22 所示。由图 3-22 可见，间隙涡与通道涡的旋向相反，二者有相互抑制的作用。

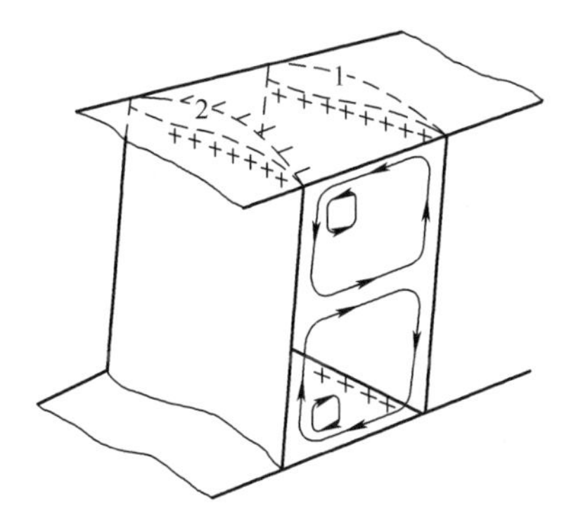

图 3-21　静叶栅中的通道涡

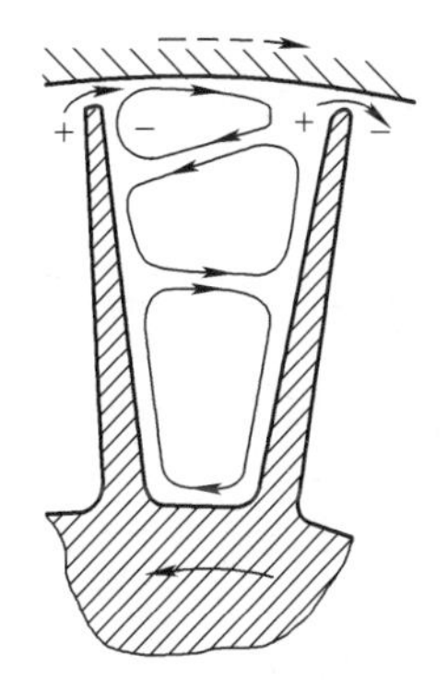

图 3-22　动叶栅中的通道涡

3）径向潜流损失　在远离压气机叶栅上下端壁和叶片表面的主流区中，气体一般沿直线回转面（圆柱面）或曲线回转面流动，这种流动是建立在流场中沿半径方向存在着一定的压力梯度的基础上的。这个压力梯度与气体微团以周向分速度 c_u 运动时的离心力 $\rho c_u^2/r$ 相平衡，但是根据黏性气体力学的理论，在压气机动叶表面的边界层内，紧靠动叶固体表面的气体微团可以看成是和叶片“粘”在一起旋转的。因此，这些气体微团的周向分速度不再是 c_u 而是接近于动叶的圆周速度 u 了，一般情况下 u 远大于 c_u。这样，流场中的径向压力梯度抵抗不住以速度 u 运动的气体微团的离心力，于是动叶表面边界层内的气体微团就会沿着叶片表面由叶根流向叶尖，产生叶片表面边界层的径向潜移流动，引起损失。

最后一类涡流损失为尾迹损失，是指叶栅压力面和吸力面上的边界层在叶片尾缘处汇合，形成涡流区，其内气体动能被消耗转化为热能引起的损失。

3.7.2　径向间隙和轴向间隙的影响

1. 径向间隙对做功能力的影响

为了防止旋转件与固定件之间的碰擦，在工作叶片与机壳内部之间存在径向间隙 Δr，如图 3-20 所示。压气机工作时，径向间隙会由于工作叶栅的热膨胀和离心力的作用而减小。此外，在整流叶片与转子之间也存在间隙，这些间隙中可通过气封对气流进行抑制。前已述及，在径向间隙中存在端部二次流，使得压力面和吸力面之间的压差减小，叶片作用于气体的圆周分力减小，导致做功能力下降，其影响程度取决于径向间隙的相对值 $\overline{\Delta r}=\Delta r/l$（$l$ 为工作叶片高度）。实践证明当 $\overline{\Delta r}=0.5\%\sim1\%$，这种影响会由于黏性作用变得很小。

径向间隙 Δr 除了上述负面作用外，也存在可以利用的一面，因为在间隙比较小的情况下，间隙中的流动潜流占主要部分，压力面的气体动能高、压力大，具有推迟或减小吸力面气体流动分离的能力，此外，间隙流动产生的旋涡还具有抑制通道涡的作用。因此，径向间隙也不是越小越好，而是存在一个“最佳”间隙值。

在通常所使用的反力度 $\rho_c=0.5\sim0.8$ 范围，$\overline{\Delta r}$ 每增加 1%，会使级效率下降 1%～2%，$L_{st,s}$ 下降 3%～5%。

2. 轴向间隙的影响

叶片后的尾迹导致叶栅后气流沿栅距分布不均匀，动静叶的相对作用使轴向间隙内气流方向和数值发生周期性变化，致使损失增加。此外轴向间隙是决定机组轴向尺寸和机组重量的重要因素之一，轴向间隙中气流的周期变化还会产生噪声，使叶片产生振动应力等。

3.8　多级压气机

3.8.1　多级压气机的基本参数

（1）压比　压气机出口、进口气流压力的比值。

用静压表示：
$$\pi_C=\frac{p_C}{p_A}\tag{3-29}$$

用滞止压力表示：
$$\pi_C^*=\frac{p_C^*}{p_A^*}\tag{3-30}$$

显然，压气机的压比等于各级压比的乘积，即：

$$\pi_C^* = \frac{p_{\mathrm{II}}^*}{p_A^*} \times \frac{p_{\mathrm{III}}^*}{p_{\mathrm{II}}^*} \times \cdots \times \frac{p_C^*}{p_Z^*} \tag{3-31}$$

压气机的压比决定了等熵压缩功：

$$w_{Cs}^* = \frac{\kappa}{\kappa-1} R_g T_A^* (\pi_C^{*\frac{\kappa-1}{\kappa}} - 1) \tag{3-32}$$

（2）流量　每秒钟流过压气机气体的质量流量，以 G_C 表示。

（3）功率　压气机消耗的功率（kW），如下式：

$$P_C = G_C w_C \tag{3-33}$$

式中，w_C 为压气机的比功（kJ/kg）。

多级压气机的功 w_C 等于各级功 $w_{st,i}$之和，即：

$$w_C = \sum_{i=1}^{Z} w_{st,i} \tag{3-34}$$

（4）效率　有等熵效率和等熵滞止效率两类。

压气机的等熵效率：

$$\eta_{Cs} = \frac{h_{Cs} - h_A}{h_C - h_A} = \frac{\Delta h_{Cs}}{\Delta h_C} \tag{3-35}$$

压气机的等熵滞止效率：

$$\eta_{Cs}^* = \frac{h_{Cs}^* - h_A^*}{h_C^* - h_A^*} = \frac{\Delta h_{Cs}^*}{\Delta h_C^*} \tag{3-36}$$

式中，h_A^* 为压气机进口截面 A—A 处气流的滞止焓；h_C^* 为压气机实际压缩过程终点的气流滞止焓；h_{Cs}^*为压气机等熵压缩终点的气流滞止焓。

取各级的效率相同，均为 $\eta_{st,m}$，有

$$\frac{w_{Cs}}{\eta_C} = \frac{(L_{st,s})_{\mathrm{I}} + (L_{st,s})_{\mathrm{II}} + \cdots}{\eta_{st,m}} \tag{3-37}$$

在式（3-37）中，由于（$w_{st,s}$）$_{\mathrm{I}}$ +（$w_{st,s}$）$_{\mathrm{II}}$ $+ \cdots > w_{Cs}$，所以 $\eta_C < \eta_{st,m}$，即多级压气机的效率 η_C 小于各级的平均效率。这种差异可用重热系数表示为

$$\alpha = \frac{\sum L_{st,s}}{w_{Cs}} = \frac{\eta_{st,m}}{\eta_C} > 1 \tag{3-38}$$

通常，$\alpha = 1.02 \sim 1.04$。

3.8.2　多级轴流式压气机的轴向分速度变化及通流部分形状

当通过压气机各级的流量相同时，随着气体的压缩，气体压力升高，密度增大，比体积降低，若想满足连续方程，需要轴向分速降低或通流面积下降。一方面，轴向分速度下降过快会使扭速下降过快，导致级的做功能力变差；另一方面，通流面积下降过快会导致末级叶片高度过小，使级效率下降。通常，压气机逐级的通流面积及轴向分速度都会下降。此外，压气机出口轴向分速度的具体数值对燃烧室的性能也会产生影响，且压气机末级叶片的高度一般不小于35mm。

压气机级的动叶进口轴向速度 c_{1a}的选取与压气机的流量有关。当压气机的进口面积一

定时，若动叶进口轴向速度 c_{1a}大，则进入压气机的空气流量就大，燃气轮机机组的输出功率也就大。若压气机进气流量一定，压气机动叶进口轴向速度 c_{1a}大，压气机通流面积就可以小㊀。但是，c_{1a}的选取也不能随意增大，过大的 c_{1a}将会导致很大的流动损失，尤其是在动叶的根部区域。

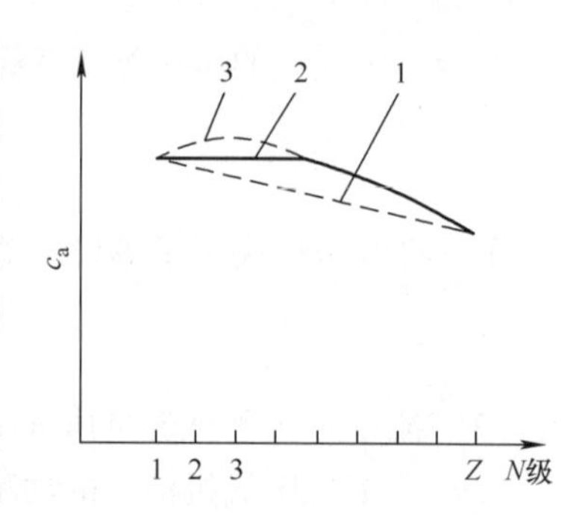

图 3-23　多级轴流式压气机轴向分速度的变化

轴向分速 c_a 沿压气机流程的变化可采用图 3-23 所示的方法表示，其中线 1 的轴向分速 c_a 逐级降低；线 2 的前几级轴向分速 c_a 不变，后几级逐渐降低；曲线 3 中，前几级轴向分速先略微增加，后几级逐渐降低。

多级压气机通流部分形状主要有等外径、等内径、等中径和联合形式四种，如图 3-24 所示。

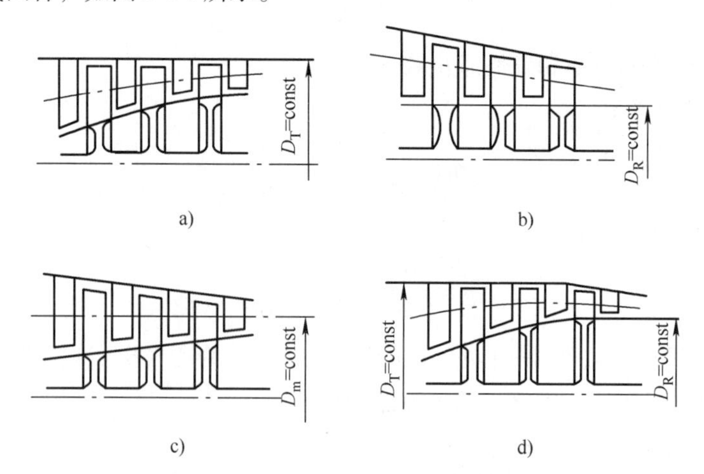

图 3-24　多级轴流式压气机通流部分形状的变化

（1）通流部分等外径（图 3-24a）　压气机各级外径 D_T = const，D_m 及 D_R 逐级增大。由于 D_m 及 D_R 逐级增大，故圆周速度逐渐增大，因而通流部分采用这种形式时，可获得较大的轮周功（$u\Delta w_u$）。此外，假定流过压气机前后级的流量不变，根据连续方程可得：

$$G_C = \rho(2\pi r_m l) c_a \tag{3-39}$$

由式（3-39）可知，当平均半径 r_m 增大时，叶片的高度 l 减小，故压气机通流部分采用这种形式时，会使末级叶片高度较小，效率下降。

由此可知，由于轮周功增大，当需要达到的压比一定时，压气机的级数少，但由于平均半径 r_m 逐级增大，故压气机总体的重量并不能减轻。通流部分的这种形式适用于大流量、中等压比的场合，因为流量大及压比不太小都会保证末级叶片的高度不至于太小，效率不会显著下降。

（2）通流部分等内径（图 3-24b）　压气机各级内径 D_R = const，D_m 及 D_T 逐级减小。通流部分采取这种形式时，所具有的特点是轮周功 L_u 会下降，使压气机总的级数增多；但由于平均半径逐级下降，因而末级叶片的高度较高，效率较高。这种形式的通流部分形状适

㊀ 航空机组通常称迎风面积，对机组的尺寸重量有较大影响。

用于小流量、高压比的场合。

（3）通流部分等中径（图3-24c）　压气机平均直径 D_m 不变，D_T 逐渐减小，D_R 逐级增大。通流部分采取这种形式时，其轮周功和级数介于通流部分等外径和等内径时之间，但结构和工艺性不好，较少采用。

（4）联合形式（图3-24d）　通流部分前几段采用等外径，后几段采用等内径的联合形式。压气机在前几段采用等外径可增大轮周功，减少级数；而后几段采用等内径可保证末级叶片长度不至于过小，这种形式适合于大流量、高压比的机组。

此外，当压气机的内径、平均直径和外径同时增大以及内径、平均直径和外径同时减小时，也能保证压气机总体的通流部分面积的收缩，但结构和工艺性不好，很少采用。

3.8.3　多级压气机各级的工作特点、压缩功的分配

1. 多级压气机各级的工作特点

压气机的单级轮周功大小与圆周速度的二次方成正比，即 $L_{u,i} \propto u_i^2$。多级压气机的轮周功与各级圆周速度的平方和成正比，即：$L_u = \sum_{i=1}^{z} L_{u,i} \propto \sum_{i=1}^{z} u_i^2$。压气机通流部分的各级直径不同，各级的圆周速度也不同，所以各级的轮周功也不相同。在初步计算时，可假定各级的等熵压缩功相等以及各级的效率相等。从而，各级等熵压缩功之和为

$$\sum_{i=1}^{z} L_{st,si}^{*} = w_{Cs}^{*} \frac{\eta_{st,s}^{*}}{\eta_{C}^{*}} \tag{3-40}$$

压气机所需的级数：

$$Z = \frac{\sum_{i=1}^{z} L_{st,si}^{*}}{L_{st,s}^{*}} \tag{3-41}$$

各级压缩功的平均值：

$$L_{st,m}^{*} = w_{Cs}^{*}/Z \tag{3-42}$$

多级压气机各级的工作原理相同，但气流的参数不同，所以各级有不同的气流流动与工作特点。按照各级的工作特点，可将压气机的级分为三部分，第一是首级，以第1级为代表，包括第1、2两级；最后的是末级，以最后两级为代表；其余的为中间级。

（1）首级　压气机首级的工作特点有密度小、体积流量大，因而叶片长，轮毂比小，叶片数少。为了与气流的流动相适应，首级的叶片扭转厉害，且叶根与叶顶的基元级工作条件相差大。此外，由于叶片较长，因此叶片受到的离心力大，强度与振动问题突出。

压气机首级气流还具有温度低的特点，因而当地的声速低，达到临界马赫数的速度低。

当压气机在非设计工况下工作时，首级偏离设计工况最远，因此，气流转折角的额定值需按冲角有较大的储备。

（2）末级　压气机末级的工作特点有密度大、体积流量小，因而叶片短，轮毂比大，叶片数多。末级的气流温度高，当地声速大，因而达到临界马赫数的速度高，不易超过允许值。当工况变化时，偏离设计工况较远。最后，由于末级叶片短，因而壁面边界层厚，流场畸变较大。

（3）中间级　压气机中间级的工作特点介于首末级之间，相对来说工作条件较好。

2. 多级压气机各级的压缩功分配

对于单轴轴流式压气机来说，压气机各级间等熵压缩功的分配可采取图 3-25 的分配方案。

（1）亚声速压气机各级间等熵压缩功的分配　当压气机的所有级均为亚声速时，其压缩功分配如图 3-25 中曲线 1 所示。

前几级分配较少的压缩功，中间各级的压缩功较多，而最末几级的压缩功居中。具体的分配方案可采取：

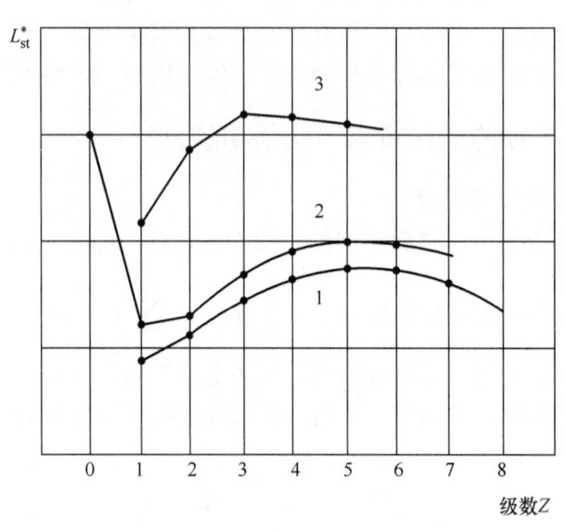

图 3-25　压气机各级压缩功的分配

- 第Ⅰ级的压缩功　　$L^*_{st,Ⅰ}=(55\%\sim75\%)L^*_{st,m}$
- 第Ⅱ级的压缩功　　$L^*_{st,Ⅱ}=(75\%\sim90\%)L^*_{st,m}$
- 中间各级的压缩功　　$L^*_{st,i}=(105\%\sim110\%)L^*_{st,m}$
- 最后一、二级的压缩功 $L^*_{st,Z}=(85\%\sim100\%)L^*_{st,m}$

相应的效率为：

- 前几级的效率为：　　$\eta^*_{st}=84\%\sim86\%$
- 中间各级的效率为：　　$\eta^*_{st}=87\%\sim91\%$
- 最后几级的效率为：　　$\eta^*_{st}=85\%\sim87\%$

（2）亚跨声速压气机各级间等熵压缩功的分配　在某些情况下，为了提高已设计好的轴流式压气机的压比，可以在第Ⅰ级的前面增加一个“零”级，如果“零”级采用跨声速级，而其余各级仍然为亚声速级，那么这台压气机就具有亚声速和跨声速的级，其等熵压缩功的典型分配方案见图 3-25 中曲线 2。跨声速级为了获得高的效率，通常承受很高的负荷，具有较大的压缩功；而亚声速级中压缩功的分配仍保持前述的特点。

（3）跨声速压气机各级间等熵压缩功的分配　如果压气机各级都做成跨声速级，而且各级的形式相同，则压缩功在各级中的分配与亚声速压气机是相似的；此时各级压缩功的分配见图 3-25 中曲线 3。

当压气机采用双轴方案时，压气机被分为了低压压气机和高压压气机两个压气机，此时整个压气机的叶片高度、气流轴向分速度、通流部分形状的变化与单轴亚声速压气机相同，压气机中各级间压缩功的分配也与单轴相同。

3.9　压气机的特性曲线

3.9.1　定义与作用

压气机的主要特性参数为压比 π 和效率 η，其数值由进口的工作状况（G_C，n_C，p_0，T_0）确定。工作状况一定，压比 π 和效率 η 可根据以上条件确定，并可由相应的公式确定功率。

通常将压气机的主要特性参数 π 和 η 与决定其工作状况的四个独立参数之间的关系称为压气机的特性，即：

$$\pi = f_1(G_C, n_C, p_0, T_0)$$

$$\eta = f_2(G_C, n_C, p_0, T_0)$$

工程上常将该特性用曲线形式表示，即在一定的进口温度和进口压力下，画出不同转速 n_C 时压气机的压比 π、效率 η 与流量 G_C 的关系曲线，该曲线称为压气机特性曲线。

压气机的特性曲线有以下作用：

1）了解设计工况和非设计工况下，压气机的主要特性参数的数值及其变化特点。

压气机气动计算在设计工况下进行（通流部分形状、级数、叶片形状等的确定），实际工作时，工况变动，其主要特性参数变化，引起压力变化、效率下降，某些情况下甚至不能稳定工作。

设计工况：压气机的气动热力计算的依据。

确定压气机的通流部分形状和几何参数、级数、叶片形状以及安装角等。

可以确定压气机压比、流量、转速、效率等。

变工况：实际运行中，压气机压比、流量、转速等均会偏离设计值，在较宽的范围内变化。

各级叶片的冲角、气流马赫数以及压气机的效率、功率也将发生变化。

甚至还可能处于不稳定的工作状态。

2）确定压气机喘振边界及稳定工况的范围。

3）压气机与透平、燃烧室联合工作时，可了解整个燃气轮机装置的工作性能。

压气机特性曲线的制定一般是在压气机实物上通过其工作在不同的工况下测定；在设计初期，为估计性能，预作性能曲线，一般逐级计算，需要应用不同的流动规律下各种损失的影响及级间相互影响的数据。但具备准确的数据比较困难，一般在制作好后，通过试验方法得出。

3.9.2　压气机级的特性曲线

如图 3-26 所示，压气机级的特性曲线具有如下的特征：

1）在一定的进口条件下，相对某一转速 n 的特征线，其压比与效率均有最大值，即曲线被分为了左右两支，其原因可解释如下，具体如图 3-27 所示。

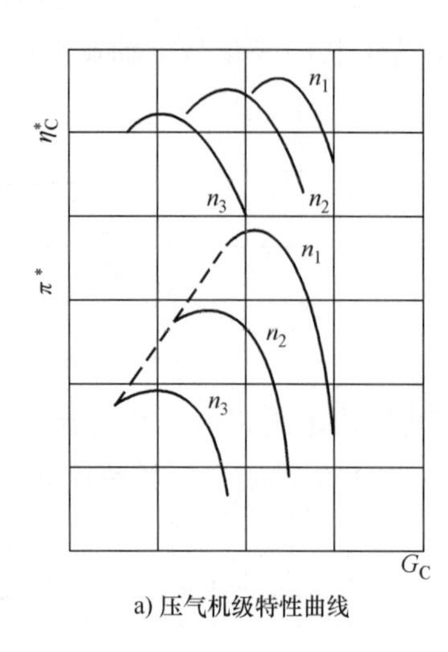

a) 压气机级特性曲线

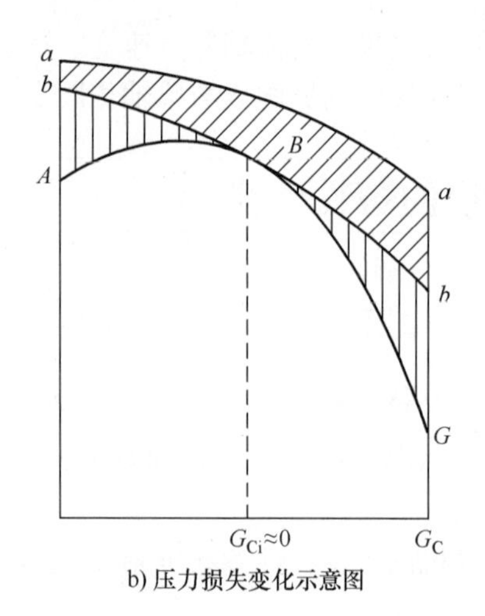

b) 压力损失变化示意图

图 3-26　压气机级的特性曲线及压力损失

图 3-27a 是设计工况下压气机级的速度三角形，此时几何角和气流角相一致，冲角接近 0°。当流量增加时，如图 3-27b 所示，轴向分速度增加，进口气流角增大，产生负冲角；当流量下降时，如图 3-27c 所示，轴向分速度下降，进口气流角减小，产生正冲角（$i=\beta_{1B}-\beta_1'\approx\beta_1-\beta_1'>0$），此时扭速 Δw_u 增大，在相同的圆周速度下轮周功增大。

由前面可知，若不考虑流动损失，轮周功全部用于增压，因而随着流量的降低，压比提高，可绘制图 3-26b 中的 aa 线。摩擦损失是气体质点间及气体与叶片表面、机壳壁面摩擦产生的，故随着气体流量的增大，摩擦损失增大，因而可绘制 bb 线。当流量 G_C 偏离设计工况时，无论冲角变大或变小（对应于正冲角和负冲角），在叶片表面均会产生气流的分离并随冲角绝对值的增加而增加，由此可绘制 ABG 线。因而，在压气机级的特性曲线上，曲线被分为了左右两支，并具有最大值。

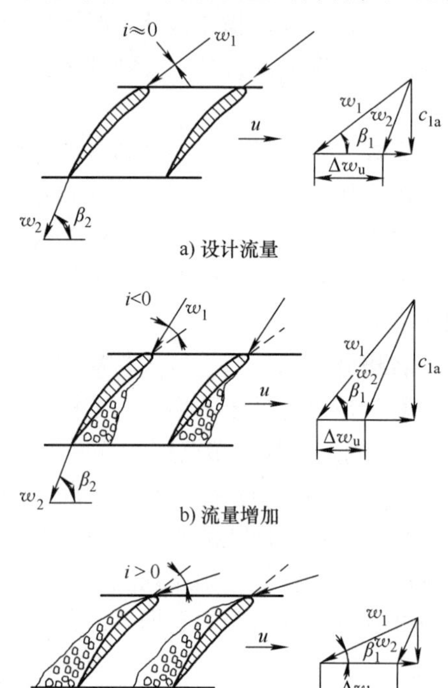

a) 设计流量

b) 流量增加

c) 流量减少

图 3-27　不同工况下的速度三角形

2）当流量下降到一定值时，进入不稳定工况区，即喘振区。

压气机喘振时，气流出现强烈的低频脉动，引起叶片颤动和抖动。喘振的产生将在下一节中详细讨论。

3）随转速 n 的升高，压比也相应增大，特性曲线位置向右移动，曲线变得陡峭。

当 n 增大时，u 和轴向速度均增加，因此压比和流量均增加；随 n 增加，气流相对速度的马赫数增加，致使损失增加，因此曲线变得陡峭。

4）n_C 一定时，至某一流量下，效率和压比下降剧烈。

当压气机的流量增大至某一值时，流量不再增加，此工况称为阻塞工况。在多级压气机中，出现阻塞时则意味着某一级气流的速度达到当地声速。

阻塞产生的原因如下：

① 随 n 的增大，使 w_1 增大，至某一截面时，马赫数达到临界值，流速不再增加。

② 随流量的增加，产生负冲角，压力面气流分离，堵塞通道，使叶栅通流面积降低，叶栅由扩压变为减压膨胀，出现了所谓的“透平工况”。

3.9.3　多级压气机的特性曲线

多级压气机的特性曲线如图3-28所示，它具有以下的特征：

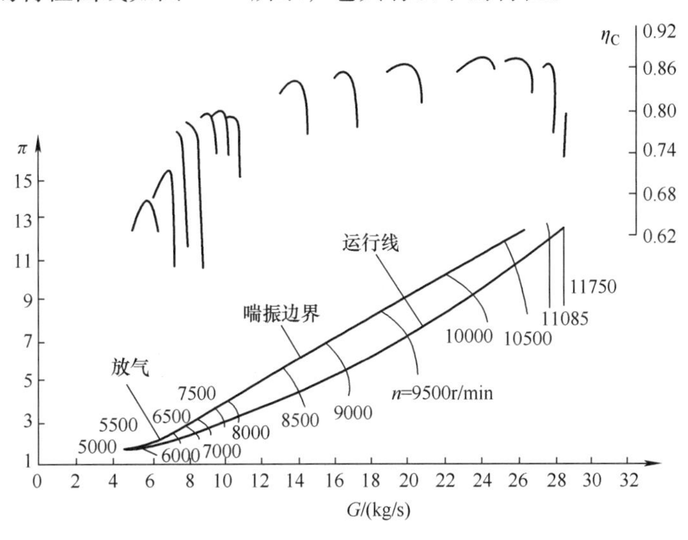

图3-28　多级压气机的特性曲线

1）多级压气机的压比曲线一般不存在左支，在曲线左侧发生喘振。其原因是喘振在多级压气机的少数级上发生，其余各级仍在特性曲线右侧工作，因此总压比仍然升高。

2）多级压气机的特性曲线较陡，流量变化范围窄（约为15%）。通常定义压气机的工作范围如下：

$$流量工作范围=\frac{G_{max}-G_{min}}{G_{max}}\times 100\%$$

相对设计流量而言，多级压气机流量有少许的增大，会使效率和压比急剧下降；而流量有少许的降低，很快又可能会发生喘振。尤其在高转速条件下，多级压气机流量的微小变化均会引起压比的剧烈变化。这是由于多级轴流式压气机的特性曲线是由许多个单级压气机的特性综合而成的缘故。在其中只要有少数几个级的工况点，已处在它们各自特性曲线的左侧分支上而进入了喘振工况后，整台压气机就有可能失去稳定工作的能力。这时，其余那些尚未进入喘振工况的大多数级，却仍然处于各自特性曲线的右侧分支上工作着。即当流量减少时，这些级的级压比还在增加之中。这就是说，虽然压气机的个别级已进入到喘振工况，而使这些级的压比有所降低，但是，就整台压气机来说，由于多数级的级压比还是在增高之中，因此压气机的总的压比不仅不会下降，反而仍有增高的趋势。由此可见，在多级轴流式压气机中，喘振工况点将出现在特性曲线的右侧分支上。这是由于当压气机流量减小时，喘振并不是在所有各级中同时出现的，而只是首先在少数几个级中出现。这时，其余各级还在各自特性曲线的右侧分支上工作之故。

离心式压气机和轴流式压气机的特性曲线大体类似，但也有一些差别。一般来说，离心式压气机的特性曲线比轴流式压气机的特性曲线要平坦一些，原因在于除了扩压叶栅外，离心式压气机中还有离心力场的作用，使压气机对气流的冲角变化不如轴流式压气机叶栅那么敏感。

3.9.4 压气机的通用特性曲线

前已述及，压气机的进口气流的温度和压力对压气机的工作性能有重要影响，适用于各种工作条件（气候、地理条件）和几何条件的通用的曲线，称为压气机的通用特性曲线，如图 3-29 所示。

以折合流量$\frac{G_C\sqrt{T_1^*}}{p_1^*}/\frac{G_{C,d}\sqrt{T_{1,d}^*}}{p_{1,d}^*}$和折合转速$\frac{n_C}{\sqrt{T_1^*}}/\frac{n_{C,d}}{\sqrt{T_{1,d}^*}}$分别作为横坐标和参变量，绘制的压气机压比 π 和压气机效率 η_C 的曲线。参数的确定通过相似理论的几何相似、运动相似和动力相似获得，可以证明使用折合流量$\frac{G_C\sqrt{T_1^*}}{p_1^*}$和折合转速$\frac{n_C}{\sqrt{T_1^*}}$代替实际的流量和转速，可以满足相似准则。

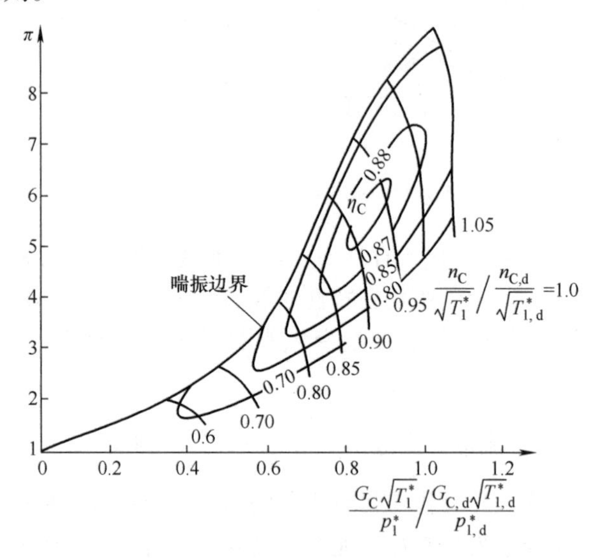

图 3-29　压气机的通用特性曲线

3.10 压气机的失速与喘振

当压气机在非设计工况下工作时，流量会偏离设计值，气流流入叶片时产生冲角，导致在叶片表面产生气流分离；当流量继续减小到某一值，首先在某些级上失速，流量继续减小，导致喘振。压气机失速和喘振是相互联系的，但两者又有区别。

3.10.1　压气机的失速

1. 失速产生的原因

所谓失速，是指在压气机中有一个或多个低速气流区以小于压气机转速的速度沿压气机反向做旋转运动，这种非稳定工况被称为旋转失速或旋转分离。

失速产生的原因如图 3-30 所示，当压气机转速即周向速度 u 不变，流量增加时，进口气流角增加，出现负冲角，随着流量的进一步增加，负冲角增加，在叶片压力面处产生气流的分离，以下将这种情况称为情况①。当 u 不变，流量降低时，进口气流角减小，出现正冲角，随着流量的进一步降低，正冲角增加，在叶片吸力面处产生气流的分离，而这种情况称为情况②。

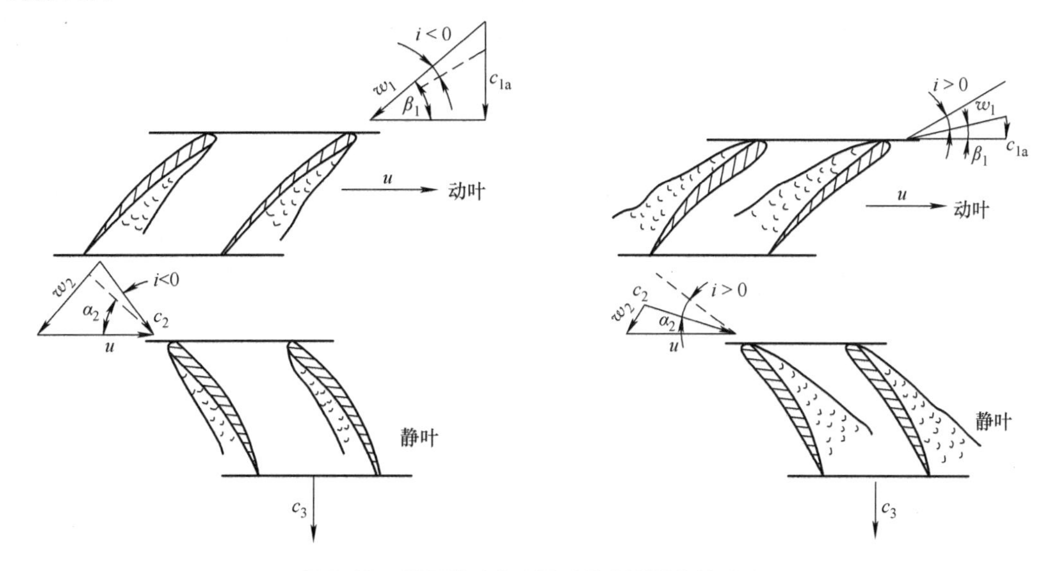

图 3-30　不同的冲角 i 下叶片表面的气流分离

在情况①中：气流沿通道流动，由旋转产生的离心力场限制了叶片压力面气流分离的发展，因此情况①中随流量的增大，分离区不会继续扩展。且由叶栅的吹风实验可知，随流量的增大，负冲角增大，扩压度是减小的，级前后压差小，气流不会倒流。

在情况②中：离心力场加剧了气流的分离。且由叶栅的吹风实验可知，随流量的减小，正冲角增大，扩压度是增大的，级前后压差大，气流易倒流。

图 3-31 所示为旋转失速产生的机理示意图。当工况发生变化时，假定首先在叶片 2 的表面产生了气流的分离，因而叶片 2 和叶片 3 之间的通道被阻塞（部分阻塞或全部阻塞），在叶片前出现低速区，气流被迫改变方向。

这时，在叶片 2 的右侧出现负冲角（或至少使正冲角减小），叶片吸力面分离消失。而叶片 2 的左侧正冲角加大，使叶片 3 的流动情况恶化，进而在叶片 3 上出现叶背的气流分离。这样，失速就以 u' 的速度向 u 的反向传播，传播的速度约为 $u' = (0.2 \sim 0.8)u$。

失速现象发生后，会使叶片受到一种周期性的力，使得叶片产生疲劳而断裂。当力的频率与叶片的自振频率相同时，叶片产生受迫共振，发生断裂事故。失速发生的频率应等于旋转失速区数目×每秒旋转速度。

2. 失速的分类

旋转失速可分为两类，如图 3-32 所示。第一类失速为渐进失速，当失速发生时，压气机的特性曲线连续。这种失速出现在压气机的较长叶片中（多级压气机的前几级），叶顶首先失速，沿径向及周向发展，但未充满整个区域。此时，失速区的数目多，且对称分布。第二类失速为突变失速，失速发生时压气机的特性曲线间断（不连续）。这种失速出现在压气机的短叶片中，即压气机的后几级，当出现旋转失速后立刻拓展到整个叶高区域。由于此类失速在整个叶高发生，故更加有害。此时，失速区数目仅一个。

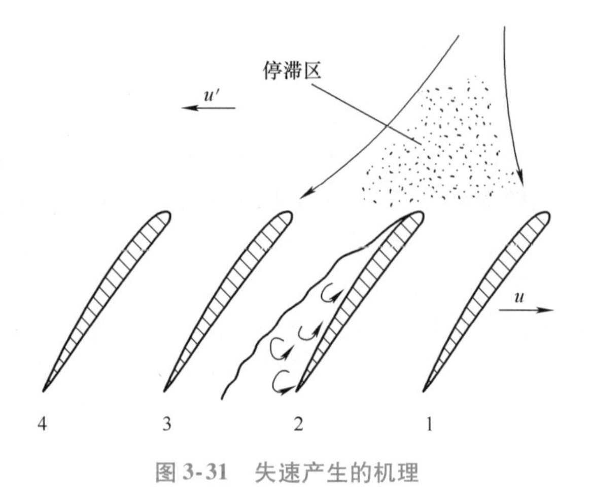

图 3-31　失速产生的机理

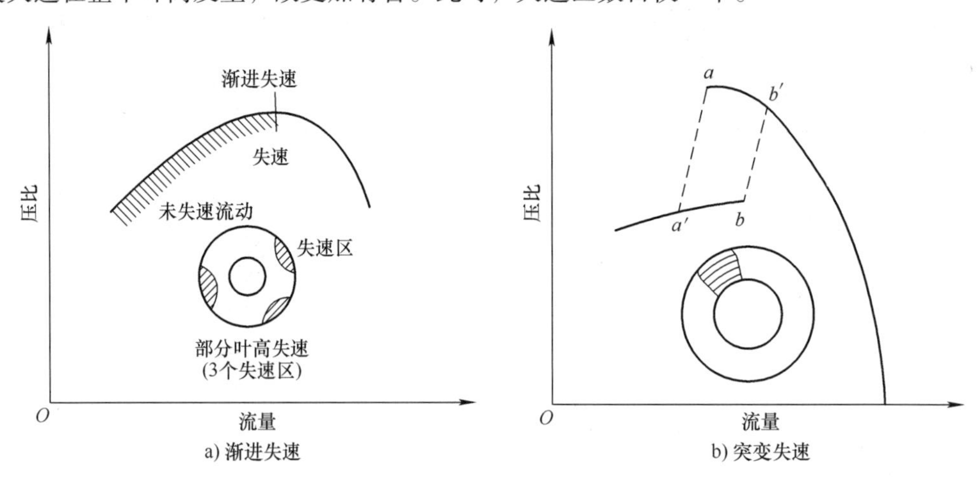

图 3-32　失速的分类

下面讨论多级轴流式压气机在非设计工况下工作时的级间不协调性（也称失配性）。首先给出连续方程：

$$G_C = c_{a1}\rho_1 A_1 = c_{az}\rho_z A_z$$

式中，G_C 为压气机气体质量流量；c_{a1} 为第一级工作叶栅进口轴向气流速度；ρ_1 为第一级工作叶栅进口气流密度；A_1 为第一级工作叶栅进口面积；c_{az}、ρ_z 和 A_z 则分别为其后某一级中工作叶栅进口的气流轴向速度、密度和进口面积。

对连续方程进行变形，可得，

$$\frac{c_{az}}{c_{a1}}\frac{\rho_z}{\rho_1} = \frac{c_{az}}{c_{a1}}\left(\frac{p_z}{p_1}\right)^{\frac{1}{n}} = \text{const}$$

由上式可知：压比的变化伴随着末级与首级轴向分速度的变化。此外，由于首级和末级的圆周速度为常数，因此也可扩展为流量系数的变化趋势。图 3-33 所示为不同级在转速小于设计值时的速度三角形变化情况。

1）n_C 低于设计值时，压比下降，末级和首级的轴向分速度比 c_{az}/c_{a1} 增加。也就是说，

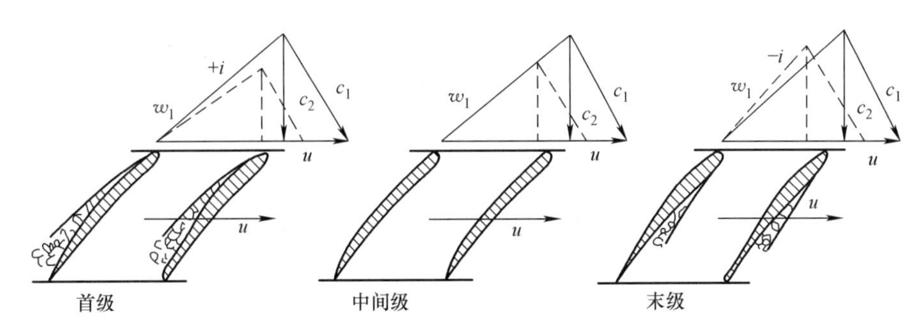

图 3-33　当转速小于设计值时各部分的变化

首级和末级的轴向分速度的下降程度不一样，前几级轴向分速度下降得快，后面级的轴向分速度下降得慢。因此，当流量下降时，前几级出现正冲角，后几级出现负冲角，前几级发生失速。

2）n_C 高于设计值时，压比上升，末级和首级的轴向分速度比 c_{az}/c_{a1} 降低。也就是说，首级和末级的轴向分速度的增加程度不一样，前几级轴向分速度增加得快，后面级的轴向分速度增加得慢。因此，当流量下降时，前几级出现负冲角，后几级出现正冲角，后几级发生失速。

通常燃气轮机运行时不允许发生超速，工况变化时一般转速小于额定转速，因此前几级发生失速。

3.10.2　压气机的喘振

1. 喘振的发生机理

喘振是气流沿压气机轴线方向出现的低频率（通常只有几赫兹或十几赫兹）、高振幅（强烈的压力和流量波动）的气流振荡现象。发生喘振时，气流参数出现大幅度波动，压力时高时低，流量时大时小，甚至出现倒流。压气机发出特有的噪声，音调低而沉闷，有时伴有放炮声，机组伴有强烈的机械振荡，转速也不稳定。当压气机发生喘振时会导致燃气轮机整体的强烈机械振动和热端部件的超温，并会在极短的时间内造成整个机组的严重损坏，因此压气机在任何时候都不允许发生喘振。

旋转失速是喘振发生的根本原因。当压气机中的流量下降时，首先会发生失速，当流量进一步下降时还会发生喘振。因而压气机的失速和喘振是相互联系又有区别的。其中，旋转失速是周向气流的脉动，但平均流量保持不变；喘振是轴向低频高振幅的脉动，平均流量变化。喘振不仅仅是压气机本身的问题，也与整个空气管路系统相关。

当压气机中的流量降低时，首先出现失速，气流的通道被阻塞，气流发生倒流，随着倒流的出现，级前后压差降低；与此同时，由于叶片依旧作用于气流，使气流发生正向流动，而流量仍然较小，紧接着又会发生失速，从而在压气机中不断出现气流的正向、反向流动，此即喘振的发生机理。在多级压气机中，通常末级有一级或几级失速就会导致整台压气机喘振，而前几级发生失速，压气机不喘振。

此外，喘振发生时气流的振荡特性不仅与压气机本身有关，而且与压气机工作时所处的管路系统有很大的关系。整个工作系统的容积越大，压力、流量振荡周期越长。

2. 防止喘振的措施

根据前面的分析可以知道，压气机失速和喘振发生的根本原因是在非设计工况下冲角的变化引起的。若使压气机在非设计工况下工作时，冲角不发生变化或发生的变化尽可能地小，则可有效地防止压气机出现喘振。通常要防止压气机的喘振，可采取中间放气、可调导叶以及双转子压气机等措施。

（1）中间放气　要防止压气机的喘振，可在压气机的前几级安置放气阀，通过放气阀从多级轴流式压气机通流部分中间的一个或几个截面上引出空气，排放到大气中或重新引回压气机进口，如图3-34所示。放气系统打开时，放气口截面前后压气机级的空气流量是不等的，前几级的体积流量增加，相应地轴向速度和流量系数增加，从而消除了冲角过大引起失速和发生喘振的可能性。由于前面级的工作条件的改善以及压比和效率的提高，末级的空气密度增加，流动条件也得到改善。

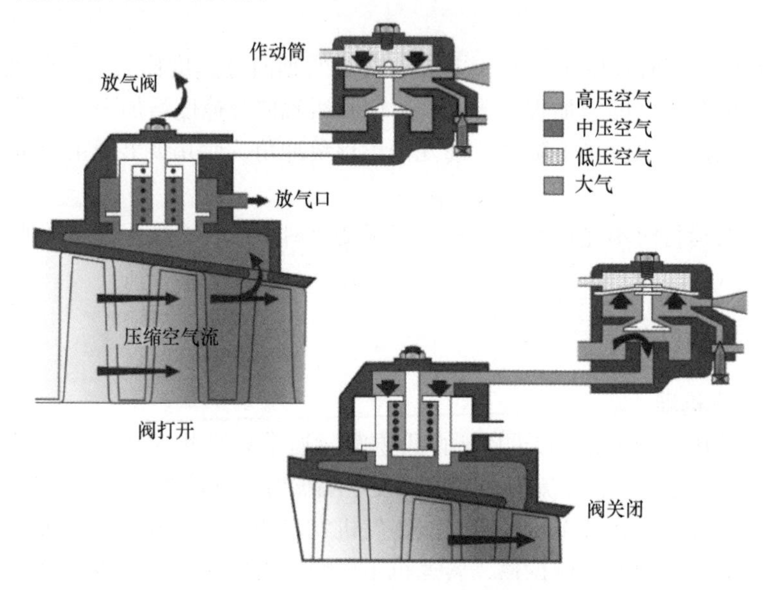

图3-34　中间放气系统示意图

图3-35给出了采用中间放气后的速度三角形的变化，可以看出，中间放气实际上改动的是轴向分速度，从而消除冲角。

中间放气可以采用一次全开式或逐渐开关式。一次全开式放气阀在较低转速下全开，如图3-36a所示，此时压气机的特性曲线突变，喘振边界左移，扩大了低转速的运行区域。一次全开式控制系统简单，仅起动过程中需要放气时，通常采用一次开关式放气阀。放气阀采用逐渐开关式时，如图3-36b所示，放气阀的阀门开度为折合转速的函数，此时压气机的特性曲线连续，放气损失和功率突跳小，但该方式的控制系统较为复杂，机组除起动过程外还需经常在低转速下运行时，可采用这种方式。

（2）旋转导叶　当压气机在低转速工作时，前几级会出现过大的正冲角，如果减小导叶的安装角，使动叶栅进口的绝对速度气流角减小，就可以消除偏离设计值的正冲角，从而扩大压气机的稳定工作范围。图3-37所示为采用旋转导叶后的速度三角形，可以看到，采用旋转导叶防喘振的方法实际上是使绝对气流角α可调，从而避免相对气流角β变化以消除冲角的变化。

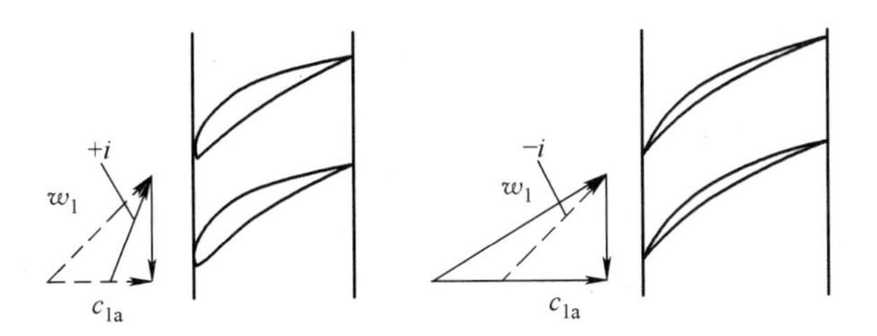

图 3-35 中间放气防止喘振的机理

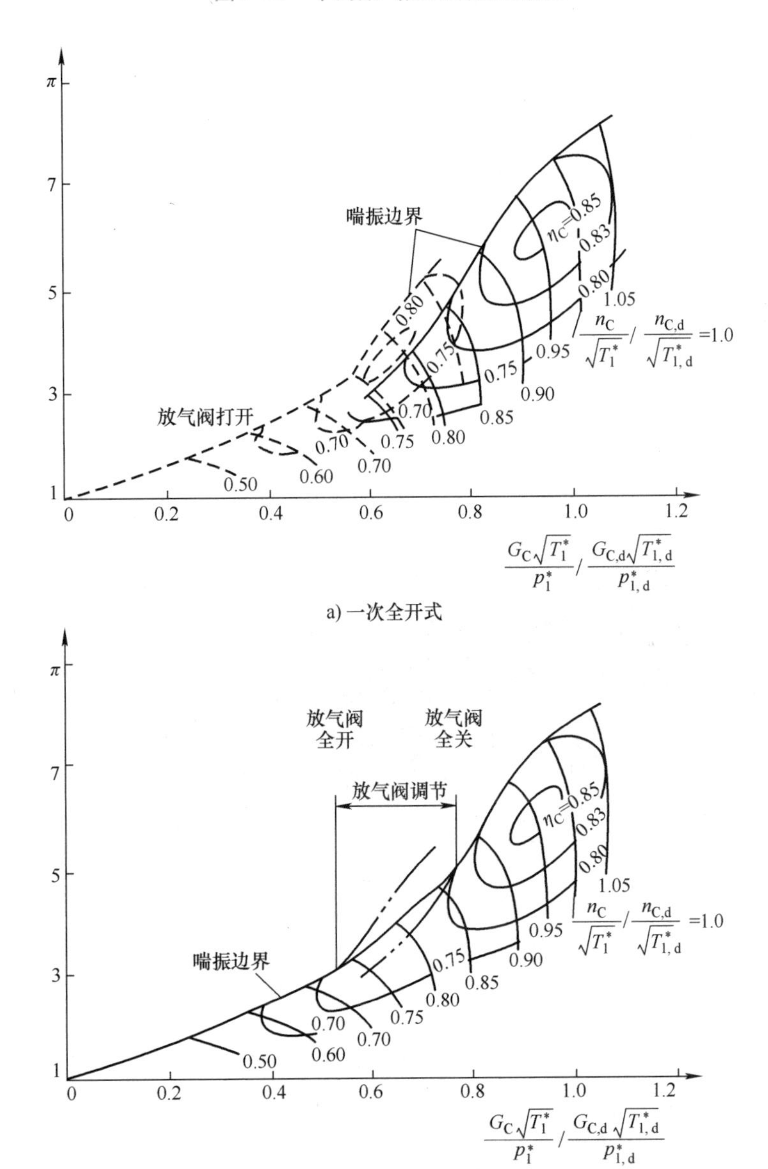

图 3-36 两种放气方式的特性曲线

高压比的压气机其前面数级往往采用跨声速级，因此，不仅在起动时，而且在较大的功率范围内，扩大压气机的稳定范围都是很重要的问题。这时不仅进口需要导叶可调，且前几

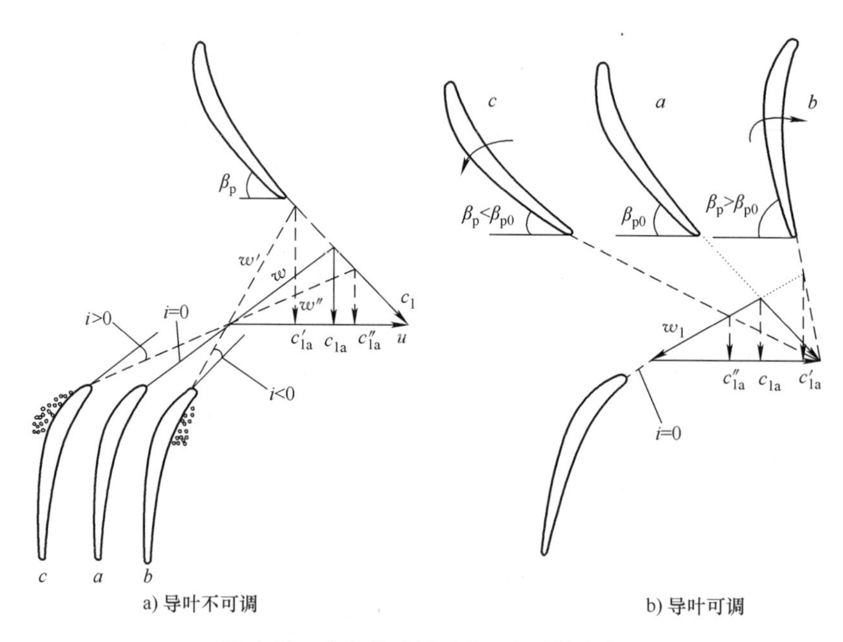

图 3-37　旋转导叶后速度三角形的变化

级静叶亦要求可调，如图 3-38 所示。

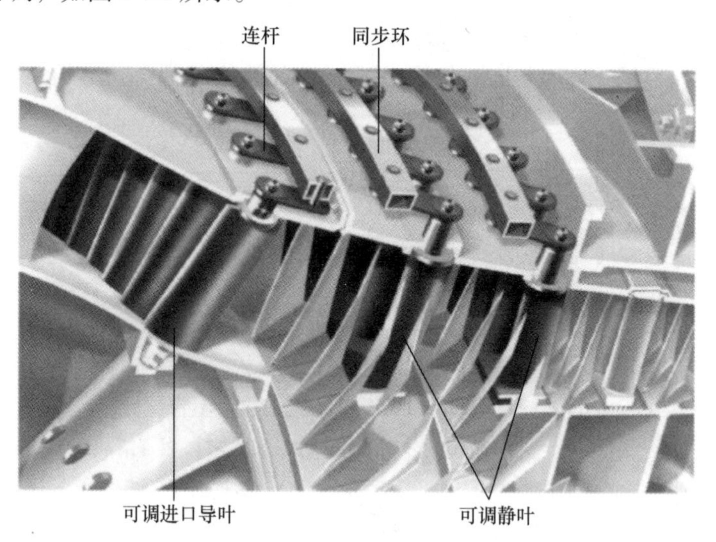

图 3-38　压气机的可转导叶

相对放气而言，采用可调导叶无放气损失。同时，采用可调导叶和可调静叶可改变通流面积，减小压气机耗功，便于起动。采用可调导叶和静叶的缺点是结构和操作系统变得复杂，重量增加。此外，当叶栅的进口气流角改变时，出口气流角的变化一般不大，所以导叶旋转后动叶栅的扭速将减小，即该级的耗功和压比都减小，特性曲线上的等速线将移向低压比、小流量处，如图 3-39 所示。图 3-40 所示为某 9 级压气机低转速特性改善示意图。

（3）双转子压气机　单轴（即单转子）高压比压气机在变工况下不能协调工作的原因是流量系数偏离设计值，而轴向分速度 c_a 与圆周速度 u 的变化不相应。当压气机转速低于设计转速时，前几级的轴向分速度比圆周速度下降快，产生了正冲角；而后几级的轴向分速度比圆周速度下降慢，产生了负冲角，因而当流量下降时，容易在前面级出现喘振。

采用双转子压气机后，如图 3-41 所示，两个压气机分别由不同的透平来驱动。这时候，工况发生变化时，总的膨胀比下降，高压透平的膨胀比下降少，低压透平的膨胀比下降多，因而使得与各自透平同轴的低压压气机的转速比高压压气机的转速下降快，从而达到防止压气机喘振的目的。

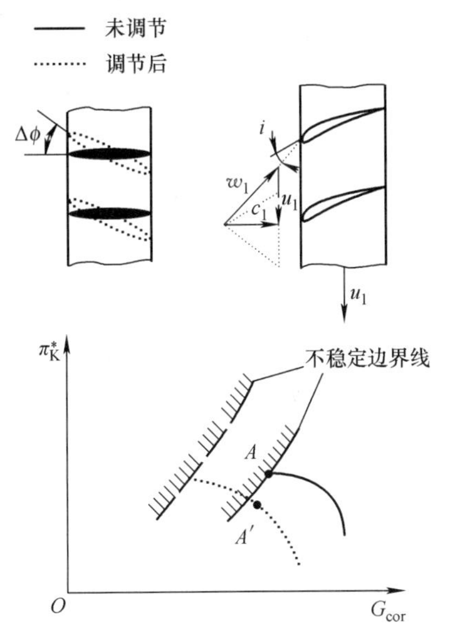

图 3-39 可调进口导叶防喘机理示意图

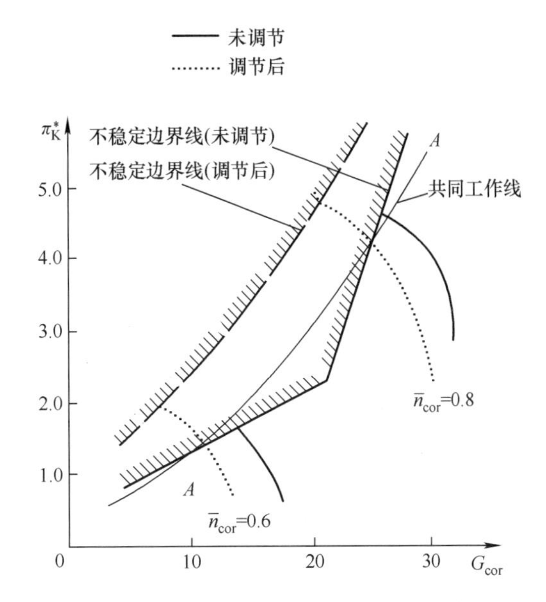

图 3-40 某 9 级压气机低转速特性改善示意图

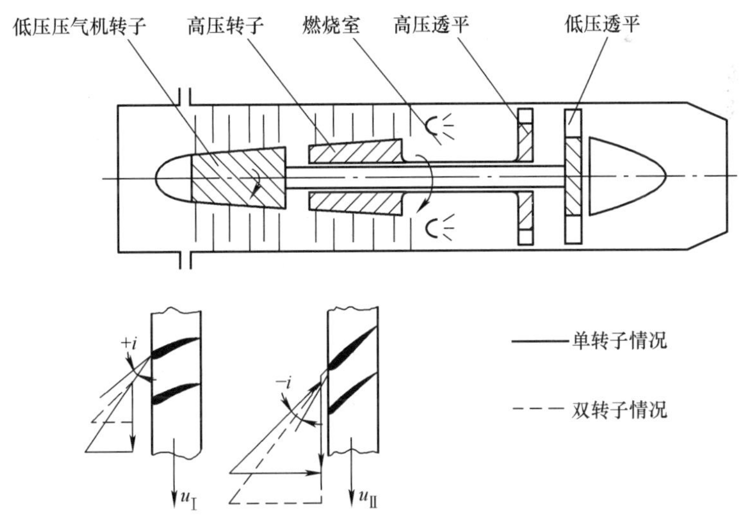

图 3-41 双转子压气机防止喘振示意图

由以上分析可知，双转子压气机实际上改变了圆周速度 u，使之与轴向速度相协调。

通常，当压气机的设计压比不超过 4 时，因工况偏离设计工况不大，不采取防喘振措施各级还能协调地工作。当设计压比达到 6～7 时，如不采用中间放气或旋转导叶等防喘振措施，则难以避免喘振。当压比高达 10～12 时，就需要在好几个截面上放气，并且同时旋转好几级静叶，否则压气机在低转速工况下很难正常工作。如果压比更高，在单轴压气机中有时已无法有效地防止喘振，这时往往需要采用双转子甚至三转子压气机结构。当然，它需要同时采用放气和压气机多级静叶可调的防喘振措施。

3.11 压气机技术的研究进展

3.11.1 轴流式压气机设计技术的发展

1853 年，法国科学院的 Tournaire 首次提出多级轴流式压气机的概念，直到 1904 年，才由 Charles Parsons 研发出第一台真正的轴流式压气机，虽然这台轴流式压气机并未达到预期的压比，但这是具有里程碑意义的起步。

从 20 世纪 30 年代起，美国的 NASA 和英国皇家飞机研究院开始了轴流式压气机的研发，并成功研制了一批性能较好的轴流式压气机。英国皇家飞机研究院在 1938 年设计出了一台压比为 2.4 的 8 级轴流式压气机。20 世纪七八十年代，第三代战斗机的高机动性要求大大推进了较高性能压气机的研发进程。直至今日，美国的 F110 发动机中压比为 9.7 的 9 级压气机和俄罗斯的 RD33 发动机中压比为 7 的 9 级压气机仍然非常实用。

21 世纪初，德国 MTU 公司在 PW6000 发动机中使用了新研制的 6 级高压压气机，其总压比高达 10.4，取代了原始设计的 5 级高压压气机。近年，普惠公司研发的装载了 5 级高压压气机的涡扇发动机 PW8000，其总压比可达 12。

从压气机的整个设计研发进程中不难看出，对压气机的负荷能力与性能参数的要求随着航空发动机技术的发展也越来越高。近年来，提出了边界层抽吸、缝隙射流等运用在叶片上的新技术以进一步提高压气机性能，由于这些新兴技术的发展，压气机研制水平也随之展现出跨越式的提高。

对于多级轴流式压气机气动设计体系来说，20 世纪五六十年代对轴流式压气机的设计主要通过求解简单径向平衡方程计算子午面参数的方法，根据给定的设计参数，获取各个截面处的速度三角形、气动参数和几何参数。进入 20 世纪 70 年代后，随着计算机技术和数值方法的进步，吴仲华教授于 1952 年建立起来的以 S_1/S_2 流面为理论的准三维设计体系中的三维流场，可以近似地通过两类流面流场的迭代计算求得。其中，一维流动分析程序、S_1 流面分析程序和 S_2 流面分析程序在准三维设计体系中起到了非常重要的作用，构成了主要的正问题分析工具。在这些程序中要用到许多经验公式，如损失计算、落后角计算、失速判断等，这些公式都是根据试验数据得出的并且对气动设计的准确性影响较大，因此，要想提高软件的计算精度，需要依靠大量的试验数据进行软件的校核和验证，并在此基础上对程序进行修正和改进，这也是提升整个设计体系水平的关键。

20 世纪 90 年代以后，由于三维黏性流动分析技术的不断发展，轴流式压气机设计技术也得到了很大的提升。计算轴流式压气机内部的三维流场主要通过结合湍流模型求解雷诺时均 N-S 方程的方法来进行，其设计流程如图 3-42 所示。

在现代压气机设计体系中占据主要地位的是全三维流场分析，但这并不意味着完全摆脱了准三维设计过程，准三维设计由于其物理概念正确清晰直观，仍然是压气机设计体系的核心。首先通过准三维设计方法构建流道几何，并对压气机气动特性做出初步的预测，以保证设计出的压气机的整体性能，并且还可以降低求解域范围，减少全三维黏性流场求解与优化计算之间的迭代，使得设计周期与之前相比大大缩减。但是原有的准三维设计形成的经验和准则将不再适用于未来超高负荷的压气机设计，压气机气动设计的核心将是全三维流场分析以及围绕三维分析结果进行的先进设计优化。

目前，全三维流场的计算结果与真实流动仍存在一定的偏差，这是因为在全三维计算中采用了数值离散、湍流模型的近似及压气机转静交界面的处理方法等，而准三维设计方法的运用就显得极为重要，因为其建立在大量试验和设计产品参数的基础上。因此，多级轴流式压气机的设计技术应在提高准三维设计精度的基础上，采用全三维数值仿真并结合优化设计的方法，这将是推进我国包括航空动力系统核心机技术和先进燃气轮机技术发展的重要途径。

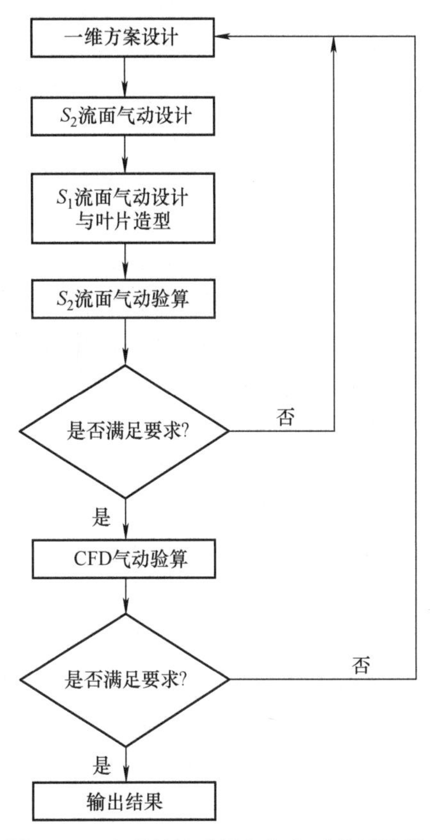

图 3-42 多级轴流式压气机气动设计流程

3.11.2 压气机失稳与扩稳技术的研究进展

1. 压气机失稳的研究

压气机失稳的研究是自航空发动机诞生就存在的难点问题，多年来，学者们关注的流动现象体现在如图 3-43 所示的压气机的特性曲线上。在介绍压气机流动失稳的研究之前，先对图 3-43 中特性曲线的含义以及四个工况点的情况做一个说明，图中虚线表示压气机失稳边界线，实线表示压气机在稳定运行过程中的压比与流量之间的关系曲线。*A* 点是压气机的设计工况点（design point），在此点压气机的效率最高；*B* 点是近失速点（near stall point），在此点压气机靠近失速点但仍可以稳定运行；*C* 点表示失速点（stall point），人们一般把设计工况点 *A* 与失速点 *C* 之间的范围定义为压气机的失速裕度。*D* 点表示压气机已经进入失稳状态的工况点。

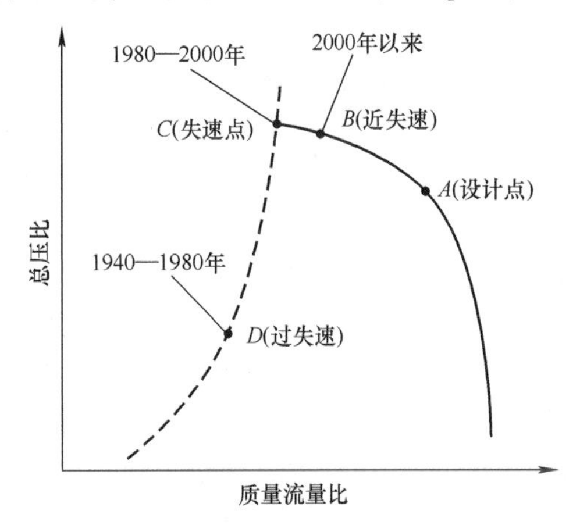

图 3-43 压气机失稳研究的三个阶段

如图 3-43 所示，在 1980 年以前，研究人员大都把研究重点放在了压气机失稳状态下的特性和流动特征；在 1980 到 2000 年之间，研究人员主要是从整个系统的角度对压气机流动失稳前后的规律及共性模型进行了探究，并希望依据此规律对失速先兆进行预测和捕捉，以便实现对压气机稳定性的调控；2000 年以来，研究人员则主要在通道尺度，研究压气机在近失速工况的非定常流动特征，探究失速形成的原因及更早期的先兆信号，据此发展出可靠性更高的压气机稳定性调控技术，并希望在压气机设计阶段实现对稳定裕度的设定和提升。下面分别从这三个阶段详细回顾压气机流动失稳的研究历程。

1）第一阶段：1940—1980 年。在这一时期，人们已经初步意识到了流动失稳对压缩系统的危害性，展开了对压气机失速后的特性变化和失速团的流动特征的相关研究。根据当时对压气机流动失稳现象的认识，提出了几个典型的失稳模型，为流动失稳的研究开辟了道路。其中最经典的是 Emmons 模型（1955），该二维线性失速模型是在小扰动理论的基础上提出的，对失速团流体的运动过程进行了描述，其便于初学者认识旋转失速的基本特征，直至今天仍具有一定的意义。Mckenzie 在 1973 年提出了针对压气机失速特性的平行压气机模型，该模型假设失速团的流量为零，高压、低压压气机失速团的面积也可以根据相关公式进行计算。他还指出多级压气机稳定性是非常重要的，而级数设计在其中起着关键作用，其为如何区分失速与喘振以及不同失速类型的研究提供了依据。Greitzer（1976）将一已知参数的压气机的进口管道、压气机、容腔、节流阀看作一个整体，提出了 B 参数模型，并通过气流压力和惯性力判断失速和喘振发生的可能性。此模型把压气机失速先兆从系统角度进行了解释，引领了其后二十多年在失速领域的研究方向。Day（1978）通过试验探究了压气机部分展向失速和全展向失速现象，试验结果表明，平行压气机模型对失速现象具有良好的预测能力，使得用此模型预测失速类型成为可能。

2）第二阶段：1980—2000 年。这一时期人们主要把重点关注在主动控制技术的研究和失速先兆的检测。主动控制技术的理论研究和工程技术在 Epstein（1986）《叶轮机械气动不稳定性的主动控制》一文的发表后得到了快速的发展。M-G 模型（1986）的成功开发，使压气机失速和喘振在均匀流和非均匀流的进气环境下的研究更加方便，并提出了模态波型失速先兆，即在失速之前可能发生的低幅值周向扰动。随后，Day（1993）首次提出了突尖型失速先兆的概念，这是一种发生在叶顶的小尺度扰动。突尖型失速先兆与模态波型失速的区别在于其能够更快地发展为失速团，并且突尖型失速先兆出现在叶尖局部通道。Camp 和 Day（1998）对两类失速先兆在周向传播速度、扰动幅值、占据通道数量和扰动波长等方面的特征做了详细总结。失速预报和主动控制技术在两类失速先兆的基础上得到了快速发展，两类失速先兆的理论也在叶顶喷气、可调导叶等各种不同控制技术的验证下被大家普遍接受。然而，由于压气机设计的多样性，两类失速先兆并不能预测所有的失速状况，一些不同于模态和突尖类型的失速先兆也在文献中被公布，例如北京航空航天大学的李秋实在一轴流跨声速压气机中发现了起始于转子根部的失速先兆。

3）第三阶段：2000 年以来。尽管主动控制技术的发展得益于对模态和突尖失速先兆的认识，但是，人们并没有了解到压气机失稳的真实原因，失速先兆是由什么样的流动诱发的呢？为了弄清楚这个问题的答案，“近失速点”附近的流动状态成为学术界研究的热点，以期对压气机的失稳机理给出正确的解读。

由于人们发现失速先兆首先在现代压气机的转子叶片顶部发生，因此，为了揭示压气机失稳机理，学者们从转子叶顶流场入手开始研究。Hoying（1999）最早提出叶顶泄漏涡轨迹与压气机失稳之间的关系，即从叶顶间隙流的流动结构的角度出发进行研究。他还指出压气机的失稳可以根据泄漏涡轨迹来判断，失稳即将发生时泄漏涡轨迹与叶片前缘平行。在低速大尺寸压气机上也证实了这一特征。Vo（2008）进一步提出了触发突尖失速先兆的两个必要条件的假说，基于一系列数值模拟结果，他认为叶顶泄漏流在叶片前缘溢出并在叶片尾缘出现倒流。该假说随后在实验和数值模拟中被许多研究人员证实。近年来，Vo 提出的突尖失速先兆准则得到了一些研究成果的补充，例如 Pullan（2015）等认为突尖失速先兆在零间隙时也会出现，在不存在间隙泄漏流但在大冲角条件下发生流动分离，并且诱发通道内的径向涡，从而引起了突尖失速先兆。

由于研究对象和观察角度的不同，压气机失稳机理与叶顶泄漏流关联性的研究还没有形成统一的认识。此外，在压气机失稳模型建立方面，为了描述叶顶区域的波/涡作用，北京航空航天大学孙晓峰团队建立的三维可压缩旋转失速稳定性模型，具有很强的创新性，在此基础上发展了叶轮机械流动稳定性模型，该模型包含叶片造型、流道几何等关键因素的影响，可以有效预测叶片几何参数对稳定性的影响。

2. 压气机扩稳技术的研究进展

由于从失速先兆发展至旋转失速的速度非常快，观测其发展过程并对其实施控制十分困难，使得早期难以对失稳机理进行系统的研究。由于对失稳机理的认识远远滞后于工程实际中对扩稳的需求，长期以来人们通常以实践经验作为扩稳技术的指导，因此很难对扩稳技术进行合理的解释并总结出统一的设计规范。

随着研究的不断深入，当前人们开始把扩稳技术与失稳机理的认识结合起来，扩稳技术的发展也进入了新的阶段。为确保压气机在宽运行工况下，尤其是中低转速下稳定裕度达标，在长期研发中形成了级间放气、可调导向叶片、机匣处理、三维叶片技术等多种用于压气机稳定性调控技术。人们通常把需要利用压气机之外的能量来进行调控的方法称为主动控制，反之则称为被动控制。

（1）主动控制技术　主动控制的主要思想是检测到旋转失速的扰动先兆，此时在外界加入很小的能量去抵消和抑制这一失速先兆的产生，从而达到消除喘振/旋转失速的作用。早期通常以级间放气技术来防止喘振，即将多余的空气从被堵塞的压气机流道中排出，以消除分离堵塞造成的失速与喘振。这种技术可以有效地消除流动失稳现象，并且原理和结构相对简单，但是也有明显的缺陷，即效率损失过大，因此一般作为保证安全的最后一道措施，该技术至今仍在使用。可调导向叶片的静子叶片可沿叶片本身轴线旋转，通过旋转直接改变叶片安装角的大小，从而达到扩稳的目的。现代可调导向叶片多被用于高压比压气机的前几级，可以有效地防止喘振，与此同时还可以改善起动和非设计工况运行时的效率。目前主要有以下几种扩稳技术：

1）边界层抽吸。压气机叶栅中流体，容易在吸力面尾缘和端壁之间的角区形成一股低能流体区，该低能流体区是由近端壁的低能分离/失速团和近叶片吸力面共同形成的，如图 3-44 所示。

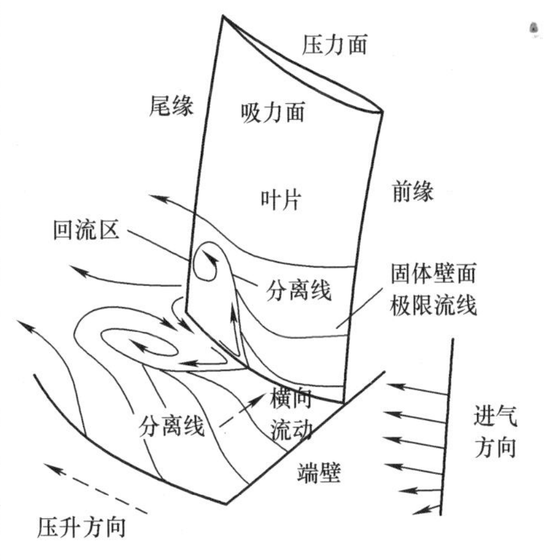

图 3-44　角区分离/失速拓扑结构

边界层抽吸是通过单个或组合槽将靠近“吸力面-端壁”角区边界层内的低能流体抽走，从而减少角区内低能流体的堆积，抑制三维角区分离。这些槽放置于叶片吸力面上，而且存在不同位置、不同大小、不同方向的差异。研究结果表明，在使用单个抽吸槽的情况下，处于端壁上的抽吸槽可以更好地抑制靠近尾缘的分离现象，而吸力面上的抽吸槽则达不到相应的效果。当系统给定的抽吸流量相同时，组合槽抑制角区分离的效果更好，并且此现象会随着抽吸流量的增加而越发明显。除此之外，来流边界层抽吸流量的大小对压气机性能的提升也有关系，通常在大抽吸流量的下效果更好。图 3-45 所示为不同位置、不同大小的单个抽吸槽对角区分离的抑制作用。

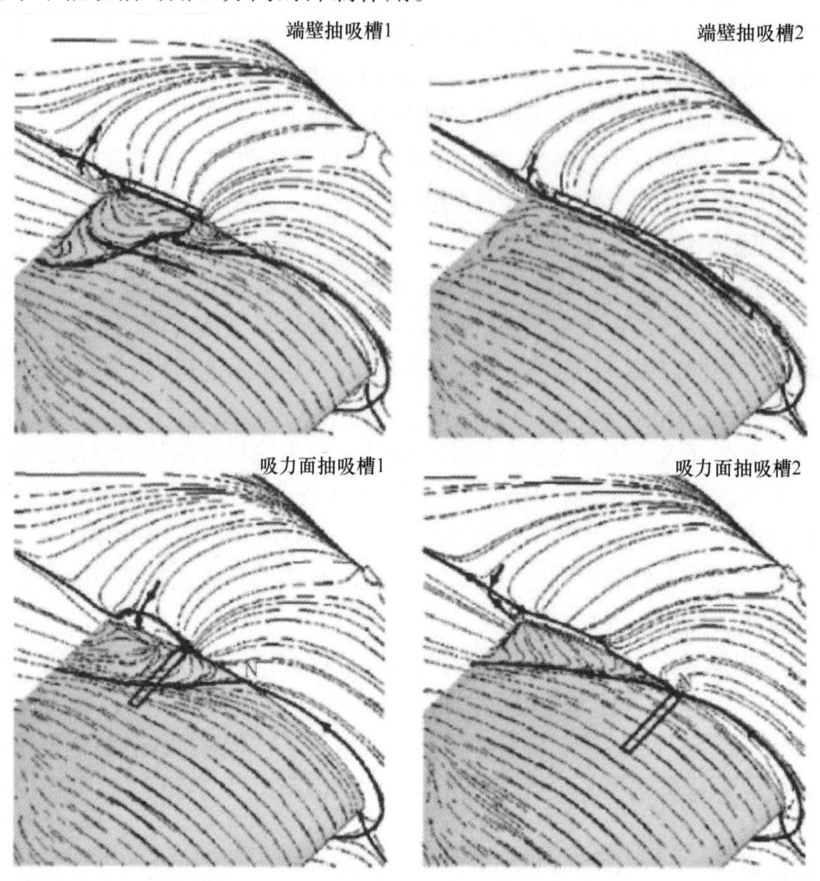

图 3-45　四种不同的抽吸槽情况下的极限流线

2）射流技术。射流技术是与抽吸相对应的一种主动控制技术，它是以合适倾斜角通过壁面的射流孔喷射气流诱导形成旋涡并与低能流体混合，使原来发生分离的流体具有足够高的能量以克服流道内的压力梯度来控制分离，进而实现流动控制。如图 3-46 所示，射流孔被布置在端壁前缘近吸力面处。研究表明：端壁二次流受到端壁射流的影响，能够减小角区分离的范围，使得总压损失降低，其控制效果受到射流速度比、射流方向和射流孔位置等参数的影响。与被动式旋涡发生器相比，射流式旋涡具有许多优点，例如操作简单、方便控制等，因此被广泛应用于内、外流流动控制中。

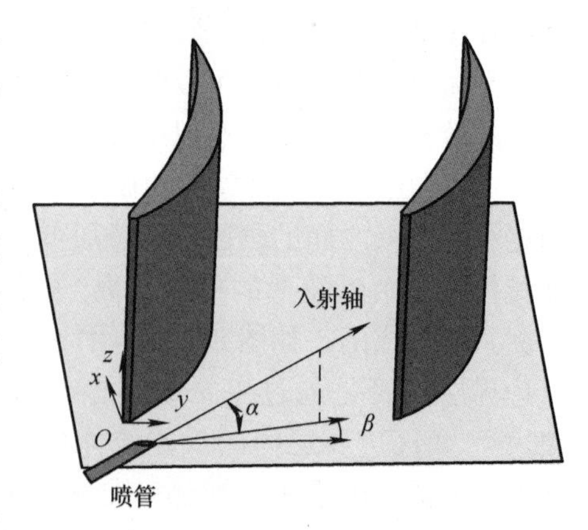

图 3-46　端壁射流式旋涡发生器的原理图

3）等离子体控制。等离子体控制是一种新型的流场控制方法，利用等离子体在电磁场下的运动或电离过程中所产生的温升和压升，对流场施加可控扰动，流场的局部拓扑结构由于等离子体的作用而发生改变，从而改善压气机通道内的流场结构。图3-47所示为介质阻挡放电等离子体气动激励器的原理图，其中，Δd 为两电极的轴向距离，h_e为电极厚度，d_1 和 d_2 为电极的轴向宽度。

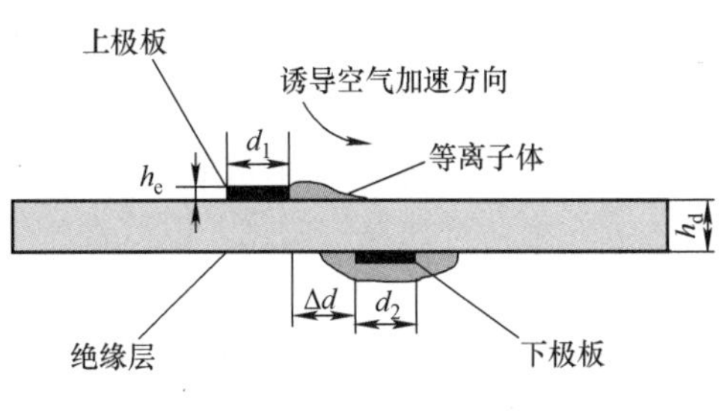

图3-47　介质阻挡放电等离子体气动激励器的原理图

最新研究结果表明，等离子体控制的效果受到自身的充能密度、电压、频率等因素的影响。等离子体电压的提高会使功率损失增大，同时能带来更好的控制效果，但是其控制效果不会一直随着电压的升高得到改善，而是会在电压到达一定程度之后达到饱和。使用等离子体控制三维角区分离的流动，当等离子体对角区分离的抑制作用效果最好时，其控制恰巧作用在角区分离点上游位置。等离子体控制对吸力面流场的改善效果更为明显，可以减小总压损失。而端壁上的等离子体控制能够更有效地减弱流动堵塞，提升压气机增压比。无论是在端壁还是在吸力面上，周向等离子体控制的效果都要远强于流向等离子体控制。

（2）被动控制技术　被动控制技术不需要外界提供能量，通过改变压气机原来结构或添加微小结构来控制气流运动。常见的有旋涡发生器、机匣处理、三维叶片设计等。被动控制方法具有结构简单、改型方便和成本低廉等优点，已经广泛应用于许多航空发动机型号中。

1）旋涡发生器。被动式旋涡发生器与主动控制的射流式旋涡发生器不同，其主要是通过流向涡和吸力面侧端区边界层流体中方向相反的涡流相互作用，以达到相互损耗的目的，从而达到延迟吸力面侧流动分离、提高压气机气动性能的目的。旋涡发生器一般放置于叶片前缘上游附近，研究结果表明，在叶片前缘靠近吸力面一侧引入稳定的流向控制涡对角区分离的抑制作用最好。除此之外，控制涡的强度应该具备自动调节机制，以适应压气机不同工况下来流角度的变化。图3-48所示为一种典型的旋涡发生器的安装设置。

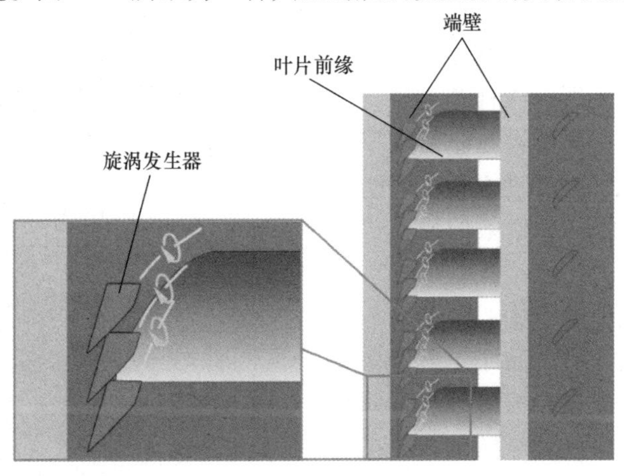

图3-48　端壁上旋涡发生器的安装设置及生成的控制涡

2）机匣处理。自 20 世纪 60 年代开始，人们提出了机匣处理扩稳法。与其他扩稳措施相比较，机匣处理方式具有结构简单、成本低廉、抗畸变能力较强以及扩稳效果显著等优点，使得机匣处理受到学者们的广泛关注。机匣处理是通过在机匣壁面上开槽、开缝等方法，使机匣的几何形状和几何尺寸发生改变，进而改变机匣的动力学特性，使压气机转子叶顶区域的流动特性发生变化，以改善压气机的工作条件，提高压气机的失速裕度，防止压气机进入失速工况。目前，机匣处理研究已从结构较为简单的轴向缝式和周向槽式逐渐发展到自适应式和组合式机匣。试验证明：与实壁机匣相比，采用机匣处理后的压气机的不稳定边界都不同程度地向左上方移动，从而使稳定裕度提高。

一些航空发动机中已经采用机匣处理技术来改善压气机的工作性能，压气机的性能受不同的机匣处理方式的影响而不同，采用轴向缝式机匣处理能够很好地提升压气机的失速裕度，但容易引起较大的损失；而周向槽式机匣处理的损失较小，但其扩稳效果相对较差。因此，提高压气机的稳定性是以损失效率作为代价的。图 3-49 所示为轴向缝式和周向槽式机匣处理结构。

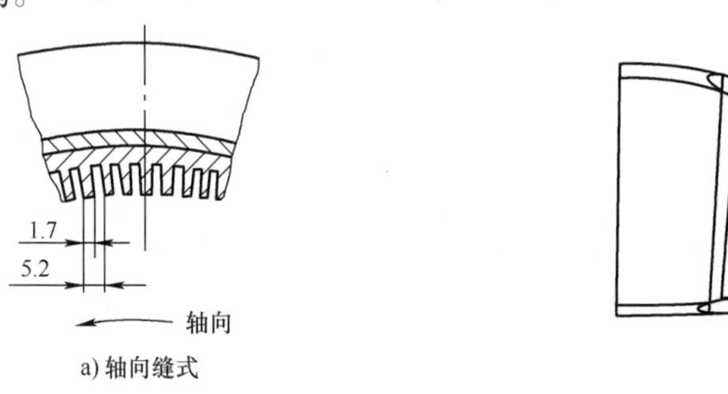

a) 轴向缝式

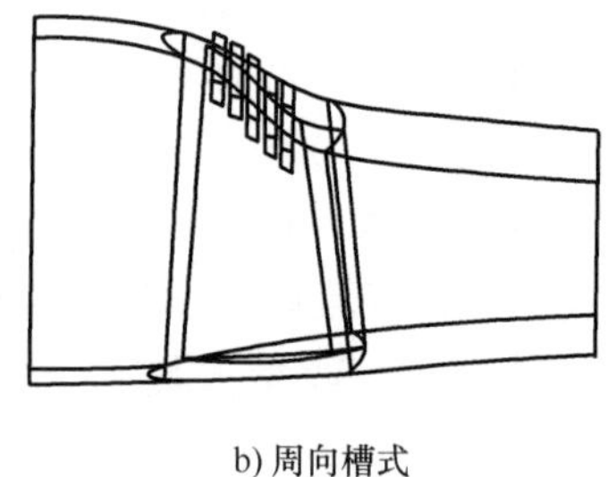

b) 周向槽式

图 3-49　轴向缝式和周向槽式机匣处理结构

Hathaway（2002）提出一种新的处理机匣形式—自适应机匣，该机匣通过结合喷气与引气的方式来调整压气机的失速，喷气或吹气量可以随压气机的工况的变化自动调整。自适应机匣处理，能够改变叶顶前缘产生的泄漏涡流的发展方向，使其偏向轴向方向，减少对主流流动的拦截作用，从而有效延缓了失速。张皓光等进一步研究发现，经过合理设计的自适应式机匣，能够在少量降低压气机的效率的同时保持较为理想的扩稳效果。

图 3-50 所示为前轴向倾斜缝后周向槽新型组合式机匣处理示意图。该种结构中，前缝后槽式机匣处理的扩稳效果与峰值效率损失均介于全槽与全缝机匣处理之间，表明该前缝后槽式机匣设计是一种有效的新型扩稳方式。在全槽机匣近失速流量点，前缝后槽式机匣处理通过增强泄漏涡中心强度，相比全槽而言与弦向的夹角有所减小，可以保持紧凑的涡结构向下游发展，抑制了泄漏涡径向发展和前缘溢出，因此较全槽结构其扩稳裕度更大。

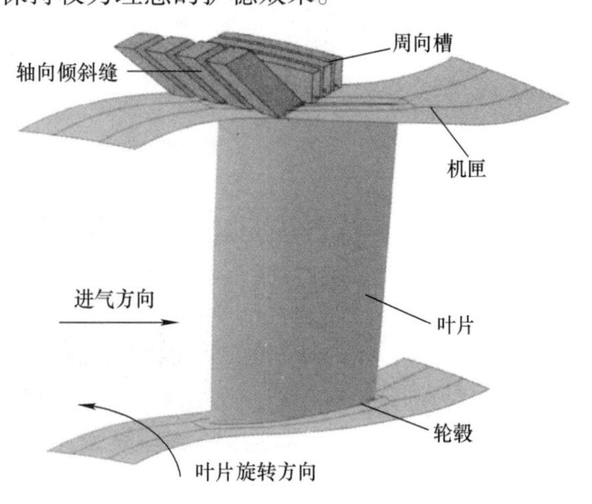

图 3-50　组合式机匣处理模型示意图

3）三维叶片设计。压气机叶片的弯、

掠设计起源于20世纪五十至七十年代。Smith和Yeh最早给出了压气机叶片弯和掠的定义，即将叶片展向积叠线与端壁不垂直时定义为“弯”，将流动方向与叶展方向不垂直时定义为“掠”，如图3-51所示。其中，弯叶片主要应用于压气机静子，这是由于静子端壁角区在叶片曲率及边界层的影响下易造成低能流体的聚集，且这些低能流体会在叶片负荷较大时产生分离，从而造成较大的总压损失。而叶片的端部弯曲会引入径向分力，使得低能流体由角区向叶片中部进行迁移，这样就减轻了端壁角区的低能流体堆积，使得高负荷情况下的边界层分离强度减小，从而减小了总压损失并提高了压气机的失速裕度。而叶片的掠型设计主要应用于跨声速压气机转子及风扇转子。在跨声速风扇及压气机中，正激波的强弱及结构是影响总压损失的关键因素，叶片的掠型设计可以改变通道正激波的位置从而影响其强度。现代大涵道比风扇均采用复合掠型设计，即叶片中上部后掠，实现激波通道后掠，从而降低激波损失；叶片尖部前掠，以有效提高风扇失速裕度。

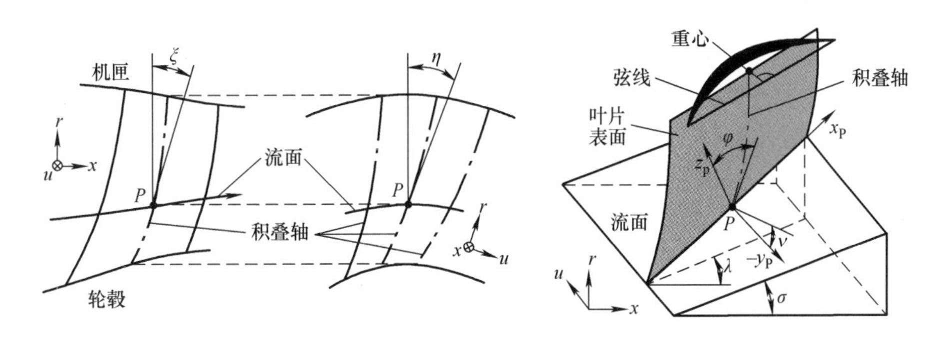

图3-51　压气机弯、掠叶片

研究发现掠转子与机匣处理组合能够以较小的效率损失为代价获得最佳的扩稳效果。在前掠转子与机匣处理组合作用下，对间隙泄漏流的动量激励和叶顶低能堵塞流体的有效消除是组合机匣处理扩稳的本质原因。因此，采取前掠转子和机匣处理的组合形式，可以弥补前掠转子设计损失以至于转子最大负荷的不足，同时以较少的效率损失为代价充分发挥了机匣处理的扩稳潜力。

参考文献

[1] SUPPLEE H H. The Gas Turbine [M]. Philadelphia: J B Lippincottt Co, 1910.

[2] DUNHAM J. A. R. Howell: Father of the British Axial Compressor [C] //Turbo Expo 2000: Power for Land, Sea, and Air: V001T01A008. Munich, Germany: ASME, 2000.

[3] VOLLMUTH M. MTU to Manufacture Core Engine Component: High-Pressure Compressor for PW6000 [R]. MTU, 2002.

[4] 程荣辉. 轴流压气机设计技术的发展 [J]. 燃气涡轮试验与研究, 2004, 17 (2): 1-8.

[5] 杜娟, 王偲臣, 李继超, 等. 轴流压气机叶顶泄漏流与突尖先兆失稳机理的研究进展 [J]. 推进技术, 2017, 38 (10): 2208-2217.

[6] EMMONS H W. Compressor Surge and Stall Propagation [J]. Trans. of the ASME, 1955, 77 (4): 455-467.

[7] GREITZER E. Surge and Rotating Stall in Axial Flow Compressors: Part I: Theoretical Compression System Model [J]. ASME Journal of Engineering Gas Turbines and Power, 1976, 98 (2): 190-198.

[8] DAY I, GREITZER E, CUMPSTY N. Prediction of Compressor Performance in Rotating Stall [J]. ASME Journal of Engineering Gas Turbines and Power, 1978, 100 (1): 1-12.

[9] EPSTEIN A H, WILLIAMS J E F, GREITZER E M. Active Suppression of Aerodynamic Instabilities in Turbomachines [J]. Journal of Propulsion and Power, 1989, 5 (2): 204-211.

[10] MOORE F K, GREITZER E M. A Theory of Post-Stall Transients in Axial Compressors: Part I Development of the Equations [J]. ASME Journal of Engineering Gas Turbines and Power, 1986, 108 (1): 68-76.

[11] DAY I J. Stall Inception in Axial Flow Compressors [J]. ASME Journal of Turbomachinery, 1993, 115 (1): 1-9.

[12] CAMP T R, DAY I J. A Study of Spike and Modal Stall Phenomena in a Low-Speed Axial Compressor [J]. ASME Journal of Turbomachinery, 1998, 120 (3): 393-401.

[13] HOYING D A, TAN C S, VO H D, et al. Role of Blade Passage Flow Structures in Axial Compressor Rotating Stall Inception [J]. ASME Journal of Turbomachinery, 1999, 121 (4): 735-742.

[14] VO H D, TAN C S, GREITZER E M. Criteria for Spike Initiated Rotating Stall [J]. ASME Journal of Turbomachinery, 2008, 130 (1): 1-9.

[15] PULLAN G, YOUNG A M, DAY I J, et al. Origins and Structure of Spike-Type Rotating Stall [J]. ASME Journal of Turbomachinery, 2015, 137 (5): 2567-2579.

[16] SUN X F, LIU X H, HOU R W, et al. A General Theory of Flow-Instability Inception in Turbomachinery [J]. AIAA Journal, 2013, 51 (7): 1675-1687.

[17] LEI V M, SPAKOVSZKY Z S, GREITZER E M. A Criterion for Axial Compressor Hub-Corner Stall [C] // Turbo Expo 2006: Power for Land, Sea, and Air: GT2006-91332. Barcelona, Spain: ASME, 2006: 475-486.

[18] 李博. 压气机角区分离流动机理及控制方法研究 [J]. 航空动力, 2020 (2): 64-67.

[19] FENG Y Y, SONG Y P, CHEN F, et al. Effect of End-Wall Vortex Generator Jets on flow Separation Control in a Linear Compressor Cascade [J]. Proceeding of the Institution of Mechanical Engineers (Part G: Journal of Aerospace Engineering), 2015 (12): 2221-2230.

[20] LI Y H, WU Y, ZHOU M, et al. Control of the Corner Separation in A Compressor Cascade By Steady and Unsteady Plasma Aerodynamic Actuation [J]. Experiments in Fluids (Experimental Methods and Their Applications to Fluid Flow), 2010, 48 (6): 1015-1023.

[21] 徐志晖, 阳尧. 航空压气机机匣处理技术研究综述 [J]. 飞航导弹, 2018 (6): 85-90.

[22] HATHAWAY M D. Self-Recirculating Casing Treatment Concept for Enhanced Compressor Performance [C] //Turbo Expo 2002: Power for Land, Sea, and Air: GT2002-30368. Amsterdam, The Netherlands: ASME, 2002: 411-420.

[23] 李帆, 杜娟, 李继超, 等. 一种新型前缝后槽式机匣处理实验及数值研究 [J]. 工程热物理学报, 2015, 36 (10): 2117-2121.

[24] SMITH L H, YEH H. Sweep and Dihedral Effect in Axial-Flow Turbomachinery [J]. Journal of Basic Engineering, 1963, 85 (3): 401-414.

[25] 迟志东, 楚武利, 王广, 等. 跨声速压气机叶片掠和机匣处理组合效应的机理研究 [J]. 推进技术, 2022, 43 (4): 57-66.

习　题

1. 简述压气机基元级的工作原理。

2. 试画出$\rho = 0$、$\rho = 0.5$时压气机级的焓-熵图，并标出相应的状态点及各项损失。

3. 试画出压气机级的速度三角形，并分析防喘振措施。

4. 在一台多级压气机中，第一级和最后一级的级效率均为0.84，加功量也均为40kJ/kg，试分析该两级的压比是否相同。

5. 已知某压气机基元级的直径为0.3m，反力度为0.5，滞止温升为20K，前级静叶栅出口气流与周向夹角为75°，气流轴向分速度为120m/s，试确定该基元级的工作转速。（假定$u_1 = u_2$）

6. 某压气机的总压比为8，效率为0.8，试求：

1）当进气温度为288K和300K时的压气机出口总温。

2）压气机对每千克气体的加功量。

3）已知流过压气机的空气流量为50kg/s，试求压气机的功率。

7. 已知某压气机模拟级设计参数如下：入口空气$p_a = 1.01 \times 10^5$Pa，$T_0 = 288$K；转速$n = 12870$r/min，平均直径$D_m = 0.305$m，平均直径处的轴向分速度$c_{1a} = c_{2a} = 122.2$m/s；$\alpha_1 = 64.7°$，动叶气流转折角$\Delta\beta = 28°$。试计算：

1）进出口速度三角形并作图。

2）级的反力度ρ_c。

3）若压气机的等熵效率$\eta_C = 0.85$，试计算级的压比和温升。

8. 为什么多级压气机的效率会比单级平均效率低？

9. 压气机的流动损失包含哪几个部分？

10. 决定压气机基元级速度三角形的参数有哪些？哪些参数与流量、轮缘功有关？

11. 亚声速基元级与超声速基元级的扩压原理有何区别？

第 4 章

燃 烧 室

4.1 概述

燃烧室是热力原动机的能量发源地，是燃气轮机三大核心部件之一。燃气轮机与蒸汽轮机相比的一个重要特征在于，蒸汽轮机的蒸汽工质需要通过外部（即锅炉中燃料燃烧）传热加给热量而生成，而燃气轮机的燃气工质则是空气直接在内部（即燃烧室中燃料燃烧）通过与燃料的化学反应而生成。燃气轮机的燃烧室在机组中位于压气机之后，透平之前，它在流动方面与压气机、透平有紧密的联系，但无机械功的传递，因而相对比较独立。燃烧室一般采用高温合金材料制造。

燃烧室在燃气轮机循环中的作用是完成循环中的等压加热过程，将燃料的化学能转化为热能，产生高温高压的燃气供给透平。从设计的角度讲，透平前温越高，整个燃气轮机的效率就越高，功率就越大。在燃烧效率、污染物排放等一些限制条件下，燃烧室必须保证提供工质所需的温升，同时维持工质的压力不降低。由于常见的碳氢燃料燃烧后产生的燃气温度远高于目前透平叶片材料所能承受的极限温度，因此，燃烧室中的总空气量远大于其完成燃烧过程所需的空气量。通常，燃烧室在工作时，首先是使燃料与由压气机送来的一部分压缩空气在其中进行有效的燃烧，随后将燃烧后的高温燃烧产物与由压气机送来的另一部分压缩空气均匀掺混，使其温度降低到透平能接受的进口初温水平。

一台运行中的燃气轮机要适应外部负荷需求的变化，最基本的调节手段就是改变燃烧室的燃料供应量，即系统供入的热量决定了机组发出的功率。因此，燃烧室也是燃气轮机的主要调节部件，必须在负荷变动时既保证自身可靠高效运转又能保证整个机组的可靠高效运转。

此外，由于燃烧室是燃气轮机污染物排放的源头，整个机组的排放水平完全取决于燃烧室的性能，因而，燃烧室的设计还必须考虑控制污染物排放，使机组排放满足要求。

目前，燃气轮机燃烧室在设计和制造中的各种问题都是围绕着以上这些基本功能而产生的。在燃气轮机发展的早期阶段，由于设计者缺乏对燃烧室的设计知识和经验，因而第一代燃气轮机燃烧室具有多种形体结构和燃料供应方式。随着燃气轮机技术的发展，燃烧室在设计方面也形成了一些通用的设计理念，到 20 世纪 50 年代，目前所知道的许多传统燃烧室所具有的基本特性就被严格地确定了。

燃烧室技术的发展是通过渐进且连续的方式进行的，而不是以突跃式的方式发展起来的，因而许多机组的燃烧室在尺寸、形状和结构上十分类似，相同制造商和同一系列的机组其燃烧室有显著的传承性。燃烧室的基本形体主要由其长度和头部面积所严格规定，而这些也受到机组的其他部件所限制。同时，燃烧室均广泛使用扩压器来降低压力损失，使用火焰筒来保障很大范围的空气燃料比条件下的可靠运行。经过半个多世纪的发展，燃烧室压力由5个大气压提升到50个大气压（1atm = 101.325kPa），进口空气温度由450K提升到900K，出口温度由1100K提高到1900K。尽管这些改变都不断提高了燃烧室运行条件的苛刻性，同时压气机出口速度的不断增加也导致了燃烧室运行条件更加恶劣，但是今天的燃烧室仍然具有接近100%的燃烧效率，且污染物排放得以大大降低。此外，航空发动机机组火焰筒的寿命也从仅几百小时增加到了上万小时。

在燃烧室的设计过程中，尽管许多问题已经得以克服，但是仍然有许多问题需要解决，仍然需要新的概念和技术来进一步降低污染物排放，还需要满足许多工业机组对多燃料的要求，从而适应现代社会发展对可再生能源、氢能等新能源的需求。此外，现代燃烧室中另一个重要的问题是声学共振，当燃烧和流动过程与燃烧室声学相耦合时会发生热声振荡现象，这一问题也是贫燃料预混燃烧室发展的一个关键问题。

很显然，燃烧室的发展应该与其他关键机组部件的改进维持一致，燃烧室尺寸重量的降低对航空发动机十分重要，而对于透平进口则需要提供越来越高的温度。同时，更高的可靠性、更持久的寿命和更低的制造维护成本在未来会越来越重要。为了应对这一挑战，研究者一直对新材料和新制造方法进行不断的探索，以简化基本的燃烧室设计并降低成本，这些研究发展了先进的壁面冷却方法，促进了燃烧室火焰筒内部耐热涂层技术的广泛应用。

4.2 燃烧室工作过程的特点及要求

4.2.1 燃烧室工作过程的特点

燃烧室的进口与压气机的出口紧密连接，而压气机出口的气流速度由压气机的气动性能所决定，它与压气机的做功能力和流动损失均密切相关。通常，燃烧室的进口气流速度可达120m/s以上（甚至超过150m/s），即使是燃烧区的高温燃气，其平均速度也在20～25m/s。气流在燃烧室中加热后进入透平，产生高速的气流推动透平膨胀做功。因此，燃烧室的一个重要工作特性是进出口气流具有连续、高速的特点。

燃烧室中的燃烧过程是在近似等压、余气系数（过量空气系数）过大的稀释条件下进行的。在目前的高温材料水平下，无冷却透平叶片能承受的极限温度值约为1200K，采用冷却和涂层技术措施后目前能够达到的透平前温为1900K。以1kg的轻柴油为例，完全燃烧掉1kg轻柴油所需要的理论空气量 $L_0 = 14.6\text{kg}$，若 $T_2 = 600\text{K}$，此时所产生的燃气温度将达到2200K以上，所以必须要供给更多的空气来降低出口燃气温度，使之不超过允许值。但按这一比例形成的轻柴油-空气混合气由于过分贫油（贫燃料），不能着火和稳定燃烧。一般情况下，燃烧室中的燃料空气比为1/80～1/30（0.0125～0.033），所以如直接进行掺混，可能达到的燃烧区的平均温度低，不能保证稳定经济的燃烧。

燃烧室中的燃烧过程是在尺寸有限的空间中进行的，因而燃气轮机的燃烧室热强度很高，单位体积内要完全燃烧掉比一般设备多数十倍的燃料。

燃烧室进口气流参数变化范围大。燃烧室内气流的温度、压力和流速都要随着燃气轮机负荷的改变发生较大幅度的变化。燃烧室应保证在各种条件下，均能够稳定而经济地燃烧。

燃烧室需要具有燃用多种燃料的能力，在气体和液体燃料互换时具有良好的通用性。

4.2.2 对燃烧室的要求

为了保证燃气轮机装置的可靠、高效、低排放运行，燃气轮机的燃烧室必须满足一系列的要求，这些要求的重要性随着机组用途的不同而有所不同，对于所有的燃烧室来说，最基本的要求包括以下几个方面。

1. 工作可靠性方面

1）由压力波动引起的燃烧噪声低（直接燃烧噪声），燃烧室在各种工况下均不会产生热声耦合（振荡燃烧）或其他的由燃烧诱导的不稳定现象，甚至熄火（吹熄）。

2）不出现回火和自燃等安全问题。

3）燃料在燃烧室内必须燃烧完毕，且燃烧过程产生的火焰较短，防止高温火焰触及透平，毁坏叶片。

4）燃烧室出口温度场要尽可能的均匀，防止叶片出现局部过热，产生过大的热应力。

5）火焰筒的材料和涂层在机组运行的全部范围（即燃气轮机负载）内满足燃烧室的压力和温度要求，火焰筒必须冷却良好，以保证寿命。

6）燃烧室点火装置能够实现可靠而快速的点火，对固定机组需保证低温条件的点火性能，航空机组在空中熄火后应具有再点火能力。

7）燃烧室具有足够的刚度、强度和气密性，在规定的运行期间内（起动-停机的次数和等效工作时间），结构可靠，经济耐用。

2. 工作经济性及排放方面

1）燃烧室应具有尽可能高的燃烧效率，即燃烧过程要尽可能地完全以使燃料的化学能能够全部转化为热能。

2）具有低的流动损失，减小燃烧室压降。

3）具有低的烟尘和污染物（NO_x，CO 等）排放，在尽可能广泛的燃气轮机负荷范围内实现低排放。

4）具有燃用原油、合成气和生物质燃料等多种燃料的能力。

5）具有最小的设计成本，例如尽可能高的热强度，减小尺寸重量，使结构简化。

3. 维护性、使用方面

1）燃烧室在日常运行和检修中应易于使用和维护。

2）具有观察窗、熄火保护装置等附加设备。

燃气轮机燃烧室的设计需要在以上几个重要的要求之间取得复杂的平衡，这些要求有时是相互矛盾的。例如，燃烧效率的提高、燃烧室出口温度场的均匀程度与燃烧室中的气流流场密切相关，在燃烧室中通过加强湍流、增加气流的扰动对强化燃烧过程和改善出口温度分布的均匀程度是有利的，然而气流扰动的增加必然会导致燃烧室压力损失的增加。又如，要想使燃料燃烧得更加完全，需要增加燃料在燃烧室中的停留时间，而停留时间的增加必然又会导致燃烧室热强度的降低和 NO_x 排放量的增加。燃烧室热强度的高低对于航空、地面运输等移动机组十分重要。因此，燃烧室的这些要求必须根据应用的具体场合进行综合、全面的考虑。

一般来说，首先要确保燃烧室熄火特性、出口温度场指标、壁温指标及点火特性等安全性要求，在满足安全性要求的前提下再恰当地处理好经济性（燃烧效率及压力损失）、低排放与紧凑性的关系。对于固定式的发电机组或机械驱动机组，经济性是主要矛盾，燃烧室尺寸可以设计得大些；而运输式，特别是航空机组，紧凑性是主要矛盾，首先要满足高燃烧热强度的要求，在此前提下力争提高经济性的指标。

4.3　燃烧室的结构和形式

图 4-1 所示为传统燃烧室结构的演变。其中，图 4-1a 所示为燃烧室最简单的可能结构，通过直壁结构将压气机和透平用图示的形式连接起来，当然这种结构实际上不能直接应用，原因是这种结构所产生的压力损失很大。燃烧室产生的压力损失与气体流速的二次方成正比，当压气机出口气体速度为 150m/s 左右的量级时，这种结构产生的压力损失会接近压气机所获得总压力的三分之一。因此，要使压力损失降低到可接受的水平，需要使用扩压器将空气速度降低，如图 4-1b 所示。在使用了扩压器后，还需要创建一个回流区，通过回流区产生稳定火焰的低速气流，图 4-1c 所示为使用挡板来稳定火焰的一种结构。最后还需考虑的是，为了产生燃烧室需要的温升，需要的总空气燃料比通常在 30～40，这一范围超过了碳氢燃料-空气混合物的熄火极限。理想情况下，主燃烧区域的空气/燃料比在 18 左右，尽管为了降低氮氧化物的排放，干式低 NO_x 燃烧室的这一值会更高一些（在 24 左右）。要解决这一问题，可通过图 4-1d 所示的结构，通过筒状固壁结构将空气分批从不同区域供入，在头部区域的燃烧过程通过热燃烧产物的回流来提供稳定的点火源，而多余的空气在燃烧区域的下游供入，与热燃烧产物混合来使其温度降低到透平进口可接受的温度值。

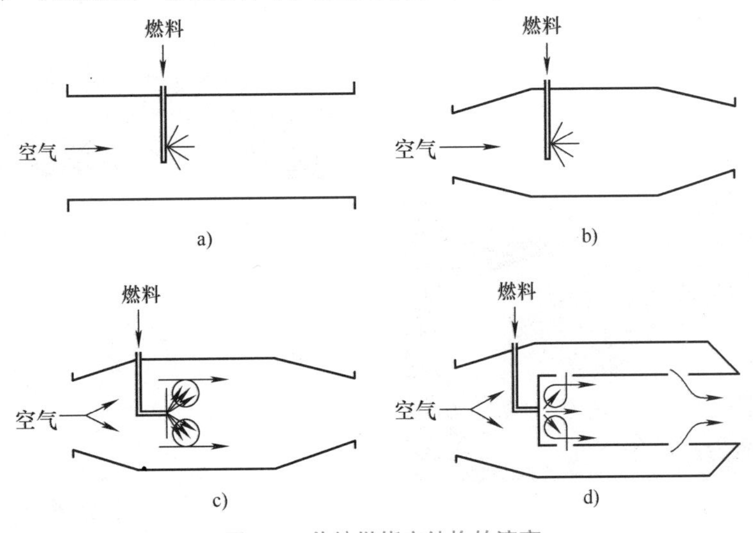

图 4-1　传统燃烧室结构的演变

图 4-2 说明了传统燃气轮机燃烧室所具有的基本结构。通常，所有的燃烧室均由外壳

（空气套筒）、扩压器、火焰筒、燃料喷嘴、火焰稳定器构成。

燃烧室类型的选择和布局由机组的应用、型号和制造商的习惯决定，但通常受可用空间大小的影响，燃烧室在布置上应尽可能高效地利用空间。在大的航空发动机中，燃烧室总是采用直流式，空气沿着燃烧室的轴线方向流动。对于小的航空发动机，采用逆流环型燃烧室可得到更紧凑的结构，而逆流分管型燃烧室在固定式燃气轮机中更为常见。燃用液体燃料的燃烧室，燃料需要通过燃料喷嘴产生雾化良好的喷雾，可以将燃料由小孔借助液体燃料自身的高压喷入，或采用高速的压缩空气将燃料破碎成液滴。

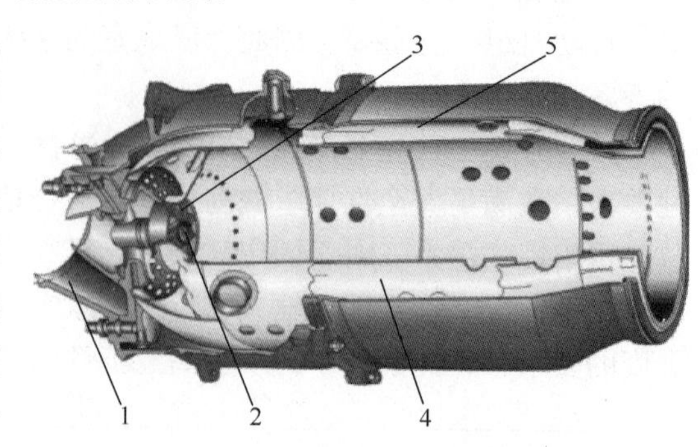

图 4-2 燃烧室的基本结构

1—外壳 2—火焰筒 3—燃料喷嘴
4—扩压器 5—火焰稳定器（空气旋流器）

4.3.1 燃烧室的基本结构

1. 外壳

燃烧室的外壳多由钢板通过焊接的方式制造而成，通常为圆筒形状，它是燃烧室的主要承力部件，包括燃料喷嘴、火焰筒等在内的所有燃烧室部件都安装在外壳以内，如图 4-3 所示。在设计燃烧室的外壳时需要考虑外壳支承与连接的膨胀补偿。在外壳和火焰筒之间形成的环形空间对燃烧室性能有很重要的影响。

2. 扩压器

压气机出口气流速度高，动压可达到总压的 10% 左右。燃烧室的扩压器位于压气机出口和燃烧室燃烧段之间，如图 4-4 所示，其前端与压气机的外壳通过螺栓连接，后端紧贴在

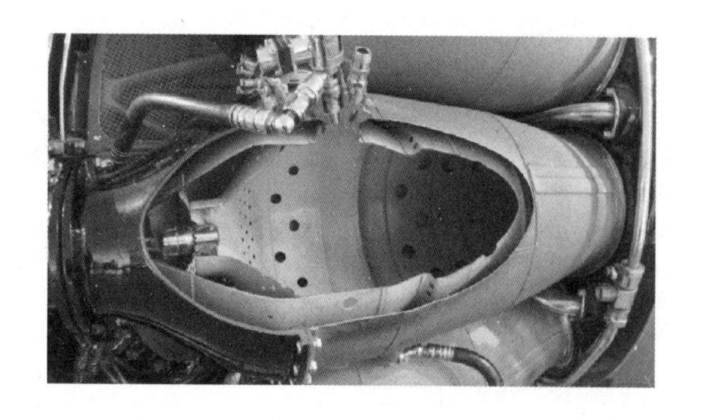

图 4-3 燃烧室的外壳

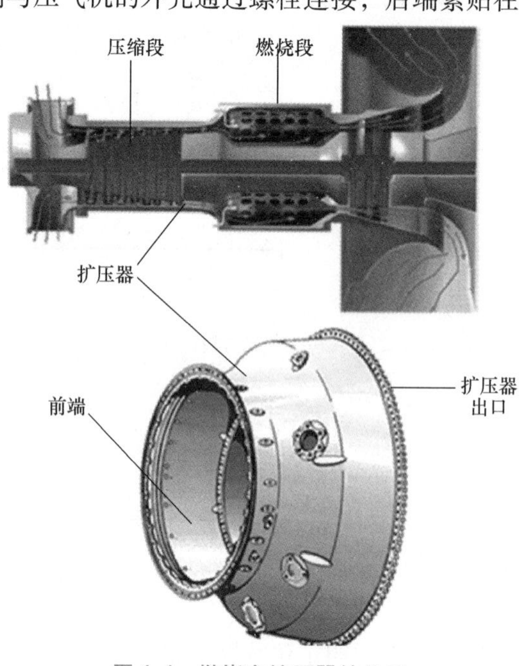

图 4-4 燃烧室扩压器的位置

燃烧段上。扩压器的内径是渐扩的，形状像颠倒的漏斗，扩压器的主要作用是在燃烧过程开始前，降低压气机出口的气流速度以利于燃烧过程的组织；同时，扩压器将动压大部分转化为静压，降低了燃烧室压损。因而，机组中的最高压力点出现在扩压器的出口。

通常情况下，扩压器可将压气机出口的气流速度降低到其初始值的20%。在给定的出口和进口面积比下，扩压器的长度对其性能有重要影响。如果扩压器过长，则由于摩擦的作用会使压力损失增大；如果过短，则逆压较大的流动过程又会造成气流的脱离，使压力损失大大增加。

3. 火焰筒

火焰筒也称火焰管，它是燃烧室最主要的部件。根据采用的燃烧室类型不同，一个燃烧室可以具有一个或多个火焰筒。火焰筒一般是由耐热合金通过金属加工和焊接而拼成的几段圆筒，总长与直径之比为1～3。通常，各段圆筒用三个径向定位套筒进行定位，使它们在外壳中能够同心膨胀。火焰筒将进入燃烧室的空气分为“一次空气”和“二次空气”。所谓一次空气是指为了保证燃料完全燃烧所必须供应到燃烧区中去的空气，而燃烧以外的所有空气均称为二次空气。二次空气通过火焰筒与外壳之间的环形空间（空气环套），进入到燃烧区后部一定深度，具有限制回流区大小及掺混的作用。此外，二次空气在流经火焰筒时会形成冷却气膜，保护火焰筒壁面。

为进一步说明一次空气与二次空气，图4-5展示了GE分管逆流燃烧室。在图4-5中，一次空气流经旋流器、端部配气盖板以及开在火焰筒前段的若干排一次空气射流孔进入到燃烧区中去，在那里与由燃料喷嘴喷射出来的燃料进行混合与燃烧，产生高温燃气。由压气机来的剩余的那部分二次空气通过火焰筒后段的混合射流孔，进入到火焰筒中并与燃烧区来的高温燃气进行掺混，使其温度降低到透平进口的温度平均值。此外，在二次空气流经火焰筒壁面时，有部分空气通过开启在壁面上的许多孔，逐渐进入到火焰筒中，并力求沿着火焰筒内壁流动。这股空气能在火焰筒壁面形成温度较低的冷却气膜，起到冷却高温筒壁，保护火焰筒的作用。

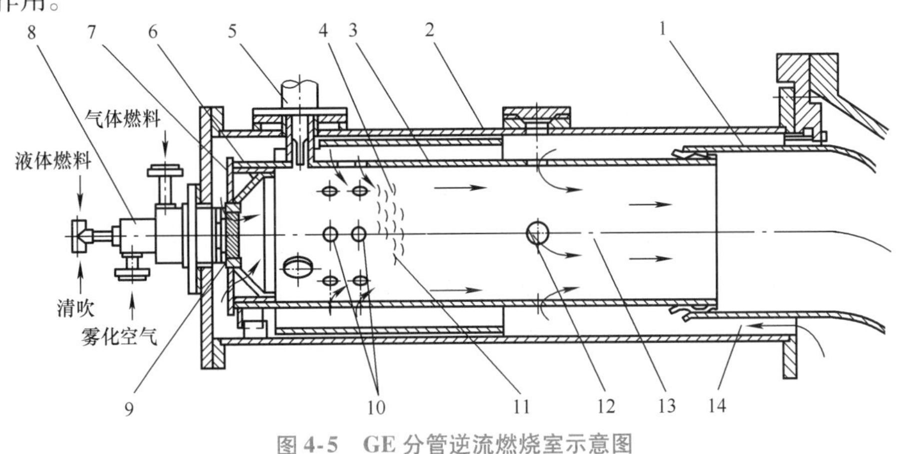

图4-5 GE分管逆流燃烧室示意图

1—燃气导管 2—外壳 3—火焰管 4—鱼鳞冷却孔 5—点火器 6—过渡锥顶 7—配气盖板 8—燃料喷嘴 9—旋流器 10—一次空气射流孔 11—燃烧区 12—混合射流孔 13—混合区 14—环腔

4. 尾筒（过渡段）

尾筒也称过渡段或燃气收集器，它将火焰筒与透平进口相连，因而尾筒在几何上需要完成截面形状的变化，使火焰筒出口圆形截面过渡为透平导叶前的扇形连接面，如图 4-6 所示。此外，尾筒的截面积要有一定程度的收敛（缩小），以获得透平进口截面要求的燃气轴向流速。

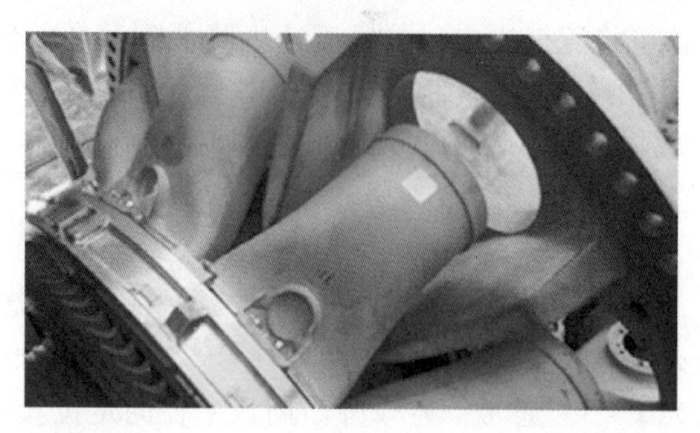

图 4-6 燃烧室尾筒

5. 燃料喷嘴

燃料喷嘴的作用是将燃料供应系统供给的燃料按所需的流量、匀细度（液体燃料）和方向喷射到主燃烧区中，使其与“一次空气”均匀混合燃烧。

根据燃料和要求的不同，可采用不同形式的喷嘴。图 4-7 所示为燃烧气体燃料的燃烧室喷嘴。液体燃料的燃料喷嘴还需要将液体燃料破碎成细小的颗粒，即需要有雾化过程。根据燃烧的类型不同，每个燃烧室中可布置一个或多个燃料喷嘴。

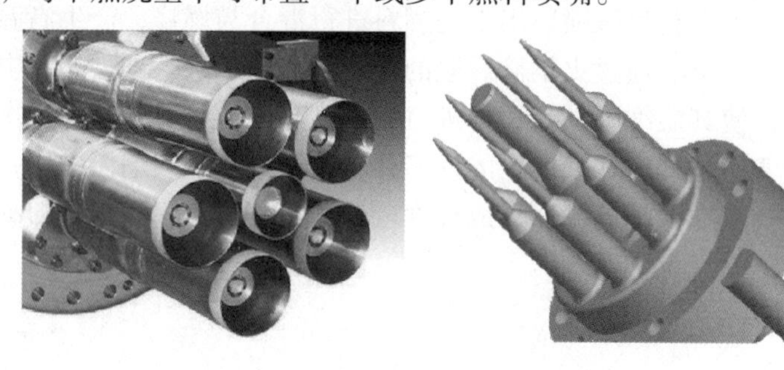

图 4-7 燃烧室燃料喷嘴（气体燃料）

6. 火焰稳定器

火焰稳定器位于燃烧室的前端，大都呈环状围绕燃料喷嘴安装。火焰稳定器的作用是降低燃烧区的局部流速并产生环流区，以使得燃料与空气更好地接触，并使得火焰稳定。图 4-8中的空气旋流器是一种典型的叶片式火焰稳定器，旋流叶片相对于火焰筒轴有一定的偏角，目的是使气流获得一定的切向分速度。

在燃气轮机燃烧室中，火焰稳定性由旋流器产生的热燃气的回流来获得。旋流运动产生环流剪切区域，如果足够强时离心压力梯度会在中心线附近产生回流流动，回流区域产生低轴向速度区域，因而火焰能够驻留在燃烧室的前部。此外，高温热燃气的回流为新鲜的可燃物质提供了稳定的点火源。因此，旋流器设计是影响流场和火焰稳定的关键部件。

燃烧室的性能受旋流器的影响极大，提供均匀的贫燃料的燃料分布和宽广运行范围下的火焰稳定性是旋流器设计的主要挑战。每一个燃气轮机都有唯一的旋流器设计，例如对中等功率的燃气轮机（功率为 10 ~ 50MW），索拉透平公司采用轴向旋流器，而西门子公司则采用径向旋流器。

7. 点火装置

点火装置是机组起动时的外部点火源，如图4-5中的点火器。燃气轮机起动时，必须使用外部点火源来点燃燃料，以完成后面的燃烧过程。通常，燃气轮机首先要利用外部驱动达到一定的转速，从而使压气机能够向燃烧室提供压缩空气，然后由点火设备将燃烧室中的可燃混合物加热到着火温度而点燃，再依靠该局部的初始点火源点燃整个燃烧室的主燃料矩。当主燃烧火焰能够维持连续而稳定的燃烧后，点火成功，点火设备停止工作。

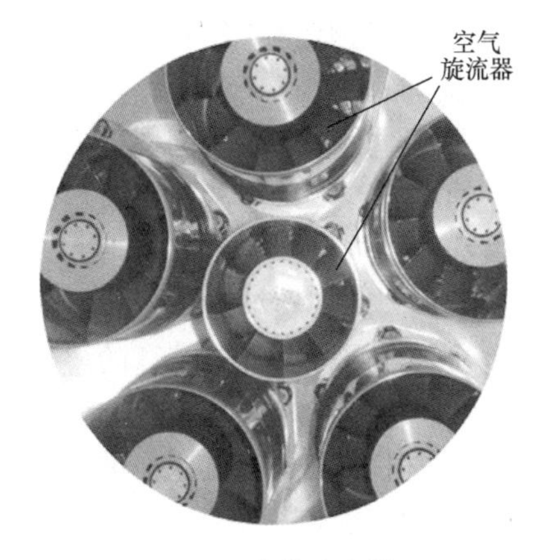

图4-8　火焰稳定器

点火过程可通过电火花、炽热体或小火炬来完成。不同的燃烧室点火设备的数目也不相同。

8. 其他设备

为便于维修、使用，燃烧室中通常还必须有观察孔、火焰探测器和熄火保护装置等其他设备。为防止高温火焰的冲刷烧蚀，火焰探测器通常安放在燃烧室的后端，如图4-9所示。

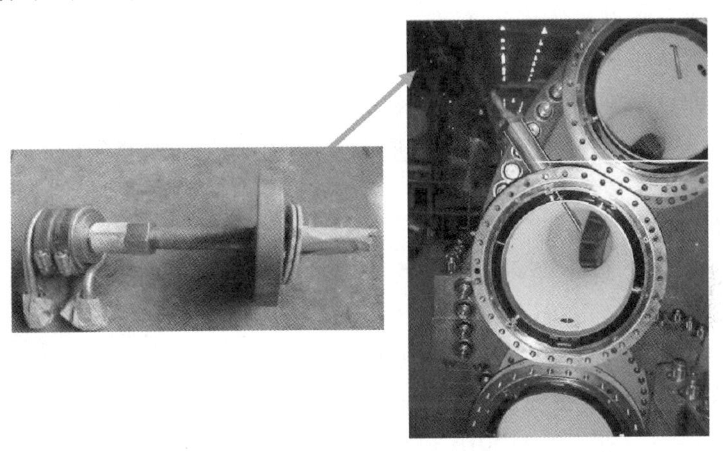

图4-9　安放在燃烧室尾筒中的火焰探测器

4.3.2　燃烧室的形式

燃烧室按照布置形式，大体上可以分为圆筒型、分管型、环型和环管型四种类型。

1. 圆筒型燃烧室

圆筒型燃烧室由同心安放的圆筒形状的外壳和火焰筒构成，图4-10所示为具有该类型燃烧室的重型燃气轮机示意图。

圆筒型燃烧室是一种非常大的扩散燃烧室，其中燃烧器的数量随燃气轮机尺寸的增加而增加，例如，西门子先前的V系列燃气轮机为6~24个燃烧器。圆筒型燃烧室可以在燃气轮机两侧垂直或水平放置，如西门子SGT5-2000E和SGT6-2000E燃气轮机，也可以采用单筒结构放置在燃气轮机顶部，如GE-Alstom的GT8、GT9和先前的GT11和GT13型燃气轮机。

圆筒型燃烧室结构简单，其全部气流流过一个或两个独立于压气机与透平轴系之外的燃烧室，因而适宜应用于对空间尺寸要求不严的场合，可以对其长度和体积进行优化，以实现完全均匀的燃烧。圆筒型燃烧室允许有较大的燃烧空间，因而可以具有较高的燃烧效率和燃烧稳定性。此外，这种类型的燃烧室通过内外管套分别与透平进气蜗壳和压气机出口蜗壳相连接，装拆维修也比较方便。圆筒型燃烧室还可以保证透平不受来自燃烧室中的高温火焰的辐射。

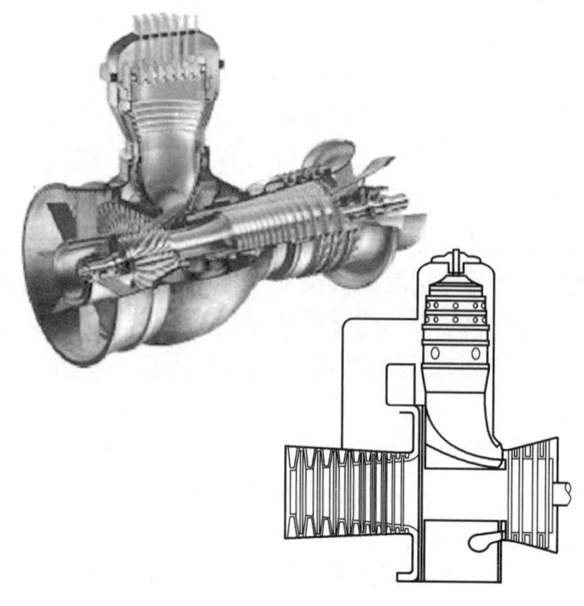

图 4-10　重型机组的圆筒型燃烧室布置示意图

圆筒型燃烧室的主要缺点是热强度低，空间利用率差，其单个燃烧室的尺寸大，因此测试时所需的风源大，难于做全尺寸燃烧室的全参数试验，且调试困难。此外，现代高效燃气轮机的透平进口温度不断提高，同时仍然必须要满足越来越严格的排放法规要求，圆筒型燃烧室难以实现均匀的出口温度分布。为了进一步减少燃料在燃烧室中的停留时间，以最大限度地减少 NO_x 排放和冷却空气消耗，并希望在透平进口处实现更均匀的温度分布，圆筒型燃烧室已逐渐被其他类型燃烧室所替代。

2. 分管型燃烧室

分管型燃烧室如图 4-11 所示，它由多个单独的管形燃烧室构成，因而也称单管燃烧室。分管型燃烧室是最古老的燃烧室类型之一，其中单管燃烧室的数量在现代重型工业燃气轮机中为 12 ~ 14 个，在先前的 50Hz 机组中最多可以达到 18 个，每一个燃烧室的结构如图 4-5 所示。各燃烧室都具有单独的外壳、燃料喷嘴、火焰筒，而点火器仅安装在个别燃烧室中，其他未安装点火设备的火焰筒通过联焰管由其他火焰筒点燃。各个单管均匀地布置在压气机-透平连接轴的周围，多采用位于透平前方和压气机出口上方的逆流布置。

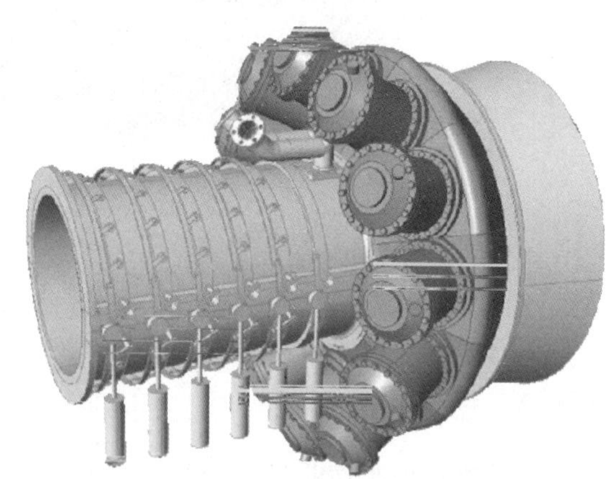

图 4-11　分管型燃烧室示意图

分管型燃烧室是 GE 和先前的西屋公司以及 MHPS 主要采用的结构。西门子的 60Hz 机组（实质上是西屋 501F 设计的升级版）、H 级机组和 Ansaldo 最新的 GT36 机组也使用了这种结构。分管型燃烧室的主要优点是结构较圆筒型燃烧室更加紧凑，空间利用率高。组成分管型燃烧室的各个火焰筒相对独立，燃烧过程较易组织。分管型燃烧室试验时所需的风源小，易于调试，也便于做全尺寸测试，以进行严格的部件热力和机械设计。此外，整个系统可通过重复每一个单管的设计而构建，制造安装相对容易，同时便于维修，还可以快速地对有问题的一个或几个单管进行更换，以减少停机时间，也可以用更新的设计对整套燃烧室进行更换。

分管型燃烧室的主要缺点是其几何结构复杂，重量较重，需要冷却保护的火焰筒的面积大，流动损失大。在起动点火时，需要联焰管传焰点火，因此对制造工艺的要求高。分管型燃烧室的出口温度场不均匀程度也相对较大。

3. 环型燃烧室

环型燃烧室由环形的外壳和安装于其内的环型火焰筒构成，如图4-12所示，其中燃烧器在环型燃烧室壳体的头部沿周向分布。环的几何尺寸（长度和高度）由尽可能短的停留时间、保证完全燃烧和最小的冷却空气消耗之间的平衡确定。燃烧器的数量和间距的确定，需要仔细考虑火焰的相互作用以及燃烧产物的混合。

图4-12 环型燃烧室示意图

环型燃烧室的主要优点是空间利用充分，结构紧凑，需要冷却保护的火焰筒面积小，燃烧室的结构、型线简单，具有较小的流动损失。环型燃烧室的燃烧强度高，重量轻。但由于燃烧空间完全连通，因而其燃烧室中各喷嘴形成的燃料矩与气流的配合不容易组织，燃烧性能也较难控制。另一个缺点是这种类型的燃烧室在调试时同样需要大的气源，难于做全尺寸全参数的试验。

环型燃烧室典型的配置是环形燃烧空间中安装西门子的混合燃烧器和ABB/阿尔斯通（现为Ansaldo）的EV燃烧器。

4. 环管型燃烧室

环管型燃烧室的结构如图4-13所示，其壳体与环型燃烧室相同，在环形腔内布置有若干分管燃烧室，其数量一般为6～18个，因而环管型燃烧室的优缺点也介于环型燃烧室和分管型燃烧室之间。

图4-13 环管型燃烧室示意图

目前，环管型燃烧室应用较多，主要燃气轮机制造厂商的G级/H级燃烧室均采用环管型燃烧室以及逆流式布置。

所谓逆流式布置中的逆流是指气流流过燃烧室的路径，按照气流的流动路径可将燃烧室分为顺流式和逆流式两种。顺流式燃烧室是指空气自燃烧室前端流入，后端流出；而逆流式燃烧室是指空气自燃烧室后端环形空间流入，至另一端后转折180°后由后端流出，如图4-5所示。

通常，每个燃气轮机制造厂商都有其独特的燃烧室设计理念和设计实践。例如，对于一个新的产品系列，很少会从一种燃烧室设计（如分管型）更改为另一种（如环型）设计。目前，除了某些传承性的机组外（例如西门子的E级燃气轮机），圆筒型燃烧室已不再使用。西门子和阿尔斯通将其燃气轮机产品的燃烧室从环型转变为环管型燃烧室。通常，一个新型燃烧室的设计是与其他设计同时进行的，根据新机组中的流动、循环压比和透平前温的要求，从最接近新规格的现有可用设计之一开始着手开发。开发过程在很大程度上依赖于测试，要在不超过排放和燃烧动力学极限的情况下达到所需的燃气温度。

4.4 燃烧室的性能指标

在 4.2 节中介绍了燃气轮机对燃烧室的一系列要求。某一燃烧室的性能如何、满足设计要求的程度如何，需要一定的量化指标来衡量，这些指标就是燃烧室的性能指标，也即技术特性指标。

4.4.1 燃烧效率

燃烧室的基本作用是将燃料的化学能全部转化为热能，在燃用液体燃料时，不发生由于不完全燃烧而产生的积炭和冒烟现象。燃烧室中化学能的释放程度和热能的利用程度通过燃烧效率 η_B 来衡量。尽管燃气轮机技术的发展使燃烧室的工作条件越来越恶劣（气流速度更快，更贫燃料等），但目前的燃烧效率仍可以达到99%以上的较高值（燃烧效率的典型值为 0.995 ~0.997，即 0.3% ~0.5% 的损失）。在燃烧室中，有以下三部分损失会造成燃烧效率的下降。

（1）化学不完全燃烧热损失 Q_c　指排气中含有 CO、CH_4、H_2 等可燃气体，这部分可燃气体未燃烧而造成的损失。其产生的原因主要是燃料与空气的配合不好，燃烧温度过高或者过低。

（2）物理不完全燃烧热损失 Q_m　指以液滴、碳粒、积焦等形式出现的未燃物质由于未完全燃烧所造成的热损失。其产生原因主要是燃用液体燃料时雾化质量不好，或燃烧区局部温度过低。

（3）散热损失 Q_h　指燃烧室与外界进行换热所损失掉的热量。通常，这部分损失很小。

综上，燃烧室总的热损失即为以上各项损失之和，即 $\Sigma Q = Q_c + Q_m + Q_h$。

4.4.2 熄火极限

熄火极限是表示燃烧室工作稳定性范围的指标。在燃烧室中，燃料和空气必须连续燃烧。当燃烧室中的火焰熄灭时称作熄火或吹熄。燃烧室中空气流量和燃料流量的配比关系随工作条件而发生变化，一般用过量空气系数或燃料空气比来表示该比例关系，可分别表示为 $\alpha_\Sigma = G_a/G_f \cdot L_0$ 和 $f = G_f/G_a$，式中 L_0 为燃料的理论空气需要量。

试验表明，燃烧室中可能存在两种熄火情况，即浓态熄火和稀态熄火。浓态熄火也称富油熄火，是在燃料与空气的混合比浓到一定程度时发生的，该情况下相应的过量空气系数的最小值 α_{min} 叫作富油熄火极限。稀态熄火也称贫油熄火，在燃料与空气比变稀到一定程度时发生，该情况下相应的过量空气系数的最大值 α_{max} 叫作贫油熄火极限。为了防止熄火，燃烧室必须在一个燃空比范围内运行。每一种燃料组分都有其自身的着火范围。知道了熄火极限可决定燃料组分是否具有足够宽广的着火范围来使机组在所有运行点维持燃烧。贫燃极限是在火花或其他点火源下维持发光和燃烧的最低的燃料百分比。富燃极限是维持燃烧的最高的燃料百分比，不同的气体有不同的着火范围。随着燃料热值降低到标准水平以下，点火器和燃烧系统可能需要标准天然气或液体燃料来起动。

对许多燃料来说，贫燃极限对应的当量比在0.5左右，富燃极限在3左右。实际上，在常用的10kPa～5MPa的重要范围中，贫燃极限通常与压力的依赖关系并不强。温度也会增加熄火极限的范围，但是通常其影响比压力的影响小。

燃烧室的燃烧稳定区域是指富油熄火极限与贫油熄火极限之间包含的过量空气系数 α 的区间，如图4-14所示。在气流速度和燃烧室压力相同的条件下，α_{min}越小而 α_{max}越大，亦即燃烧室能在 α 变化比较宽的范围内稳定运行，则称该燃烧室的稳定性越好，否则稳定性就差。

通常，由于燃烧室内的过量空气系数很大，不会发生富油熄火，而仅可能发生贫油熄火，因此，可用 α_{max}一个指标来表示燃烧室的燃烧稳定性。

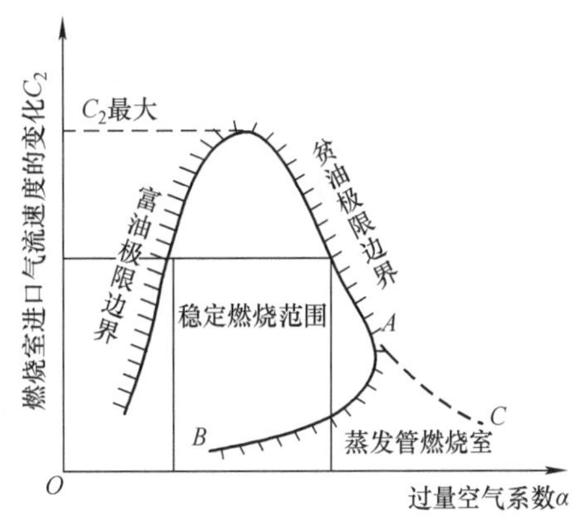

图4-14 燃烧室的燃烧稳定区

4.4.3 燃烧室的热强度

燃烧室的热强度指单位时间内，单位容积的燃烧空间或单位面积的燃烧截面积上，通过燃烧过程所能够释放出来的热量。其中，以单位容积计算的燃烧热强度称为容积热强度，以单位截面积计算的燃烧热强度称为面积热强度，二者分别用符号 Q_V［单位为 W/m^3 或 $J/(m^3 \cdot s)$］和 Q_A［单位为 W/m^2 或 $J/(m^2 \cdot s)$］表示如下：

$$Q_V = \frac{G_f H_u \eta_B}{V_B} \tag{4-1}$$

$$Q_A = \frac{G_f H_u \eta_B}{A_B} \tag{4-2}$$

式中，G_f 为单位时间内供给燃烧室的燃料质量流量（kg/s）；V_B 为燃烧室火焰筒的体积（m^3）；A_B 为燃烧室火焰筒的最大横截面积（m^3）。

试验表明，结构相同的燃烧室，其热强度与工作压力成正比，因而采用如上的定义有时不能确切地反映燃烧室的紧凑程度。因为，如果有一个结构尺寸较大而工作压力较高的燃烧室，其热强度可能比一个结构紧凑而工作压力较低的燃烧室还高。基于此，可考虑采用与工作压力无关的所谓比容积热强度及比面积热强度作为衡量燃烧室结构紧凑性的指标，分别用符号 $\dot{Q}_V$［单位为 $W/(m \cdot N)$ 或 $J/(m \cdot s \cdot N)$］和 $\dot{Q}_A$［单位为 W/N 或 $J/(s \cdot N)$］表示如下：

$$\dot{Q}_V = \frac{Q_V}{p_2^*} \tag{4-3}$$

$$\dot{Q}_A = \frac{Q_A}{p_2^*} \tag{4-4}$$

式中，p_2 为燃烧室进口滞止压力（MPa）。

通常，航空燃气轮机燃烧室的比容积热强度高，其 $\dot{Q}_V$ 值可达800W/(m·N)以上，而地面用燃气轮机对燃烧室的紧凑性要求较低，燃烧室尺寸大，热强度低，$\dot{Q}_V$ 值约为 80 ~ 300W/(m·N)。

4.4.4 流动损失（压力损失）

由于摩擦等各种气体动力学因素的存在，燃烧室中不可避免地存在着气流的流动损失。当燃烧室中压力损失每增加 1% 时，会使整个机组的效率下降 2% 左右，因此应尽量减少燃烧室中的流动损失。

在燃烧室的设计中，要求使燃烧室中的压降 Δp_B 最小，该压降一方面来源于将空气推压流过燃烧室的冷流动压力损失 Δp_{cold}，另一方面来自于向高速气流添加的热量引起的热阻损失 Δp_{hot}：

$$\Delta p_B = \Delta p_{cold} + \Delta p_{hot} \tag{4-5}$$

冷流动损失表示扩压器和火焰筒的压力损失和，从机组总体性能的角度看，扩压器压降和火焰筒压降没有差别，但是从燃烧的观点看，它们是有差别的。原因是扩压器的压力损失完全被浪费掉了，而沿火焰筒壁面的压降的出现与湍流相关，湍流无论对燃烧和混合都十分有益。因而，一个理想的燃烧室应该是火焰筒的压差代表了整个的冷流动损失，而在扩压段中的压力损失为零。在现代燃气轮机燃烧室中冷压力损失占燃烧室进口压力的 2.5% ~5%。

燃烧室由于加热而引起的总压损失称作热阻损失。对流动的气流加入热量时所产生的基本压力损失由式（4-6）描述。由于燃烧室进口和出口温度相差很大，因此，大的温差会带来总压的损失。

$$\Delta p_{hot} = 0.5\rho_2 u_2^2 \left(\frac{T_3}{T_2} - 1\right) \tag{4-6}$$

式中，ρ_2、u_2、T_2 分别为燃烧室进口的气流密度、速度和温度；T_3 为燃烧室出口温度。燃烧室内的压力损失 Δp_B 可以用压力损失系数或压力保持系数来描述，具体见 2.6 节内容。

4.4.5 出口温度场

在许多燃气轮机中，燃烧室的出口距离透平的进口十分接近，而燃料在燃烧室中总是先与一次空气混合产生高温燃气，然后再与二次空气混合以使其温度降低到 T_3 的水平。如果高温燃气未能被二次空气均匀地掺冷和混合，在燃烧室出口处燃气的温度就会很不均匀，有些区域温度高，有些区域温度低。这样就有可能使其下游的透平叶片受热不均，产生较大的热应力使叶片毁坏，甚至直接烧毁叶片。因此，必须要求燃烧室出口处燃气的温度场均匀。

向透平进口提供均匀而一致的温度分布是燃烧室设计和发展中最重要的一个问题，也是最困难的一个问题。燃烧室的温度分布由气流进入到燃烧室的那一刻就已经开始决定了，当气体通过燃烧室时，其温度和组分在不同燃烧过程、换热和混合过程的影响下快速变化，比如，它受到燃烧室的几何尺寸、形体特性、火焰筒的压降、火焰筒孔洞的尺寸、燃烧室不同区域的温度分布、进入到稀释区的热燃气的温度分布等一系列因素的影响。对任何给定的燃烧室来说，温度分布主要受燃料喷注特性的影响，比如对液体燃料受到液滴尺寸、雾化角和喷雾穿透深度的影响，这些因素决定了燃烧的形式，进而影响着主燃烧区形成的燃气温度分布。而燃料的喷注特性受到压力的影响，因此，燃烧室温度的均匀程度也受到压力的影响，但影响程度对每个燃烧室都不相同，它取决于燃烧室的几何设计，尤其是长度。

燃烧室出口温度分布是影响机组出力和燃烧室下游热端部件使用寿命的重要参数。第2章已论述，就机组性能来说，燃气轮机最重要的温度是透平进口的燃气温度 T_3，其定义是一个火焰筒的出口上所有温度值的质量加权平均。由于喷嘴导叶相对于燃烧室出口是固定的，因此它们在设计上必须能承受整个温度场出现的最高温度。鉴于此，设计喷嘴导叶最重要的参照参数是出口温度的最大不均匀度或不均匀系数，该系数可反映出这一最高温度。最大不均匀度 θ（pattern factor）有时也称作出口温度分布系数（OTDF），定义为燃烧室出口（透平进口）截面内的最高燃气总温度和燃气平均总温度的差与燃烧室温升的比值：

$$\theta \text{ 或 OTDF} = \frac{T_{\max} - T_3}{T_3 - T_2} \tag{4-7}$$

式中，$T_{\max}$为燃烧室出口最高温度（K）；T_2 为燃烧室进口空气温度（K）；T_3 为燃烧室出口平均温度（K）。透平进口的温度分布均匀程度对机组的出力和透平热端部件的使用寿命有重要影响，OTDF 是表征透平进口温度不均匀量的一个指标，是最重要的温度分布参数指标。机组负荷发生变化时，该系数值也会发生变化，因而该指标的值需在机组负荷最大、透平进口平均温度最高时确定。

不均匀系数定义为

$$\delta = \frac{T_{\max} - T_3}{T_3} \tag{4-8}$$

图 4-15 所示为某分管型燃烧室一个火焰筒出口温度场的试验结果，图中共给出了沿叶高 7 个不同半径上的平均温度（实线）和该半径上的最高温度（虚线）值。图 4-15 中，若燃烧室进口平均温度为539℃，出口平均温度为1304℃，出口的最高温度为1485℃，则可计算得到该燃烧室的最大不均匀度 $\theta = (1485 - 1304)/(1304 - 539) = 23.66\%$，不均匀系数为 13.88%。

一般要求 θ 和 δ 的值不超过 10%。出口最高温度与平均温度偏差小于 80℃（甚至小于 60℃），多个燃烧室的机组，希望各燃烧室的平均温差小于 20℃（甚至小于 15℃）。

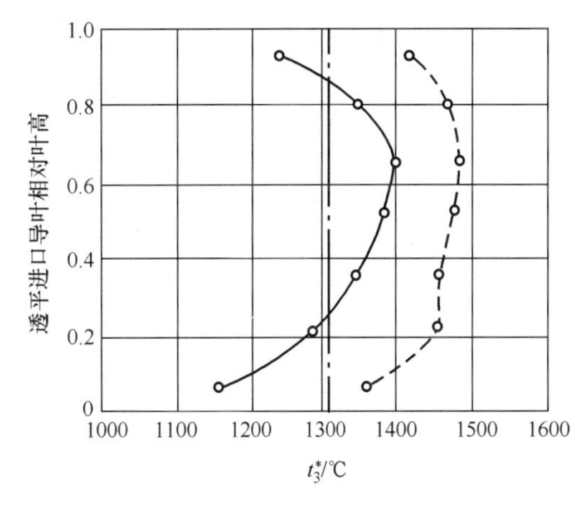

图 4-15　某分管型燃烧室一个火焰筒出口温度场的试验结果

此外，对透平叶片来说最重要的温度是平均的径向分布温度，该参数可通过将火焰筒每一个半径处的温度相加然后除以该半径上的温度点的数目获得，即计算每一半径温度的代数平均值。该参数用于描述径向温度的分布，称作径向温度分布系数（RTDF），简称为径向分布系数，也称作径向不均匀度 θ_r（profile factor），其定义为燃烧室出口（透平进口）截面同一半径上各点沿周向取算术平均值后求得的最高平均径向温度和出口平均温度的差与燃烧室温升的比值：

$$\theta_r \text{ 或 RTDF} = \frac{T_{mr} - T_3}{T_3 - T_2} \tag{4-9}$$

式中，T_{mr}为最高周向平均温度；T_2 为燃烧室进口空气温度；T_3 为燃烧室平均出口温度。

θ_r 是表征透平进口温度不均匀量的另一个指标，也是最重要的温度分布参数指标，影响机组出力和透平热端部件使用寿命。图 4-16 所示的温度分布曲线是采用气膜冷却后燃烧室出口的典型的温度分布情况，通常，透平叶片在径向上叶尖与叶根处温度应低些，距叶尖 1/3 处温度高。这种温度分布对于叶片的工作是有好处的，原因是叶片离心力由叶片根部传到轮盘上，叶片根部受力大，要求温度低些；而叶尖薄，强度、刚度差，也要求温度低些。

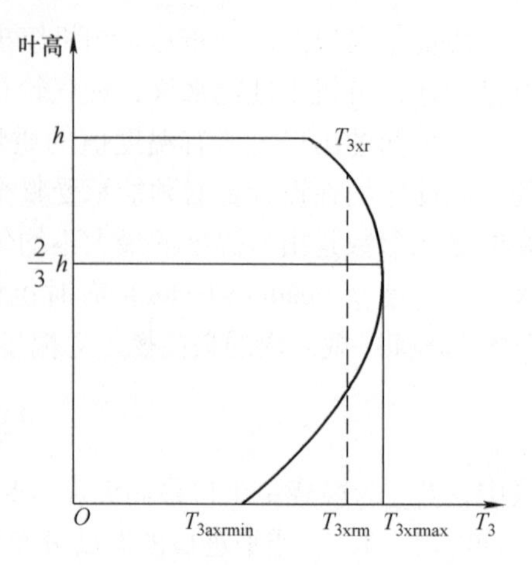

图 4-16　典型燃烧室沿叶高温度分布示例

4.4.6　火焰筒壁面温度

火焰筒壁面温度的高低及其均匀程度对燃烧室的工作寿命具有决定性的影响。

一般规定，火焰筒的壁面温度应低于金属材料长期工作所能承受的温度水平。对于工作寿命要求较长的燃烧室来说，希望能把火焰筒的最高壁温控制在 650 ~ 700℃，但在工作寿命较短的燃烧室中，其最高壁温则有可能超过 800℃（甚至超过 850℃），局部有可能达到 900℃左右。

火焰筒壁面温度分布的均匀程度也是一个重要的指标，因为局部温度梯度是导致热应力的主要原因，特别是在受冷、热气流冲击和接缝、边缘等传热条件不均匀的部位，容易产生金属温度的差异，必须在调试时严密注意和控制。显然，减少金属壁面温度的差异对于防止火焰筒发生翘曲变形或开裂是有好处的。不过此指标尚无明确的数值规定。

4.4.7　点火特性

燃烧室应能保证在机组起动时，在规定的进口空气参数 p_2、T_2 和流量 G 条件下，借助于点火系统能快速而且可靠地点燃由主喷嘴喷射出来的燃料，并在点火系统关闭后能自动维持连续的燃烧过程。在机组起动后的升速和加负荷过程中，不发生熄火、超温和火焰过长等现象。

在较低的燃烧室进口温度 T_2，较高的进口空气流量 G 条件下能顺利点火的燃烧室，其起动点火性能就好。当然，燃烧室的点火性能与采用的点火系统的形式和点火能量密度也有关系。

在装有多个火焰筒的分管型或环管型燃烧室中，各火焰筒之间装有联焰管，而只有少数火焰筒上装有点火器。装有点火器的火焰筒点火后，通过联焰管的传焰作用，使其他火焰筒依次点燃。

固定机组的点火特性不存在问题，航空发动机燃烧室的点火特性有特殊要求，要能在 ±50℃范围内实现良好的地面起动。燃烧室在高空若发生熄火要能够再点火，以保证安全，要求点火系统能在 8 ~ 12km 高度实现可靠点火。提高点火高度，也是目前航空发动机研究领域的重要课题之一。

4.4.8 污染物排放

燃烧过程所产生的污染物排放对人类健康和大气环境有很大影响，因而得到了广泛关注。过去的几十年中，无论在燃气轮机排放的控制规定还是在满足这些要求的技术上都有了显著的变化。在这一时期，人类文明的提升对燃料的消耗达到了另一个高度。航空运输被认为是世界上用能增长最快的行业。同时，固定式燃气轮机在油气行业作为原动机的地位也被牢牢确定，在联合循环和许多能源动力领域的应用也更加广泛。所有这些都对降低燃烧过程的各种污染物排放提出了严峻的挑战。

燃气轮机的燃料基本上是含有一定杂质的碳氢化合物，其排放由一氧化碳（CO）、二氧化碳（CO_2）、水蒸气（H_2O）、未燃碳氢化合物（UHC）、固体颗粒（主要是碳）、氮氧化物（NO_x）构成。通常，CO_2 和 H_2O 不认为是污染物，因为它们是碳氢燃料完全燃烧的产物。但是，它们对全球变暖有重大影响，而它们的排放仅可通过燃烧更少的碳氢燃料来降低。

表 4-1 给出了燃气轮机的主要污染物。其中，一氧化碳可降低人体血液对氧的吸附能力，当含量达到一定程度时会造成人休克甚至死亡。未燃碳氢化合物不仅有毒，而且和氮氧化物结合会形成光化学雾。固体颗粒常常被称作烟灰或粉尘，会造成可见排放，使得空气污浊。通常，固体颗粒的排放不认为是有毒的，但是微尺度的小颗粒浓度对 PM2.5 含量有重要影响。此外，一些烟灰中还含有钡等重金属。氮氧化物（$NO + NO_2$）在高排放条件下主要由 NO 构成，它不仅对光化学雾的产生有影响，而且会造成植物寿命的降低及臭氧层的破坏，其反应方程为 $NO + O_3 = NO_2 + O_2$，$NO_2 + O = NO + O_2$，臭氧层的破坏会增加太阳的紫外线穿透，导致患皮肤癌的概率增加。

表 4-1 燃气轮机的主要污染物

污染物	影响
一氧化碳（CO）	有毒
未燃碳氢化合物（UHC）	有毒
固体颗粒（C）	可见
氮氧化物（NO_x）	有毒、化学雾、破坏平流层的臭氧层
硫化物	有毒、腐蚀

对燃用液体燃料的固定机组来说，另一个污染物的来源是硫的氧化物 SO_x，主要包括 SO_2 和 SO_3，在含硫的燃料与氧气发生燃烧反应时会出现。硫的氧化物是有毒的并可导致酸雨的产生，由于燃料中的所有硫都会被转化为 SO_x，因此在燃烧前需要去除燃料中的硫。

目前，在对燃气轮机的污染物排放上，主要致力于 NO_x 排放问题的解决。NO_x 的生成有三种主要的途径，即热力型 NO_x、即时型（也称快速型）NO_x 和燃料固定型 NO_x（FBN）。其中，FBN 仅受燃料中所包含的氮的多少影响。即时型 NO_x 的生成由一系列复杂的反应所控制，且在特定的燃烧环境下生成，例如低温、很短驻留时间的富燃料条件。即时型 NO_x 占排放中总的氮氧化物的比例很小，随着总的氮氧化物排放比例的增大，即时型 NO_x 的重要性也会逐渐增大。热力型 NO_x 是氮氧化物的主要来源，它由 Zeldovich 所描述的氮和氧之间的反应生成，该反应发生在 1700K 以上且反应速度随温度呈指数增长。

图 4-17 所示为 NO_x 和 CO 的生成量随火焰温度的变化关系。随着当量比（温度）的增加 NO_x 的生成量增加，随着当量比（温度）的降低 CO 的生成量增加，该图表明燃烧室应控制在一个最优的当量比（温度）区间之内。地面发电用燃气轮机的燃烧污染物浓度通常要求限制在 0.03‰（甚至是 0.025‰）以下，目前已进入到个位数（百万分之）排放的时代，未来希望达到近零排放。

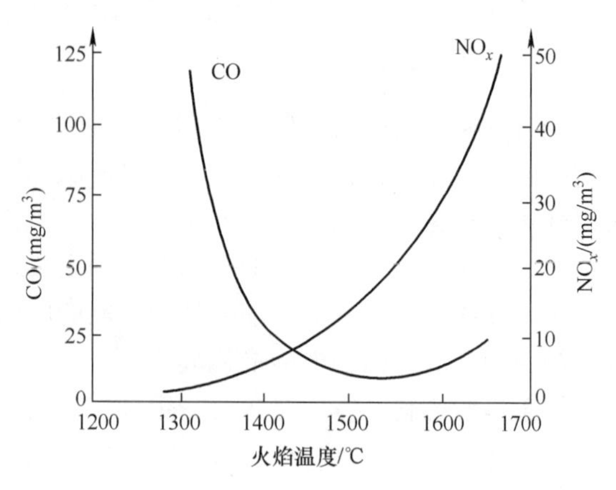

图 4-17　NO_x 和 CO 生成量随火焰温度的变化关系

4.4.9　寿命和使用维护性

燃烧室是燃气轮机中的高温易损部件，其大修寿命要比其他部件更短。这就对燃烧室提出了两方面的要求，一是在其寿命周期内能保证安全可靠地运行，二是在大修或临时检修中要便于操作，即具有良好的使用维护性。

燃烧室的使用寿命在很大程度上取决于火焰筒等热部件的工作状态以及冷却结构和冷却效果。燃烧室中高温部件的过热、变形、开裂和烧毁，是导致燃烧室翻修和报废的主要原因。燃烧室的整体使用寿命因燃气轮机机组类型和使用特点的不同而有很大的差异，而燃烧热强度的高低是决定使用寿命的主要因素。军用的涡轮喷气发动机的燃烧室第一次大修周期约为几百小时以上，而整体使用寿命由先前的不超过 800h 已发展到目前的上万小时。重型燃气轮机机组的燃烧室由于燃烧热强度低，使用寿命已能够超过 20000h（甚至是 30000h），燃用天然气时大修周期为 8000h。

4.5　碳氢燃料的燃烧

在燃烧室中广泛使用的燃料是碳氢燃料，例如航空发动机中使用的煤油和固定燃机机组中广泛使用的天然气都是碳氢燃料。碳氢燃料在大气条件下不会自发燃烧，因而为了使燃料燃烧，必须将燃料加热到足够高的温度使其分解为燃烧学中的所谓基元，用于产生这些基元所输入的能量称作活化能。这些基元在常压常温下不稳定，当没有氧气时会回到其最初稳定的碳氢组合状态。但是，这些基元对氧气有很强的亲和力，很容易形成二氧化碳和水并放出热量。

C 氧化为 CO 相对于 CO 向 CO_2 的反应要快一些，OH 基和 CO 之间的反应也相对较快，因此通常认为碳氢燃料燃烧反应生成 CO_2 主要是由于 CO 和 OH 基之间的反应。在这种简化反应中，OH 基释放一个 O 与 CO 反应生成 CO_2。

碳氢比大的重质燃料，从 CO 转化为 CO_2 需要更长的时间。燃烧时间是燃烧室设计中的一个重要参数，也被称作停留时间或驻留时间，代表燃料燃烧或在主燃烧区花费的时间。如果需要的停留时间长，则燃烧室的体积就应该相应地增大。

4.5.1　当量比和余气系数

燃烧现象的本质是燃料和氧化剂的化学反应过程，一定量的燃料完全燃烧所需要的理论空气量按照相应的化学平衡反应方程式来确定，式（4-10）给出了甲烷（CH_4）和 O_2 反应的化学反应方程：

$$CH_4+2O_2 \rightarrow (CO+OH+CH_3) \rightarrow CO_2+2H_2O \tag{4-10}$$

该式表示 1mol CH_4 与 2mol O_2 反应生成 1mol 的 CO_2 和 2mol 的 H_2O。

空气主要由 O_2 和 N_2 构成（约 1∶3.76），CO_2 和 Ar 的量与 O_2 和 N_2 相比很少，可以忽略。1mol 碳氢燃料可由其碳氢比来表示，因此当量的燃烧方程可表示为

$$C_mH_n+s(O_2+3.76N_2)=mCO_2+\frac{n}{2}H_2O+3.76sN_2 \tag{4-11}$$

式中，s 为完成燃烧需要的空气的物质的量，对式（4-11）来说，要完成燃烧，每摩尔燃料所需要的 O_2 的物质的量是 $s=m+n/4$，m 和 n 为式（4-11）中的系数。

化学计量的燃料空气质量比 f_{Sto} 由下式给出：

$$f_{Sto}=\frac{12.01m+1.008n}{s(32+3.76\times 28.013)} \tag{4-12}$$

式中，数值 12.01、1.008、32 和 28.013 分别为 C、H、O_2 和 N_2 的相对分子质量。因此，化学计量的燃料空气质量比为

$$f_{Sto}=\frac{12.01m+1.008n}{137.33(m+n/4)} \tag{4-13}$$

化学计量的燃料空气质量比 f_{Sto} 的倒数，即化学计量的空气燃料质量比（kg/kg），也称作理论空气需要量 L_0。当燃烧甲烷（CH_4，$m=1$，$n=4$）时，f_{Sto} 约为 0.058，因此燃烧 1kg 甲烷需要的空气量 L_0 为 17.12kg。当燃烧煤油 $C_{12}H_{24}$ 时，化学计量的燃料空气质量比为 0.068，燃烧 1kg 煤油需要 14.71kg 的空气。

目前，干式低排放（DLN）燃烧室以预混的方式在燃料空气化学计量比以下运行，通常采用当量比来衡量燃料与空气的配比关系，当量比是预混气体的关键参数：

$$\phi=\frac{f}{f_{Sto}} \tag{4-14}$$

式中，f 为实际燃料空气比。

对于富燃料燃烧，$\phi>1$（燃料剩余）；而贫燃料燃烧时，$\phi<1$（氧化剂剩余）。表 4-2 给出了燃气轮机常用燃料的 s 典型值以及化学计量的混合物所对应的燃料质量分数。

表 4-2　一些气体燃料的 s 典型值以及空气为氧化剂的当量燃烧（$\phi=1$）对应的化学计量燃料空气比

全局反应	s	f_{Sto}
$CH_4+2(O_2+3.76N_2)\rightarrow CO_2+2H_2O+7.52N_2$	2.00	0.058
$C_3H_8+5(O_2+3.76N_2)\rightarrow 3CO_2+4H_2O+18.8N_2$	5.0	0.064
$2C_8H_{18}+25(O_2+3.76N_2)\rightarrow 16CO_2+18H_2O+94N_2$	12.5	0.066
$2H_2+(O_2+3.76N_2)\rightarrow 2H_2O+3.76N_2$	0.5	0.029

除了当量比 ϕ 外，有时也可使用余气系数（或称过量空气系数）来对不同燃料的燃料空气配比关系进行比较：

$$\alpha = \frac{f_{Sto}}{f} \tag{4-15}$$

采用余气系数表示时，贫燃料对应的 α 大于 1，富燃料对应的 α 小于 1。燃烧室进口所对应的总的 α 值通常很大。

4.5.2 完全燃烧产物的组成成分和热力性质

1. 液体燃料完全燃烧产物的组分成分

液体燃料由 C、H、O、N、S 及灰分和水分构成，通常以其构成元素的质量分数表征。单位质量液体燃料完全燃烧产物的总体积（单位为 m^3/kg）为

$$\sum V = V_{CO_2} + V_{H_2O} + V_{SO_2} + V_{O_2} + V_{N_2} \tag{4-16}$$

式中，$V_{CO_2} = 1.86C\%$（m^3/kg）；

$V_{H_2O} = \left(11.2H\% + \frac{H_2O\%}{0.805} + \frac{\alpha_\Sigma L_0' w}{0.805}\right)$（$m^3/kg$），其中，$w$ 为 $1m^3$ 空气中水的质量；

$V_{SO_2} = 0.698S\%$（m^3/kg）；

$V_{O_2} = 0.21(\alpha_\Sigma - 1)L_0'$（$m^3/kg$）；

$V_{N_2} = \left(0.79\alpha_\Sigma L_0' + \frac{N\%}{1.251}\right)$（$m^3/kg$）；

式中，L_0' 为单位质量燃料燃烧所需要的空气体积（m^3/kg）；α_Σ 为总的过量空气系数；% 表示各元素的质量百分数。

2. 气体燃料完全燃烧产物的组分成分

气体燃料由不同配比关系的各种烷烃、烯烃（C_mH_n）、CO、CO_2、H_2 等构成，其燃料构成通常以各组成气体的摩尔分数或体积分数来表征。单位体积的气体燃料完全燃烧产物总体积（单位为 m^3/m^3）同样由式（4-16）确定，其中各组分计算为：

$$V_{CO_2} = CO\% + mC_mH_n\%\,(m^3/m^3)$$

$$V_{H_2O} = \left(H_2\% + H_2S\% + \frac{n}{2}C_mH_n + H_2O\% + \frac{\alpha_\Sigma L_0' w}{0.805}\right)$$

$$V_{SO_2} = SO\% + H_2S\%\,(m^3/m^3)$$

$$V_{O_2} = 0.21(\alpha_\Sigma - 1)L_0'\,(m^3/m^3)$$

$$V_{N_2} = (0.79\alpha_\Sigma L_0' + N_2\%)\,(m^3/m^3)$$

式中，% 为各组成气体的摩尔分数或体积分数。

3. 完全燃烧产物的热力性质

完全燃烧产物的热力性质需根据燃气的组分含量由气体分压定律获得，不同单一气体的热力性质可由热力性质表获得，见第 2 章的表 2-1 和式（2-51）。

4.5.3 燃料的发热量

燃料的发热量一般由实验测定，在一个密闭容器中，通入氧气使燃料完全燃烧，然后把生成物的温度降到燃烧前的温度，整个过程放出的热量称为高发热量（HHV）或高位热值。此时，发热量的计算包含了水蒸气凝结成水的潜热。实际的燃烧室中，水不会凝结放出热

量，故一般使用低发热量（LHV），即不考虑潜热。工程中如不特别声明，则一般使用低发热量㊀。

注意，LHV 是不可测量的。它只能从燃料的实验室分析中减去汽化潜热来计算。对于 100% 的 CH_4 气体，HHV 与 LHV 之比为 1.109。

4.6　燃烧过程物理化学原理概要

燃烧学涵盖了很多过程和现象，燃烧理论是研究燃烧现象的本质及其内在规律的学科。燃烧是一个极为复杂的过程，它受化学动力学、传热学、传质学、气体动力学等方面的基本规律制约。目前，燃烧理论的发展远落后于燃烧实践的发展，尽管有许多出版的关于燃烧科学和技术的资料，但是它们超出了本书的研究范围。本节仅对与燃气轮机燃烧室有关的基本燃烧现象简单进行定性分析。

燃烧或许可简单地描述成燃料和氧化剂的放热反应。在燃气轮机中，燃料可以是气体燃料或液体燃料，但氧化剂总是空气。燃烧可以采用多种形式，不是所有的燃烧现象都有火焰和发光。应该区分缓燃和爆燃两种重要的机理。本节不讨论爆燃，仅讨论缓燃。

气体燃料的燃烧最简单，但也有“均相预混燃烧”和“均相扩散燃烧”的分别。液体燃料的燃烧可分为两种，一种是挥发性好、易于汽化的燃料，这些燃料的燃烧总是先预先蒸发成蒸气，然后与氧化剂混合形成混合物，类似于气体的均相预混燃烧；另一类挥发性差、不易汽化的燃料，需利用燃料喷嘴雾化成颗粒很细的液滴群，类似于“均相扩散燃烧”。

工程上对燃烧的研究主要围绕着火焰的形成、形式、稳定性和强度等特性进行。燃气轮机中的燃烧过程既有湍流预混燃烧，又有湍流扩散燃烧，其中涉及的物理过程包括换热、质量输运、热力学、气体动力学和流体力学。燃烧过程所涉及的化学过程主要指化学反应，燃烧现象是物质之间进行的放热的化学反应，一般的表达式仅表示总的反应效果，实际中间过程非常复杂，有许多步骤和中间产物，只有反应充分时，才仅有 CO_2、H_2O 和 SO_2 等产物。固、液、气等不同的燃料虽都是氧化反应，但有各自不同的特性。

4.6.1　化学反应速度

化学反应速度是指在有限的空间中固定的反应物质，在化学反应过程中，反应物与生成物的浓度 C（单位体积的物质的量，mol/m^3）随时间 t 的变化率［单位为 $mol/(m^3 \cdot s)$］，记为

$$w = \pm\frac{dC}{dt} \tag{4-17}$$

实验与理论研究均表明，化学反应速度 w 与反应物的浓度成正比，如在反应 $A + B \rightarrow M$ 中

$$w = \frac{dC_M}{dt} = KC_A^x C_B^y \tag{4-18}$$

式中，C_A 和 C_B 分别为反应物质 A 和 B 的摩尔浓度；x 和 y 为幂指数，反映了不同物质对速

㊀　例外情况：整体煤气化联合循环发电厂的效率以气化炉原料（煤或石油焦等）的 HHV 为参考。

度的不同影响程度，其值由实验确定；K 为反应速度常数，它与物质的种类和反应温度有如下的关系：

$$K = K_0 \exp\left(\frac{-E}{RT}\right) \tag{4-19}$$

式中，K_0 与反应物质有关，称指前因子，一般认为它与$\sqrt{T}$成正比；R 为摩尔气体常数［J/(mol·K)］；E 为反应的活化能（J/mol），对于一定的物质体系为定值。式（4-19）中的指数项决定了化学反应速度随温度激烈变化的趋势，因而在设计燃烧室时，应确保燃烧区有足够高的温度。此外，研究还表明，压力的大小对化学反应也有影响，通常压力提高，化学反应速度加快。

综上，根据化学反应速度的分析，可以得到以下结论：

1）提高燃烧反应的温度是强化燃烧的最主要的手段。

2）适当增加反应系统的压力对于强化燃烧过程也是有利的。

3）使燃料与助燃剂在燃烧区有适当的浓度（$\alpha=1$ 或 $\phi=1$）也是强化燃烧的必要条件。

4.6.2　气体燃料均相预混燃烧及某些规律

对均相预混气体进行研究主要需要考虑的问题是：①均相预混气体怎样才能着火？②火焰如何在气流中保持稳定不被吹灭？③怎样强化燃烧过程？

可燃混合物混合后在常温下是不会发生着火的，那么如何才能着火？通常，可能发生的着火现象有两种：一种是自燃，另一种是点燃。

所谓自燃指的是系统发生自动着火的现象。反应系统存在着一定程度的放热反应，如果放出的热量与散热平衡，则系统会稳定在该状态。否则，系统温度不断升高，反应速度呈指数规律不断提高。对封闭容器分析表明，当存在一定的内外条件（压力、温度、混合物成分等）时会自燃，开放系统的研究要复杂得多，但可用类似的方法进行分析。

点燃是指体系处于不能自动着火的状态，通过加入外界能量使某个局部着火燃烧，局部着火的发生会使反应速度急剧上升，产生的热量来不及向周围发散而导致当地温度急剧升高，从而使相邻区域也达到了着火条件。

在通常条件下，燃气轮机燃烧室不会发生自燃，而是通过点燃的方式工作。通过点燃发生燃烧的体系中，反应不是在整个空间中同步发生，需要有一个“传播”的过程，该过程通过火焰来完成。

火焰传播的速度与可燃气体的组分、热力状态（p、T）、传输性质（热扩散系数 a）及流动形态有关。层流火焰的传播速度小，火焰平整，传播速度 S_L 在每秒几厘米到几米之间；湍流火焰的传播速度还与湍流扰动的特性有关，火焰前锋有不规则的波浪和皱褶，S_T 在 8～25m/s 之间。

火焰传播速度是指火焰前锋相对于未燃已混气体的移动速度，火焰前锋即未燃气体和已燃气体的分界面，常压下火焰前锋的厚度为 0.01～0.1mm。火焰前锋可分为预热区和反应区两部分，层流火焰的传播速度由热机理和扩散机理所共同决定。在预热区，传播速度受未燃气体的传导辐射换热（即热机理）所控制；在反应区，传播速度受活化分子的扩散机理所控制。目前，由理论方法已可获得层流火焰速度的解析式：

$$S_L = (a/\tau_c)^{1/2} \tag{4-20}$$

式中，a 为热扩散系数（m^2/s）；τ_c 为化学反应时间（s）。层流火焰速度是一个物理化学常数，实践发现，对于任何燃料，当相应的变量一定时，燃烧速度是个常数值。许多碳氢燃料在当量条件和通常的压力和温度条件下，在空气中的燃烧速度接近于一个通用值 0.43m/s。这可能是由于许多复杂的燃烧在进入火焰反应区之前，燃料会分解为甲烷、一个或两个碳原子的碳氢化合物以及氢气，从而导致进入到火焰区域的气体组分实质上与初始的燃料无关。

影响层流火焰速度的主要因素有：

（1）当量比　大多数燃料层流火焰速度的最大值出现在 1.05～1.10 的当量比范围内，氢气和一氧化碳层流火焰速度在当量比为 2 左右时达到最大值。

（2）初始温度　温度高，火焰速度快，可由经验公式确定，例如对于甲烷有

$$S_L = 0.08 + 1.6 \times 10^{-6} T_0^{2.11} \tag{4-21}$$

（3）压力　压力对火焰传播速度的影响与反应级数有关，对燃气轮机中常用的燃料来说，$S_L \propto p^{-x}$，x 为 0.1～0.5，影响较小。

与层流火焰相比，湍流火焰长度缩短，焰锋变宽，并有明显的噪声，焰锋不再是光滑的表面，而是抖动的粗糙表面，火焰传播快，如图 4-18 所示。

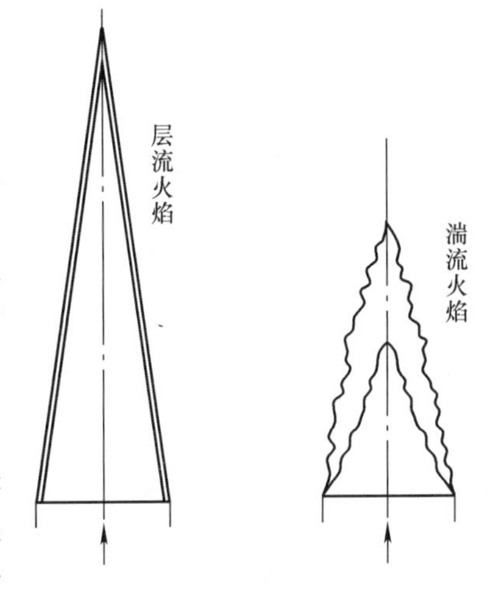

图 4-18　层流火焰与湍流火焰的比较

湍流火焰之所以比层流火焰传播速度快是由于湍流流动使火焰变形，火焰表面积增加，因而增大了反应区；湍流还加速了热量和活性中间产物的传输，使反应速率即燃烧速率增加；最后，湍流还可以加快新鲜空气和可燃气体之间的混合，缩短混合时间，提高燃烧速度。

湍流火焰传播理论正是基于以上的观点发展起来的，相关的理论主要有两种，一种是由邓克尔和谢尔金发展起来的皱折表面理论，认为燃烧化学反应本身的速度很快，燃烧化学反应只在很薄的一层火焰锋面内进行，湍流的作用是使火焰褶皱，面积变大。另一种是萨默菲尔德和谢京科夫的容积燃烧理论，认为燃烧化学反应在火焰中各处都以不同的速度进行着，湍流输运使不同成分的气体在火焰内燃烧并同时进行着掺混，燃烧与掺混造成火焰的传播。

在燃烧室中，除了火焰的传播外，火焰还需稳定驻留在燃烧室中的某个位置，即位置固定且不发生吹熄和回火。吹熄是指火焰从其固定位置吹离燃烧室，当化学反应时间尺度 τ_c 大于燃料在燃烧区的停留时间尺度 τ_R 时会发生吹熄，二者比值称为达姆科勒（Damköhler）数：

$$Da = \frac{\tau_R}{\tau_c}$$

通常，燃烧室存在以下情况时可能发生吹熄：

1）贫燃料条件运行时（高 τ_c），称为贫燃料吹熄（LBO）。

2）燃用反应活性低的燃料（高 τ_c）。

3）燃烧室中气流速度快（低 τ_R）。

回火是预混燃烧的一个特有问题，发生回火时火焰传播至上游预混通道中。通常，火焰

会固定在湍流火焰速度和局部气体速度彼此平衡的位置。较低的气流速度会增加回火的可能性，而较高的速度会增加吹熄的可能。正如后面将要讨论的，纯 H_2 燃料由于其更高的火焰传播速度，对 DLN 燃烧室的设计提出了重大挑战。

4.6.3 均相扩散燃烧的基本规律

有时候，燃料与氧化剂不是事先混合好的，反应时间 τ 由扩散混合时间 τ_m 与化学反应时间 τ_c 共同决定，即 $\tau=\tau_m+\tau_c$。若 $\tau_m \ll \tau_c$，化学反应速度为决定因素，称动力燃烧，其速度受可燃物的性质、成分、反应温度、压力等动力学因素影响，与气流流动的气动因素无关；若 $\tau_m \gg \tau_c$，反应时间取决于 τ_m，称扩散燃烧，燃烧过程取决于气动因素，如速度、浓度分布等。

对于扩散燃烧，存在两种可能的火焰形状，如图 4-19 所示。第一种情况是当空气量充足时（$\alpha>1$），会形成向管中心汇集的火焰面 A；第二种情况是当空气量不充足（$\alpha<1$）时，火焰向外管壁面扩展，形成火焰面 B。无论是火焰面 A 还是火焰面 B，在火焰锋面上，燃料同空气的配比关系都为 $\alpha=1$。

对于扩散火焰来说，火焰长度 h 与空气或燃料的体积流量 G_V 成正比，与分子扩散系数 D 成反比，即

$$h \propto \frac{G_V}{D} \tag{4-22}$$

从式（4-22）可以看出，当体积流量一定时，无论管径大小，火焰长度相同，因而燃气轮机燃烧室通常采用多个燃烧器的方案。

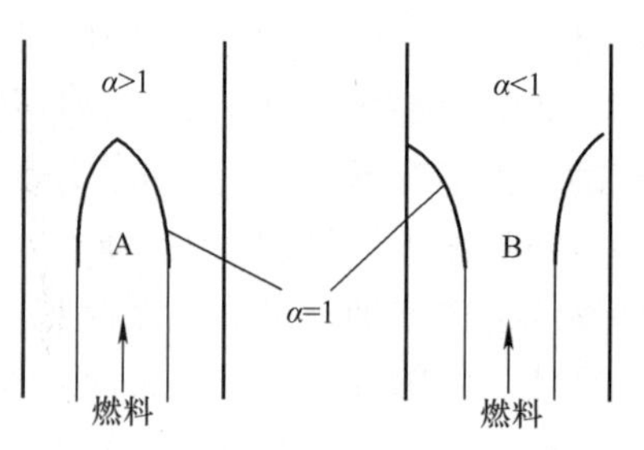

图 4-19 扩散燃烧两种可能的火焰形状

4.6.4 液体燃料燃烧现象的基本规律

液体燃料是由不同沸点的碳氢化合物掺混组成的液体混合物。液体燃料的燃烧通常包含蒸发、扩散混合以及化学反应几个过程。由燃料喷嘴高速喷出的液体燃料在进行燃烧反应前会经历两个阶段，即动力段和静力段。起始时燃料的喷出速度很高，与气流之间有一定的相对运动，该阶段为动力段。在液体燃料颗粒群向前运动的过程中，由于摩擦效应，液滴逐渐被气流阻滞，并随气流移动而运动，相对速度为零，该阶段为静力段。动力段是液体燃料的加热升温过程，在静力段发生燃烧化学反应。因此，液体燃料的燃烧可用悬浮于静止介质中油滴的燃烧规律进行研究。

对悬浮于静止介质中油滴的燃烧研究表明，在油滴表面会产生球面火焰，反应的高温使油滴蒸发，所产生的蒸气与空气混合，因此其燃烧类似于气体燃料的扩散燃烧。单个油滴的燃烧时间 τ 正比于油滴直径 d_0 的二次方，即 $\tau \propto d_0^2$。

4.7 典型燃烧室中气流的组织

燃烧室燃烧过程从火焰方面看可分为两类：扩散火焰和预混火焰。事实上，火焰的真正含义是火焰前锋，它是几微米的非常狭窄的区域，在该区域中发生燃料与氧化剂之间的化学反应，即燃烧。

在扩散火焰中，燃料和氧化剂通过火焰前锋分隔，其中两者的混合是通过将两者扩散到其所包围的反应区中来进行的。同时，由反应形成的燃烧产物会进入反应物区域。最终，在氧化剂侧燃烧产物的浓度增加，直到燃料完全耗尽。通常，扩散火焰可以是层流的或湍流的，在燃气轮机燃烧室中的燃烧过程始终是湍流燃烧。在实际应用方面，扩散火焰或扩散燃烧的优点在于在较宽的运行范围内，由于火焰前锋接近化学当量燃烧（$\phi=1$），因此，化学反应具有很好的稳定性，由此，反应区中的火焰温度可以接近其理论最大值，而与在反应区下游混合的过量空气无关。通过扩散火焰温度降低来控制 NO_x 的唯一方法是将稀释剂（即水或蒸汽）注入反应区。该方法存在性能下降、需要耗水以及可操作性差等一些问题。唯一可以替代的方法是使用选择性催化还原（SCR）方法，在燃烧后对排气进行处理。

预混火焰是干式低排放（DLN）技术的实现方式。干式是指不存在水或蒸汽作为稀释剂，因为在 DLN 燃烧室中，这种作用是由燃烧空气中所包含的氮气来实现的。在 DLN 燃烧室中，在贫燃料条件下（$\phi=0.5$），燃料在反应区上游与空气混合，以防止过高的火焰温度产生热力 NO_x。预混火焰最重要的不足是，其稳定的工作范围通常需要由扩散值班火焰来拓展，否则会在较低的当量比下发生熄火，从而很难在低负荷下保持稳定。

由 4.6 节有关燃烧的基本理论可知，在燃烧室中若想燃烧得好，需要满足一些基本的条件，这些条件包括：燃料与空气有合适的浓度关系；燃烧区有较高的温度来维持燃烧过程；保持燃烧区有适当的空气流动条件，以保证氧气的供应和火焰的稳定。要想满足这些基本条件，需要对燃烧室中的气流进行精心组织，以实现燃烧过程和冷却及掺混过程。燃烧过程的组织包括空气流动过程的组织，燃料流动过程的组织，燃烧区可燃混合物的形成、着火与燃烧。除了燃烧过程之外，还需进行混合区二次掺混空气与高温燃气的掺混过程组织，以及火焰筒壁面冷却气流的组织。

4.7.1　燃烧室中燃烧过程的组织

1. 空气分流

燃烧室中工作的气流具有高余气系数和高速的特点，因此，燃烧室中无一例外地采用了扩压器和火焰稳定器，并采取了气流分流的办法将空气分成了一次空气与二次空气。图 4-20 所示为预混火焰和扩散火焰一次空气和二次空气的分配情况。与扩散火焰相比，预混火焰有更多的一次空气通过前部的空气旋流器供入，其目的是形成燃料和空气燃烧的贫燃料条件，从而降低燃烧后的火焰温度峰值，降低 NO_x 的排放。

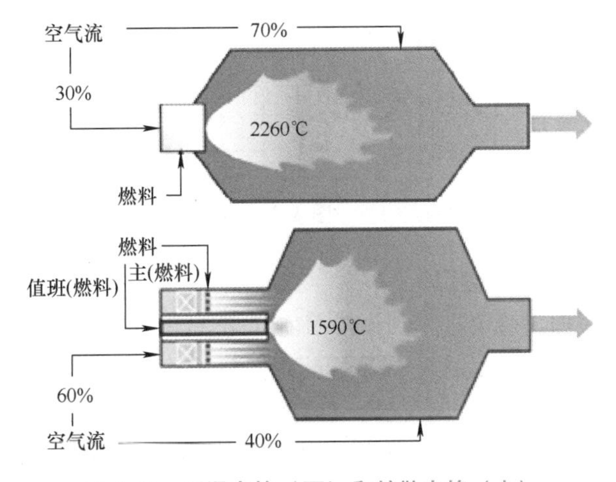

图 4-20　预混火焰（下）和扩散火焰（上）的一次空气与二次空气分流

对于扩散火焰来说，在一次空气的供入方面有两种方式：一是将一次空气全部通过装在火焰筒头部的旋流器送入到燃烧区；二是将一次空气分别通过旋流器和开在火焰筒前端的几排一次射流孔依次供入到燃烧区。经验表明，后一种供气方式可以保证燃烧室具有比前一种供气方式更为宽广的负荷变化范围，也就是说，即使在机组负荷相当低，燃烧室的总过量系数很大时，燃烧性能仍有可能是良好的，这是因为在后一种供气方式中，燃烧室具有所谓的“一次空气自调特性”。

试验表明，在机组负荷降低时，燃料供应量减少，火焰长度一般相应缩短。在后一种供应方式中，由于火焰已缩短，那些位于火焰长度之外的射流孔供入的空气，就不会直接射到燃烧火焰中去，既不参与燃烧，也不会导致火焰区温度下降。这时真正参与燃烧的，实际上只是那些由旋流器以及位于火焰长度范围之内的那几排射流孔供入的部分空气。这就保证了在相同的低工况下，火焰温度要比一次空气全部由旋流器供入的第一种方式高得多。因而，即使在很低的负荷下，燃烧情况仍能良好，这就扩大了燃烧室的负荷变化范围。相反，在高负荷下，火焰将伸长，后几排射流孔供入的空气能直接射入到火焰中去，及时地向火焰补充燃烧所需的氧气，防止发生由于缺氧而引起的燃烧不完全以致火焰过长等现象。这种能够随着火焰长度的伸缩而自动调节直接参与燃烧反应的一次空气量的特性，就称之为“一次空气自调特性”。

图4-21所示为典型的以扩散燃烧方式工作的燃烧室中，气流在各部位的分配情况。由图4-21中可以看出，大约有空气总量20%的空气自燃烧室前端进入，其中约12%自旋流器进入到主燃区，此时的一次过量空气系数为0.3～0.5；总空气量的8%在对前端拱顶（dome）进行冷却后进入主燃烧区，补充旋流器空气与燃料配合的不足。总空气量20%左右的空气通过火焰筒侧面的一次空气射流孔和补燃孔进入到主燃烧区，把在主燃区中由于温度高于2000K发生的离解的燃烧产物重新化合成稳定的产物，将这部分热量重新释放出来。掺混区进入的空气将上游已燃高温气流掺冷、掺匀至合理温度分布。燃气温度在此段明显降低，反应几乎不再进行，同时也不会产生离解，燃气成分趋于稳定。与此同时，这部分空气在流经外壳和火焰筒构成的环形通道时，对火焰筒壁面进行冷却。

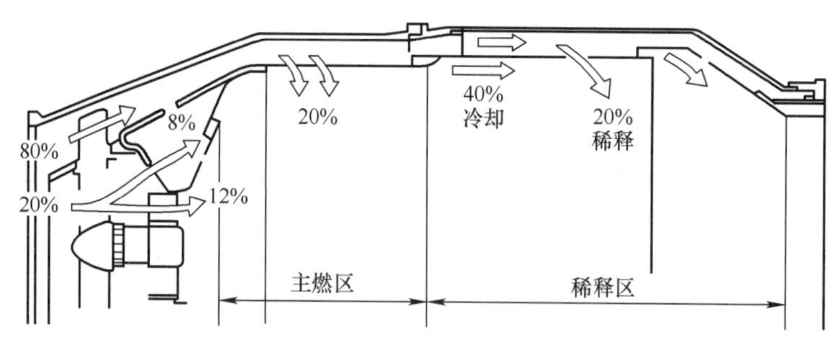

图4-21　典型的扩散燃烧室各部位的气流量分配

2. 火焰稳定

由旋流器进入到火焰筒前部的一次空气（扩散燃烧），或是一次空气与燃料的预混气体（预混燃烧），由于旋流器叶片的导流作用，将会发生旋转运动。当它流入燃烧区时，在离心力的作用下，有很大一部分气流会被甩到火焰筒壁附近，在那里形成一股做强烈螺旋运动的环状气流层。由这股旋转气流层组成的环形空间，称作顺流区，相对扩散燃烧也称为“一次空气的主流区”。

一次空气主流区中气流的主要特点是气流的速度与来流的速度方向相同，气流速度快、温度低，且含氧丰富，其作用是为燃烧区提供新鲜的空气。

当一次空气主流区的气层继续向火焰筒圆柱段前进时，将逐渐向轴线扩展，最后在火焰筒的轴线处重新合并而形成一股向前运动的、同时又绕火焰筒轴线旋转的气流。这股气流由于已经经过剧烈的摩擦和湍流交换，其旋转趋势已变弱，轴向速度也降低且逐渐趋于均匀分布，而气流的静压将逐渐恢复。

由于顺流区旋转气流离心力的作用，会对火焰筒中心部位的气流产生抽吸作用，在火焰筒轴线附近，会产生一个低压区并因而导致其后部的气流回流，形成回流区。由于回流区的作用和喷嘴的射流作用，会在火焰筒的中心区域形成一个很大的环状回流区，这层环流既绕自身轴线，又绕火焰筒轴线旋转。与此同时，在某些燃烧室的前端角点，还会形成角回流区，如图4-22所示。

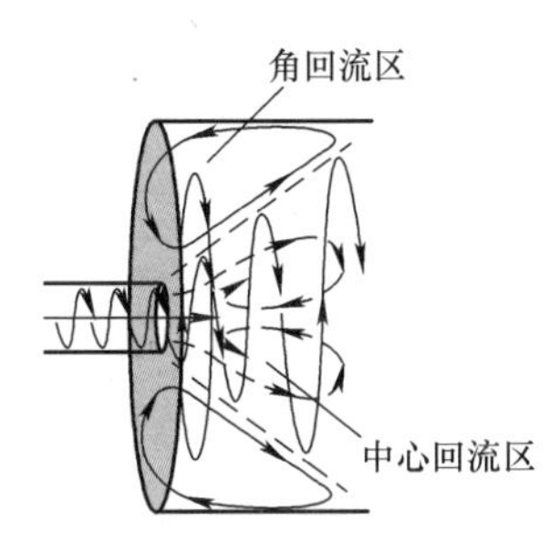

图4-22 中心回流区和角回流区示意

中心回流区内气流的主要特点是气流的速度方向与主流方向相反，气流温度高，主要成分为燃烧产物。这股反向流动的高温燃气能够不断地把热量和活化分子传送给刚由燃料喷嘴和旋流器供来的燃料与空气的混合物，使燃料加热和蒸发，随后燃烧起来。所以，这股反向流动的高温燃气，实际上就是燃烧空间中的一个可靠而稳定的点火源，它能保证燃烧室中只需要一次点火成功后，就可以连续地燃烧下去，这种点火方式称为自续点火方式。此外，由于回流延长了反应物质在火焰筒内的逗留时间，也为燃料的完全燃烧提供了良好的基础。

当反向流动的气层逐渐远离火焰筒的轴线而向顺流区过渡时，如图4-23所示，必然会出现一个轴向速度相当低的顺向流动的区域，该区域称为过渡区。过渡区中由于存在有相当大的速度梯度，因而有强烈的传热和传质的作用。此外，这个局部的低速流动区域为火焰的稳定也提供了条件。一般认为，火焰前锋稳定驻留在过渡区中，如图4-23中a、b两箭头所指实线所示。

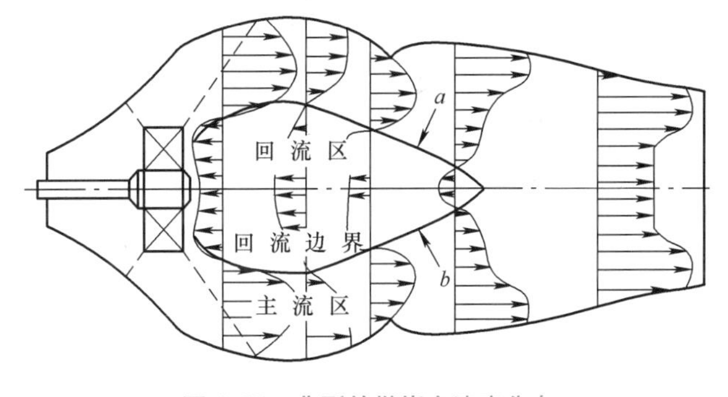

图4-23 典型的燃烧室速度分布

4.7.2 掺混及火焰筒壁面冷却

火焰筒中燃烧区产生的高温燃气随后进入到后部的掺混区与压气机送来的被称为二次空气的其余空气进行掺混，这些空气在流经火焰筒壁面时还可对壁面进行有效的冷却，以保证火焰筒的寿命。掺混的主要目的是使高温燃烧产物的温度达到要求的透平前温，同时，掺混后的气流，其出口温度的均匀程度也应达到要求的范围。

研究表明，影响高温燃气和空气掺混过程的主要因素有：掺混空气量；射流孔结构形式、尺寸布局；高温燃气形成的温度场；外壳与火焰筒环形空间内的流动状况等，这些因素对出口的温度均匀程度有重要影响。

燃烧过程产生的燃气温度有时可达到2300K以上，该温度远高于燃烧室火焰筒制作材料的熔点，因此燃烧室需要保证所有暴露在热燃气中的金属表面能够得到有效的冷却。燃烧室火焰筒壁面冷却的一个很大的挑战是冷却空气本身的温度已经接近 700℃。此外，用于冷却的空气要尽可能少，以便确保有更多的空气可用于一次空气供入，以降低排放。

保护燃烧室火焰筒的有效方法是采用气膜冷却，温度为燃烧室进口温度的空气形成冷却气膜沿火焰筒内壁面流动，通过气膜来阻止火焰筒壁附近高温气体的换热，从而对火焰筒进行保护。气膜冷却用空气由多个冷却孔或冷却环缝进入。常用的气膜冷却结构有波纹型、斑孔型、泼溅环、浮动壁式等类型，其特性和优缺点分别叙述如下。

1. 波纹型冷却环套

在某些燃烧室中，沿着火焰筒的静压降太低，不能提供需要的气膜冷却空气量。此时，必须借助于冷却结构来利用沿着火焰筒的总压降，如图 4-24 所示。采用这种方法后，不管沿火焰筒的静压降如何，总能提供足够的冷却空气量，其基本的缺点是环形腔内的速度变化会使得冷却空气量发生变化，从而影响到冷却性能。

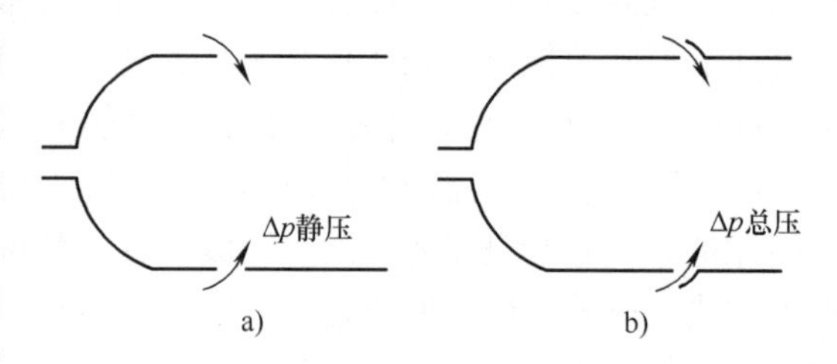

图 4-24　燃烧室火焰筒壁面的气膜冷却

这种结构的火焰筒通常由多段构成，在各段之间有环形间隙。早期的设计每一段相重叠，通过凹槽连接在一起。这种设计方式的火焰筒寿命不长，随后逐渐被褶皱垫片的使用所代替，即波纹环，如图 4-25a 所示。由图 4-25a 可见，它是通过波纹形状的冷却环套点焊在前段火焰筒的外壁和后段火焰筒内壁之间，这样气流经冷却环套和内外壁之间的缝隙流入，从而可利用冷却空气全部的静压头，气膜流量大，但其冷却气膜的气动质量较差是一个缺点。热喷涂试验通常会发现在冷却缝槽下游出现了长的热狭条。波纹环冷却方式的另一个缺点是在看起来相同的火焰筒之间会出现冷却空气量的很大变化，究其原因是波纹环材料厚度的微小差别。事实上即使材料厚度有很小的变化，在正常的加工容许范围内，都可能造成冷却空气流量的显著变化。这种冷却结构可通过控制焊接质量，通过流量监测来检查尺寸精度，使上述不足得以改善。波纹环的冷却结构在美国和英国的很多航空机组中得到了广泛应用。

2. 斑孔型环

斑孔型环也是一种利用总压的冷却结构，其结构简单、工艺性好，但开孔多时强度不好，而开孔少时又会造成周向冷却不均匀，如图 4-25b 所示。尽管与波纹环结构相比，采用这种结构的火焰筒刚度差些，但是它们的尺寸精度更高，冷却气流的流量变化小。

斑孔型环的一个主要问题是环相连的焊接点的质量。通过该点的导热对火焰筒壁面冷却十分重要，焊接填充材料的缺失会导致局部的热点。采用“机加环”可以解决这一问题，这种结构或者由单块的金属或者由一些焊接在一起的环由机加工的方式制成，然后钻孔让环形空间内的冷却空气可以利用总压供入，也可以利用静压供入，或者二者均可。

机加环的优点是对冷却空气量的控制更精确，以及可实现火焰筒机械强度的显著提升，对大尺寸的环型燃烧室这一点尤其重要。

在机加环的冷却方式中，前一个火焰筒板的尾端可形成一个气室，在气室中气流的湍流得到了耗散，各射流孔射出的气流联合形成了一个环形的空气薄层，对火焰筒提供了良好的

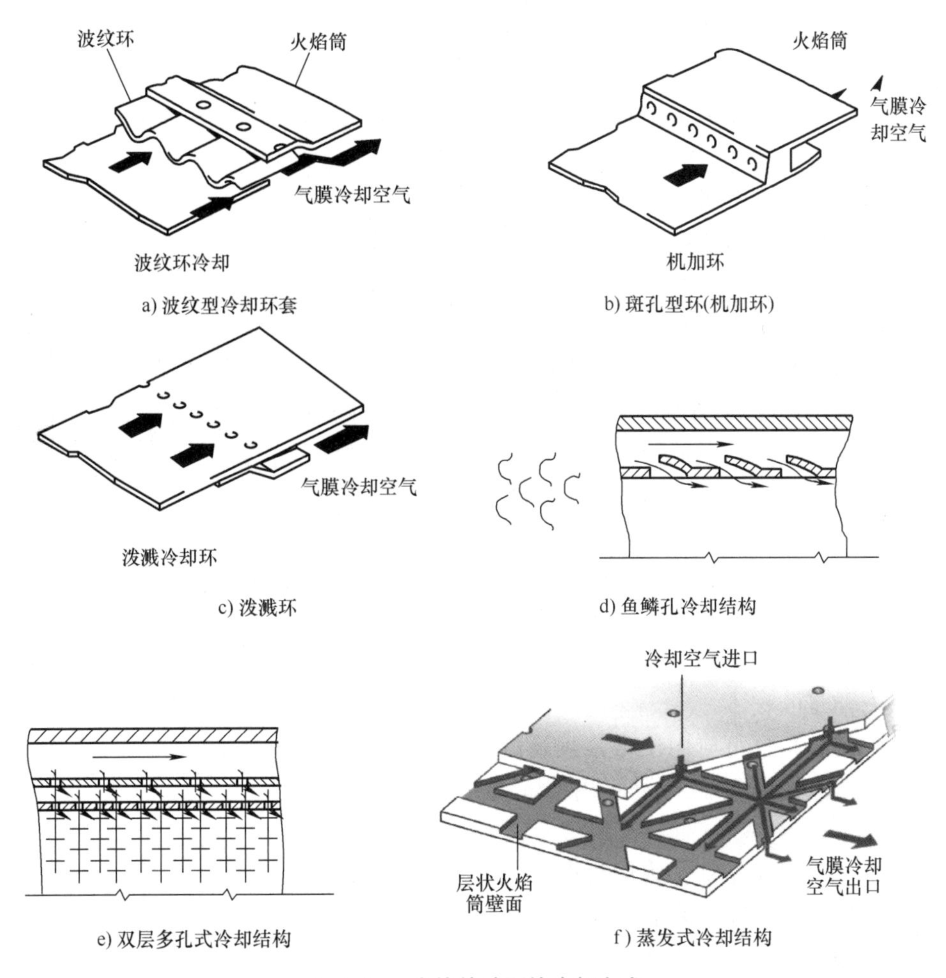

图 4-25　火焰筒壁面的冷却方式

冷却保护。

上述两种方案所产生的冷却气膜长度有限，因此火焰筒需由多节套筒组成，例如 MS6001 机组的火焰筒由 10 多节焊接而成。

3. 泼溅环

泼溅环结构仅能利用沿火焰筒壁面的静压降来进行气膜冷却空气的喷注，如图 4-25c 所示。冷却空气通过环形腔经过壁面的一列小孔进入，利用内部焊接或铆接在壁面上的导流板使空气直接沿着内表面流动。导流板的作用是提供一个空间来使得各单独的空气射流能够合并，在环缝出口形成连续的气膜。通常导流板的空间厚度为缝深度的 4 倍，为 1.5 ~ 3.0mm。

4. 鱼鳞孔式

这种冷却结构在火焰筒壁面上开有交错布置的鱼鳞孔，如图 4-25d 所示。其结构简单、重量轻，但不易加工，尤其是孔槽的高度不易精确控制，在孔槽两边的尖角处应力大。该结构已较少采用。

5. 双层多孔式

在这种冷却结构中，火焰筒的筒壁分为两层，如图 4-25e 所示。由图 4-25e 可见，其外部的孔少，作用主要是控制冷却空气流量；而内层孔多，有利于形成均匀的冷却气膜。该种结构的冷却效果好，且制造容易。

6. 蒸发式

蒸发式的冷却结构如图 4-25f 所示，通过薄板材料形成网状的冷却通道，冷却空气在形成冷却气膜前在火焰筒壁面内部的这些网状冷却通道中流动对其进行冷却。

7. 角喷射冷却（AEC）

在图 4-25c 给出的传统喷射冷却中，冷却孔与火焰筒壁面垂直。研究表明，以更加小的角度钻孔可以获得冷却性能上的一些改进。首先，这使得可用于换热的内部表面积增加，该面积与孔直径的二次方和孔角度的正弦值成反比。若以相对于火焰筒壁面 20°的角度钻孔，所获得内部换热表面积将是垂直钻孔的 3 倍，如图 4-26 所示。其次，以小角度进行的射流的穿透能力小，更能够形成沿着壁面的气膜，该气膜的冷却效率还随着孔的尺寸和角度的降低而改善。

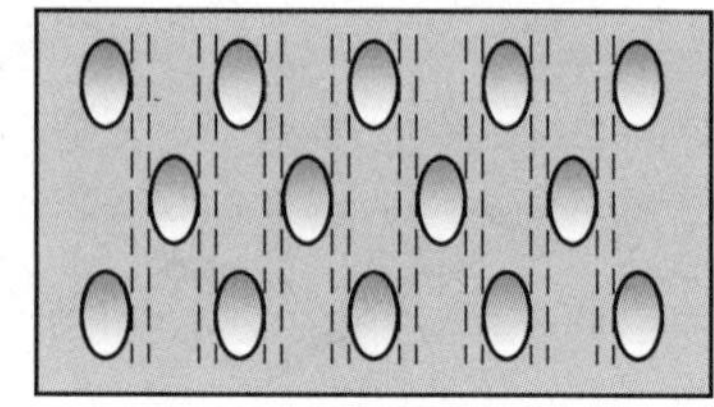

小角度钻孔

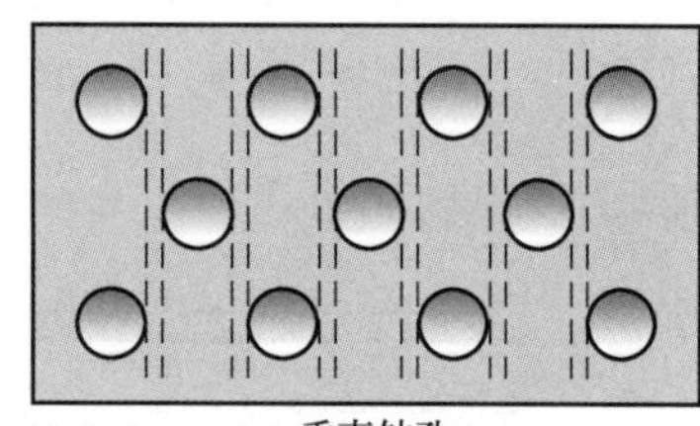

垂直钻孔

图 4-26　垂直孔和小角度孔的比较

小角度钻孔冷却的实现极大地依赖于精度、孔形状的一致性和制作小直径大数目孔的制造经济性。激光钻孔使这种冷却方式成为可能，因而，AEC 成为目前一个可行的经济的冷却技术，是新一代工业和航空燃气轮机不同燃烧室先进冷却技术中最有前景的技术之一。它可局部使用来与其他的壁面冷却形式相结合，也可应用于整个火焰筒。这种冷却方式在 GE 90 燃烧室中得到了大量使用，降低了冷却空气用量 30%。

AEC 方法的缺点是增加了火焰筒重量约 20%，原因是这种冷却方式需要更厚的壁面来获得需要的孔长度并保证变形强度。此外，AEC 的钻孔成本较高，钻孔需要保持一致性并在指定的生产环境中进行。另一个采用 AEC 方法需要关心的问题是维护性和持久性。这些问题需要在积累大量的使用经验后才可获得。

8. 挂片式

对固定式地面机组来说，在燃烧室壁面上还可采用陶瓷挂片。其中，各个挂片附着在一个温度较低的表面上，冷却空气穿过燃烧室壁面的孔后冲击在挂片上，随后在离开挂片前经过挂片基架上的通道进行对流换热。该结构的一个特点是，每一个挂片在设计上都是可拆卸的。

目前，燃烧室中火焰筒壁面的冷却通常为各种冷却结构相结合而形成的复合冷却方式。

4.7.3　燃烧室中燃料场的组织

对于扩散燃烧来说，在组织上述气流流场的基础上，还必须精心组织燃料的分布，目的是在燃烧空间中获得一种最有利的燃料浓度场，使得燃料气与空气的配合合理，混合迅速，形成适宜于高速且稳定燃烧的混合物。

气体燃料采用预混的燃烧方式时，燃料在预混通道内和空气进行混合，形成贫燃料条件进入燃烧室。

燃用液体燃料时，燃料的供给从两个方面采取措施保证需要的特性，既要使液体燃料雾化成很细的颗粒，还要使燃料雾在燃烧空间中有合理的分布。当使用离心式喷油嘴时，燃料滴群在离心力的作用下，首先会在喷嘴附近形成一股中空的锥形燃料流。此后，由于气流旋转的影响，燃料流的中空锥面还会逐渐扩大。这样在燃烧空间中自然形成的燃料浓度的分布是很不均匀的，其中大部分燃料质点将沿该曲面运动，形成一个所谓的燃料矩。在燃料矩的轴面上，燃料的浓度最大，而过量空气系数则最小。但在面的两侧，燃料的浓度迅速下降。

燃料浓度场的这种自然分布与前面讨论的气流分布特性正好是相适应的。因为在旋流器的作用下，新鲜空气大都分布在火焰筒的外侧，中心部位则是一些缺氧的燃烧产物。而离心喷油嘴所造成的中空锥形燃料流，正好能把大部分燃料集中地分配到位于火焰筒外侧的新鲜空气中去，它有利于空气和燃料相互混合。这种分布很不均匀的浓度场对于提高燃烧稳定性也是有好处的。因为，即使在负荷变化很广的情况下，由于燃料浓度场分布不均匀，在燃烧空间中总是可以存在一些燃料与空气的混合比处于可燃范围之内的局部区域，依靠这些局部可燃区域的存在，在低负荷工况下火焰也就有可能得以维持和发展。

气体燃料没有雾化问题，但其喷射角度和浓度场组织原则应与上述相仿，其喷嘴的安排大体上与液体燃料喷油嘴的喷射特性一致。

综上所述，燃料流的组织是通过雾化（仅液体燃料）与喷油嘴的作用，将燃料流合理地喷射到燃烧区内，使其与空气流的分布相适应。

4.8 燃烧室的气动特性

4.8.1 扩压器

扩压器的作用是将压气机出口高速气流的动压转化为静压，否则，会形成较高的总压损失，导致效率显著下降。扩压器应该允许压气机出口气流的高马赫数流动，与此同时，在扩压时应有以下的设计要求：

1）压力损失小：通常，扩压器压力损失应该小于压气机出口总压的2%。

2）长度短：可以使用一些特殊结构，例如环形分流片，以缩短长度。

3）无流动分离（短突扩区除外）。

4）流动均匀：包括周向和径向的均匀性。

5）对压气机出口气流条件的变化不敏感。

目前，对燃气轮机燃烧室扩压器尚无一般的性能图表可用，文献中性能图表针对边界层类型的进口流动，与燃烧室扩压器中由压气机产生的流动有很大的不同。众所周知，燃烧室进口气流为非对称分布且有速度峰值。此外，火焰筒的尺寸形状及扩压器和火焰筒的位置对扩压性能影响很大。因此，设计者必须对每一扩压器都要进行模型试验，目前，CFD在扩压性能的预测上，其精度已完全满足工程需求，因而应用比较广泛。

影响扩压器性能的主要因素有：扩压器进口的径向速度分布情况，进口气流的马赫数、雷诺数以及流动的湍流特性。

常见的扩压器类型有突扩型和气动型两大类。突扩型扩压器由一个短的传统扩压器构成，在其中空气速度降低到约为进口值的一半。在出口，空气被“突扩”，将空气分隔为进入到内外环形空间及拱顶的空气。这种类型的扩压器结构简单，气动有效性高，具有较强的适应性，允许进口速度畸变，同时允许相对较大的尺寸公差。

气动型扩压器相对较长，以尽可能获得动压的最大恢复。扩压器的第一部分在压气机出口附近，其目的是降低空气速度，通常在达到管前端时可降低35%。随后，流动的空气被分开进入三个不同的扩压通道，其中两个通道将空气供入到火焰筒环形套筒的内部和外部，比例大致相当。中心扩压器通道将剩余的空气供入燃烧室的拱顶区域，为雾化和拱顶的冷却提供空气。该扩压器内外通道的压力损失较小，但是中间气流压力损失通常高于环形突扩扩压器。气动扩压器对几何公差很敏感，燃烧室拱顶径向位置改变可以导致通道面积分布显著改变。

突扩型扩压器和光顺的气动型扩压器在实际中都有广泛的应用。突扩型扩压器由于其对进口速度分布变化和尺寸有更大的容许性，因而目前在燃烧室中得到更多的使用。

4.8.2 旋流器

对于旋流器，旋流数是反映旋流器旋流强度大小的重要指标，其定义为

$$S_N = \frac{2}{3} \times \frac{1-(D_{hub}/D_{sw})^3}{1-(D_{hub}/D_{sw})^2}\tan\theta \tag{4-23}$$

式（4-23）中的各个尺寸如图4-27所示。其中，θ为叶片角，其值决定了旋流强度的大小，通常取值为30°～60°。对于直叶片，旋流器进出口叶片角相等，均为θ；对于弯叶片，进口叶片角为0°，出口叶片角为θ。旋流器叶片一般为铸造件或机制件，其厚度t_v为0.7～1.5mm。旋流器叶片数n_v为8～16片，满足不透光原则（即由前向后看，不能见到光）。

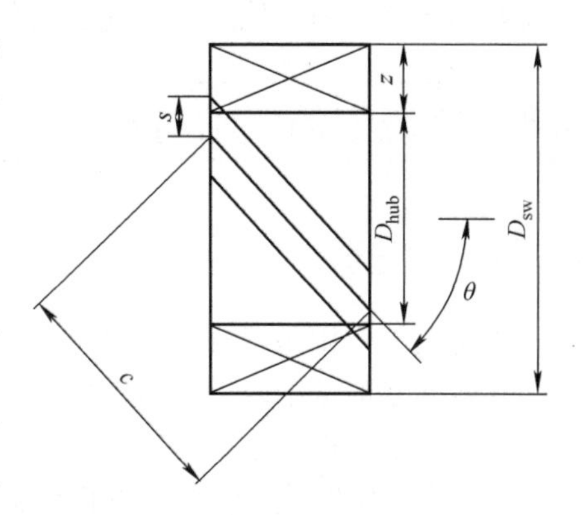

图4-27　旋流器各部位尺寸示意

通常，$S_N<0.4$时为弱旋流，气流通过旋流器后不会出现回流区；$0.4<S_N<0.6$为中等旋流，流线一定会扩散，但可能不出现回流区；$S_N>0.6$为强旋流，有回流区出现；当旋流数进一步增大时，旋流强度增大，当$S_N>1.2$时，出现非常强的旋流，且出现涡脱离的概率增大。

在旋流器的设计中，若希望使回流区增大，可采取的措施有：增大叶片的出口角，增加叶片数目，减小旋流器叶片高度与弦长的比值，由直叶片改为弯叶片。当然，回流区并非越大、越强就越好，其大小、强弱必须置于整个燃烧区的空气动力学中来考虑。非常强的旋流容易引发PVC（漩涡中心进动），可能触发振荡燃烧。

在旋流器叶片形式的选择上，直叶片与弯叶片相比，总体上弯叶片的气动性能优于直叶片，可产生更高的旋流和径向速度分量。直叶片加工方便，直叶片旋流器可以铸造抛光或者用数控铣加工，而弯叶片只能用铸造抛光加工。从压力损失考虑，由于易引起气流的脱离，直叶片引起的压力损失大。直叶片旋流器当弦长与间距的比值较小时易引起流动分离。直叶片出口速度曲线更加平缓，可趋向于产生更加稳定的燃烧。当旋流器空气用于雾化时，应采用弯叶片，而直叶片后的尾迹会影响雾化质量。

4.8.3　稀释孔

稀释孔的设计准则是基于孔数、尺寸和距离来获得最优的穿透和混合。若孔数多、孔径小，则稀释空气的穿透力将不充分，热的燃烧核心可穿过稀释区域；若孔数少、孔径大，则穿透力过大，混合不均匀。在稀释孔的设计上，有两种方法，一种是 Cranfield 方法，该方法强调孔尺寸的重要性；另一种为 NASA 采用的方法，该方法强调孔间距的重要性。

4.9　液体燃料的雾化和喷油嘴

试验证明，液体燃料的液相界面上不发生燃烧反应，液体总是先蒸发成蒸气，然后扩散，最后完成燃烧过程，因此，液体燃料的燃烧实质就是多了一个蒸发过程的扩散燃烧过程。在该扩散燃烧过程中，油滴的燃尽时间 τ 取决于扩散时间 τ_m，而扩散时间由蒸发速度所决定。油滴的蒸发速度又取决于液体燃料本身的温度、雾化和燃烧的空气的温度以及油雾的细度与均匀度。对液体燃料进行雾化，可提高蒸发的总的表面积，从而加快液体燃料的蒸发速度。

4.9.1　雾化

所谓的雾化，是指把液体燃料破碎成细小粒珠群的过程。通过雾化，一方面可增加液体燃料蒸发的总表面积；另一方面，通过燃料喷嘴的作用，可把燃料合理地分配到燃烧空间。

雾化可使用两种方法，即利用燃料本身的高压力喷射或利用压缩空气喷射。无论哪一种方法，其所采用的机理均相同，即以高速进行燃料的喷射，当油滴受到的空气阻力和湍流扩散的影响大于油滴内在的表面张力及黏性力时，油滴被撕碎成更小的颗粒。

雾化颗粒的形成过程为：首先，液体由喷嘴流出形成液珠或液膜；然后，由于液体射流本身的初始湍流及周围气体对射流的摩擦、脉动等的作用，使液体表面产生波动、褶皱，并最终分离出液体碎片或细丝；接下来，在表面张力作用下，液体碎片或细丝收缩成球形油珠；最后，在气动力作用下，大油珠进一步碎裂。

油的燃烧是以油雾矩的形式进行的，油雾矩的特点对燃烧品质有重要影响。油雾矩的特点主要从以下几方面考察。

（1）油粒直径　包含有直径分布、平均直径和最大直径。直径分布表征不同尺寸颗粒的分布规律；平均直径可分别按油珠直径、油珠表面积、油珠体积等计算；最大直径指雾化后最大液滴的直径。

雾化后所得到的液滴尺寸的大小与雾化空气的压差或油的压差以及液体燃料自身的黏度有关，喷油压差越大，则雾化颗粒越细。此外，燃油的黏度越低，则雾化的颗粒越细，因此，燃油装置均有预热装置。

（2）雾化角　如图 4-28 所示，α_0 为油雾矩边界的切线与喷口相连所张的角度；α_x 为以喷口为中心，以 x（单位为 mm）为半径作弧，与油雾矩边界的角点与中心点连线所成角度，例如，可采用 $x=100\text{mm}$。

雾化角 α 越大表明雾化开始得越早，燃烧产生的火焰越短。然而，雾化角 α 过大，油雾矩容易喷射至火焰筒壁面，从而产生积炭现象；雾化角 α 过小，则油雾矩易喷射至中心回流区，产生析碳现象。因此，雾化角需与火焰筒形状及一次空气进入状态相匹配。

（3）油粒流量密度　指单位时间内沿流动法线单位面积所通过的油粒的流量。油粒的流量密度与机组的功率有关。

（4）喷雾射程　指沿水平方向喷射时，在给定的时间内，喷雾矩顶部实际达到的平面与喷口之间的距离。大型燃烧室的喷雾射程远。

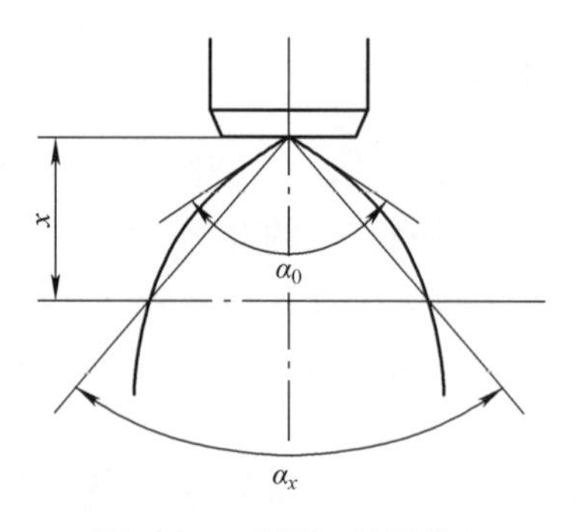

图 4-28　油雾矩的雾化角

雾化质量好坏对燃烧室燃料的分布有较大影响，雾化颗粒大则燃烧时间长，燃料不易燃烧完全，燃烧效率低，且油粒的惯性较大，容易在火焰筒壁面凝结；而雾化颗粒直径小，则穿透能力弱，燃料不能有效地分布到燃烧空间中去。

4.9.2　喷油嘴

雾化所采用的装置为喷油嘴，喷油嘴主要可分为机械离心式和空气雾化式两大类，此外还有蒸发式和旋转式。喷油嘴的工作特性决定了供油的流量、稳定性、浓度分布、雾化细度及均匀度，即雾化质量的好坏。

1. 机械离心式

机械离心式喷油嘴是利用液体燃料本身的压力进行高速的旋转喷射，从而取得雾化效果的装置。简单的喷油嘴中有切向孔、旋流室和喷口，如图 4-29 所示。燃油经过切向孔进入旋流室中做旋转运动，最后以很高的旋转速度从旋流室中央的喷口喷出，将油破碎成细小的颗粒，喷出的高速油滴与空气摩擦进一步破碎成细雾。机械离心式喷油嘴还可分为单油路和双油路两类。

图 4-29 所示的单油路离心式喷油嘴，其全部燃料经由几个切向孔进入同一旋流室，由同一喷口喷出。

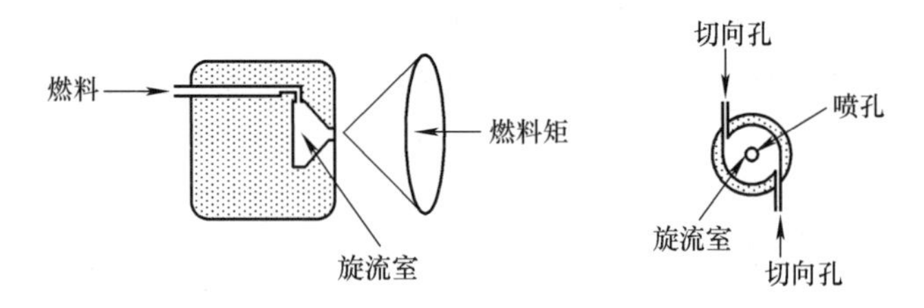

图 4-29　离心式喷油嘴及旋流室

离心式喷油嘴的喷油量与油压差的二分之一次方成正比，即 $G \propto \sqrt{\Delta p}$。通常机组由起动至满负荷时，流量可变化 40 倍，此时需要喷嘴前后的压差 Δp 变化 $40^2=1600$ 倍。因为喷油压降越高，雾化越细，故单喷口喷油嘴在满负荷时雾化质量好，低负荷时就会因喷油压降太低而雾化不良，严重影响燃烧质量。因此，在保证最小燃油流量时雾化质量的前提下，单油路离心喷油嘴的可调范围，即最大油流量与最小油流量之比很小，因而，单油路喷油嘴的一个显著特点就是可调范围窄。

为了改善单油路喷油嘴在低负荷时的雾化质量，扩大流量的调节范围，可采用双油路离心式喷油嘴。双油路喷油嘴分为主副两条油路，低负荷时副油路首先工作，当喷油压增大到一定值时主油路工作，如图 4-30 所示。这种喷油嘴相比于单油路的喷油嘴，可使流量的调节范围大大增加。

2. 回油式喷油嘴

在回油式喷油嘴中，燃油经切向孔沿切线方向进入旋流室，部分燃油由喷孔喷出，另一部分由开在旋流室后的环形孔返回到回流室，通过控制回油阀门来控制回流室压力，从而控制回油量来达到对喷孔喷出的油量进行控制的目的。回油式喷油嘴的主要特点是喷油嘴工作特性对回流通道中的阻力特性变化敏感；并联工作时，喷油不均匀，使燃烧室工作不均匀性增加；供油量大于喷油量，所以油泵能耗大。故回油式喷油嘴适宜于小功率及对流量需要精细调节的机组中。

3. 空气雾化式喷油嘴

空气雾化式喷油嘴利用压缩空气的喷射作用，使燃料雾化成更细的颗粒，如图 4-31 所示。这种喷油嘴不依赖于燃料的压力，故低流量时，雾化效果好。进行流量调节时，不受油压的限制。改善雾化质量需要控制雾化空气的压力和流量。

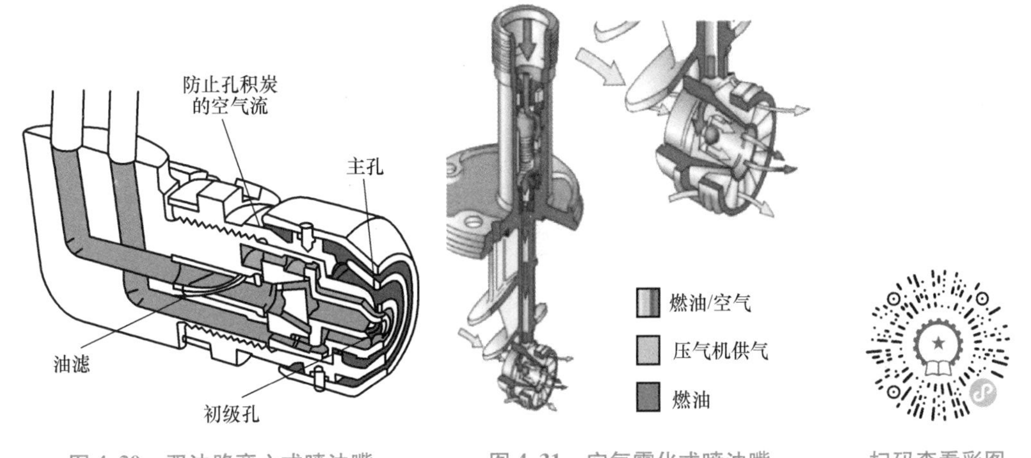

图 4-30　双油路离心式喷油嘴　　图 4-31　空气雾化式喷油嘴　　扫码查看彩图

空气雾化式喷油嘴对雾化空气的需求较高，通常雾化空气量近似等于 0.04 倍的理论空气量，空气的喷射压力 p_j 为燃烧室内工质压力的1.5 ~ 1.8 倍。在航空发动机中，有时为了减轻重量，取消了高压雾化空气源的发生设备，直接利用流经火焰筒头部的、做高速流动的一次空气来雾化燃料，这种空气雾化式喷油嘴也称为气碎式喷油嘴。

4. 机械-空气雾化式喷油嘴

如图 4-32 所示，这种喷油嘴将机械式喷油嘴与空气雾化式喷油嘴相结合，可以改善低负荷时机械式喷油嘴雾化不好的问题。与单纯雾化式喷油嘴相比，这种喷油嘴对雾化空气的要求亦可降低，此时需要的雾化空气量为理论空气需要量的 1% ~2%，喷射压力与燃烧室压力之比约为 1.2 倍。

5. 蒸发式喷油嘴

蒸发式喷油嘴通过将液体燃料加热到沸点而将其全部转化为蒸气，其结构如图 4-33 所示。燃油进入蒸发管后，与压气机提供的空气在蒸发管内掺混，在“T”形或“Γ”形热管壁内加热蒸发。这种喷油嘴的优点是蒸发系统对燃料的压力要求很低，燃烧后形成的烟灰少，排气不冒烟，燃烧效率高，并且燃烧后的出口温度场均匀。这种喷油嘴的缺点是只能燃用蒸发性好的轻质油，并且起动时由于蒸发管的温度比较低，因而燃料蒸发性差。

蒸发式喷油嘴和环型燃烧室的结合，在航空机组中得到了较多的应用。

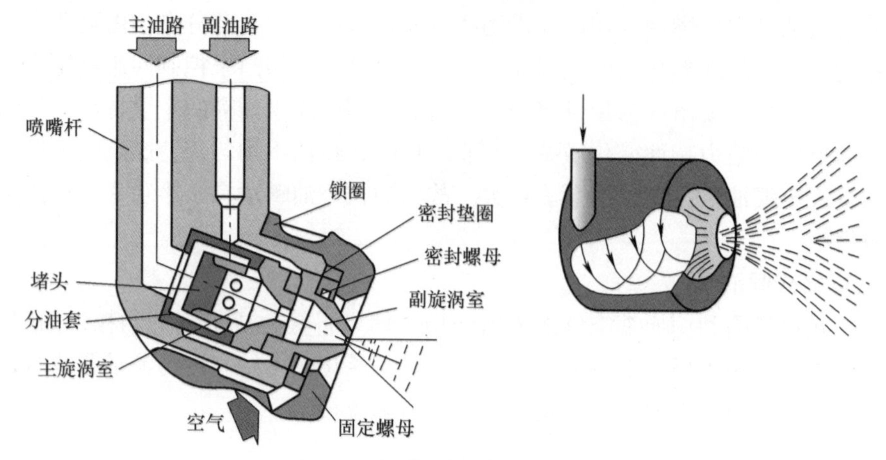

图 4-32　机械-空气雾化式喷油嘴

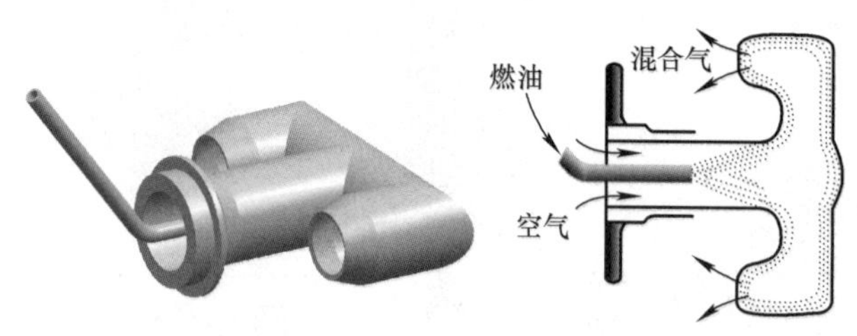

图 4-33　蒸发式喷油嘴

6. 旋转式喷油嘴

旋转式喷油嘴俗称甩油盘，当燃油进入到空心主轴后，借离心力雾化。旋转式喷油嘴的雾化质量受转速影响大，起动和减速时转速较低，雾化质量差。

4.10　燃料及供应系统

现代高效燃气轮机依赖高质量的高温材料来提高运行温度，并维持机组寿命。要达到这一目的，必须要重视进入到机组中的流体，包括空气、润滑油和燃料。燃料的品质本身就是一个主要的内容，有许多相关的基本要求，低品质的燃料会带来许多潜在的问题。

所有的燃气轮机制造商对其机组允许使用的燃料都有很严格的要求，这些要求对于保证燃气透平的运行也十分重要，通常对燃料的组分和供应条件有很详细的规定。燃料中所含的污染成分尤其需要关注，因为它们对透平叶片的金属材料有重要影响。

4.10.1　燃气轮机的燃料种类

燃料可按照其形态分为固体燃料、液体燃料和气体燃料三大类。固体燃料通常指煤，常见的煤的种类见表 4-3。闭式循环机组由于可利用锅炉间接加热工质，因而可采用煤作为燃料。对于开式循环机组来说，由于煤中所含的灰分在高温燃烧后的熔点不同，因而会对机组产生不同的影响。燃烧产物若为固态，会磨损气流通道及叶片；若为液态，则会黏附于通道中，从而阻塞通流面积，因而，开式循环机组的直接燃煤技术目前尚不成熟。煤需将其气化为中、低热值煤气，经除灰、脱硫后方可使用。

1）氧化：$C+O_2 \rightarrow CO_2$，$H_2+O_2 \rightarrow H_2O$。

2）气化：$C+H_2O \rightarrow CO+H_2$，$C+CO_2 \rightarrow CO$。

3）氢化：$C+H_2 \rightarrow CH_4$。

4）挥发过程：挥发物挥发。

表 4-3 常用的固体和液体燃料的热值

燃料名称		热值/(MJ/kg) 或 (kcal/kg)
固体燃料	焦炭	25.12～29.308（6000～7000）
	无烟煤	25.12～32.65（6000～7798）
	烟煤	20.93～33.50（5000～8000）
	褐煤	8.38～16.76（2000～4000）
	泥煤	10.87～12.57（2596～3002）
	石煤	4.19～8.38（1000～2001）
液体燃料	原油	41.03～45.22（9800）
	重油	39.36～41.03（9400～9800）
	柴油	46.04（10996）
	煤油	43.11（10296）
	汽油	43.11（10296）
	沥青	37.69（9000）
	焦油	29.31～37.69（7000～9002）

表 4-3 还给出了主要的液体燃料，液体燃料通常为石油炼化过程中的各种产品，或直接为原油。通常，炼化过程中得到的汽油等轻质燃料不能应用于燃气轮机，这一方面是由于成本高，另一方面是由于汽油易于挥发和燃烧，且安全性差。煤油经过特殊处理可在航空发动机中使用。固定式机组通常可使用重油和渣油作为燃料，或在石油管线上直接使用原油作为燃料。用于发电的现代燃气轮机很少使用液体燃料，如果使用，则只能在有限的时间内用作辅助（备用）燃料。

燃气轮机燃用的燃料品质和组分影响机组的寿命，尤其是热端部件燃烧系统和透平部分。通常燃气轮机使用的燃料取决于燃料的可用性和价格，天然气尤以其价格低、可用性广泛、排放低，从而成为一种常见的燃料选择。表 4-4 给出了天然气以及常见气体燃料的构成及主要性质。气体燃料由于价格低以及良好的可用性，在燃气轮机中得到了广泛的应用。气体燃料的组分构成相差很大，直接由油气田中获得的气体燃料既包含大量的重质碳氢化合物，也包含不可燃的组分，例如氮、二氧化碳等。有时，气体燃料中还会包含硫化氢，若不经处理会在排气中出现硫的氧化物，此外，它会与碱金属的卤化物化合，例如氯化钠和氯化钾，对透平叶片所使用的材料有极大的破坏性，如图 4-34a 所示。

表 4-4 常用气体燃料的构成和主要性质

燃气种类	成分体积数（%）										标态下密度 ρ_0	低位热值 H_u	沃泊数 WI^0	爆炸极限（%）	理论燃烧温度 t	火焰传播速度 s_1	动力黏度 $\mu\times10^6$
	H_2	CO	CH_4	C_3H_6	C_3H_8	C_4H_{10}	N_2	O_2	CO_2	H_2S	kg/m^3	kJ/m^3	kJ/m^3	上/下	℃	m/s	Pa · s
天然气	—	—	98	C_mH_n 0. 4	0. 3	0. 3	1	—	—	—	0. 7435	36533	42218	15/5	1970	0. 380	10. 33
油田伴生气	—	C_2H_6 7. 4	80. 1	C_mH_n 2. 4	3. 8	2. 3	0. 6	—	3. 4	—	0. 9709	43572	44308	14. 2/4. 4	1973	0. 374	9. 32
焦炉煤气	59. 2	8. 6	23. 4	2	—	—	3. 6	1. 2	2	—	0. 4686	17589	25665	35. 6/4. 5	1998	0. 841	11. 6
混合煤气	48	20	13	1. 7	—	—	12	0. 8	4. 5	—	0. 67	13836	16929	42. 6/6. 1	1986	0. 842	12. 15
高炉煤气	1. 8	23. 5	0. 3	—	—	—	56. 9	—	17. 5	—	1. 3551	3265	2805	76. 4/46. 6	1580	—	15. 79
矿井气	—	—	52. 4	—	—	—	36	7	4. 6	—	1. 017	18758	18614	19. 84/7. 37	1996	0. 247	13. 56
高压汽化气	59. 3	24. 8	14	—	—	0. 2	0. 8	—	—	0. 9	0. 4966	14797	21017	46. 6/5. 4	2000	0. 940	13. 34
液化石油气	—	C_4H_8 54	1. 5	10	4. 5	26. 2	—	—	—	—	2. 527	114875	72314	9. 7/1. 7	2050	0. 435	7. 03

气体燃料所包含的组分种类包括固体、水、碳氢化合物、硫化氢、二氧化碳、一氧化碳和氢气等，见表4-4。燃料组分的综合分析对确定该种燃料的适用性十分重要，在起始阶段就要考虑并解决相关的问题，比如进行燃料的处理。

高分子碳氢化合物影响露点，因此需要较高的供应温度。如果温度低于露点，则出现的液滴（凝结）会使燃料系统出现问题，严重时会冲击到燃烧室的表面，导致局部燃烧和部件损坏，如图4-34b所示，从而使其快速发生破坏并造成机组停机。

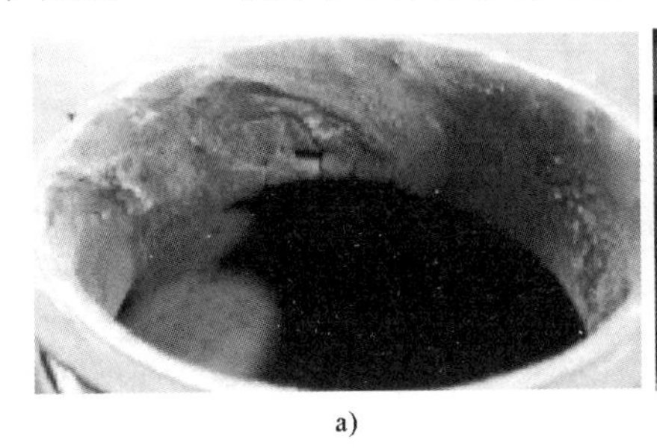

a)

b)

图4-34 高分子碳氢化合物液滴凝结及腐蚀所造成的预混部分损坏

重型燃气轮机主要燃用天然气和重油，为了扩大其燃料适应性，燃用煤气化合成气等富氢燃料甚至纯氢的燃气轮机技术也在研发中。

通常，气体燃料的评估准则包括以下几个方面的内容：

1. 沃泊数（Wobbe Index）

沃泊数是表征燃烧室燃料处理能力的参数，其物理意义是：燃烧室的热负荷在一定供气压力下取决于燃气喷口流出的燃气量和它的低发热量。在固定的喷口上，气体燃料的低发热量与其密度平方根之比称为沃泊数，采用低位发热量或高位发热量时分别对应低位沃泊数（net Wobbe index）或高位沃泊数（gross Wobbe index）。沃泊数是一个热负荷指标。当燃气互换时，确定一个沃泊数的波动范围来稳定燃烧器的热负荷。表4-4中实用沃泊数的数据是按以下公式计算的：

$$WI^0 = H_u / \sqrt{\rho^0} \tag{4-24}$$

式中，H_u 为燃料的体积发热量（kJ/m^3）；ρ^0 为气体燃料密度与空气密度的比。

燃料通常以不同的温度供给，因此需要使用式（4-25）所给出的温度修正沃泊数（MWI），包含水和大分子碳氢组分的气体燃料需要更高的露点温度，因而需要有足够的过热，以保证任何时刻均为气态。

$$MWI = WI^0 \sqrt{288/T_{fuel}} \tag{4-25}$$

当燃用的不同燃料气体有相同的沃泊数时，则燃料系统的压降将相同，通常可以进行直接的改变而无须改动燃料系统。因此，沃泊数是在相同的气体压力和压降下流入系统的能量的表征。在进行燃料替换时，如果沃泊数偏离设计值太远，则必须对燃料系统进行改动。沃泊数越高，则表明燃料中有分子量更大的碳氢燃料出现，而沃泊数小，则表明有明显的不可燃成分出现或出现了更多的氢气或一氧化碳。

2. 露点和过热温度

气体燃料的露点是组分、压力和温度的函数，它描述了单相气体和两相（气体和液体）

状态的边界。气体燃料包含有不同的碳氢组分，每一种都有一个单独的露点温度，即在该温度下气体凝结成液体，含有水的燃料还有一个水的露点。因此，为了防止凝结或出现液滴，需要在计算的给定压力的露点上维持一定的过热区域。一些制造商给出的最小值为20℃，而某些可能给出更高的过热温度值，例如25~30℃。含有高分子碳氢化合物的组分需要更高的过热温度。

4.10.2 燃油系统燃料特性及系统组成

燃油作为液体燃料，主要包含以下的燃料特性：

（1）分馏温度　通常采用蒸发出10%、50%、90%、100%总挥发分时的温度表示，分馏温度越低，表示燃料含有易蒸发的汽化成分越容易挥发，越有利于形成可燃混合物，从而也就越有利于点火。

（2）黏度　用于表示燃油的流动性与可雾化性的一个重要指标，液体黏度越低，液体燃料的流动性也就越好，越容易获得良好的雾化质量。

（3）闪火点　指将燃料加热到一定温度后，遇到小火焰发生瞬间闪火现象，火焰移除后，燃料尚不能连续燃烧时的温度。液体燃料的闪火点越低也就越易燃烧。

（4）热值　即单位燃料的发热量。

（5）灰分及污染物

液体燃料供应系统的组成主要包括主油箱、计量油箱、轻油箱、燃油泵、滤油器、预热器、燃油分配器以及阀门管路。其中主油箱的作用是储存油燃料，配有的加热器可将液体燃料加热至40~80℃，主油箱中的离心分配器可用于分离杂质，此外，主油箱还具有沉淀槽、排污阀等，一般在室外放置。计量油箱向机组直接供油，装有仪表，通过燃油流量来控制机组的功率，布置在机组附近。为防止燃用重质燃料的燃烧室在机组起动和停机前，由于燃料的流动性变差而积塞管路，需要布置有轻油箱，以进行与轻油的切换。燃油泵的作用是提供燃料喷射所需要的高压。滤油器的作用是过滤燃料中所含的杂质，以防止堵塞燃油喷嘴。在有多个燃烧器的燃烧室中，各燃烧器的燃油供应需采用燃油分配器，以满足燃料的供应要求。

4.11 气体燃料的燃烧

气体燃料主要包括天然气、焦炉煤气、高炉煤气、发生炉煤气等，其可燃成分有氢气、一氧化碳、甲烷、硫化氢以及各种碳氢化合物，见表4-4。根据燃料的热值可将气体燃料分为三类：

（1）高热值气体燃料　热值大于$15\times10^6 J/m^3$。

（2）中热值气体燃料　热值范围为$6\times10^6\sim15\times10^6 J/m^3$。

（3）低热值气体燃料　热值小于$6\times10^6 J/m^3$。

热值高的燃料比热值低的燃料更加容易燃用，天然气为高热值燃料，无钒、钠等有害物质。煤和渣油气化为低热值煤气用于燃气轮机，低热值燃料应用于燃气轮机会对燃烧带来一些特殊问题。

4.11.1　天然气的燃烧问题

天然气的热值大于33.6×10^6J/m^3，单位质量燃烧需要的理论空气量约为16～17kg。天然气燃烧的主要特点是易于燃烧，但可燃范围变化较窄，在$\alpha\approx0.6\sim1.6$的范围内能够燃烧，如空气组织不好，会出现熄火、火焰脉动和燃烧效率低等现象。天然气燃烧可采用预混燃烧或扩散燃烧，传统的扩散火焰燃烧室具有很高的主燃区温度，由于强湍流作用很好地促进了混合，主燃区的温度可超过2500K，这些高温区域通常会产生很高的NO_x排放值。采用DLE燃烧器后，燃料和空气可产生贫燃料状态下的混合物，同时混合更加均匀，使得燃烧室中的最高温度降低，因而热力型NO_x的生成也会降低。

此外，扩散燃烧方式所获得的燃烧火焰长，但稳定范围宽，燃烧效率随负荷降低的程度小。而预混方式获得的燃烧火焰短，燃烧室热强度高，但燃烧稳定性差，一般在一次过量空气系数$\alpha_1\approx2.6\sim3.0$或燃烧室总的过量空气系数$\alpha_\Sigma=10\sim15$时可能出现熄火，预混燃烧方式在低负荷时燃烧效率也会大大降低。

为了解决预混燃烧方式的缺点，通常可采用值班喷嘴。通过在旋流器中心安装小燃气流量的值班喷嘴可保证火焰稳定，在值班喷嘴内天然气流量不变，约为满负荷时天然气量的5%～15%。值班喷嘴还可起到稳定点火源的作用。同时，也可采用一次空气可调机构，在负荷变动时调节进入燃烧区的空气量。

天然气为理想的气体燃料，燃烧液体燃料的燃烧室只要更换供气机构就可燃用天然气。天然气燃烧时火焰比较透明，热辐射强度低，火焰筒壁面温度低，可延长其使用寿命。但需注意安全问题，天然气与空气混合后体积浓度在5%～14%的范围内，遇明火会爆炸，因而机组停转后，阀门关闭不严，再次起动时易发生事故，所以通常会采用双重阀门，机组起动时用起动机带动压气机通风吹扫半分钟。

4.11.2　低热值煤气的燃烧问题

煤在我国一次能源中的占比一直较大，近年来通过努力其占比已降至60%以下，但在未来相当长一段时间内煤仍将是我国一次能源中的主要燃料。燃气轮机在煤的使用上，需要先进行煤的气化。通常有两种方式，一是生产高热值煤气，以纯氧为氧化剂，甚至加氢生成甲烷，气化成本高；二是生产低热值煤气，需要空气和水蒸气作为气化剂，气化炉结构简单，运行费用低。此外，钢厂中的副产品高炉煤气（BFG）也是低热值煤气的来源。

燃气轮机的燃烧室可以燃烧所有的这些气态燃料，而无须进行大的改动。对于几乎所有的低热值燃料，燃烧室都是扩散火焰型的。DLN燃烧器技术的关键实现方式是贫预混燃烧，而大多数煤气化合成气燃料中都存在很高含量的氢，因此有较高的火焰速度，很难使用DLN燃烧器。此外，低热值煤气通常在起动和停机时需要采用其他燃料（例如，天然气、焦炉煤气或燃油）。

低热值的煤气由于发热量低，物理性质和燃烧特性与天然气有显著差别。例如高炉煤气的主要可燃成分为CO，燃烧反应速度低，不易燃烧完全，且低负荷时易发生吹熄。因此，燃用低热值煤气时需要延长CO在燃烧区逗留时间，火焰筒气流速度不能过快。所以，火焰筒应加大直径或设法强化回流效应，以改善燃料和空气的混合速率。

低热值煤气的理论燃烧温升低，其燃烧温度比天然气低300～500K，因而，NO_x的问题容易解决，但负荷低时 CO 容易超标。当低热值煤气含有 NH_3 时，由于其中的氮在燃烧中会 100% 的转化为 NO_x，故需清除 NH_3。

低热值煤气的燃料喷嘴、燃烧室火焰筒头部及输气管线的尺寸要相应地增大。此外，为了防止叶片的腐蚀和磨损，燃用低热值煤气时需要严格控制含灰量，要求其含量低于 $10mg/m^3$。最后，考虑到气化炉故障引起的煤气临时供应不足，低热值煤气的燃烧系统需按双燃料喷嘴的方案设计。

4.12 重质燃油的燃烧

重质燃料指原油和重质渣油。渣油是在原油中提取了汽油、煤油、柴油等沸点低的馏分后剩余的重质碳氢化合物和杂质成分，其特点是分子结构复杂、黏度大、沸点高、挥发性差，含有与原油相当的有害成分。渣油是石油工业中的自然产品，数量大，燃气轮机燃用渣油时发电成本低。原油含有轻质成分较重油更易燃烧，但含有渣油所有的一切杂质。当燃气轮机作为增压动力用于输油管线时，原油可作为燃气轮机的燃料。

4.12.1 燃用渣油时产生的问题

燃气轮机燃用渣油时会带来一系列的燃烧问题和腐蚀问题。在燃烧方面，燃用渣油易产生积炭、积焦和排气冒黑烟等现象。这些现象的产生除了与渣油相对分子质量大，难以挥发和燃烧外，还与以下因素有关：一是渣油的黏度大，雾化后的油滴颗粒大，低负荷工况下易于不完全燃烧而离开高温区，以液态积存在火焰筒壁面上，在高温燃气的烘烤下形成积焦和积炭。二是雾化圆锥角设计过大或过小。三是过量空气系数过大以至于燃烧温度低，使得油滴来不及完全燃烧。最后，燃料与空气混合不好也会造成燃烧的不完全。

以上问题对轻质燃料也存在，但容易解决，对重质燃料来说，这些问题的解决要更加困难一些。

液体燃料的积炭经常发生于火焰筒的前端或尾部、旋流器叶片和喷嘴出口端面，积炭的主要危害有：

1）使燃烧效率下降。

2）喷嘴出口积炭，会导致喷雾油锥偏斜，使雾化质量下降，燃烧条件恶化。

3）负荷升高时，积存在火焰筒或过渡段的干炭可能复燃，部件有烧坏的危险。

4）与燃气一同运动的炭粒会磨损透平叶片，使机组寿命降低。

燃用液体燃料容易出现积垢问题。积垢的发生会使流道的通流面积变小，从而使得透平的效率与功率降低。透平中的积垢主要有三种成分：

1）燃烧不完全形成的炭黑和沥青。

2）V_2O_5及其与金属氧化物形成的各种复杂化合物，因而燃料成分中含有钒十分有害。

3）灰分中的 K、Na 等与燃烧过程产生的 SO_2 和 SO_3 化合生成的亚硫酸盐和硫酸盐。

液体燃料燃烧后所产生的燃烧产物会对后端部件带来腐蚀问题。以熔融状态积存在透平叶片上的灰分与叶片起物理化学作用，使叶片腐蚀损坏。腐蚀效应与处于熔融状态的铅和钒的氧化物、碱性的钒酸盐和碱性的硫化物有关。

4.12.2 燃用渣油时应采取的措施

燃气轮机在燃用液体燃料时，需在燃料供给、喷嘴、燃烧室方面采取一些措施。

在喷嘴方面：

1）通过预热使黏度降低到 $21.1\times10^{-7}\sim37.2\times10^{-7}m^2/s$。

2）采用空气雾化喷嘴保证在低负荷下有良好的雾化质量。

3）火焰筒直径较小时应采用小的雾化角。

4）渣油使喷嘴易磨损，喷嘴需采用优质材料。

5）在进入燃烧室前，需做沉淀和过滤处理，去除渣油中的机械杂质和水分。

在燃烧室方面：

1）控制燃烧区的空气量，确保低负荷时燃烧区平均温度不低于 1050℃（甚至1200℃），满负荷时一次过量空气系数约 1.15～1.2。

2）延长逗留时间，比热强度需小一些，燃烧室需加长一些。

3）宁可使燃烧室压力损失增大也要增强气流的湍流扰动强度。

4）渣油燃烧室的火焰筒壁面温度要高，在低负荷时也要高于 400℃（甚至 450℃）。

在防止积垢与腐蚀方面，可通过预处理和加入添加剂的方法去除燃料中的钠、钒和硫。钠可通过水洗的方式去除；钒因为溶于油，可加入镁盐去除；硫化物难于清除，一般不处理，但当钠盐清除后，馏分的积垢和腐蚀作用会大大降低。

4.13 先进燃烧技术及发展趋势

4.13.1 低污染燃烧室

对重型燃气轮机而言，最受关注的是控制其 NO_x 排放的问题。早期的燃烧室主要采用扩散燃烧方式，在扩散火焰中，不管总的化学配比关系如何，总是会存在出现化学恰当比的区域。扩散燃烧的主要缺点是主燃区的高温排放，在天然气燃烧中产生的 NO_x 浓度大于 70×10^{-6}，而对于液体燃料则大于 100×10^{-6}。

为了降低常规扩散燃烧器中的 NO_x 生成量，早期燃气轮机制造商主要采用“湿式”燃烧的方式。在湿式燃烧过程中，通过喷水或蒸汽来降低 NO_x 排放，排放水平由蒸汽量控制。此外，随着蒸汽流量的增加，相应的 CO 会大量生成，在所需的喷射条件下制备纯蒸汽会增加运行成本。随着可持续发展理念的提出和生态环保意识的加强，世界各国对动力装置燃烧过程中产生的污染排放物提出了越来越严格的限制，传统的用喷水或蒸汽来降低 NO_x 的方法已经不能满足对燃气轮机排放控制的苛刻要求了。

下面将重点对燃气轮机燃烧室“干式”低污染燃烧技术进行介绍，其中一些技术已经在实际中得到应用，而另一些技术正在开发中。

1. 贫预混（LPM）燃烧

通常，由于要在 NO_x 的生成和 CO/UHC 的生成量之间进行权衡考虑，因此难以在维持高燃烧效率的同时减少 NO_x 排放。20 世纪 90 年代，燃气轮机燃烧技术逐渐从扩散燃烧转变为贫预混燃烧，出现了现代的干式低 NO_x（DLN）燃烧室。通过这种方式，可以将 NO_x 排放降低到0.01‰以下。目前，贫预混燃烧技术几乎为所有的燃气轮机制造商所采用。DLN燃烧技术的工作原理是在燃烧过程进行之前，用过量的空气与燃料掺混形成均匀的贫预混气体，以保证燃烧均匀，使得燃烧火焰内不会形成局部高温，从而抑制 NO_x 的生成。

2. 催化燃烧

催化燃烧常常被称为超低排放的未来技术，它只是对前述的 DLN 相同原理的一种强化。催化燃烧是一种在更低的贫燃料当量比条件下，采用催化剂在预混燃料空气混合物中引发和促进化学反应的过程，该过程比均相气相燃烧更容易，这样可以在低于燃料-空气混合物的正常贫燃烧极限的当量比下进行燃烧。在这种较低的温度下燃烧，会显著降低热力 NO_x 的产生。

催化燃烧室的原理如图 4-35 所示。燃料被喷射到反应堆的上游进行汽化并与进气混合，然后燃料-空气混合物流入催化床或反应器。催化床或反应器可能由几级组成，每级均由不同种类的催化剂组成。在第一级中，需要使用在低温下具有活性的催化剂，而为了良好的氧化效率，在催化床的下游通常需要有一个温度较高的化学反应区，以将气体温度提高到所需的透平进口值，并将 CO 和 UHC 的浓度降低到可接受的水平。

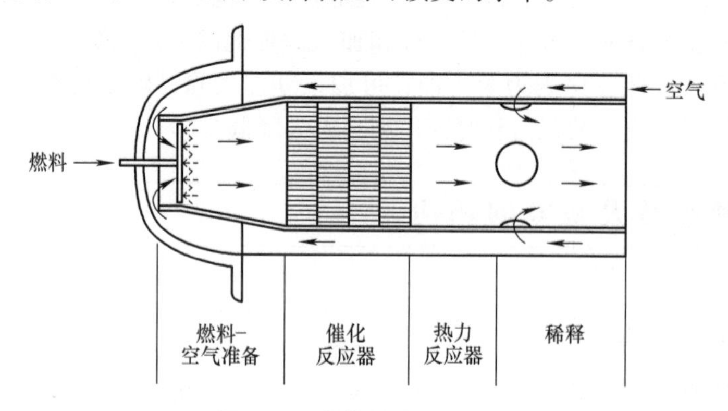

图 4-35　催化燃烧室的原理

3. RQL 燃烧

RQL（富燃-猝熄-贫燃）的概念是在 1980 年提出的，其基本原理如图 4-36 所示。燃烧过程由富燃料主燃区开始，由于低温和氧气浓度的综合作用，NO_x 的生成速度较低。首先，在当量比为 1.2～1.6 的富燃料主燃区开始燃烧。主燃区的富燃料条件通过产生并维持高浓度的高能氢和碳氢基元组分来增强燃烧反应的稳定性。其次，由于相对较低的温度和较低的

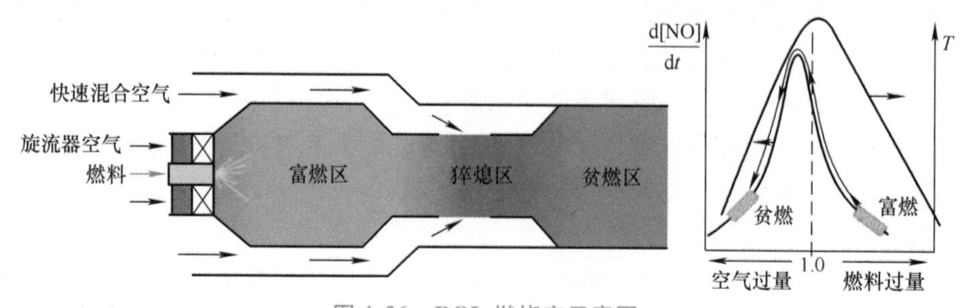

图 4-36　RQL 燃烧室示意图

含氧中间组分量，富燃烧条件使氮氧化物的产生减至最少。除了降低热力 NO_x 之外，第一个区域中的这种富燃料燃烧过程还可以将大部分燃料固定氮（FBN）转化为无反应活性的 N_2 来防止其生成 NO_x。富燃料燃烧阶段在燃烧含氨（NH_3）的低热值（LHV）燃料时，还可以大大降低 NH_3 转化为 NO_x 的过程。

RQL 燃烧需要考虑的关键因素是精心设计富燃料和贫燃料的当量比与极快的冷却速度，从而使得燃烧状态可以迅速地从浓变稀，而没有经过高 NO_x 的生成路径。此外，如果贫燃区的温度太高，则热力 NO_x 的产生变得过多。另一方面，温度必须足够高以消耗掉所有剩余的 CO、UHC 和烟灰。因此，必须仔细选择贫燃区的当量比，以满足所有排放要求。通常，贫燃料燃烧过程在当量比为 0.5 ~ 0.7 之间发生。在满足燃烧和火焰筒冷却的要求之后，所有剩余的空气都用做稀释空气，以调整出口温度分布，以最大限度地延长机组的使用寿命。

到目前为止，有关 RQL 燃烧技术的大部分研究已经证实其具有超低 NO_x 排放和防止 FBN 向 NO_x 转化的特性。当使用低热值燃料时，也可以大大降低 NH_3 转化为 NO_x 的进程。与常规燃烧室相比，RQL 燃烧室具有固有的更好的点火性能和贫燃料吹熄性能。与分级燃烧室相比，它们需要的燃料喷嘴更少。RQL 方法的发展受到阻碍的主要原因是烟灰的形成和富燃料燃烧产物和空气之间的不完全混合。RQL 方法的缺点是增加了硬件和系统的复杂性。目前，RQL 在重型燃机上的应用还未见报道。

4. 变几何燃烧室

理想的变几何系统是在最大功率条件下，在燃烧火焰筒的上游端吸入大量空气，以降低主燃区温度并提供足够的气膜冷却空气的系统。随着机组功率降低，更多的空气被转移到稀释区，以将主燃区的温度保持在低排放区温度区间内。实现空气分配变化的实用方法包括使用可变面积旋流器来控制流入燃烧区的空气量，或使得进入稀释区的空气可变。

各种形式的变几何系统的缺点都是其复杂的控制和反馈机制，这些机制往往会增加成本和重量，并降低可靠性。变几何结构可能会出现燃烧室出口气体温度分布的均匀性问题，尤其是在允许火焰筒压降变化很大的情况下。变几何形状燃烧室的发展可以实现同时减少所有主要污染物种类而不牺牲其他燃烧性能。此外，还具有其他一些优点，例如，由于燃烧温度永远不会低于 1670K 左右的某个最小值，因此化学反应速率始终相对较高。这使得燃烧区可以做得更小，因此在减小燃烧室尺寸和重量方面具有优势。对于航空应用而言，变几何燃烧室还可能具有较宽的稳定性极限和更好的空中再点火性能。

目前，在某些大型工业燃气轮机中使用了变几何形状燃烧室，但是由于尺寸和成本的限制以及对运行可靠性的关注，该技术在中小型燃气轮机中的成功应用很少。

5. 分级燃烧

分级燃烧可分为空气分级和燃料分级。前述的 RQL 即是一种空气分级的燃烧室，这里主要指燃料分级。燃料分级可分为轴向分级、径向分级和散点分级。分级是指在燃烧室中，布置多个或者多组具有不同当量比区间的燃烧器，根据温升来抑制污染物生成量，将各个/组燃烧器组合投入运行（通过打开和关闭某一路燃料阀门，即顺序进行）；各个/组燃烧器在一个较为狭窄的范围内调节燃料供应量，维持不同释热率及污染物排放量的火焰。

在变几何燃烧室中，随着机组功率的变化，通过将空气从一个区域切换到另一个区域，从而将燃烧温度控制在很窄的范围内。与之相比，分级燃烧室内的空气流量分配保持不变，而将燃料流从一个区域切换到另一个区域，以保持恒定的燃烧温度。

散点分级是一种最简单的燃料分级方法，通过这种方法在起动和低负荷工况下，仅将燃料供应给选定的喷嘴组，只有在高于空载的功率设置下才使用全部的燃料喷嘴。这种调节方法的目的是在低负荷运行时提高当量比，从而提高局部燃烧区的温度。这种燃料分级燃烧方法现已普遍使用，不仅减少了 CO 和 UHC 的排放，而且还可以将贫燃极限扩展到较低的当量比。散点分级的主要缺点是在各个燃烧区的边缘区域发生的化学反应的“冷却”，从而降低了燃烧效率，并增加了 CO 和 UHC 的形成。此外，其周向不均匀的出口温度分布会导致透平效率的降低。

轴向和径向燃料分级不是在单个燃烧区内实现所有性能目标，而是使用两个以上的区域，每个区域都经过专门设计以对燃烧性能的某些方面进行优化。典型的分级燃烧室具有低负荷第一主燃区（值班级），该主燃区可以保证提供低负荷条件下所需的温升，该区域的当量比约为 0.8，可实现较高的燃烧效率，并减少 CO 和 UHC 的排放。在较高的负荷下，其主要作用是充当第二主燃区（主燃级）的值班热源，第二主燃烧区中为完全预混的燃料-空气混合物。在最大负荷条件下运行时，两个区域的当量比均保持在 0.6 左右，以最大限度地减少 NO_x 和烟灰排放。

径向分级的主要优点是：它可以在与常规燃烧室大致相同的总长度内实现所有燃烧性能目标，包括低排放。从降低机组重量和减少转子动力学问题的角度来看，这种短长度的特性也极具优势。

轴向分级的优点是，由于主燃级在值班级的下游，因此直接从值班级来引燃主燃级既快速又可靠。而且，即使在低当量比的情况下，从值班级进入主燃烧区的热气流也确保了主燃级的高燃烧效率。轴向分级的主要缺点是，级的串联布置会增加燃烧室的长度，与常规燃烧室相比，需要冷却的火焰筒表面积更大。

6. 柔和燃烧

柔和燃烧（moderate or intense low-oxygen dilution，简称 MILD）是指燃料的氧化是在非常高的温度下以非常有限的氧气供应条件下发生的，燃料的燃烧过程没有通常与燃烧相关的火焰的可见或可听见的迹象。柔和燃烧的化学反应区非常分散，可以得到十分均匀的热量释放和平滑的温度曲线，从而可获得更高效的燃烧过程并减少排放。当反应物超过自燃温度并夹带足够的惰性燃烧产物以降低最终反应温度时，就可定义为柔和燃烧。柔和燃烧的本质是燃料在包含大量惰性（废气）气体和一些氧气（通常不超过 3% ~5%）的环境中被氧化。

概括地说，柔和燃烧的主要特征是：

1）高温下燃烧产物的再循环（通常 > 1000℃）。

2）降低反应物中的氧气浓度。

3）低 Damköhler（Da）数。

4）绝热火焰温度低。

5）降低了最高温度。

6）高度透明的火焰。

7）低的声学振荡。

8）低 NO_x 和 CO 排放。

7. 驻涡燃烧（trapped vortex combustion，TVC）

TVC是用于降低污染物排放和压降的一种有效方法，它基于腔稳定概念，以高速混合热燃烧产物和反应物为基础。TVC的研究自20世纪90年代开始，早期主要集中在液体燃料发动机燃烧器的应用上。

驻涡技术用于燃气轮机燃烧器具有如下几个优点：

1）可以燃烧中低发热量的各种燃料。

2）可以支持高速喷射，因此可以在高过量空气预混状态下运行，从而避免了回火。

3）无须稀释或燃烧后处理，NO_x 排放量极低。

4）扩展了可燃极限并改善了火焰稳定性。

如图4-37所示，在驻涡燃烧中火焰的稳定性是通过使用再循环区提供的连续点火源来实现的，该点火源便于将热燃烧产物与进入的燃料和空气混合物进行混合。在TVC燃烧室中发生的湍流被“困在”注入反应物并有效混合的腔体内。由于部分燃烧发生在再循环区内，因此可以实现“典型”的无焰状态，而被困的湍流涡流可以显著降低压降。除此之外，如果将燃料同时注入腔体和主气流中，TVC还能充当分级燃烧器。通常，分级燃烧系统具有实现 NO_x 排放降低约10%～40%的潜力。当所有的燃料都喷入型腔时，它也可以作为RQL燃烧器运行。

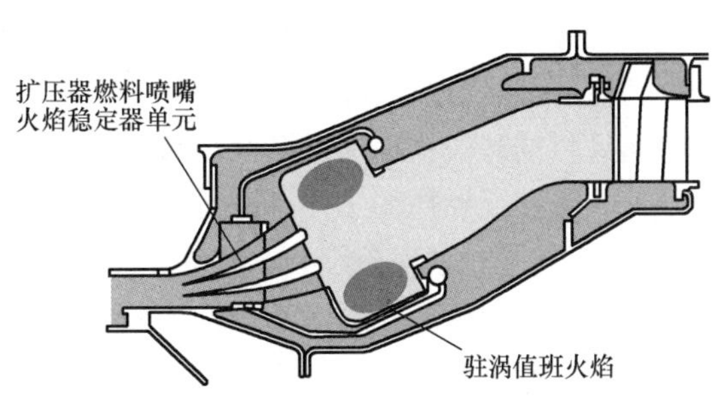

图4-37　驻涡燃烧室示意图

8. 增压燃烧

现有的燃气轮机循环燃烧室中的燃烧过程为等压的燃烧方式，在燃气轮机的发展初期，曾出现过等容的燃烧方式，然而在燃气轮机中等容燃烧过程的实现具有较大困难。等容燃烧过程中燃烧室的压力提升，相对于等压燃烧可获得更高的平均加热温度。近年来，大量学者开展了旋转爆燃的研究，从概念上讲旋转爆燃属于等容燃烧的范畴。

目前，旋转爆燃增压燃烧室的研究大多处于概念验证阶段，即如何产生持续的爆燃，并证实压力增加。由于爆燃波非稳态的本质特征，其对燃烧稳定性、压气机和透平的影响、污染物排放的影响还需要深入研究。

4.13.2　燃料灵活性

燃料灵活性是未来以天然气为燃料的发电装置的关键。由于可再生能源得到了越来越广泛的应用，对燃料的可靠灵活性的需求也不断增加。因此，装置能够在低负荷到满负荷高效运行且排放较低将具有重要的优越性。随着气体燃料范围（包括页岩气和炼油气/工业气）的扩展，其可用性逐渐增加。能够以重质碳氢燃料、氢气和惰性气体工作的燃烧系统，将能够适应未来燃料气的需求。

燃气轮机可以设计成使用各种液体和气体燃料，包括天然气等常规燃料以及来自废气（例如垃圾填埋场的甲烷）的燃料和可再生燃料（例如氢、氨、生物质燃料和合成气）等替代燃料。当可再生能源（例如风能和太阳能）发电量超过需求时，可以由多余的电力得到氢这样的可再生燃料。

当前，尽管一些燃气轮机制造商正在开发可燃烧100%氢燃料的燃气轮机，但增加氢气含量会带来一些技术上的困难，解决这些技术上的挑战难度较大。

当前燃气轮机主要制造商已经对氢燃料燃气轮机进行了一定程度的研究，并且正在继续投资开发可以使用天然气和氢气混合燃料的燃气轮机来增加燃料中氢的含量。在现有的天然气管道网络中引入大量的氢会引起与管道本身以及与燃气轮机相关的重大问题。对于燃气轮机来说，天然气-氢燃料混合物会导致燃气轮机燃烧室和燃料分配系统出现问题。通常，这种问题会随着氢含量百分比的增加而增加，主要体现在：由于氢气的相对分子质量非常低，因此与天然气相比，氢气极有可能发生泄漏；氢的可燃性和爆炸极限比天然气大得多，因此有安全性和爆炸的风险；需要新的传感器来监视燃气轮机的运行；需要新方法和相关技术来安全处理氢-天然气混合燃料；需要新的控制系统来快速响应，以防因气体供应中断而导致熄火；而且氢的湍流火焰速度和吹熄极限比天然气高得多，增大了回火风险。

此外，贫预混燃烧的工作范围约为1670～1900K，难以满足目前J级燃气轮机的工作条件。此外，当转向氢气（或转向加氢燃料，例如IGCC工厂中使用的煤合成气）时，由于存在更大的可燃性限值和相对天然气而言较低的着火温度，使预混变得非常困难。因此，干式低排放燃烧室和催化燃烧室都不能安全地用于大型工业应用，因为氢气在典型的燃气轮机条件下与空气混合时几乎可以以任何当量比迅速反应。目前使用的IGCC燃烧室处理的是H_2含量为25%～40%的CO-H_2混合物，采用的是扩散燃烧方式，尚未采用预混燃烧技术。在这些燃烧室中广泛使用大量蒸汽或氮气稀释以控制NO_x。在扩散燃烧室中，化学当量火焰温度（SFT）代表实际火焰温度，与NO生成速率紧密相关。

综上所述，发电用重型燃气轮机能够使用高比例（最高100%）氢气和其他可再生气体燃料的天然气燃料混合物运行，是当前燃气轮机技术的重要发展方向之一。

参考文献

[1] WELCH M，IGOE B. An Introduction to Combustion，Fuels，Emissions，Fuel Contamination and Storage for Industrial Gas Turbines [C]. New York：ASME Paper GT2015-42010，2015.

[2] LEFEBVRE A H，BALLAL D R. Gas Turbine Combustion Alternative Fuels and Emissions [M]. 3rd ed. [S. l.]：Taylor & Francis，2010.

[3] SOARES C. Gas Turbines：A Handbook of Air，Land and Sea Applications [M]. 2nd ed. Oxford：Butterworth-Heinemann，2015.

[4] TIMOTHY C，LIEUWEN V Y. Gas Turbine Emissions [M]. Cambridge：Cambridge University Press，2013.

[5] JANSOHN P. Modern Gas Turbine Systems：High Efficiency，Low Emission，Fuel Flexible Power Generation [M]. Cambridge：Woodhead Publishing Limited，2013.

[6] GÜLEN S C. Gas Turbines for Electric Power Generation [M]. Cambridge：Cambridge University Press，2019.

[7] BENINI E. Progress in Gas Turbine Performance [M]. Croatia：Sandra Bakic，2013.

[8] RAZAK A M Y. Industrial Gas Turbines Performance and Operability [M]. Cambridge：Woodhead Publishing Limited，2007.

[9] BOYCE M P. Gas Turbine Engineering Handbook [M]. 4th ed. Oxford：Butterworth-Heinemann，2012.

[10] GIAMPAOLO T. Gas Turbine Handbook-Principles and Practice [M]. 5th ed. [S. l.]：Fairmont Press，2014.

[11] 沈炳正，黄希程. 燃气轮机装置 [M]. 2版. 北京：机械工业出版社，1991.

[12] POINSOT T, VEYNANTE D. Theoretical and Numerical Combustion [M]. 2nd ed. Philadelphia R T Edwards, 2005.

[13] MOHAMMAD B S, MCMANUS K, BRAND A, et al. Hydrogen Enrichment Impact on Gas Turbine Combustion Characteristics [C]. New York: ASME Paper GT2020-15294, 2020.

[14] CARLANESCU R, ENACHE M, MAIER R, et al. Calculation of the Main Parameters Involved in the Combustion Process of CH_4-H_2 Mixtures at Different Proportions [C]. [S. l.]: E3S Web of Conferences 180, 01013 (2020), TE-RE-RD 2020, EDP Sciences, 2020.

[15] LÓPEZ-JUÁREZ M, SUN X X, SETHI B, et al. Characterising Hydrogen Micromix Flames: Combustion Model Calibration and Evaluation [C]. New York: ASME Paper GT2020-14893, 2020.

[16] NEMITALLAH M A, ABDELHAFEZ A A, ALI A, et al. Frontiers in Combustion Techniques and Burner Designs for Emissions Control and CO_2 Capture: A Review [J]. International Journal of Energy Research, 2019, 43 (14): 7790-7822.

[17] MELONI R, CERUTTI M, ZUCCA A, et al. Numerical Modelling of NO_x Emissions and Flame Stabilization Mechanisms in Gas Turbine Burners Operating With Hydrogen and Hydrogen-Methane Blends [C]. New York: ASME Paper GT2020-15432, 2020.

习 题

1. 燃烧室的工作过程有哪些特点？试简述燃气轮机燃烧室要求之间的矛盾所在。

2. 衡量燃烧室工作性能好坏的技术特性指标有哪些？请熟悉它们的表示方法和物理意义。

3. 什么是“化学反应速度”？它与哪些因素有关？

4. 为了保证燃料燃烧的稳定性和完全性，燃烧室中的空气流应该怎样组织才好？

5. 试说明现代燃气轮机燃烧室采用火焰稳定器的原因？

6. 液体燃料的雾化机理是什么？

7. 简述分管型、环管型、环型燃烧室的主要优缺点。

8. 什么是衡量液体燃料雾化质量的标准？

9. 燃烧区中的燃料浓度场对于燃烧过程有什么影响？燃料浓度场应该怎样组织才好？

第 5 章

燃气透平

5.1 概述

燃气透平，又称燃气涡轮，是燃气轮机的三大核心部件之一。燃气透平在机组中位于压气机和燃烧室之后，在系统中起做功的作用。透平一般通过轴与压气机和/或负载连接在一起，在流动和结构方面与压气机、燃烧室联系紧密，且与压气机之间存在着机械功的传递。高温燃气在透平的流动过程中温度变化剧烈，因此不同部件的制造材料和工艺差别较大，例如高压透平前几级叶片一般采用单晶材料，而轮盘和后面级的叶片一般采用高温合金。

燃气透平在燃气轮机循环中的作用是完成循环中的膨胀过程，其主要作用是将来自燃烧室的高温高压燃气的热能转换为机械功，以驱动压气机（航空涡扇发动机还需要驱动风扇）与发电机或其他负载，是燃气轮机装置中向外输出机械功的部件。燃气透平转化的机械功中约有 1/2 ~ 2/3 用以带动压气机，其余的机械功作为输出功率带动负荷。从设计的角度讲，透平前温越高，透平的做功能力就越强，整个燃气轮机的效率也越高，功率就越大。但是，过高的透平前温给材料和冷却带来了严峻的挑战。

为了保证燃气透平在高温环境下安全可靠地工作，除了采用耐高温材料外，还必须采用热防护技术来保证透平的金属温度低于其耐受极限温度。目前，燃气透平采用的热防护技术通常有热障涂层和主动冷却两种。热障涂层防护技术是在透平金属的外侧喷涂一层很薄（一百到数百微米）的低导热耐高温涂层，热障涂层通过粘接层与透平金属粘接。燃气透平经长时间工作后，热障涂层可能会发生局部脱落，但通过重新喷涂即可进行修复。目前应用于燃气透平的热障涂层带来的平均温降在 50 ~ 100℃之间。热障涂层对透平金属的热防护能力主要取决于热障涂层的热导率，这与其材料性能有关，因此针对热障涂层的研究主要集中在其材料性能、喷涂技术以及力学性能等方面，本书在此不予介绍。

燃气透平的主动冷却技术是使用冷却工质对透平叶片从内部和外部进行冷却。目前，通常采用的冷却工质是抽吸自压气机的高压空气，经二次空气系统到达透平，随后进入透平的盘腔和叶片进行冷却。透平的主动冷却技术分为内部冷却和外部冷却两种。内部冷却是指冷气在叶片内部复杂冷却结构中（比如带肋蛇形通道），通过对流强化换热从内部将叶片金属中的热量带走；外部冷却则是将冷气通过气膜孔、间隙或劈缝等结构喷出，与主流掺混后形成温度较低的贴近叶片外表面的冷却气膜，从而尽可能地降低由高温燃气传向透平叶片的热量。在目前的先进燃气轮机透平中，典型的主动冷却方式是内部冷却与外部冷却组合形成的复合冷却。此外，透平叶片冷却也可以按照区域来划分，分为叶片型面冷却、前缘冷却、叶顶冷却、端壁冷却以及尾缘冷却等。由于各区域的流动结构和几何结构差异较大，在冷却方法的选择和结构布局上也会有着明显差异。

除了透平叶片需要冷却外，透平动叶轮盘也需要冷却。轮盘是透平转子的一部分，其热量的主要来源是由叶片中的热量经热传导而来，同时轮盘旋转时产生的风阻也会产生部分热量。透平轮盘与相邻静子或轮盘又构成了透平二次空气系统的盘腔结构。针对不同的盘腔结构，轮盘的冷却方式同样有所差异。

燃气透平按燃气的流动方向，可以分为轴流式透平、径流式透平和径轴流混合式透平三类，其中：

1）轴流式透平：指气流沿着透平轴向运动的一类透平，其应用较为广泛，具有流量大、效率高、功率大的特点，但结构相对较为笨重。

2）径流式透平：气流的运动方向主要是沿着半径方向，气流可以沿半径朝向叶轮中心（向心式透平），也可以是离开叶轮中心（离心式透平），但离心式透平应用很少。

3）径轴流混合式透平：其气流沿半径向叶轮中心进入透平，从轴向离开，通常也简称为向心式透平。这类透平由于结构轻巧，在小型、微型燃气轮机装置中应用较多，但它流量小，效率相对较低。

在燃气透平的设计过程中，尽管许多问题已经得以克服，但是仍然有不少问题需要解决，需要应用新的概念和技术来进一步提高冷却性能和材料耐温能力，从而进一步提高燃气轮机的效率和功率并满足其宽工况工作范围的要求。同时，更高的可靠性、更持久的寿命和更低的制造维护成本在未来会越来越重要。为了满足这一挑战，研究者一直对新气动设计理念、新型冷却技术、新材料、新制造方法进行不断的探索，由此促进了燃气轮机技术的发展。

本章主要介绍轴流式透平的工作原理、二次空气系统、冷却技术以及先进的气冷透平技术。

5.2 燃气透平结构及性能参数

5.2.1 燃气透平结构

燃气透平由静子和转子两大部分组成，如图5-1所示。其中，静子由气缸、扩压机匣和排气道（或排气蜗壳）组成，气缸和扩压机匣为承力部件，通常静子为双层结构，外层是气缸，内层由静叶外缘板和持环组成。转子由轮盘、轴和动叶组成，有盘式和盘鼓式两种结构，其中轮盘和轴为转子的本体结构。

鉴于燃气透平进口温度远高于金属材料所能承受的温度极限，必须对透平等高温部件进行有效冷却，为此燃气轮机结构中还需要有良好的空气冷却系统，以确保透平的动叶、转子和静子部件的有效冷却。

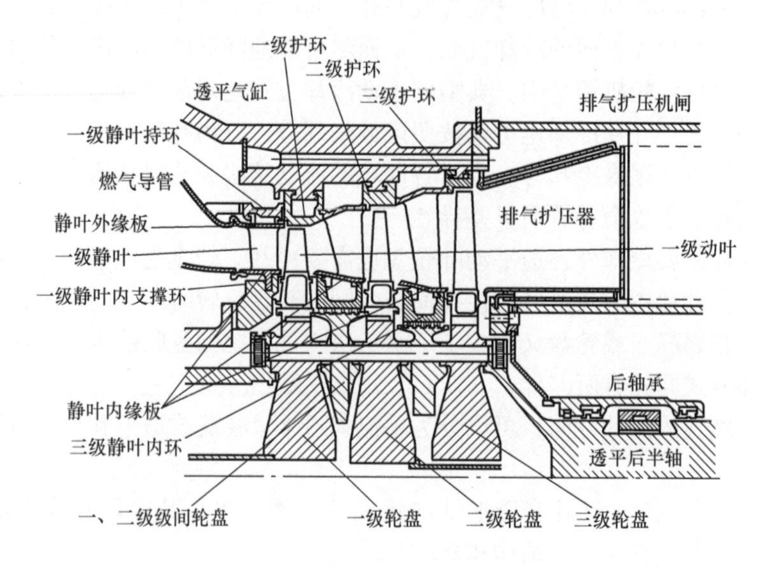

图 5-1　某燃气轮机透平的结构

扩压机匣由排气扩压器内、外流道组成，扩压器内外环间用筋板连接为一体。扩压机匣通常有铸造和焊接两种形式。

气缸沿轴向一般不再分段，仅分为上下两半的单个气缸，由铸造而成。

燃气透平静叶如图 5-2 所示。静叶通过持环和护环固定在气缸上。静叶在铸造时通常将多只叶片铸造在一起，形成静叶组件，通常有两叶、三叶、四叶、五叶组件，以增强静叶的刚性，使其不易扭曲或弯曲变形。

图 5-2　燃气透平静叶

扫码查看彩图

静叶与轴之间的结构称为静叶内环。由于燃气透平级焓降非常大，静叶前后压差较大，为了减少漏气损失，静叶内环上下装有气封结构。静叶的这种安装方式保证了静叶在高温下能自由热膨胀，转轴灵活而不漏气。

燃气透平动叶结构如图 5-3 所示，通常包含叶冠、叶片本体、工字形长柄和叶根等四个部分。动叶是将高温燃气的能量转变为转子机械功的关键部件之一。动叶的工作条件恶劣，它被高温燃气包围，工作中承受着巨大离心力、气动力、振动应力、热腐蚀和热疲劳，因此它是决定机组寿命的主要零件之一。

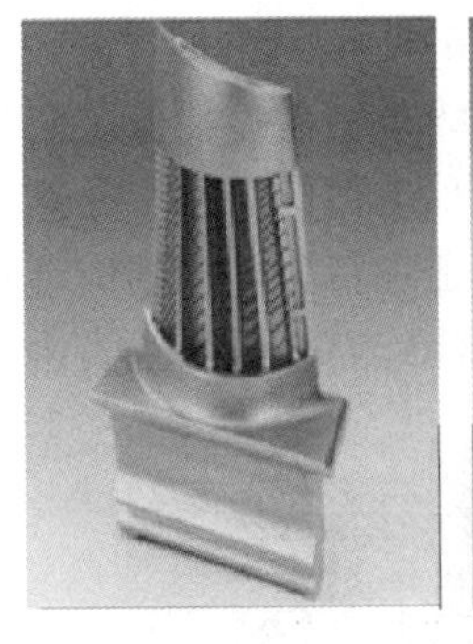

图 5-3 燃气透平动叶

扫码查看彩图

5.2.2 燃气透平性能参数

燃气透平的主要性能参数有：

1. 膨胀比

膨胀比（π_T）为透平进口总压（p_3）与出口静压（p_4）之比：

$$\pi_T = p_3/p_4 \tag{5-1}$$

通常也用压比（ε）表示：

$$\varepsilon = p_4/p_3 \tag{5-2}$$

因此压比和膨胀比之间满足：

$$\pi_T = \frac{1}{\varepsilon} \tag{5-3}$$

2. 透平前温度

透平前燃气温度 T_3（又称透平进口温度或透平前温）是决定燃气轮机热力循环有用功和热效率的主要参数。提高透平前温可以提高燃气轮机功率和热效率，由于透平动叶对冷却的需求更高，因此在设计中也经常用第一级动叶前温度来作为表示其设计水平的参数。

3. 透平比功

透平的比功 w_T 是指单位质量工质在透平中膨胀实际产生的膨胀功：

$$w_T = c_{pg}(T_3 - T_4) \tag{5-4}$$

式中，c_{pg}为燃气的比定压热容；T_3 和 T_4 分别为透平进出口的温度。

4. 透平效率

透平效率反映了燃气在透平中膨胀过程的完善程度，通常用绝热效率表示，是指工质在透平中实际产生的膨胀功与在透平中按等熵绝热条件膨胀的理想膨胀功之比：

$$\eta_T = \frac{G_T w_T}{G_T h_s^*} = \frac{w_T}{h_s^*} \tag{5-5}$$

式中，G_T 为透平中燃气的质量流量；w_T 为透平的比功；h_s^* 为工质在透平中按等熵绝热条件膨胀的等熵焓降。

5.3 透平级的工作原理

一列静叶栅（或称喷嘴叶栅）和其后的一列动叶栅（或称工作叶轮）共同构成轴流式透平的一个级，透平级是透平中的基本工作单元。根据燃气在静叶与动叶中膨胀程度的不同，通常可以将透平级分为冲动级、反动级以及带反动度的冲动级三种。冲动级是指整个级的绝热焓降在静叶通道中全部转化为动能的透平级；反动级是指整个级的绝热焓降平均分配在静叶和动叶通道中且各自全部转化为动能的透平级；带反动度的冲动级是指整个级的绝热焓降大部分在静叶通道中转化为动能，而少部分在动叶通道中转化为动能的透平级。在燃气透平中，透平级一般为反动级或者带反动度的冲动级。轴流式燃气透平通常采用多级结构。

5.3.1 透平级的基元级概念

图5-4所示为一个透平级的子午面结构，子午通道叶顶处直径称为通道外径，一般用 D_t 表示；叶根端面（轮毂面）处直径称为通道内径，一般用 D_h 表示；中叶展处直径称为平均直径，一般用 D_m 表示。图中的0—0、1—1、2—2截面为三个垂直于主轴的横截面，也是进行级分析的三个特征截面。其中，0—0截面代表静叶进口截面（级进口截面），1—1截面代表静叶出口截面（轴向间隙截面），2—2截面代表动叶出口截面（级出口截面）。

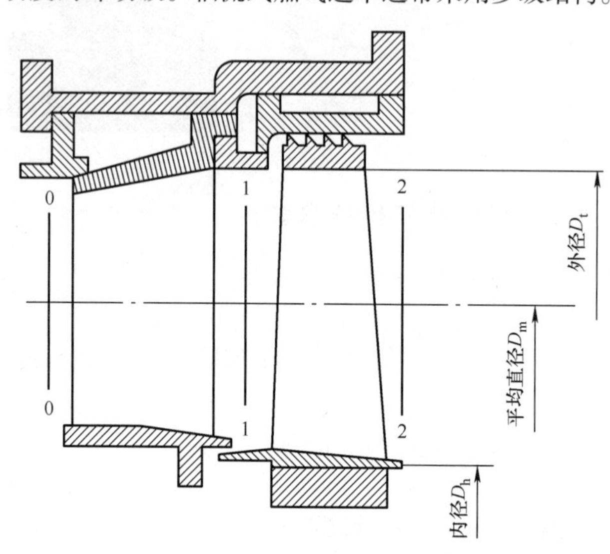

图5-4 轴流式透平级的子午面

燃气透平叶栅通道中的燃气流动非常复杂，它是一种三维黏性可压缩非定常流动，在流动的过程中伴随着能量的转换，另外当有激波存在时，流场中还会出现间断面，气流参数在激波前后变化不连续。对这样复杂的流动过程应用数学方程进行完全求解非常困难，甚至是不可能的。因此在工程实际中，经常将透平内的复杂流动根据实际情况进行适当简化，得到相应的简化流动模型。

在透平级中，气体参数沿轴向、径向和周向都在变化。任意半径处的流线曲线形成的回转面，都可以看成是圆柱面或圆锥面，因此在级中取两个径向相距为 dr 的无限接近的流面，可以认为在这两个流面内气流参数相同，这两个流面组成的同心环形薄层就构成了“基元级”。因此，可以将透平级视为由许多基元级沿半径的叶高方向叠合而成。在透平级的设计和计算分析中通常以平均半径 D_m 处的基元级参数表征整个级的流动特点。

将基元级展开，可以得到图5-5所示的一列平面静叶栅和一列平面动叶栅。在基元级中，气流参数沿径向、周向的变化可以忽略，因此基元级内流动可以简化为一维轴向流动，从而可以在透平级设计计算时用平均直径处的基元级参数来代表整个级。

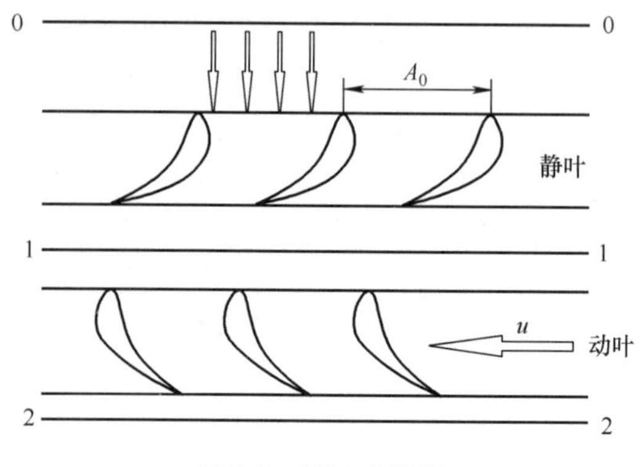

图5-5 透平基元级

5.3.2 透平级的流动过程与分类

根据燃气在透平级内的流动情况，可以将透平级分为以下三类。

1. 冲动式透平级

在冲动式透平级中，燃气只在静叶栅中膨胀加速，进入动叶栅中不再膨胀，仅依靠高速气流对动叶产生的冲动力使叶轮旋转做功。因此，动叶进出口的压力和相对速度基本相同，动叶栅组成的通道一般是等截面的，如图5-6所示。燃气透平中基本不采用冲动式透平级。

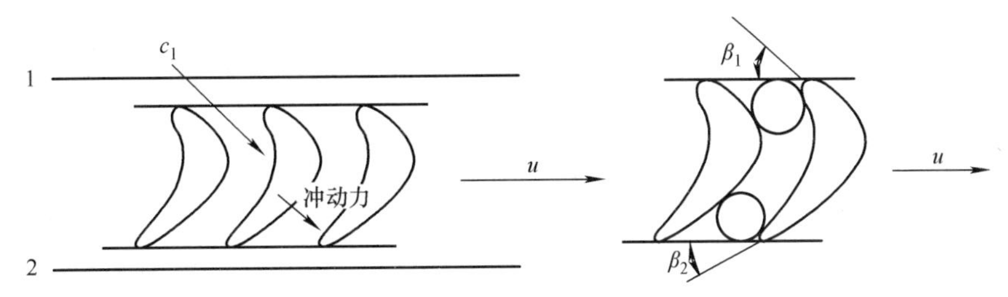

图5-6　冲动式透平动叶

2. 反动式透平级

在反动式透平级中，燃气在静叶栅中膨胀加速，将其在级内焓降的一半转化为动能，高速气流冲击动叶做功，同时燃气继续在动叶栅中膨胀而加速，将其在级内焓降的另一半在动叶栅中转化为动能，燃气流出动叶栅时对动叶产生反推力，使叶轮旋转做功。可见此时的叶轮做功，既依靠高速气流的冲动力，又依靠加速气流的反动力。因此动叶片之间的通道是收敛的，如图5-7所示。

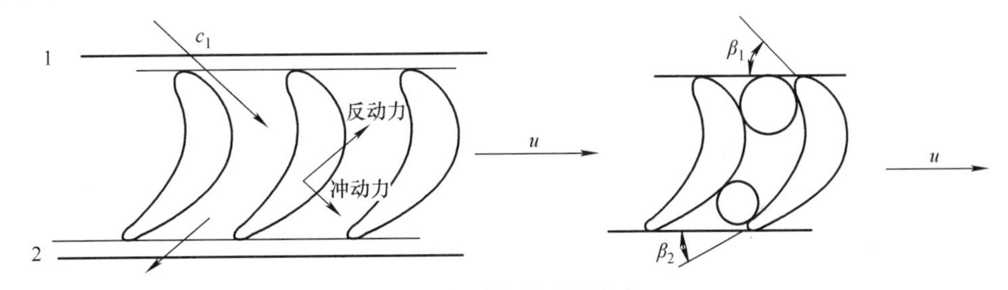

图5-7　反动式透平动叶

3. 带反动度的冲动级

在带反动度的透平级中，燃气的膨胀加速主要在静叶栅通道中进行，部分在动叶栅通道中进行。带反动度的冲动级膨胀过程线如图5-8所示。

燃气在动叶中的膨胀程度常用反动度（Ω）表示，数值上为透平级中气流在动叶栅通道中的等熵焓降与级的等熵焓降之比，如式（5-6）所示。相对于压气机叶型，透平叶片叶身厚且弯曲角大。透平级中能量转换大，即气流速度高、转折大，且相对于反动级，冲动级的动叶片更为厚实、弯曲角更大。

$$\Omega = \frac{h_{2s}}{h_s^*} = \frac{h_{2s}}{h_{1s}^* + h_{2s}} \tag{5-6}$$

式中，h_{2s}和h_{1s}^*分别为工质在透平动叶和静叶中按等熵绝热条件膨胀的等熵焓降。

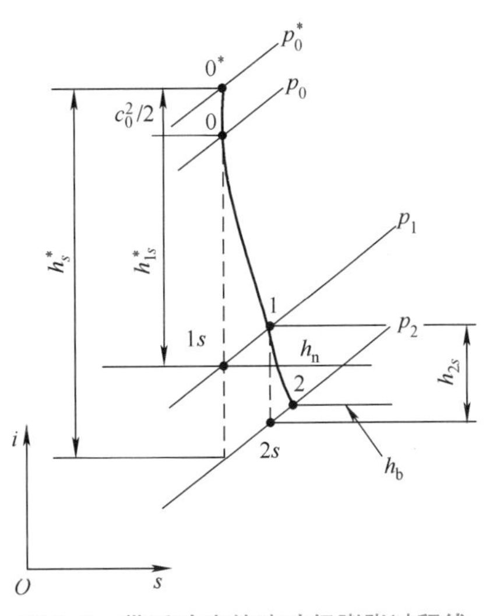

图5-8　带反动度的冲动级膨胀过程线

为了简化计算，实际应用中通常采用由动叶进出口静压差和透平级进口总压与出口静压之差的比值来定义反动度，称为压力反动度。为了区分，由焓降定义的反动度称为热力反动度。

5.3.3 透平级的速度三角形

在图5-5所示的燃气在透平级中的流动过程中，从静叶栅出来的高速气流以绝对速度 $\boldsymbol{c}_1$（绝对坐标）进入动叶栅，动叶栅进口沿圆周方向有一个圆周速度 $\boldsymbol{u}_1$（牵连速度），从动叶栅来看，燃气是以相对速度 $\boldsymbol{w}_1$（相对坐标）进入动叶栅的。同样，燃气以绝对速度 $\boldsymbol{c}_2$（绝对坐标）流出动叶栅，动叶栅出口沿圆周方向有一个圆周速度 $\boldsymbol{u}_2$，从动叶栅来看，燃气是以相对速度 $\boldsymbol{w}_2$（相对坐标）流出动叶栅的。因此，在动叶进口，存在绝对速度 $\boldsymbol{c}_1$、圆周速度 $\boldsymbol{u}_1$ 和相对速度 $\boldsymbol{w}_1$ 三个速度，它们都是矢量，满足矢量相加原则，即

$$\boldsymbol{c}_1 = \boldsymbol{u}_1 + \boldsymbol{w}_1 \tag{5-7}$$

将上式用矢量图表示出来就是一个三角形，通常称之为动叶进口速度三角形。

同样，动叶出口的三个速度 $\boldsymbol{c}_2$、$\boldsymbol{u}_2$ 和 $\boldsymbol{w}_2$ 也满足矢量相加原则，即

$$\boldsymbol{c}_2 = \boldsymbol{u}_2 + \boldsymbol{w}_2 \tag{5-8}$$

将上式用矢量图表示出来也是一个三角形，称为动叶出口速度三角形。

将动叶进出口的6个速度，按一定的比例和矢量相加的规则绘制到一起，就构成了透平级的速度三角形，如图5-9所示。

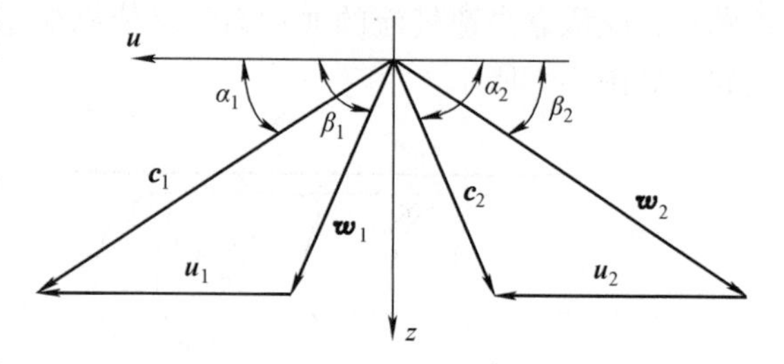

图5-9 透平级的速度三角形

透平级的速度三角形绘制方法及变量与压气机类似，但存在以下三点不同：

1）透平的 c_{2u} 很小（接近轴向出气），而预旋 c_{1u} 很大；而压气机中的预旋 c_{1u} 很小，而 c_{2u} 较大。

2）透平的 c 和 w 数值比压气机的大得多，故 u 显得很小。

3）透平的 $\Delta\beta$ 很大，一般超过90°，因此扭速 Δw_u 很大：

$$\Delta\beta = 180 - \beta_2 - \beta_1 \tag{5-9}$$

$$\Delta w_u = c_{2u} + c_{1u} \tag{5-10}$$

当 $\Omega = 0.5$ 时，进出口速度三角形关于轴对称，此时：

$$c_1 = w_2 \qquad \alpha_1 = \beta_2 \qquad w_1 = c_2 \qquad \beta_1 = \alpha_2 \tag{5-11}$$

习惯上，将 $\Omega > 0$ 的级称为反动级。

5.3.4 透平基元级中各速度的确定

气流速度的变化反映的是能量转换的大小，因此气流速度可以通过基元级内的能量变化情况来确定。

静叶栅中，理想情况下忽略各项损失，气流绝热膨胀，静叶栅静止，不对外做功。因此气流在静叶栅中总焓不变，动能增加，静焓降低，如图5-10所示。

根据图5-8，可得：

$$i_{1s}^* = i_{1s} + \frac{c_{1s}^2}{2} = i_0 + \frac{c_0^2}{2} = i_0^* \tag{5-12}$$

由式（5-12）可得：

$$\frac{c_{1s}^2 - c_0^2}{2} = i_0 - i_{1s} \tag{5-13}$$

因此，

$$c_{1s} = \sqrt{2(i_0^* - i_{1s})} = \sqrt{2H_{1s}} = \sqrt{2c_{pg}(T_0^* - T_{1s})} = \sqrt{2\frac{\kappa_g}{\kappa_g - 1}T_0^*\left[1 - \left(\frac{p_0^*}{p_1}\right)^{-\frac{\kappa_g - 1}{\kappa_g}}\right]} \tag{5-14}$$

式中，i、c、p、T 分别为燃气在该状态点的焓（用 i 表示静焓，下文用 h 表示焓降）、速度、压力和温度，下标表示所处的状态点，上标 $*$ 表示滞止状态参数；κ_g 为燃气的比热比。

而在实际过程中，由于有摩擦阻力及其他阻力存在，以及燃气的绝热指数和比热容均不是常数，因此如图 5-8 所示，实际焓及速度值有：$i_1 > i_{1s}$，$c_1 < c_{1s}$。这里，用速度系数 ϕ 表示：

$$c_1 = \phi c_{1s} \quad (\phi = 0.94 \sim 0.98) \tag{5-15}$$

相对速度 w_1 由速度三角形求得：

$$w_1 = c_1 - u_1 \tag{5-16}$$

$$w_1 = \sqrt{c_1^2 + u_1^2 - 2c_1 u_1 \cos\alpha_1} \tag{5-17}$$

$$\beta_1 = \arcsin\frac{c_1 \sin\alpha_1}{w_1} \tag{5-18}$$

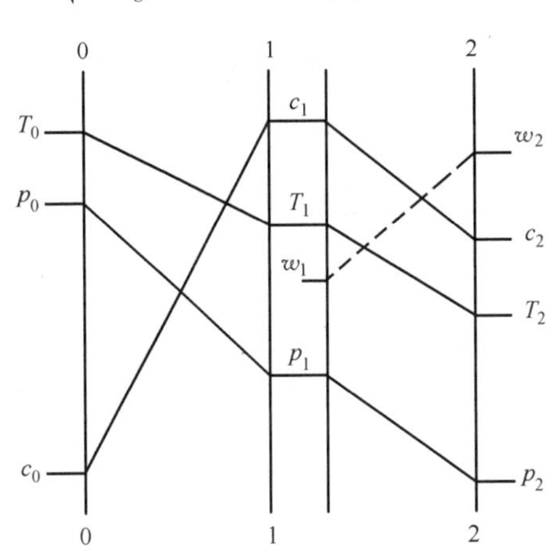

图 5-10　基元级中气流参数的变化

同样，理想情况下动叶通道内的能量方程为

$$i_1 + \frac{w_1^2}{2} - \frac{u_1^2}{2} = i_2 + \frac{w_2^2}{2} - \frac{u_2^2}{2} \tag{5-19}$$

对于短叶片轴流级，$u_1 = u_2$，因此动叶出口理想气流速度为

$$w_{2s} = \sqrt{2h_{2s} + w_1^2} \tag{5-20}$$

考虑到动叶中的流动损失，用速度系数 ψ 表示：

$$w_2 = \psi w_{2s} \tag{5-21}$$

由速度三角形可得动叶出口气流绝对速度和角度：

$$c_2 = w_2 + u_2 \tag{5-22}$$

$$c_2 = \sqrt{w_2^2 + u_2^2 - 2u_2 w_2 \cos\beta_2} \tag{5-23}$$

$$\sin\alpha_2 = \frac{w_2 \sin\beta_2}{c_2} \tag{5-24}$$

上述公式中的 c_2 称为余速，若被下级利用，则为下一级进口速度，若不被利用，则为余速损失。

静叶栅损失 h_n：

$$h_n = \frac{c_{1s}^2 - c_1^2}{2} = (1 - \phi^2)\frac{c_{1s}^2}{2} = \left(\frac{1}{\phi^2} - 1\right)\frac{c_1^2}{2} \tag{5-25}$$

动叶栅损失 h_b：

$$h_{\mathrm{b}}=\frac{w_{2s}^{2}-w_{2}^{2}}{2}=(1-\psi^{2})\frac{w_{2s}^{2}}{2}=\left(\frac{1}{\psi^{2}}-1\right)\frac{w_{2}^{2}}{2} \tag{5-26}$$

余速损失 h_{c_2}：

$$h_{c_2}=\frac{c_2^2}{2}(1-\mu) \tag{5-27}$$

式中，$\mu=0\sim1$，为余速利用系数。

5.4 透平级的叶栅特性及气动损失

5.4.1 叶栅能量损失的衡量

前面介绍的静叶损失 h_{n}和动叶损失 h_{b}是对叶栅流动损失的整体衡量指标，可以用叶栅能量损失系数或叶栅速度系数来进行衡量。

1. 叶栅能量损失系数

静叶：

$$\zeta_{\mathrm{n}}=\frac{h_{\mathrm{n}}}{h_{1s}^{*}} \tag{5-28}$$

动叶：

$$\zeta_{\mathrm{b}}=\frac{h_{\mathrm{b}}}{h_{2s}^{*}} \tag{5-29}$$

2. 叶栅速度系数

静叶：

$$\phi=\frac{c_1}{c_{1s}} \tag{5-30}$$

动叶：

$$\psi=\frac{w_2}{w_{2s}} \tag{5-31}$$

叶栅能量损失系数与叶栅速度系数都能衡量透平叶栅中的能量损失大小，但是叶栅能量损失系数是基于流过透平级的理想能量来衡量静叶栅或动叶栅损失的大小，而叶栅速度系数是基于流过静叶栅或动叶栅中的理想能量来衡量静叶栅或动叶栅损失的大小。因此叶栅能量损失系数与叶栅速度系数之间是相互对应的，可以互相转换，其关系式如下：

$$\phi=\sqrt{1-\xi_{\mathrm{n}}} \tag{5-32}$$

$$\psi=\sqrt{1-\xi_{\mathrm{b}}} \tag{5-33}$$

5.4.2 透平内部损失

根据平面叶栅内部流动损失产生的原因和位置，燃气透平叶栅内部的流动损失可分为型面损失、端部损失和泄漏损失三类。

1. 型面损失

型面损失是指叶型表面附近由于流体黏性产生的损失，包括叶型表面边界层中的摩擦损失、边界层脱离时形成的涡流损失、出口边尾迹区产生的涡流损失、高压级透平叶片在冷却时引入的冷却气流对边界层和主流的干扰损失和激波损失五部分。

由于边界层在整个叶片表面都存在，因此边界层内摩擦损失分布在整个叶片表面上。

由于型面曲率使得在叶片表面上存在着局部的逆压区，当表面边界层内的燃气不足以克服逆压梯度而离开叶片表面甚至产生回流时，就产生了边界层的涡流损失。

叶片压力面与吸力面边界层在尾缘汇集后形成的气流漩涡区称之为尾迹。尾迹区内的气流以较低能量的漩涡形式存在，在向下游流动的过程中会产生由于漩涡间相互耗散的能量损失以及其与高能量主流之间相互掺混而产生的能量损失。

冷却叶片的冷气最终通过气膜孔和尾缘劈缝等流入主流，冷气进入主流过程中会对边界层和主流产生干扰，由此带来损失；并且冷气与主流掺混后会降低主流温度，由此也会带来损失。

激波损失是在近声速和超声速气流中产生。在冲动式叶栅动叶的进、出口处，反动式叶栅动叶的出口处以及流道中的个别区域，可能会出现超声速气流，形成局部的超声速区，超声速气流在升压区会产生激波，使气流速度和总压明显下降，造成能量损失；并且波后扩压段叶型表面边界层厚度增加，还可能导致边界层脱离，使型面损失增大，这两部分统称为激波损失。激波损失虽然产生的原因与型面损失不同，但与型面损失关系密切，且平面叶栅中激波损失沿叶高方向不变，因此一般将激波损失归入型面损失中。

由于对叶型表面压力分布存在影响的因素都会影响型面损失，因此型面损失的影响因素非常多，包括叶型几何参数（如叶型、出口边厚度等）、叶栅几何参数（如叶片安装角、叶片进出口几何角、节距等）、气动参数（如攻角、马赫数等）以及叶型加工的粗糙度等。相对而言，这些影响因素中，进口气流角、相对节距和马赫数对型面损失的影响较大。这些影响因素对型面损失的影响通常通过叶栅气动试验（吹风试验）来确定。

2. 端部损失

端部损失是指在叶栅通道上下端部区域由于流体的黏性额外产生的损失，包括叶栅通道上下两个端面上边界层的摩擦损失和叶栅通道上下两端面产生的二次流损失两部分。

在叶栅的两端，气流与气缸内壁以及工作转子的表面相接触，这样不可避免地也会形成附着在这些表面上的气流边界层，从而产生摩擦阻力损失和涡流损失。这种损失是端部损失的一个部分。

同时，在叶栅端部还会产生二次流损失。众所周知，当气流流过弯曲的叶间流道时，会产生离心力，在叶栅流道的主流区，离心力刚好由叶栅通道中从压力面指向吸力面的压力梯度平衡；但在叶栅的两个端部，由于黏性的影响，其边界层内气流速度比较低，气流速度从与主流区相同逐渐减小为零，离心力也随之逐渐减小为零，而叶栅通道中从压力面侧指向吸力面侧的压力梯度一直存在，在这个压力梯度的作用下，叶栅上下两端产生了从压力面指向吸力面的端部二次流，由此带来了二次流损失。

影响端部损失的因素主要有叶型、相对叶高、雷诺数和马赫数等。叶型不同，一方面其边界层厚度和流动损失也不同；另一方面其气流速度和转折角不同，气流产生的离心力不同，动叶栅通道中压力面侧和吸力面侧的压力梯度不同，因此二次流和涡流损失也不同。

在相对叶高的影响方面，当叶片的高度低于某一极限高度时，上下两个端部二次流引起的涡相互叠加强化，将会使端部损失急剧增大；而当叶片高度高于这一极限高度时，两端面的二次流损失和边界层的摩擦损失的大小不变。但随着叶片高度的增大，端部损失在叶栅总焓降中所占的比例逐渐降低。

雷诺数的增大使得端壁边界层的厚度减薄，从而降低了端部损失。亚声速条件下随马赫数的增大，叶栅通道压力面侧的压力相对于吸力面侧的压力增加得慢，因此通道中从压力面侧指向吸力面侧的压力梯度减小，从而减小了二次流损失，使端部损失降低。

3. 泄漏损失

泄漏损失又称间隙泄漏损失。透平的不同部件间存在间隙，包括动-静间隙、动-动间隙和静-静间隙。泄漏损失是指在压差作用下，工质通过间隙时的泄漏流引起的流动损失。泄漏损失主要包括从间隙泄漏部分流体做功能力的减少、气流通过间隙时由于壁面刮削作用引起的摩擦损失以及间隙泄漏流与主流之间的掺混损失。泄漏损失是透平级尤其是动叶内损失的主要来源，因此需要控制叶顶间隙高度或使用带冠叶片（加气封片）并控制叶顶的反动度。

除了透平叶栅内部的流动损失和泄漏损失外，燃气透平对外做功，还需要克服轮面摩擦损失、轴承等部件的机械损失以及轴端密封向外漏气带来的损失。

轮面摩擦损失又称风阻损失，叶轮两侧面在充满气体的空间里高速旋转时，气体会对叶轮表面产生摩擦；此外，盘腔内的冷却气体沿着转子轮盘表面从中心线附近朝外流向叶片的根部时也会产生摩擦，这两类摩擦损失称为轮面摩擦损失。

5.4.3 级的轮周功率与轮周效率

在透平级中，气流推动动叶栅所做的功称为轮周功，单位时间内气流所做的轮周功称为轮周功率。根据定义可知，气流在动叶栅通道中动能的变化量即为轮周功，因此轮周功 P_{u} 可以表示为

$$P_{\mathrm{u}}=G\left(\frac{c_1^2}{2}+\frac{w_2^2-w_1^2}{2}-\frac{c_2^2}{2}\right) \tag{5-34}$$

式中，G 为进入叶栅通道的流量；$G\dfrac{c_1^2}{2}$为进入动叶栅时气流的动能；$G\dfrac{w_2^2-w_1^2}{2}$为燃气在动叶栅中继续膨胀从热能转化的能量；$G\dfrac{c_2^2}{2}$为燃气离开动叶栅时所带走的能量。

根据图 5-10 所示速度三角形有：

$$\begin{aligned}w_1^2&=c_1^2+u_1^2-2c_1u_1\cos\alpha_1=c_1^2+u_1^2-2u_1c_{1\mathrm{u}}\\ w_2^2&=c_2^2+u_2^2+2c_2u_2\cos\alpha_2=c_2^2+u_2^2+2u_2c_{2\mathrm{u}}\end{aligned} \tag{5-35}$$

而基元级中可以近似的认为 $u_1=u_2$，所以可得到另一种表示形式：

$$\begin{aligned}P_{\mathrm{u}}&=G\left(\frac{c_1^2}{2}+\frac{w_2^2-w_1^2}{2}-\frac{c_2^2}{2}\right)=G\left[\frac{c_1^2}{2}+\frac{(c_2^2+u_2^2+2u_2c_{2\mathrm{u}})-(c_1^2+u_1^2-2u_1c_{1\mathrm{u}})}{2}-\frac{c_2^2}{2}\right]\\&=Gu(c_{1\mathrm{u}}+c_{2\mathrm{u}})\end{aligned} \tag{5-36}$$

无论气流是在静叶栅中膨胀，还是在动叶栅中膨胀，气流通过膨胀将热能转换为动能后，最终都是推动动叶旋转，将气流的动能转化为机械功，所以轮周功是透平级内能量转换的体现。根据图 5-8 所示的燃气在透平级中膨胀过程曲线中热能的变化关系，单个透平级的有效焓降可表示为

$$h_{\mathrm{u}}^*=h_s^*-h_{\mathrm{n}}-h_{\mathrm{b}}-h_{c_2} \tag{5-37}$$

所以。轮周功率又可以表示为

$$P_u = G(h_s^* - h_n - h_b - h_{c_2}) \tag{5-38}$$

考虑到静叶的等熵滞止焓降 $h_{1s}^* = \frac{c_{1s}^2}{2}$，静叶损失 $h_n = \frac{c_{1s}^2 - c_1^2}{2}$，动叶的等熵焓降 $h_{2s} = \frac{w_{2s}^2 - w_1^2}{2}$，动叶损失 $h_b = \frac{w_{2s}^2 - w_2^2}{2}$，余速损失 $h_{c_2} = \frac{c_2^2}{2}$，轮周功率的这三种形式是可以相互变换的，即

$$\begin{aligned} P_u &= G(h_s^* - h_n - h_b - h_{c_2}) = G(h_{1s}^* + h_{2s} - h_n - h_b - h_{c_2}) \\ &= G\left(\frac{c_{1s}^2}{2} + \frac{w_{2s}^2 - w_1^2}{2} - \frac{c_{1s}^2 - c_1^2}{2} - \frac{w_{2s}^2 - w_2^2}{2} - \frac{c_2^2}{2}\right) \\ &= G\left(\frac{c_1^2}{2} + \frac{w_2^2 - w_1^2}{2} - \frac{c_2^2}{2}\right) \\ &= Gu(c_{1u} + c_{2u}) \end{aligned} \tag{5-39}$$

轮周效率是指单位时间内流过透平的燃气所做的轮周功（实际焓降 H_u）和燃气在级内的理想焓降之比，因此，轮周效率的表达式为

$$\eta_u = \frac{P_u}{Gh_s^*} \tag{5-40}$$

根据轮周功率的表达式，轮周效率又可以表示为

$$\eta_u = \frac{P_u}{Gh_s^*} = \frac{G(h_s^* - h_n - h_b - h_{c_2})}{Gh_s^*} = 1 - \frac{h_n}{h_s^*} - \frac{h_b}{h_s^*} - \frac{h_{c_2}}{h_s^*} = 1 - \xi_n - \xi_b - \xi_{c_2} \tag{5-41}$$

式中，ξ_n为静叶损失系数；ξ_b为动叶损失系数；ξ_{c_2}为余速损失系数。

对于有叶片冷却的透平级，由于冷气的存在，如何定义理想过程并由此确定级内的理想焓降以及如何根据进出口参数计算轮周功率，目前尚无定论。这是因为冷气的加入，既带来了一定的做功能力，同时冷气与主流的掺混，又带来了掺混损失。目前气冷透平轮周效率定义中最简单的公式是 Hartsel 给出的。Hartsel 公式考虑所有的冷却气流的做功能力，并忽略冷气与主流掺混带来的损失，因此轮周功率为单位时间内流过透平的燃气所做的轮周功与单位时间内流入叶栅通道的各冷气所做轮周功之和，相应的理想总功为主流与各股冷气的总理想焓降之和，因此轮周效率为

$$\eta_u = \frac{P_u}{Gh_s^*} = \frac{G_g(h_0^* - h_2 - h_{c_2}) + \sum_{i=1}^{n} G_{c_i}(h_i^* - h_2 - h_{c_2})}{Gh_s^* + \sum_{i=1}^{n} G_{c_i} h_{s,i}^*} \tag{5-42}$$

5.4.4 轮周效率的影响因素

从式（5-41）可以看出，轮周效率η_u与叶栅能量损失系数和余速损失系数密切相关，减小这两种损失，就可以提高轮周效率。叶栅能量损失（包括静叶损失、动叶损失）取决于静叶的速度系数 ϕ 和动叶的速度系数 ψ，它反映的是气流在叶栅中的流动效率，与叶栅几何参数和气动参数有关。叶栅能量损失产生的位置、原因和影响因素在 5.4.2 节中已详细介绍，根据该节内容，可以有针对性地降低叶栅能量损失。而余速损失是由级的排气造成的，在三项损失系数中占比也最高。

在流动损失h_n和h_b一定的条件下，如何减少余速损失 h_{c_2}，以便使轮周效率η_u达到最大。考虑到 $h_{c_2}=\frac{c_2^2}{2}$，所以减少余速损失 h_{c_2}，就是要降低排气速度 c_2。由于燃气透平中基本不采用冲动式透平级结构，所以这里不再介绍冲动式透平级的轮周效率。

1. 反动级的轮周效率与速比的关系

由式（5-15）和式（5-21）可知：

$$c_1=\phi c_{1s}=\phi\sqrt{2(1-\Omega)h_s^*} \tag{5-43}$$

$$w_2=\psi w_{2s}=\psi\sqrt{2\Omega h_s^*+w_1^2} \tag{5-44}$$

$$h_s^*=2h_{1s}^*=c_{1s}^2=\frac{c_1^2}{\phi^2} \tag{5-45}$$

根据速度三角形，如图 5-9 所示，轮周功率可表述为

$$P_u=Gu(c_{1u}+c_{2u})=Gu(c_1\cos\alpha_1+c_2\cos\alpha_2)=Gu[c_1\cos\alpha_1+(w_2\cos\beta_2-u)] \tag{5-46}$$

又由于当 $\Omega=0.5$ 时，级的进出口速度三角形关于轴对称，假定静叶栅和动叶栅中的速度系数相同，$\phi=\psi$，此时：$c_1=w_2$，$\alpha_1=\beta_2$，$w_1=c_2$，$\beta_1=\alpha_2$，所以有

$$w_2\cos\beta_2=c_1\cos\alpha_1 \tag{5-47}$$

因此式（5-46）可以写成：

$$P_u=Gu(2c_1\cos\alpha_1-u) \tag{5-48}$$

轮周效率可以表示为

$$\eta_u=\frac{P_u}{Gh_s^*}=\frac{Gu(c_{1u}+c_{2u})}{Gh_s^*}=\frac{u(2c_1\cos\alpha_1-u)}{\frac{c_1^2}{\phi^2}}=-\phi^2\left(\frac{u^2}{c_1^2}-\frac{2\cos\alpha_1 u}{c_1}\right) \tag{5-49}$$

由式（5-49）可以看出，速度系数 ϕ 和 ψ 对轮周效率有很大影响；气流角α_1、β_1、β_2对轮周效率也有影响；轮周效率 η_u与速比 u/c_1成二次抛物线关系，使轮周效率达到最大的最佳速比为

$$(x_1)_{opt}=\left(\frac{u}{c_1}\right)_{opt}=\cos\alpha_1 \tag{5-50}$$

在反动式透平中，一般$\alpha_1=18°\sim23°$，因此 $(x_1)_{opt}=0.92\sim0.95$。此时，画出反动级在轮周效率最大条件下的速度三角形，可以发现$\alpha_2=90°$，即动叶栅出口气流速度是沿轴向的。由此表明：动叶沿轴向排气时余速损失最小，轮周效率最高。

2. 带反动度冲动级的轮周效率与速比的关系

根据轮周效率的公式，可以同样推导出带反动度冲动级的轮周效率与速度系数、速比、叶栅出口气流角之间的关系式，并求出最佳速比。由于严格的推导比较麻烦，这里不再赘述。采用上面类似的方法推出一个近似公式：

$$(x_1)_{opt}=\left(\frac{u}{c_1}\right)_{opt}=\frac{\cos\alpha_1}{2(1-\Omega)} \tag{5-51}$$

此时，仍然是$\alpha_2=90°$，即动叶栅出口气流速度沿轴向排气时，余速损失最小，轮周效率最高。该结论也可以通过速度三角形，或流过动叶栅出口截面流量不变条件下，排气速度最小时的速度和动叶栅出口气流角的关系得出。

5.4.5　级的相对内效率

级的相对内效率是透平级的内功 H_i 和级理论功（级理想焓降）之比，是实际透平级在能量转换过程中，扣除了可能存在的各种损失后得到的效率，通常用 η_i 表示，即

$$H_i = H_u - \sum \Delta H = h_s^* - h_n - h_b - h_{c_2} - (h_\Delta + h_f) \tag{5-52}$$

式中，h_Δ 为漏气损失；h_f 为轮盘摩擦损失。

由此，可得到级的相对内效率如下：

$$\eta_i = \frac{H_i}{H_s} = 1 - \xi_1 - \xi_2 - \xi_{c_2} - \xi_\Delta - \xi_f \tag{5-53}$$

式中，ξ_Δ 为漏气损失系数；ξ_f 为轮盘摩擦损失系数。

级的相对内效率是衡量燃气轮机热经济性的一个重要指标。内效率的大小，不仅与所选用的叶片几何形状、反动度、速比有关，而且还与级的结构特点有关。

5.5　多级透平及其特性

由于单级透平能利用的能量有限，因此，为了追求更高的功率，通常将许多透平级按压力高低排列，叠置成为一台多级透平来逐级利用总绝热焓降。相对于单级透平，多级透平的功率和效率更高。

5.5.1　通流部分的形状

在轴流式透平中，随着气流压力沿流程逐级下降，气流密度逐级减小。要满足连续性方程，需要气流轴向分速增加，或者通流面积 A 增加，一般同时采用逐级增加轴向分速和叶片高度的方法。轴流式透平通流部分形状通常有等外径、等内径和等中径三种设计方案。

1. 等外径

通流部分外径相同，内径和平均直径则沿流程逐级降低，总绝热焓降分配从高压级到低压级递减，如图5-11所示。等外径方案具有透平径向尺寸变化较小、气动性能好、机壳（机匣）加工制造方便等优点。缺点是内径较小，叶片较长，叶片扭曲较剧烈。该方案在航空和舰船燃气轮机采用较多。

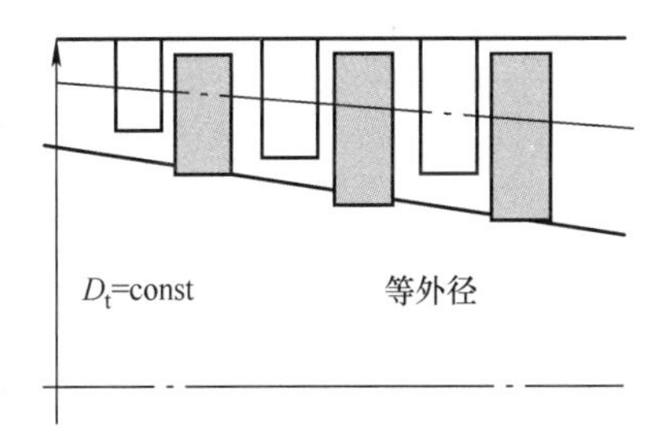

图5-11　等外径方案

2. 等内径

通流部分内径相同，外径和平均直径则沿流程逐级增加，总绝热焓降分配从高压级到低压级递增，如图5-12所示。等内径方案具有平均直径逐渐增大，叶高增大不多，叶片扭曲不剧烈，工作叶轮加工方便的优点。缺点是透平的径向尺寸变化剧烈，体积流量变化很大时，易引起气流脱离，增大气动损失；另外外径逐级增加，机壳加工相对复杂。该方案主要用于地面固定式燃机。

3. 等中径

通流部分平均直径相同，外径逐渐增大，内径逐级减小，如图5-13所示。等中径方案的优缺点介于等内径和等外径转子之间。该方案透平通流部分的扩张角不大，应用较广泛。

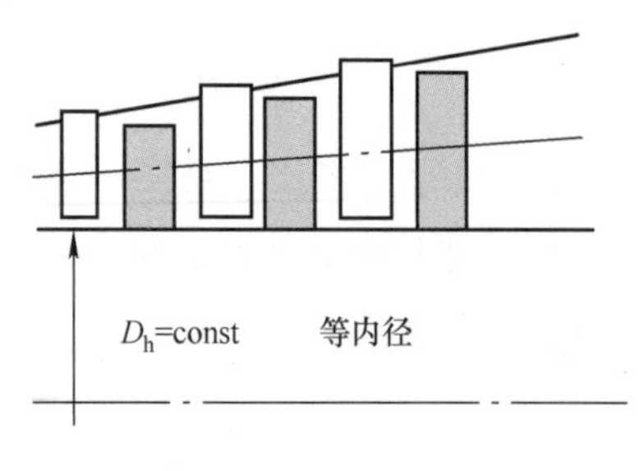

图 5-12　等内径方案

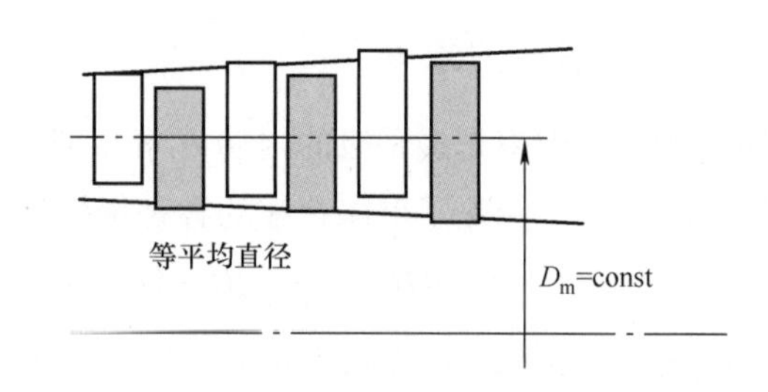

图 5-13　等中径方案

在设计燃气透平时，一般建议采用内、外壁面型线光滑、连续的子午剖面通道。外壳壁面倾角一般不宜超过 25°（甚至 20°），内壳壁面则通常小于 15°（绝对值）；某一级的内外壁总扩张角最好限制在 35°（甚至 30°）以内，相邻叶栅内壁倾角之间或外壁倾角之间的差别不宜大于 12°（甚至 8°）。

5.5.2　透平特性

透平级进气压力、温度、排气压力以及转速的变化导致透平级的综合性能参数如流量、功率以及效率等的变化，最终必然影响整个透平性能的改变。在各种工况下，透平的性能参数（流量、功率、效率等）随着工况参数（转速、进气参数、背压等）变化而变化的规律称为透平特性。通常采用相似参数来绘制透平特性曲线，以相似参数为坐标绘制的特性曲线称为通用特性曲线，不受具体参数变化的影响。

透平特性曲线的 4 个参数为：折合流量$\dfrac{G_T\sqrt{T_3^*}}{p_3^*}$、折合转速$\dfrac{n}{\sqrt{T_3^*}}$、膨胀比$\pi_T=\dfrac{p_3^*}{p_4^*}$和效率$\eta_T$。

将透平级特性绘制成通用特性曲线，可得到图 5-14 所示的透平级特性。对应前文的讨论分析，可总结如下：

（1）流量特性曲线　当转速不变，膨胀比达到临界比值时，流量达到最大值；若继续增大 G_T 值，则最大流量值保持不变，级的通流部分出现阻塞现象；在相同的膨胀比下，转速降低，会使流量有所增加，但影响相当小。

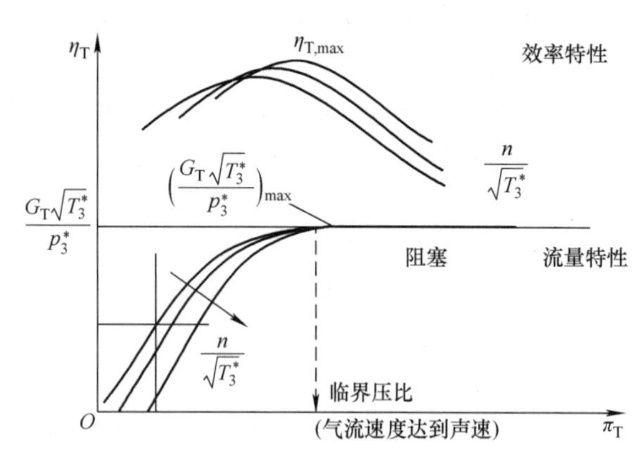

图 5-14　透平级的通用特性曲线

（2）效率特性曲线　在一定的转速下，与最佳速度比相对应的膨胀比π_T为最佳，此时透平效率最高；当膨胀比增大或减小时，都会使速度比偏离最佳值，导致流阻增大，效率下降；转速降低时，效率曲线向膨胀比减小的方向移动，相应的最高效率也有所减小。

透平通用特性曲线可以用试验或者计算的方法得到。相对于计算得到的通用特性曲线，试验方法得到的通用特性曲线数据更准确，通常作为验证计算方法的可靠性的依据，但试验需求的气源等设备条件较高，试验周期较长，费用也较高。相对而言，计算方法更容易获得通用特性曲线。常用的计算方法除了使用经验公式和用类似机组比拟外，一般采用前面介绍的取透平平均直径处的基元级代替透平级，在基元级的进出口和中间截面等特征截面处利用状态方程、连续方程、动量方程和能量方程等基本方程，推算在各折合转速和膨胀比下折合流量和效率的值，或者在各折合转速和折合流量下膨胀比和效率的值，通常用公式表示为

$$\pi_T = f_1\left(\frac{G_T\sqrt{T_3^*}}{p_3^*}, \frac{n}{\sqrt{T_3^*}}\right) \tag{5-54}$$

$$\eta_T = f_2\left(\frac{G_T\sqrt{T_3^*}}{p_3^*}, \frac{n}{\sqrt{T_3^*}}\right) \tag{5-55}$$

或

$$\frac{G_T\sqrt{T_3^*}}{p_3^*} = f_1\left(\pi_T, \frac{n}{\sqrt{T_3^*}}\right) \tag{5-56}$$

$$\eta_T = f_2\left(\pi_T, \frac{n}{\sqrt{T_3^*}}\right) \tag{5-57}$$

试验的方法通常是固定某一自变相似准则数（如折合转速）不变，通过调节折合流量或膨胀比中的一个，得到另一个相似准则数和效率。

将按上述方法得到的值连起来画成曲线，就得到了该型透平的通用特性曲线，如图5-15所示。比较图5-14和图5-15可以发现，多级透平通用特性曲线总体上和单级透平的通用特性曲线相似。有了通用特性曲线后，就可以根据透平实际运行参数，快速查图获得透平在该参数下的特性。

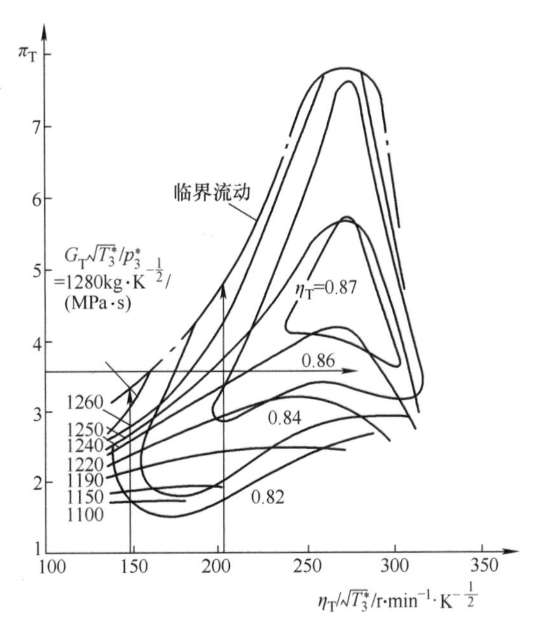

图5-15　多级透平通用特性曲线

5.6　透平二次空气系统

5.6.1　二次空气系统的功能

透平二次空气是指主流通道燃气以外不被用于产生有用功的气体。二次空气与其具有不同功能的流路（包括流路中具有一定流阻和换热特性的零部件）一起构成空气系统或称二次空气系统。二次空气系统的基本功能是保证燃气轮机正常工作时所必需的气动热力学及冷却条件与结构可靠性，因此二次空气系统是燃气轮机必不可少的组成部分。

图5-16所示为燃气轮机的二次空气系统示意图。二次空气系统中的空气根据使用部位和功能的不同，所需流量、压力和温度也不相同，因此二次空气通常抽吸自压气机的不同对应部位。来自压气机的空气通过位于燃气轮机主流道外侧或者内侧的二次空气流路中的各种流道及阻尼或换热元件（例如节流孔、腔室和封严装置等）流向目标位置。具体而言，在

燃气轮机中，二次空气可应用于高温热端部件的冷却、盘腔结构及安装间隙的冷却与密封（防止燃气倒灌入侵）、轴承轴向负荷的控制以及间隙的主动控制等。

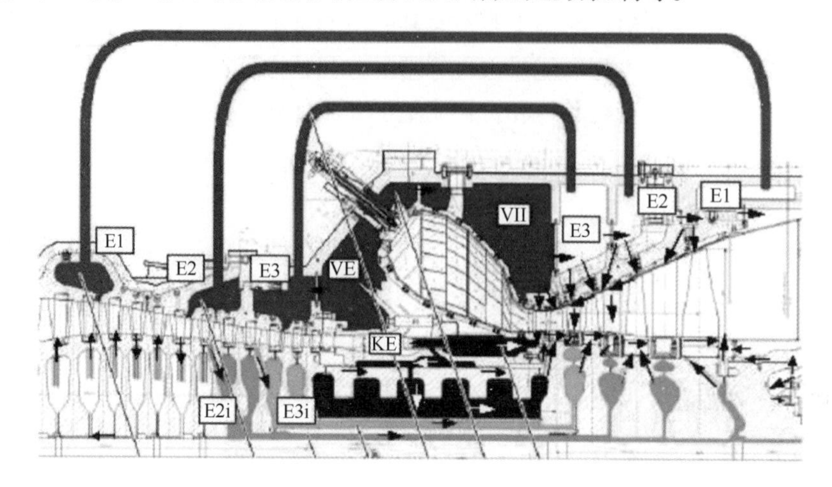

图 5-16　AE94. 3A 燃气轮机二次空气系统（图中符号表示不同抽吸位置的编号）

对于燃气透平部件而言，二次空气主要起到冷却、密封及间隙主动控制的作用。图 5-17 所示为典型的燃气透平的二次空气系统。从压气机不同部位抽取的高压空气通过轮盘和机匣进入透平静叶和动叶内部的冷却通道，随后通过叶片外部的气膜孔和叶片尾缘劈缝汇入主流，该部分二次空气的作用是为了冷却透平叶片及轮盘，防止叶片被高温燃气烧蚀；另外一部分二次空气则通过燃烧室与第一级静叶端壁之间和静叶与动叶之间的盘腔封严结构的间隙，以及相邻叶片通道之间的安装间隙进入主流，该部分二次空气除了起到冷却轮盘以及防止主流倒灌入侵的密封作用外，还起到冷却叶片端壁的作用。为了区别于仅用于叶片冷却的二次空气，从封严结构进入主流的二次空气通常也被称为泄漏流（注意与透平动叶叶顶泄漏流的区别）。此外，在图 5-17 中可以看到还有部分二次空气进入到了轴端的轴承腔，对轴承腔起到密封作用。

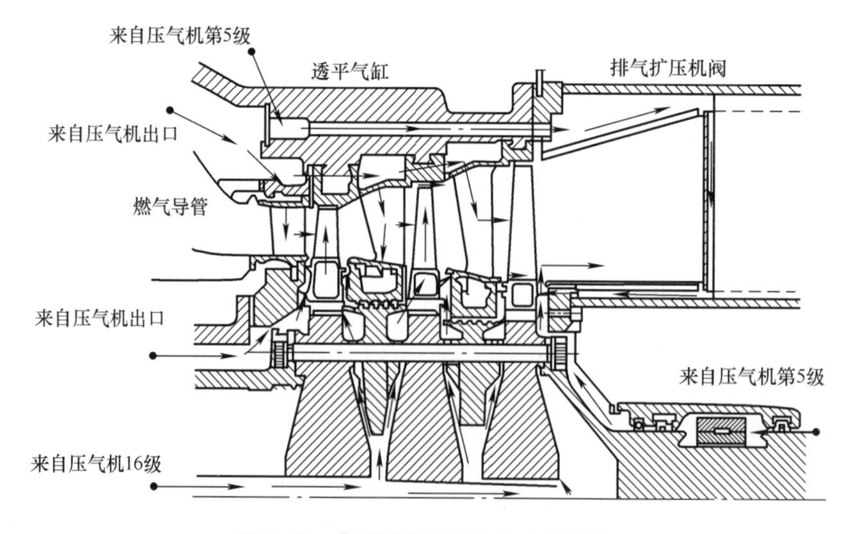

图 5-17　典型燃气透平二次空气系统

由于二次空气抽吸自耗功部件压气机，再加上二次空气汇入透平主流后与燃气掺混会引起气动损失，因此二次空气系统对燃气轮机性能的影响十分显著。目前先进 F 级重型燃气轮机中二次空气系统所消耗的空气量已超过了压气机进口空气量的 16%，随着重型燃气轮机向更高温度等级的发展，这一比例还在继续增大，这无疑增加了二次空气系统的设计难度。因此，先进的二次空气系统设计技术已成为研发高性能重型燃气轮机的关键技术之一。

5.6.2　二次空气系统网络

燃气轮机的二次空气系统十分庞大且复杂。为了对空气系统的特性进行计算和分析，一般将二次空气系统看作是由多个进口、分支及出口串联或并联构成的复杂树状空气系统网络，通过对空气系统网络进行求解，获得空气系统的性能参数。

图 5-18 所示为透平动叶的冷却空气系统及对应的冷却空气网络。在图 5-18 左侧的透平动叶冷却空气系统中，冷气从动叶根部进入动叶内部的蛇形冷却通道，蛇形通道的第一个腔为叶片压力面和吸力面的外部气膜孔供气，在第一个弯头处，部分冷气从叶顶除尘孔流出，其余冷气则从叶片尾缘劈缝流出。将上述动叶的冷却空气系统抽象成图 5-18 右侧对应的空气网络，冷却空气在冷却系统中不同部位产生的流阻和换热过程可以看成是若干典型的流阻和换热元件，基于一维可压缩流动和换热理论以及已有的流阻和换热元件的经验关联式，即可开展空气网络的计算和分析。

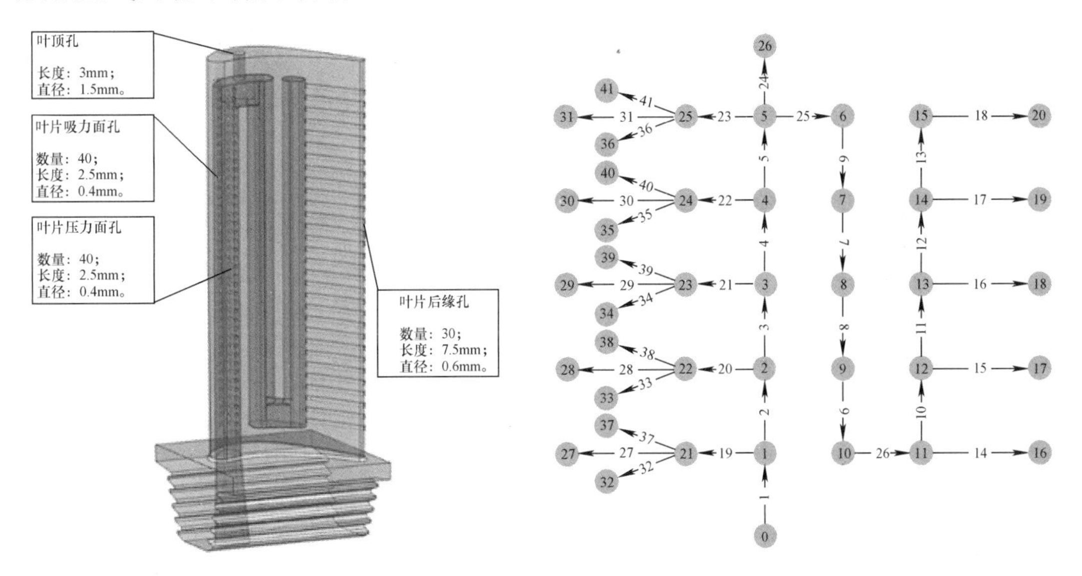

图 5-18　透平动叶冷却空气网络

上述空气网络的一维计算方法具有计算快速的优点，同时若流阻和换热元件的经验关联式选用得当，该方法也具有较高的预测精度，因此该方法在工程设计部门中得到了广泛的应用。然而，由于一维空气网络算法需要依靠大量典型结构的经验关联式或试验数据，随着燃气轮机相关技术的进步，新型结构的应用不断出现，需要不断地补充新的流阻和换热单元的计算模型和试验数据，这给空气网络的发展带来了一定的限制。近年来，随着计算流体动力学软件的发展，尤其是针对燃气轮机二次空气系统已出现了专业的计算软件，将三维可压缩黏性流动的数值模拟应用于复杂二次空气系统的计算与分析已非常普遍。目前，专业软件的空气系统数值模拟、空气系统的一维网络计算以及流阻和换热元件的试验研究三者相辅相成，一起推动着燃气轮机复杂空气系统设计技术的发展与进步。

5.7 透平叶片的内部冷却

5.7.1 内部冷却概述

早期，燃气轮机的进口温度较低，透平叶片依靠简单的内部冷却即可满足要求。随着先进燃气轮机透平进口温度的不断提高，透平叶片的冷却方式变得十分复杂多样，包括了叶片外部气膜冷却和叶片内部复杂冷却。图 5-19 展示了透平叶片冷却技术的发展历程。

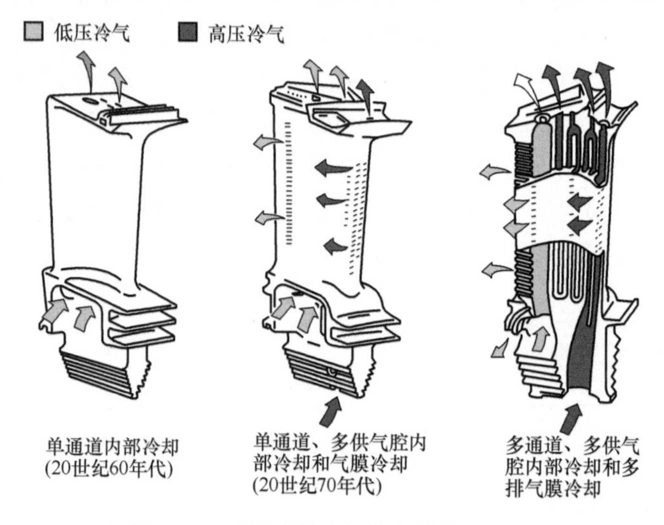

图 5-19 透平叶片冷却技术的发展历程

透平叶片冷却设计的目标是在满足叶片运行性能、使用寿命、制造成本及工艺允许的前提下，以更少的冷气量达到更高的冷却性能。当前，最先进重型燃气轮机透平进口的温度在 1500～1700℃，冷却技术和热障涂层必须实现 400～600℃以上的温降，才能保证透平叶片金属能够安全可靠地运行。

透平叶片外部（即主流燃气侧）与高温燃气接触，通过对流换热和热辐射向叶片金属传递热量。叶片内部冷却则是通过持续的冷却空气流经叶片内部复杂冷却通道，经对流强化换热后从内部将叶片金属的热量带走，以达到降低叶片温度的目的。经过多年的发展，透平叶片的内部冷却形式已由起初简单的光滑直通道发展成了包括柱肋冷却通道、冲击冷却和旋流冷却等构成的复合冷却形式。对于典型的透平叶片内部冷却，叶片前缘内部通常采用冲击冷却或旋流冷却，叶片中部采用带肋的蛇形通道（多个回转通道）冷却或冲击冷却，叶片尾缘采用扰流柱冷却，如图 5-20 所示。

透平叶片的内部冷却本质上是流体与固体壁面之间发生的对流换热现象，因此要提高叶片的内部冷却效果，从流动换热机理上分析就需要增加叶片内表面对冷气的扰动，降低流动边界层厚度，以强化冷气与壁面之间的换热效果。在叶片内部冷却通道中布置各种形式的扰

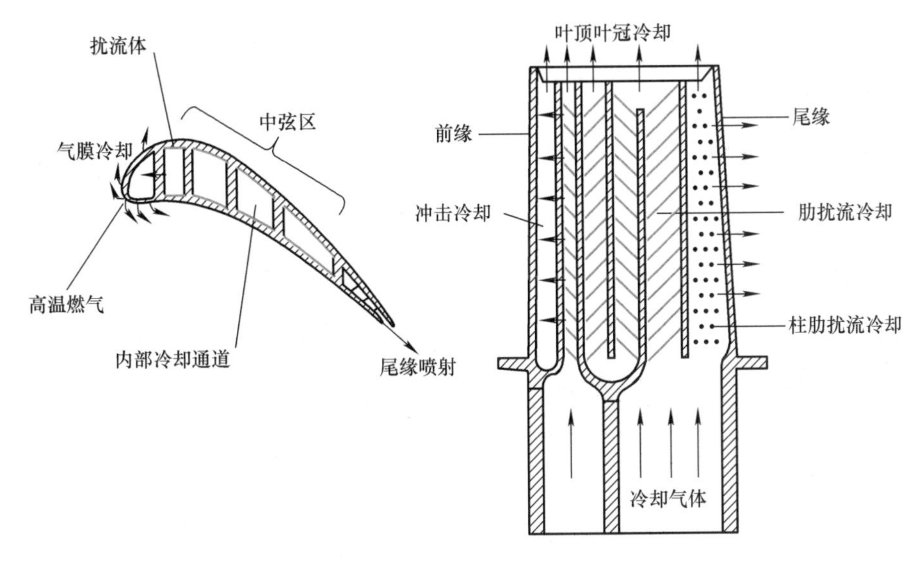

图 5-20　透平动叶内部冷却结构

流柱肋的目的就是增大壁面对冷气的扰动作用。然而，增强壁面对冷气的扰动必然会导致流动损失的增加，从而增大冷气流过叶片内部冷却通道的压力损失，因此在进行叶片内部强化换热设计的同时，必须兼顾冷气在内部冷却通道中的压力损失情况。

5.7.2　常见内部冷却结构

1. 带肋通道冷却

透平叶片中部一般采用带肋蛇形通道进行内部冷却，如图 5-20所示透平动叶中弦区的带肋部分。图 5-21 所示为叶片内部的蛇形通道。为了强化冷气与叶片内侧壁面之间的换热，在蛇形通道中一般会布置各种形式的扰流肋。按照冷气流动方向与肋的夹角，强化肋一般分为直肋、斜肋和 V 形肋等，如图 5-22 所示。随着研究的深入，目前出现了更多传热性能更佳的强化肋，如图 5-23 所示，包括了各种间断肋。

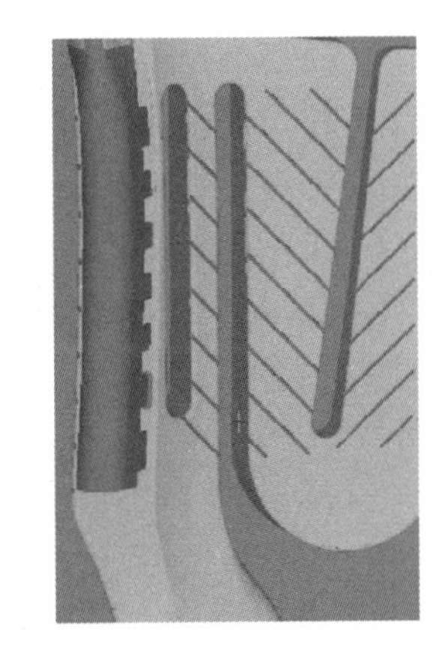

图 5-21　叶片内部带肋蛇形通道冷却结构

决定扰流肋换热性能的主要几何参数有通道宽度 A、高度 B、肋的间距 P、肋的高度 e、肋的宽度、冷气雷诺数、肋的形状与布局方式以及通道的旋转与否。在通道几何结构确定的前提下，肋的间距和高度是影响换热强化程度最显著的两个参数。扰流肋在通道中对冷气的扰动情况与肋的形状及布局方式相关，因此这两个因素也对带肋通道的换热性能存在影响，比如 V 形肋额外诱导产生的两个涡可以进一步强化壁面的换热，这从图 5-24 中斜肋和 V 形肋通道壁面的换热系数可以观察到。另外，透平动叶工作在旋转环境下，此时，带肋通道内冷气的流动受到离心力、科氏力和旋转浮升力的作用，通道中会产生额外的二次流，使得冷气在通道中的速度剖面分布在流动方向上不再对称，如图 5-25 所示，从而进一步影响带肋通道的换热效果。

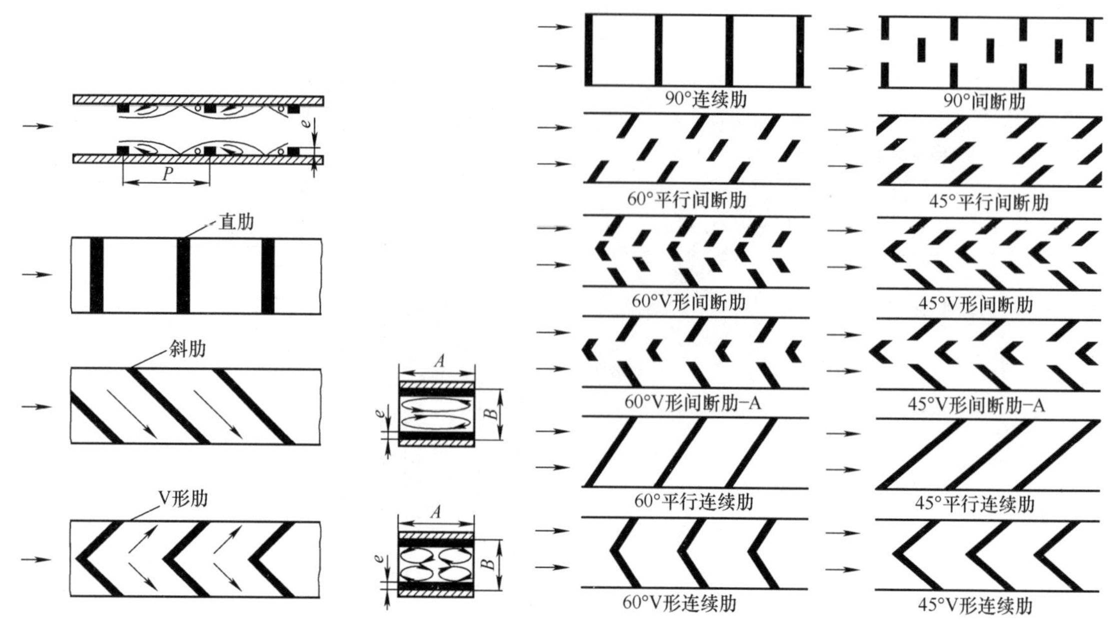

图 5-22　透平动叶内部常见的强化肋

图 5-23　其他形式的强化肋

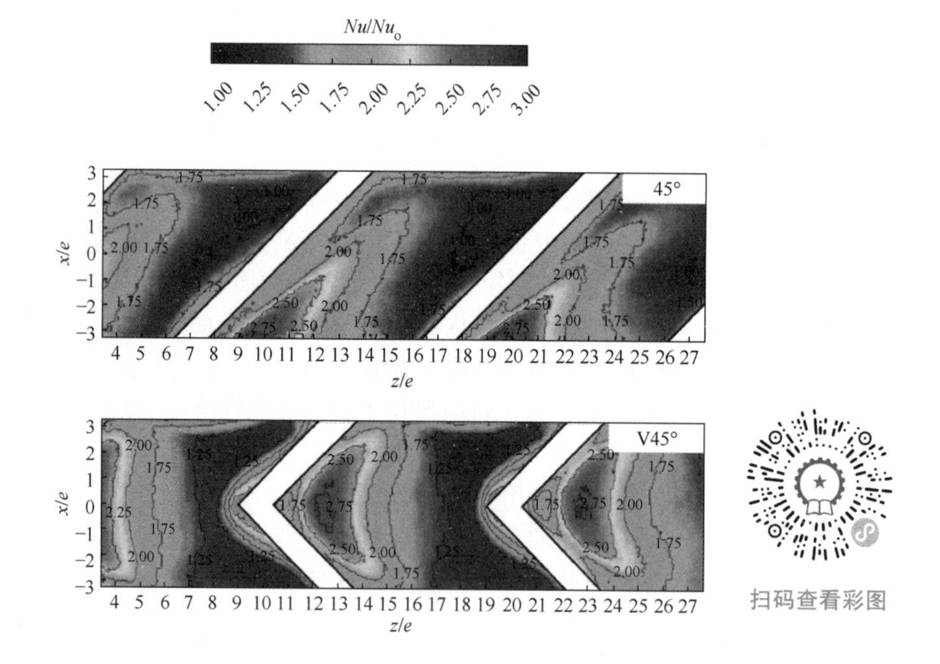

图 5-24　斜肋和 V 形肋通道换热系数的比较

2. 扰流柱冷却

扰流柱多以阵列的形式布置于叶片尾缘区，冷气通过中弦区的冲击冷却或蛇形通道后，进入扰流柱通道。扰流柱的传热冷却机理与带肋通道一样，通过增强对冷气的扰动，达到强化传热的目的，只是传热强化的方式和规律有所不同。扰流柱不仅强化了换热，还增大了换

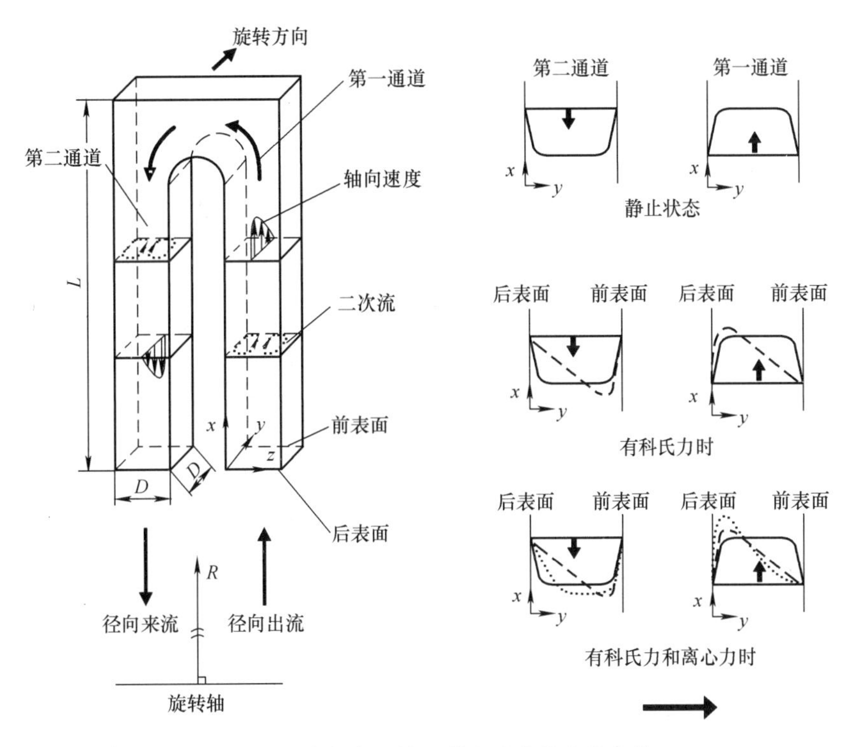

图 5-25　冷气在旋转通道内速度分布的变化

热面积，由此可以显著增强冷气与叶片金属之间的换热效果。因此，柱肋冷却是当前透平叶片尾缘区最典型的冷却结构特征，如图 5-26 所示。扰流柱在叶片尾缘内部的排列形式有顺排和叉排（交错排列）两种布局方式，如图 5-27 所示。

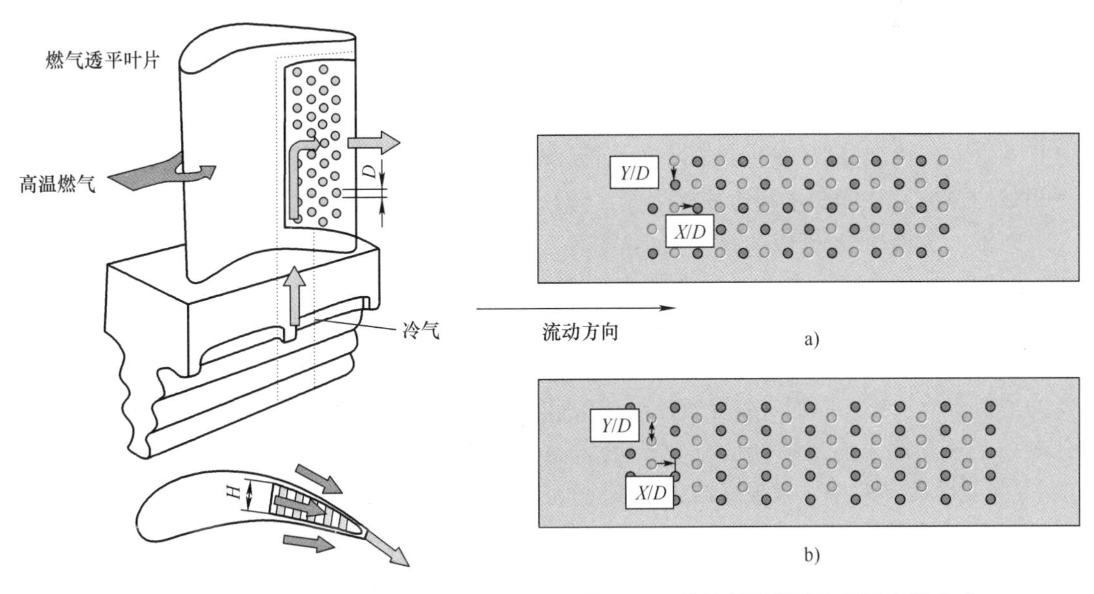

图 5-26　叶片尾缘扰流柱冷却

图 5-27　扰流柱的顺排和叉排布局方式

影响扰流柱传热性能的因素有扰流柱的几何形状、排列方式、冷气在柱肋通道中的流动方向等。虽然棱柱、锥形、球形、月牙形和水滴形等扰流柱在传热性能上一般优于圆柱形扰流柱，但在目前的透平叶片上，仍旧选择传统的圆柱形扰流柱，这主要是出于结构强度及加工工艺等方面的考虑。

3. 冲击冷却

冲击冷却是利用冷气通过冲击孔或缝，形成高速射流从内部冲击叶片内表面，从而提高壁面换热系数的一种冷却方式，属于局部传热强化技术。图 5-28 所示为冲击冷却在冲击靶面上形成的换热特性，其基本特征是在冷气冲击靶面的滞止区形成一个很高的局部换热区域，而相邻冲击射流之间的区域则为低换热区，最大换热系数与最小换热系数之间的差距可高达 10 倍左右，因此可以利用冲击冷却对叶片的重点区域实施高效冷却。

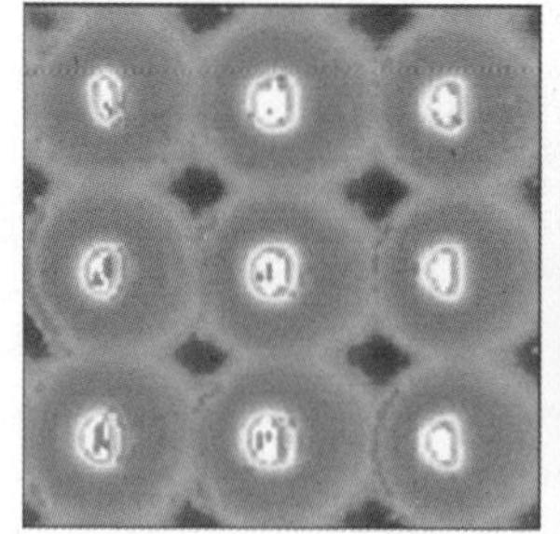
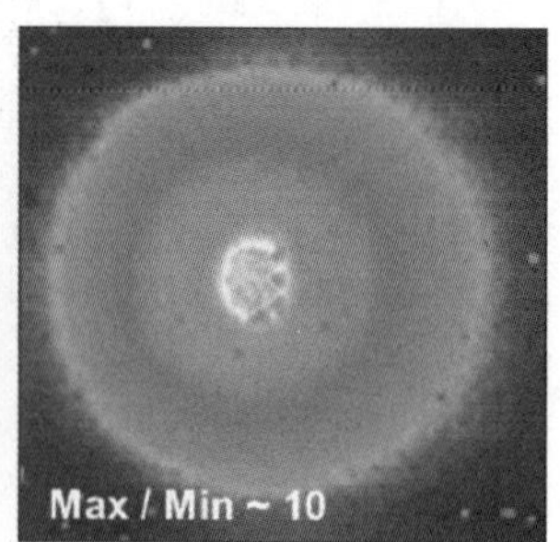

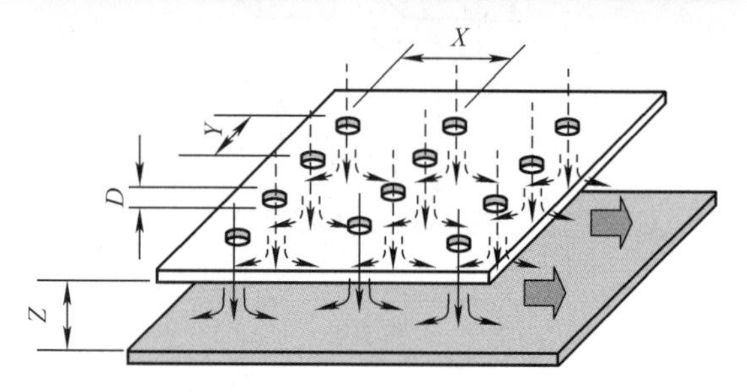

图 5-28　冲击冷却的换热特征

冲击射流虽然会大幅提高局部的换热水平，但是射流结构会削弱叶片的结构强度，因此，在透平叶片中，冲击冷却最适合热负荷高、叶片截面较厚的前缘和中弦区，如图 5-29 所示，且多以单排或者多排形成的阵列冲击为主。与带肋通道和扰流柱冷却相比，冲击冷却的换热水平更高，但是流动压力损失也更大。阵列冲击同样有顺排和叉排两种布局形式。

影响冲击冷却传热性能的参数较多，其中最为明显的影响参数有冲击雷诺数、射流马赫数、冲击距离、冲击孔间距以及冲击腔中的横流强度（通常以横流比表示，定义为横流与射流的流量通量之比）。在采用多种冷却技术的复合冷却叶片中，冲击冷却还会受其他冷却方式的影响，比如外部气膜孔对冷气的抽吸作用。此外，叶片旋转以及冲击靶面的表面粗糙度和结构特征（比如曲率和各种扰流单元等），也是影响冲击换热特性的重要因素。

为进一步提高透平叶片的冷却有效度，人们提出了一种双层壁冷却结构，即将图 5-39 所示的冲击孔衬套结构更改为与外壁面厚度相同的内壁面，并在无外壁面气膜孔的位置布置肋柱连接，以支撑内外两层壁面。双层壁冷却与冲击/气膜复合冷却类似，是一种集内部冲击冷却与外部气膜冷却为一体的复合冷却方式，其中冷气从内壁上的冲击孔向外壁内表面射流冲击后，再从外表面的气膜孔流出形成气膜冷却。双层壁冷却相对于常规的冲击/气膜复合冷却充分发挥了内层壁面的强化换热作用，在相同开孔面积和冷热气流条件下，比冲击/气膜复合冷却效率可以提高约 20%。

4. 旋流冷却

冲击冷却虽然局部换热水平高，但流动压力损失大，因此在叶片前缘逐渐发展出了一种与冲击冷却和柱肋强化换热不同的冷却方式——旋流冷却。旋流冷却是将冷气沿壁面切向射入冷却通道中并使其沿壁面旋转流动的一种冷却方式。旋流冷却因冷气在旋流腔内高速旋转流动产生径向压力梯度，导致热边界层变薄并增强了壁面的湍流度，从而增强了壁面换热。由于旋流冷却适合于具有回转面特征的内部冷却结构，因此在叶片上主要用于前缘的内部冷却，如图 5-30 所示。

旋流冷却的换热能力与冷气在旋流腔中的旋流强度有很大的关系，而决定旋流强度的主要因素是旋流腔的几何结构。因此，射流喷嘴的长宽比、旋流腔直径、喷嘴数量以及喷嘴的位置等是影响旋流冷却的主要因素。此外，冷气温度或者冷气与壁面的温度之比也会影响旋流冷却的换热能力。从目前的研究结果来看，旋流冷却的换热能力至少与带肋通道相当，在某些情况下接近甚至超过冲击冷却的换热能力。

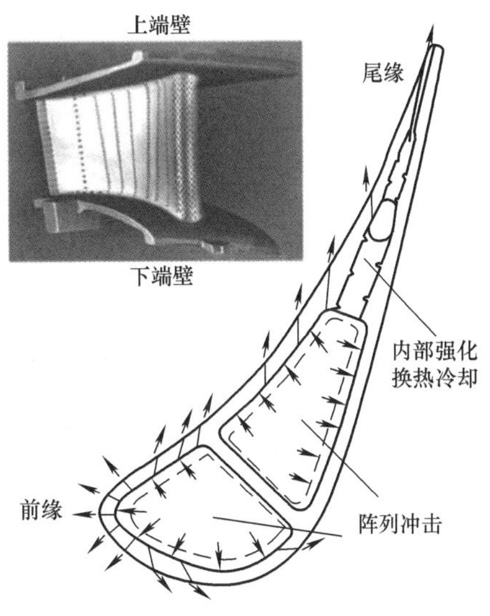

图 5-29　叶片前缘和中弦区的冲击冷却

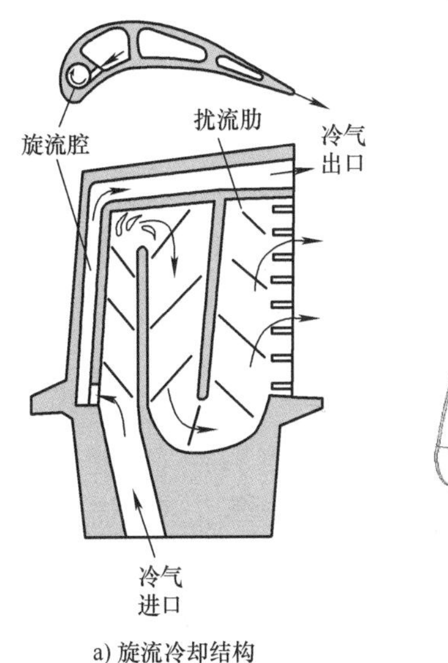

a) 旋流冷却结构

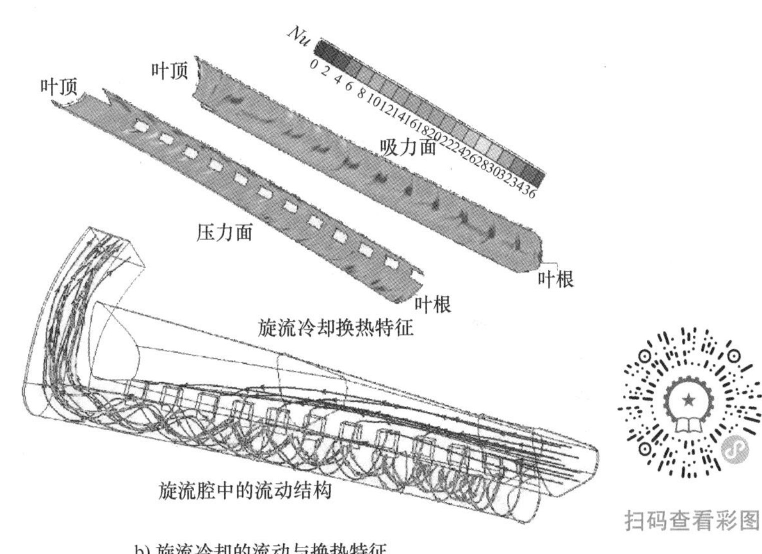

b) 旋流冷却的流动与换热特征

图 5-30　叶片前缘旋流冷却

5.8　透平叶片的外部冷却

5.8.1　气膜冷却原理

气膜冷却是指冷却工质从被冷却壁面上的离散孔或槽缝，以适当的角度喷出后进入高温主流，冷却工质在主流压力和摩擦力等的压制作用下，与主流掺混后形成贴近壁面的冷却气膜，从而起到对高温部件表面进行冷却和隔热保护的作用，如图 5-31a 所示。气膜冷却是燃气透平叶片及其高温燃气通流部分外部冷却最主要的形式，目前在燃气透平叶片冷却中，特别是热负荷最高的前两级叶片，一般都会采用此种冷却技术。图 5-31b 给出了透平动叶的气膜冷却示意图，包括叶片叶顶、型面、端壁以及尾缘的气膜冷却。对于透平静叶，一般情况还包括前缘的喷淋头冷却。

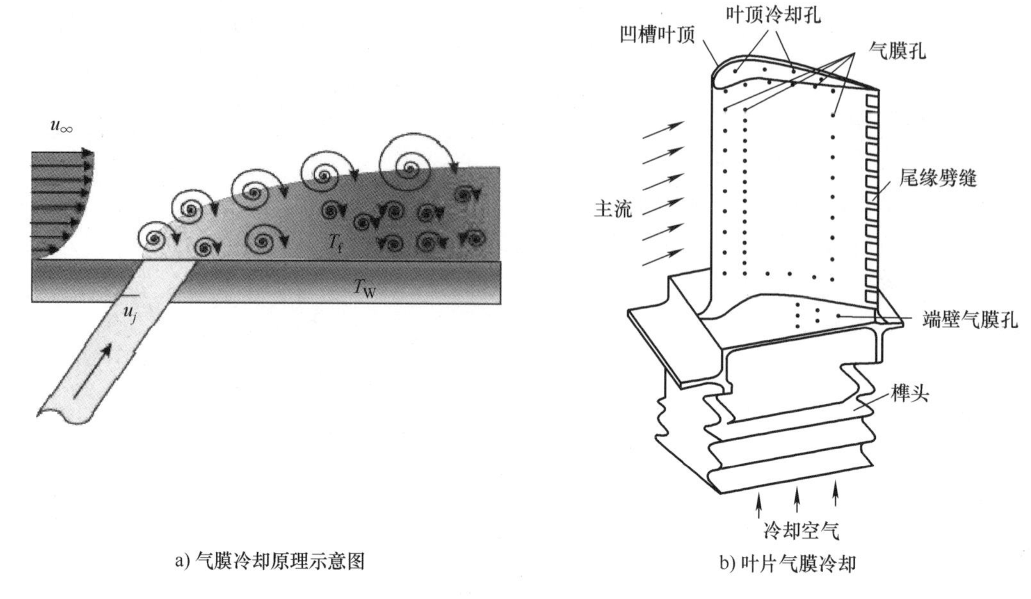

a) 气膜冷却原理示意图　　b) 叶片气膜冷却

图 5-31　透平叶片的气膜冷却

气膜冷却由于涉及冷气与主流的掺混及相互作用，其流动结构和冷却机理十分复杂。气膜冷却的冷却性能一般用绝热气膜冷却有效度来 η 衡量，其定义为

$$\eta = \frac{T_r - T_{aw}}{T_r - T_c} \tag{5-58}$$

式中，T_r、T_{aw} 和 T_c 分别为主流的恢复温度、有气膜冷却时的绝热壁面温度和冷气温度。在叶片表面采用气膜冷却，虽然可以在壁面形成低温冷却气膜，降低由高温燃气传向壁面热流量的驱动温度，但由于冷气射流与主流掺混后增加了壁面附近的扰动，冷气覆盖区域的换热系数一般情况下也会增强，可以用有冷气时的换热系数 h_f 和无冷气时的换热系数 h_0 之比来表示，比值大于 1 表示冷气射流强化了壁面换热的能力，比值小于 1 则说明冷气射流削弱了壁面的换热。通常情况下，冷气射流会导致壁面换热系数增强。随着试验测量技术的进步和数值模拟方法的发展，目前一般采用流热耦合方法来评价气膜冷却的综合冷却性能，该方法可以将气膜冷却有效度和换热系数的变化进行综合考虑。综合冷却性能用综合冷却有效度表示，其定义为

$$\phi = \frac{T_r - T_w}{T_r - T_c} \tag{5-59}$$

式中，T_r 为气流恢复温度；T_c 为冷气温度；T_w 为叶片金属表面的温度，该温度是叶片冷却设计最关键的参数之一。

影响气膜冷却的参数众多，尤其是在复杂的透平叶栅中。表 5-1 总结了透平叶栅中影响气膜冷却的主要因素，其中带“※”的参数对气膜冷却的影响尤其显著。

表 5-1　影响气膜冷却性能的主要因素

冷气/主流条件	孔的几何结构	壁面形状
吹风比/质量流量比※	孔的形状※	孔的位置
动量比※	射流角※	叶片前缘
主流湍流度※	复合角※	叶片型面
冷气与主流的密度比	孔间距	叶顶
来流边界层	孔长径比	端壁
主流/冷气马赫数	孔排间距	表面曲率※
主流非定常流动	孔排数	表面粗糙度※
旋转	—	冷气供气腔

气膜冷却设计的目标就是希望用更少的冷气量获得更高的冷却有效度。描述气膜冷却射流情况的参数常用的有吹风比 M、动量比 I 和密度比 DR，分别定义如下：

$$M=\frac{(\rho u)_{\mathrm{c}}}{(\rho u)_{\infty}} \tag{5-60}$$

$$I=\frac{(\rho u^{2})_{\mathrm{c}}}{(\rho u^{2})_{\infty}} \tag{5-61}$$

$$\mathrm{DR}=\frac{\rho_{\mathrm{c}}}{\rho_{\infty}} \tag{5-62}$$

吹风比表示冷气与主流燃气的质量通量比，在几何结构一定的条件下，吹风比的大小决定了冷气量的多少。此外，冷气射入主流后，与燃气掺混的过程是质量、温度及动量的交换过程，因此吹风比在很大程度上影响着冷气与主流的掺混过程，进而决定着气膜冷却有效度。吹风比或动量比越大，冷气射入主流后与壁面的分离作用越明显，冷气与主流的掺混越强，此时不仅冷气消耗量大，气膜冷却性能也越低；相反地，若吹风比或动量比越小，虽然冷却气膜的附壁性较好，但是由于冷气量较少，冷气在主流中耗散得越快，冷气覆盖的面积越小。通常情况下，对于圆柱形气膜孔，最佳吹风比在 0.5～1.0 之间，而对于扩张型气膜孔，最佳吹风比在 1.5～2.0 之间。虽然扩张型气膜孔通常比圆柱形气膜孔具有更好的冷却效果，如图 5-32 所示，但是其加工成本比较高。

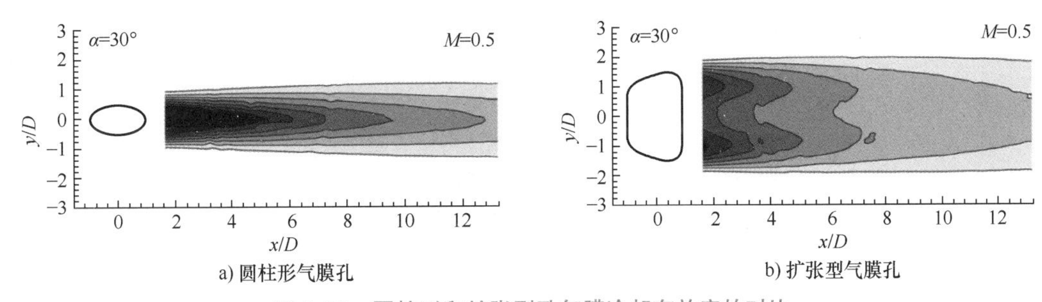

a) 圆柱形气膜孔　　b) 扩张型气膜孔

图 5-32　圆柱形和扩张型孔气膜冷却有效度的对比

在吹风比或动量比一定的情况下，冷气与主流的密度比（在气膜孔出口，即主流与冷气的温比）越大，冷气射流与主流的速度之比越小，冷气与主流的掺混也会越弱，冷却有效度越好。在真实的透平叶片中，冷气与主流的密度比通常在 2.0 左右。在透平叶片气膜冷却设计中，由于叶片的几何结构及气热参数已经确定，气膜孔的几何结构及其在叶片表面的分布才是设计的主要变量。

5.8.2 气膜冷却在叶片不同位置的应用及特点

1. 叶片型面气膜冷却

对于透平叶片，由于主流流动参数及几何结构差异较大，不同部位的气膜冷却设计及冷却效果差异十分巨大，因此通常情况下将叶片的气膜冷却细分为叶片型面冷却和边缘区冷却。叶片边缘区是指叶片前缘、尾缘、叶顶及端壁等特殊部位。一方面这些区域的主流流动结构复杂，呈现出多样的强三维流动特征；另一方面，这些区域的几何空间比较有限，气膜孔的布局相对比较困难，因此叶片边缘区的气膜冷却与叶片型面相比具有独有的特征。

叶片型面气膜冷却包括叶片压力面和吸力面的气膜冷却，如图 5-33 所示。二者主要的区别是壁面曲率及压力梯度不同。对于动叶而言，还由于旋转的作用，动叶片型面的气膜冷却分布规律与静叶型面的气膜冷却分布规律存在明显差异。

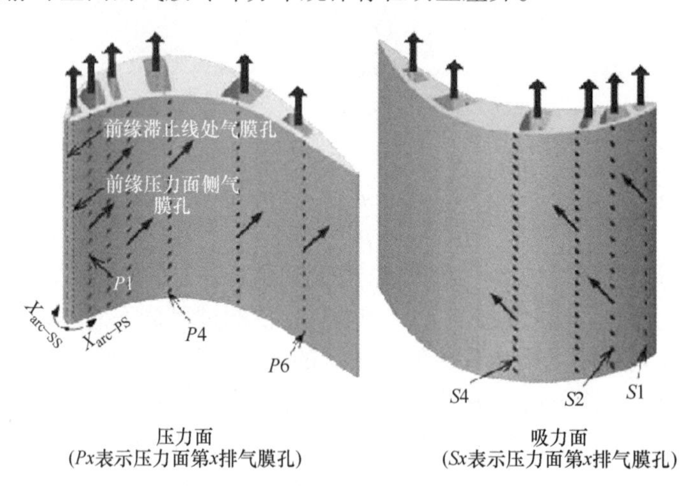

X_{arc-PS}/C_{ax}和X_{arc-SS}/C_{ax}表示压力面和吸力面无量纲弧长

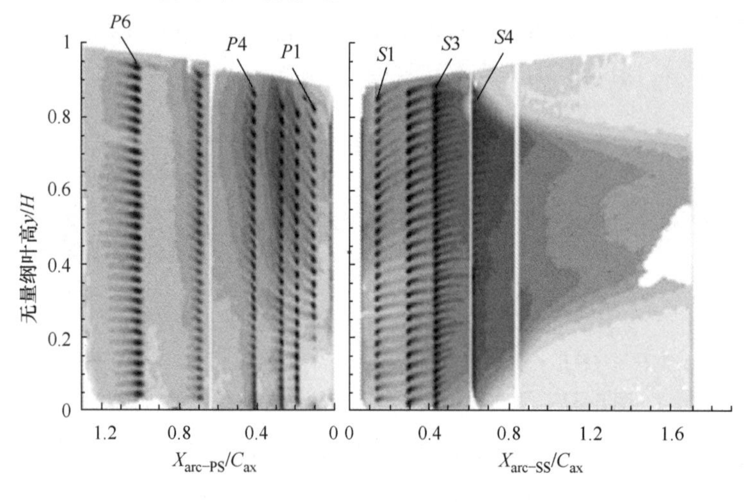

图 5-33 叶片型面气膜冷却

影响叶片型面气膜冷却的因素有气膜孔孔型、位置、吹风比、来流条件及密度比等，其中最明显的是气膜孔孔型。

2. 叶片前缘喷淋头冷却

透平叶片前缘直接面对高速高温燃气的冲刷，高温燃气在此滞止，因此是透平叶片中热负荷最高的区域。冷却设计中，在此区域会密集布置多排气膜孔（一般为 3 排及以上），称为喷淋头冷却（showerhead cooling），如图 5-34 所示。喷淋头冷却在叶片气膜冷却中占据着十分重要的位置。一方面，前缘自身的冷却十分困难，且冷气流量在前缘合理分配的设计难度较大；另一方面，喷淋头冷却在冷却前缘后，冷气分别向压力面和吸力面流动，对压力面和吸力面的气膜冷却有一定的影响。此外，前缘曲率非常大、主流压力高、湍流度强且主流在前缘的滞止线有明显的非定常脉动现象，这些特点使得叶片前缘的喷淋头冷却与叶片其他区域的冷却有着非常明显的区别。

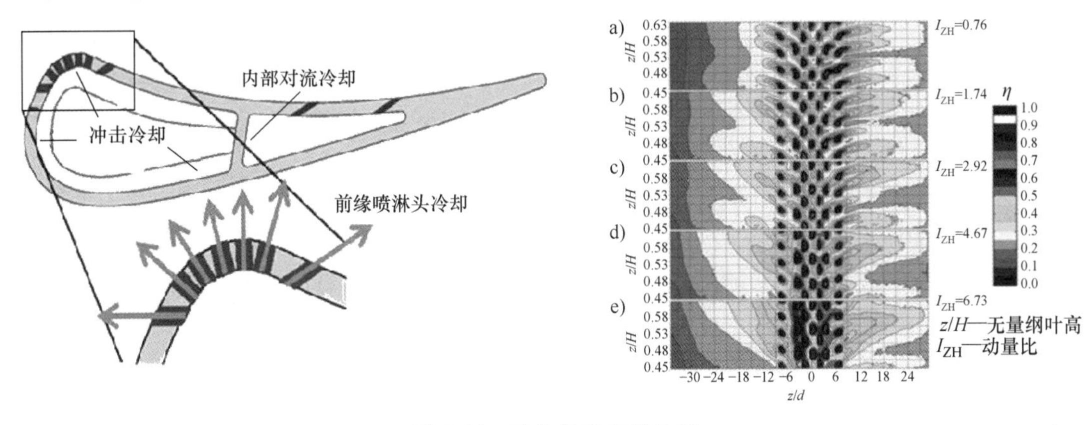

图 5-34　叶片前缘气膜冷却

前缘喷淋头冷却面临着高温燃气在前缘气膜孔倒灌入侵的风险。由于主流压力高，前缘内部冲击腔或者旋流腔内的冷气压力分配稍微不合理，就有可能导致高温燃气通过气膜孔逆向流入内部冷气腔，导致前缘温度过高，因此在进行前缘的二次空气系统设计时需特别谨慎。

3. 叶片尾缘劈缝冷却

叶片尾缘的冷却设计十分具有挑战性，原因是该区域的气动性能、冷却设计和结构强度的需求是相互矛盾的。从降低叶片气动损失的角度，为了减少尾迹的影响区，尾缘厚度应越小越好，然而从冷却设计和结构强度的角度，尾缘过薄，难以布置冷却结构且结构强度难以满足要求。

叶片尾缘常见的冷却方式为图 5-35 所示的位于叶片压力面的间断劈缝结构。这种结构既可以防止气动损失过大，也可以解决尾缘的冷却问题。在尾缘劈缝结构中，冷气经尾缘扰流柱冷却后，从压力面侧劈缝中流出，在尾缘吸力面的背侧形成气膜冷却，而吸力面的外侧与高温燃气接触。劈缝结构大幅度减小了尾缘的厚度，但所剩的尾缘厚度很小，且一侧与高温燃气直接接触，因此必须有很好的气膜冷却才能保护其不被高温烧蚀。

4. 动叶叶顶气膜冷却

透平动叶属于旋转部件，其叶根连接在轮盘上随着旋转轴一起旋转，因此叶顶与机匣之间必须有一定的间隙，才能保证正常工作。为了降低离心力对叶片结构强度带来的不利影响，通常动叶的厚度从叶根至叶顶逐渐变薄。此外，叶顶与机匣之间的间隙中的流动结构复杂，叶顶表面换热系数高，主流中的热斑（来自燃烧室的局部高温流体）也易于朝着叶顶区域迁移，再加上叶顶间隙控制不当容易与机匣接触，发生机械磨损，因此叶顶是动叶最易损坏的部位之一。由于叶顶泄漏流对透平的气动性能影响较大，为了降低叶顶泄漏流量，叶顶通常采用凹槽叶顶结构。与平叶顶相比，凹槽叶顶虽可以降低叶顶的整体换热水平，但是凹槽顶部及底部局部区域的换热系数会变得更高，因此在叶顶采用气膜冷却是必不可少的。叶片在叶顶处的截面已变得很薄，再加上叶顶区域的泄漏流结构非常复杂，在如此狭小的空间布置高效的气膜冷却变得十分困难。

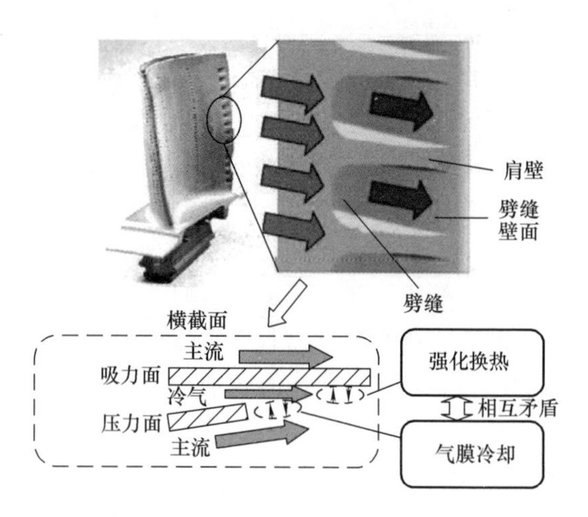

图 5-35　叶片尾缘劈缝结构

叶顶气膜冷却的设计与叶顶的几何结构有很大关系。不同的叶顶几何结构，其气膜冷却布局有很大的差异，但气膜冷却在叶顶上的总体规律是朝着下游迁移的，具体是由压力面指向吸力面还是由吸力面指向压力面则取决于叶顶的结构形式。如图 5-36 所示，在单凹槽叶顶中冷气随着泄漏流迁移到凹槽下游，但在多凹槽叶顶中冷气受到肋的阻挡，难以迁移到下游，而是随着泄漏流在凹槽底部分离由吸力侧迁移到压力侧。

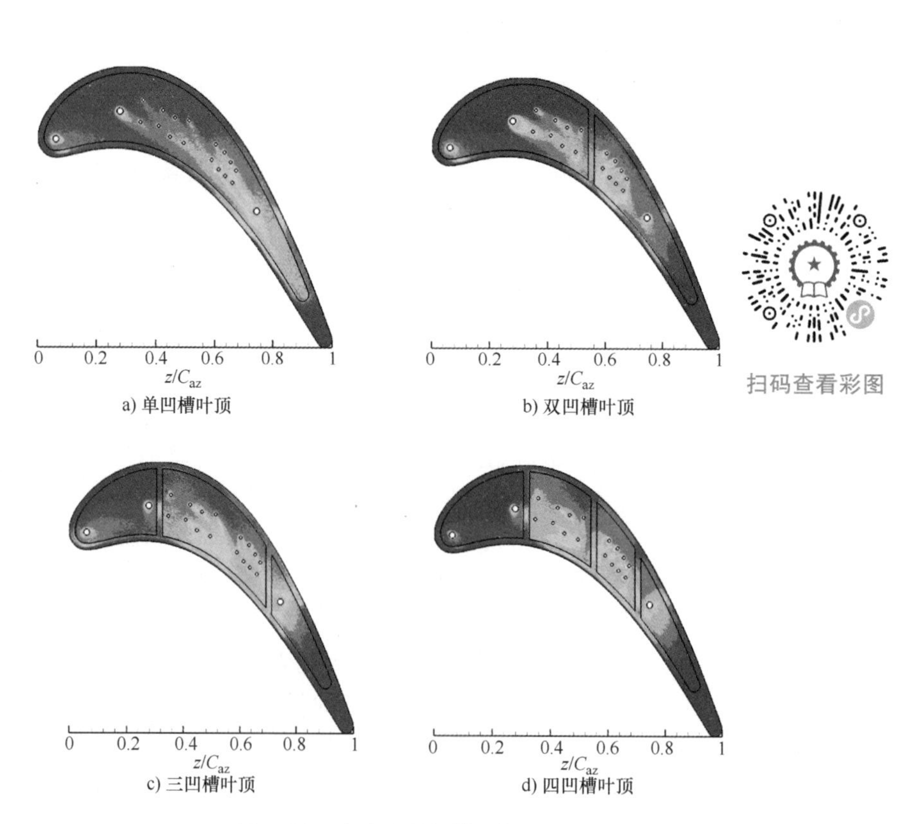

图 5-36　动叶叶顶气膜冷却

5. 叶片端壁气膜冷却

叶片端壁附近的流动包括了前缘马蹄涡、通道涡、压力面和吸力面角涡以及横流和尾缘尾迹等复杂的二次流结构，如图5-37所示，是叶栅通道中流动结构最复杂的区域之一，且必然会对端壁的气膜冷却造成影响，使得端壁气膜冷却与其他区域有很大不同。需要注意的是，复杂的二次流影响端壁气膜冷却的同时，气膜冷却反过来也会影响端壁的二次流，这给端壁的气膜冷却设计带来了更大的挑战。此外，端壁附近的二次流由于具有很强的三维流动特征，在周向和轴向压力梯度的作用下，端壁二次流不仅影响端壁表面的换热冷却，还给叶片靠近端壁附近的区域带来影响。在叶片上这些被端壁二次流影响的区域通常与叶片表面上其他受二维流动影响的区域的换热冷却规律有所不同。

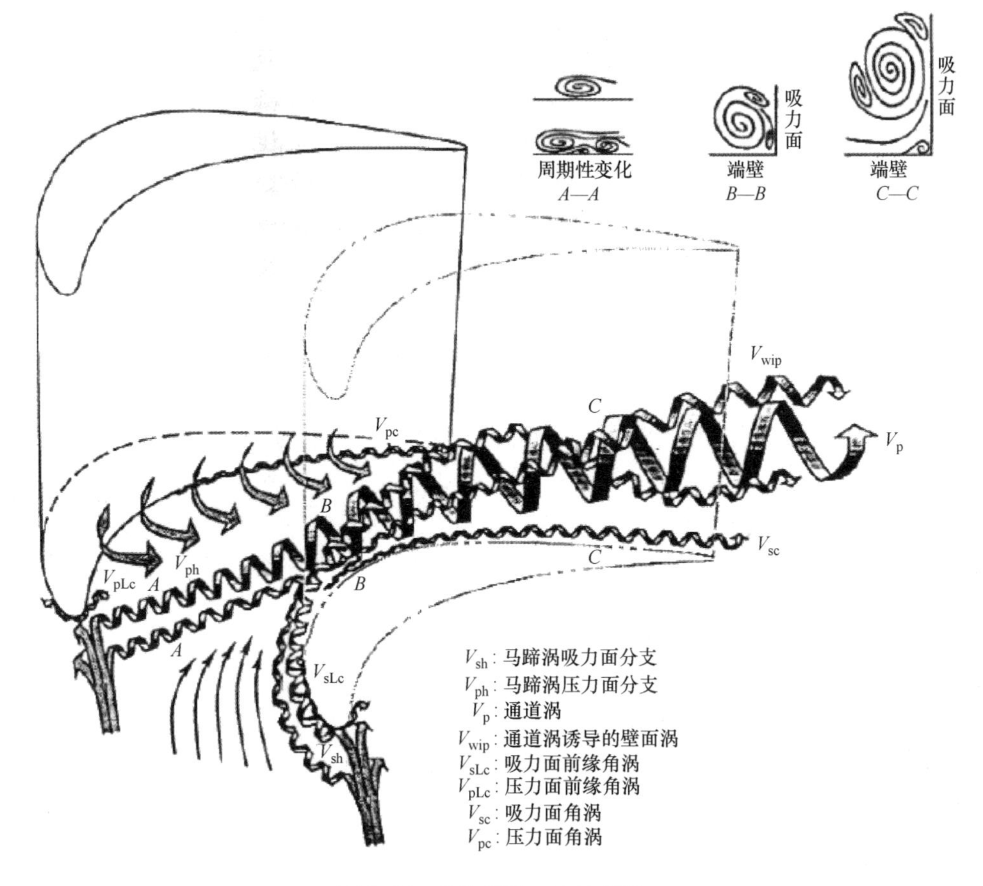

图5-37　叶片端壁二次流模型

端壁气膜冷却分为端壁槽缝（轮缘封严缝隙）泄漏流冷却和端壁通道中离散孔气膜冷却两种形式，如图5-38所示。透平第一级静叶和上游燃烧室的端壁连接处以及静叶和动叶端壁之间均存在封严结构间隙，同时相邻叶片端壁通道中还存在安装间隙，为了防止高温燃气倒灌入侵，会将二次空气系统中的冷却空气引入这些间隙喷出。从这些间隙喷出的冷气通常被称为泄漏流。泄漏流除了起到密封的作用外，对端壁还起到了非常有效的冷却作用。虽然冷气从端壁上游的槽缝中喷出可以在端壁上形成非常好的冷却效果，但由于泄漏流的流量过大对透平气动性能的影响也很明显，因此泄漏流的流量通常较小，能够覆盖到的端壁面积并不大，主要位于端壁进口较小的区域内，因此端壁通道内一般还会布置额外的离散气膜孔来进行冷却。

无论是泄漏流还是离散气膜孔射流冷却，在端壁通道横向压力梯度和二次流的作用下，冷气会由压力面朝着吸力面聚集，导致冷气覆盖的区域主要集中在端壁通道的吸力面侧，因此端壁通道中的大多数离散气膜孔布置在端壁通道的压力面侧。

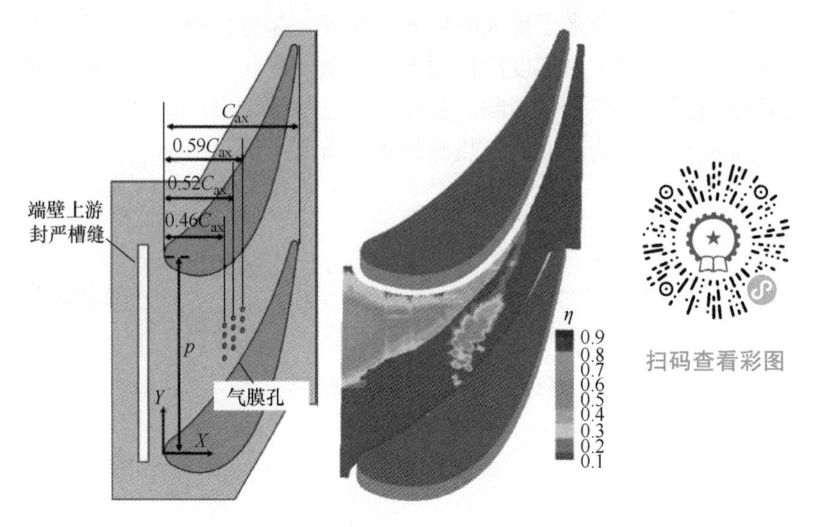

图 5-38　叶片端壁泄漏流和离散孔气膜冷却（C_{ax}为叶片轴向弦长，η为绝热气膜冷却有效度）

5.9　透平轮盘的冷却

透平轮盘是透平转子的一部分，虽然不与主流通道中的高温燃气直接接触，但是燃气传给叶片、随后由叶片传给轮盘的热量以及由轮盘转动引起的风阻产生的热量，同样需要通过冷却空气带走，以保证透平转子能够正常工作。

盘腔是二次空气系统的重要组成部分。透平的盘腔结构有两种基本类型，一种是轮盘与相邻静子之间形成的转-静系结构，另一种是相邻轮盘或者轮盘与其相邻一起旋转的盘所形成的转-转系结构（又称为旋转系）。对于转-静系结构，轮盘前有一个静止轮毂，冷气通过静止轮毂射入转-静系盘腔，冷却轮盘后汇入主流或者流入动叶内部冷却通道，这种结构的特点是只有轮盘边界是运动的，其余边界都是静止的。对于转-转系结构，轮盘前或后有一个与其一同旋转的盘，可以是相邻转子的轮盘，也可以是额外安装的旋转盘，旋转盘可以与轮盘以相同或者不同的转速同向或异向旋转。由于冷气在两个旋转盘之间流动，整个区域以一定的角速度旋转，使得旋转效应引起的离心力、科氏力和浮升力所导致的盘腔内的流动及换热情况与转-静系结构的情况存在区别。在透平盘腔结构中，既有转-静系，也有转-转系。

5.9.1　透平轮盘典型冷却方法

1. 轮盘侧面径向吹气冷却

轮盘侧面径向吹气冷却的结构如图 5-39a 所示。透平轮盘腔室内的冷却空气在进出口压差和轮盘旋转泵效应的作用下，形成径向的旋流流动，通过对流换热对轮盘侧面进行冷却。

轮盘侧面径向吹气冷却方式结构相对简单，除了特殊情况需在轮盘侧面布置导流盘以外，这种结构与封严结构相结合即能满足轮盘的冷却要求，同时带走风阻产生的热量以及防止动静叶盘腔间隙处主流高温燃气的倒灌入侵。

2. 轮盘侧面局部射流吹风冷却

与冲击冷却类似，冷却空气以一定的角度在一定的距离内冲击轮盘侧表面，对轮盘的局部进行冷却，如图 5-39b 所示。这种冷却方式可以充分利用静叶轮毂内的冷却空气，通过冷气供给孔对轮盘形成局部强化换热冷却。

3. 榫头榫槽装配间隙吹风冷却

冷却空气通过透平动叶榫头与轮盘榫槽之间的装配间隙对榫头、榫槽和轮缘凸台进行对流冷却，如图 5-39c 所示。在这种冷却方式中，冷气会流过叶片与轮盘的连接处，此处是叶片向轮盘传递热量强度最大的区域，冷气流过此处可以更加有效地冷却并阻隔燃气通过叶片向轮盘传递热量，因而既能有效降低轮盘的温度，又能减少轮缘与轮盘中心区域的温度梯度，进而减小轮盘中的热应力。

4. 叶片伸根间隙吹风冷却

冷却空气通过相邻叶片伸根之间的腔室，如图 5-39d 所示，对伸根表面进行冷却，带走一部分由燃气通过叶片向榫头和轮盘传递的热量。这种冷却方式与榫头榫槽装配间隙吹风冷却非常类似，不过叶片伸根能同时有效防止叶片向榫头和轮盘传热，对降低榫头与轮盘的温度更有利。

5. 轮缘端壁气膜冷却

冷却空气朝着叶根及端壁（又称缘板）吹气，在端壁表面形成冷却气膜，阻隔燃气由此处向轮盘传递热量。此种冷却方式实际上和端壁槽缝泄漏流一样，冷气通过静叶与动叶之间盘腔的封严结构缝隙，向下游动叶端壁吹气，如图 5-39e 所示。

在工程设计中，轮盘冷却通常会采用上述冷却方式的组合，一般会根据透平的气动参数、基本结构、几何尺寸以及转子的工作条件和所用材料的主要性能等因素，结合燃气轮机整机的二次空气系统来综合决定最后采用的轮盘空气系统的流路和结构。

5.9.2 转-静系盘腔

流过轮盘的冷却空气因黏性与轮盘及其连接件产生摩擦后形成旋流流动。旋转盘腔对旋流的离心泵送效应会影响盘腔中冷气的参数，同时摩擦会导致冷气温度升高，因此在透平轮盘冷却设计中，必须通过计算分析和试验测量才能准确地确定旋转效应对盘腔内冷却空气的影响规律，而旋转效应的影响则取决于盘腔的结构形式以及冷气的供气方式等。

图 5-40 所示为几种简单的燃气轮机透平转-静系盘腔冷却基本结构示意图，其基本特点是没有或具有一路轴对称的入流或出流冷气，并且入流通常没有预旋。图 5-40 中从左至右依次为无冷气的开式转-静系、无冷气的闭式转-静系、静盘中心进气的开式转-静系、静盘中心出气的开式转-静系、静盘中心进气的闭式转-静系、静盘高位进气的闭式转-静系、转盘中心进气的闭式转-静系。开式转-静系与闭式转-静系的区别是转-静盘腔外缘有无封严结构，当存在封严结构时，为闭式转-静系。

图 5-40 中的三种开式转-静系和无冷气的闭式转-静系在早期透平中有所应用，而由静盘进气的两种闭式转-静系（图 5-40e、f）在目前的燃气透平中较为常见。在图 5-40e 和 f 两

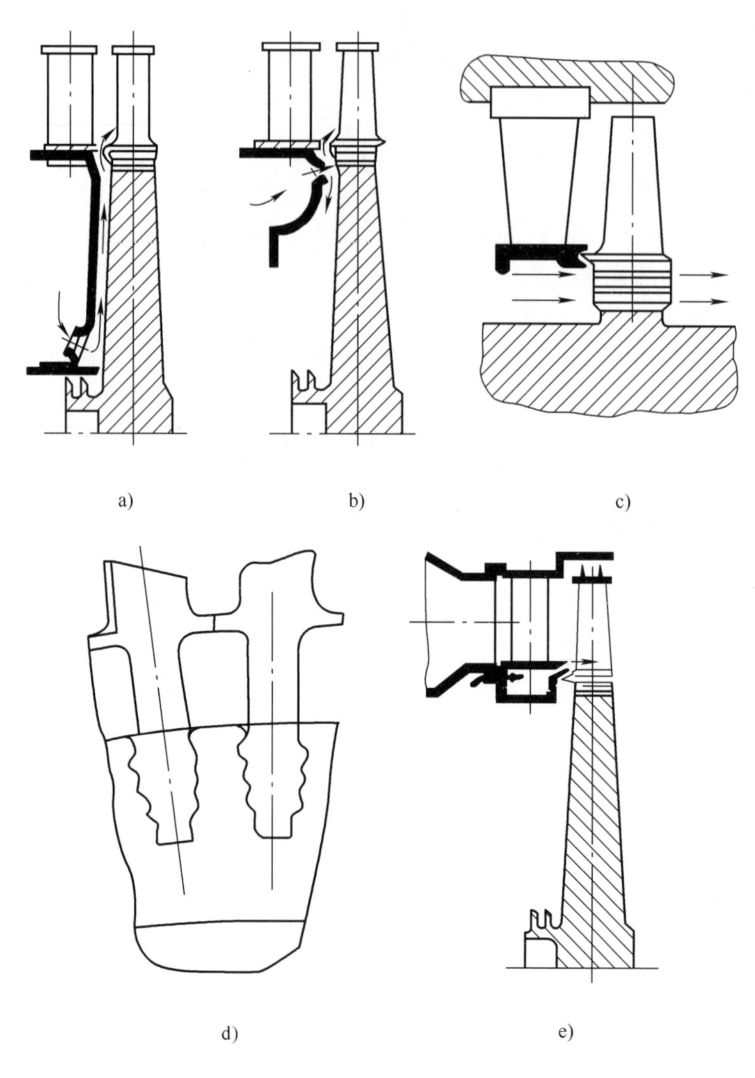

图 5-39　透平轮盘冷却示意图

种盘腔结构中，冷气由静盘中心或者高位流入盘腔，冷却轮盘后再由盘腔封严间隙流入主流，对轮缘端壁形成冷却。简单转-静系的冷却方案结构比较简单，对轮盘的冷却能力有限，因此在燃气透平的后面级中有应用，而对于燃气温度较高的前面级透平，多采用图 5-41 中结构更为复杂的转-静系结构来实现轮盘的冷却。

与简单转-静系相比，复杂转-静系的特点是有多路轴对称的流入和（或）流出冷气，通常在冷气进口处还设有预旋喷嘴，目的是一方面降低轮盘冷气接收孔或轮缘出口处冷气的相对总温，另一方面是降低接收孔处的压力损失。

从冷气流路来看，图 5-41a 和 b 中均有一路进气和两路出气，其中 a 为静盘中心进气，b 为静盘高位进气，二者的出气是相同的，即分别从轮缘封严间隙和转盘上的叶片冷气接收孔流出。从冷却效果来看，图 5-41a 结构可以使得轮盘的平均温度水平更低，但径向温度梯度较大，而 b 结构则恰好相反。图 5-41c 结构具有一路静盘高位进气、轮缘封严间隙及静盘中心两路出气，可以使得轮盘的总体温度水平和温度梯度较低。图 5-41d 结构中两路进气和

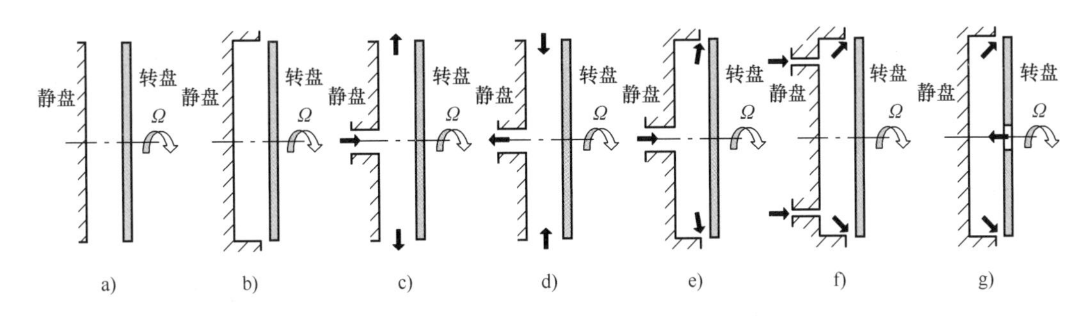

图 5-40　几种简单的转-静系盘腔结构示意图

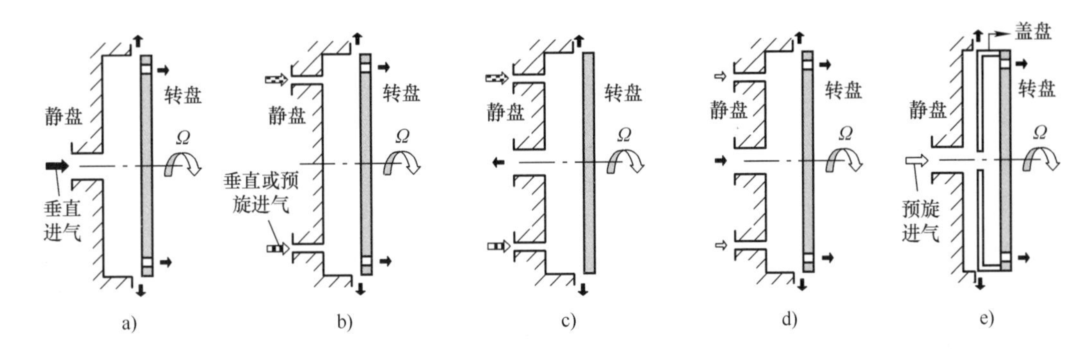

图 5-41　几种复杂的转-静系盘腔结构示意图

两路出气对轮盘的冷却效果与 c 结构相当，但冷气压力损失更小，这是由于 c 结构静盘中心出气在离心力作用下具有更大的压力损失。

从进气方式来看，图 5-41a 为垂直进气，b、c、d 结构即可采用垂直进气也可采用预旋进气，而 e 结构则只能采用预旋进气。对于主要为叶片或者榫头榫槽提供冷气的预旋进气结构，可分为直接供气预旋结构和盖盘预旋结构。当图 5-41b 和 d 两种结构采用高位进口预旋结构时即为直接供气预旋结构，而 e 结构则为盖盘预旋结构，二者的主要区别是在直接供气预旋结构中，预旋喷嘴位于比盖盘结构更高的节圆半径上，此处通常与冷气接收孔的径向高度位置相当，因此此种结构可以缩短冷气流程，从而减少冷气的摩擦损失。在盖盘预旋结构图 5-41e 中，盖盘将盘腔分为静盘与盖盘之间的预旋腔和盖盘与转盘之间的转-转系盘腔，由于封严结构布置在预旋腔的轮缘处，这种结构可以降低燃气倒灌入侵到旋转腔和冷气接收孔处的燃气量，从而提高燃机的效率。虽然盖盘预旋结构更加复杂，使得透平轮盘的重量增大，但由于其可以降低透平动叶冷却通道入口处冷气的相对总温，有利于透平动叶的冷却，而在燃气透平中得到了应用。

5.9.3　转-转系盘腔

图 5-42 所示为典型的转-转系盘腔结构。

在图 5-42 中，a1 和 a2 多用于理论研究，在目前的燃气透平中并不采用；b1、b2、d1、d4、d5 和 d6 为具有轴向贯通冷气流的转-转系盘腔，这在压气机中可以见到；c1 和 d2 为向心冷气流转-转系盘腔，可见于压气机级间径向引气；c2、c3 和 d3 为轴向或径向进气或出气转-转系盘腔，是典型的透平转-转系盘腔流动；e1 ~ e5 为两个旋转盘转向相反的转-转系盘腔，可见于对转透平或者旋转方向相反的分轴透平。转-转系盘腔中冷气的流动比转-静系盘腔中的流动复杂得多，并且与转-转系盘腔的结构形式和冷气的进气方式有十分密切的关系，因此在理论分析或者试验研究中，常以图5-42中所示的典型转-转系盘腔的简化结构作为研究对象开展分析与测量。

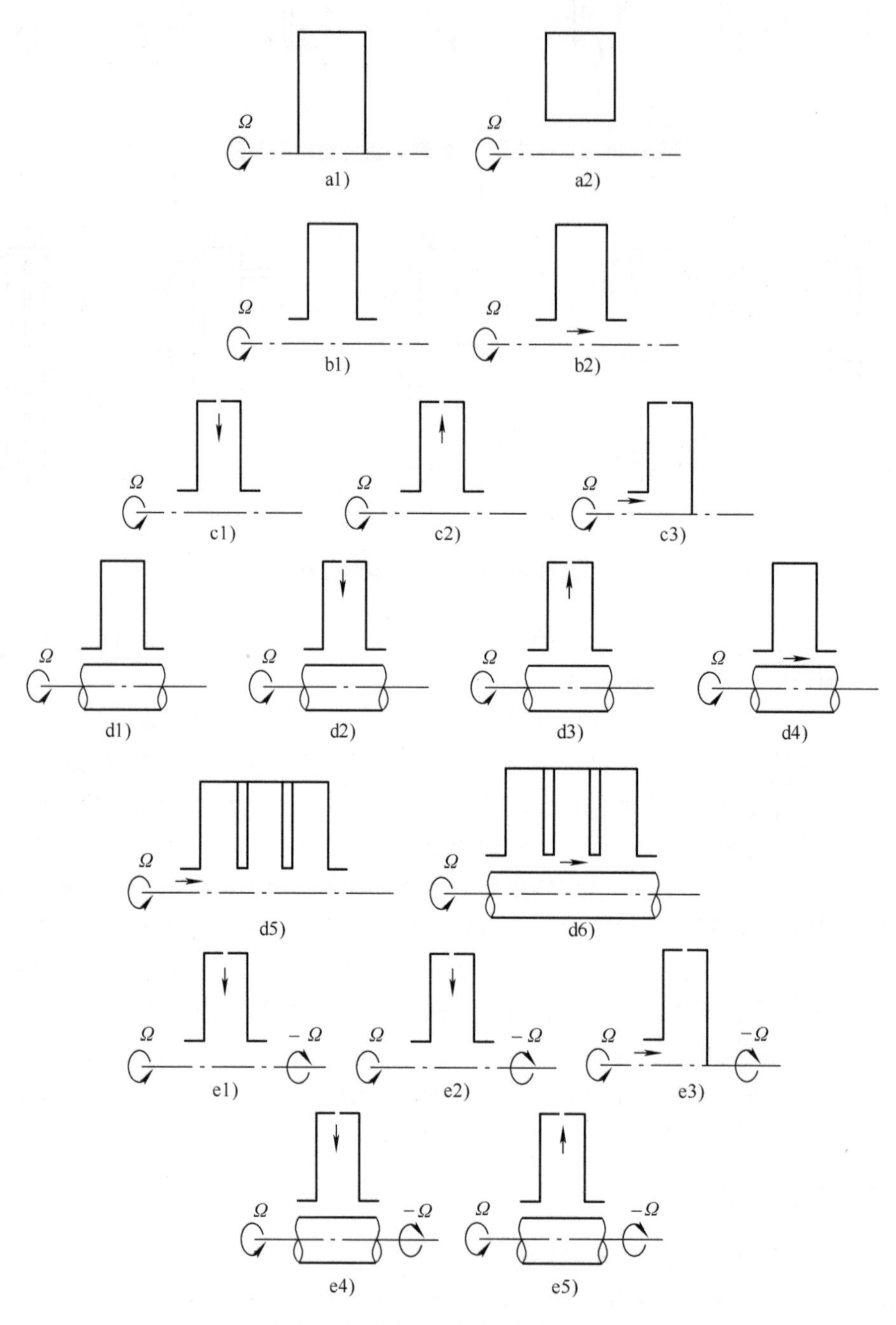

图5-42　典型的转-转系盘腔结构示意图

5.10　透平与压气机的比较

本章介绍的透平与第3章介绍的压气机是燃气轮机热功转换过程中的两大关键部件，同属叶轮机械范畴，但透平是一类膨胀式叶轮机械，而压气机则为一类压缩式叶轮机械，对两者进行比较可对它们的工作过程有更好的了解。

1）透平：工质逐级膨胀推动叶轮旋转，工质的压力温度降低，将高温高压燃气中储存的热能变为有用功。

压气机：外界对工质做功，工质的压力温度升高，将工作叶栅传递的功变为工质的压力能。

2）透平：冲动式透平级中，气流仅在静叶栅中膨胀，绝对速度动能增加，该部分动能在动叶栅中通过绝对速度下降而转化为机械功，比功 $L_u=\frac{c_1^2-c_2^2}{2}$；反动式透平级中，气流还在动叶栅中进一步膨胀，气流绝对速度动能下降，相对速度动能增加转化为机械功，比功为 $L_u=\frac{c_1^2-c_2^2}{2}+\frac{w_2^2-w_1^2}{2}$。

压气机：因为要先输入功然后压缩气体，故压气机级的结构是先为动叶栅，然后为扩压静叶栅，在反力度大于0的级中，机械功一部分提高气流的动能，另一部分直接增压，比功为 $L_u=u(c_{2u}-c_{1u})=\frac{c_2^2-c_1^2}{2}+\frac{w_1^2-w_2^2}{2}$。

3）透平：引入反动度来说明焓降在静叶栅和动叶栅之间的分配，运动反动度定义为动叶栅的静焓降与级总焓降的比值：$\Omega=\dfrac{\frac{w_2^2-w_1^2}{2}}{\frac{w_2^2-w_1^2}{2}+\frac{c_1^2-c_2^2}{2}}$。当 $\Omega=0$ 时，$w_1=w_2$ 称为纯冲动级；当 $\Omega=0.5$ 时，$w_1=c_2$，$w_2=c_1$，称反动级。习惯上将 $\Omega>0$ 的级称为带反动度的冲动级。

压气机：引入反力度以说明压缩功在级内的分配，运动反力度定义为动叶栅的等熵压缩功与级的等熵压缩功之比：$\rho_C=\dfrac{\frac{w_1^2-w_2^2}{2}}{\frac{w_1^2-w_2^2}{2}+\frac{c_2^2-c_1^2}{2}}$。

4）透平：反动度 $\Omega>0$ 的级，叶栅通道逐渐收敛。

压气机：反力度 $\rho_C>0$ 的级，叶栅通道逐渐扩张。

5）透平：反动度 $\Omega>0$ 的级，气流速度三角形的特点为：$w_1<w_2$，$c_1>c_2$，$\beta_1>\beta_2$，$\alpha_1<\alpha_2$，动叶栅中气流转折角度很大，整台透平的级数少。

压气机：反力度 $\rho_C>0$ 的级，气流速度三角形的特点为：$w_1>w_2$，$c_1<c_2$，$\beta_1<\beta_2$，$\alpha_1>\alpha_2$，动叶栅中气流转折角度小，原因是扩压流动易分离，整台压气机的级数多。

6）透平与压气机效率的定义式不同。

透平：定义式中的分子为实际过程。

压气机：定义式中的分子为等熵过程。

7）压气机中与透平中的叶片安装方式相反。

透平：动叶的运动方向，由叶片压力面指向叶片吸力面。

压气机：动叶的运动方向，由叶片吸力面指向叶片压力面。

8）透平：整台透平的通流部分面积沿流动方向逐渐增大。

压气机：整台压气机的通流部分面积沿流动方向逐渐减小。

9）透平：叶栅负荷大，温度高（需冷却），叶片弯曲度大，叶身较厚。

压气机：叶栅负荷小，温度低，叶片弯曲度小，叶身较薄。

10）透平：特性曲线的参数为$\dfrac{G_{\mathrm{T}}\sqrt{T_3^*}}{p_3^*}$、$\dfrac{n}{\sqrt{T_3^*}}$、$\pi_{\mathrm{T}}$、$\eta_{\mathrm{T}}$，左侧有临界流动边界线存在。

压气机：特性曲线的参数为$\dfrac{G_{\mathrm{C}}\sqrt{T_1^*}}{p_1^*}$、$\dfrac{n}{\sqrt{T_1^*}}$、$\pi_{\mathrm{C}}$、$\eta_{\mathrm{C}}$，右侧有喘振边界线存在。

5.11 先进气冷透平技术

5.11.1 透平非定常流热固多场耦合分析与设计技术

重型燃气轮机透平工作在高温、高压、高转速的苛刻环境中，内部存在着复杂的非定常流动干涉、非均匀来流迁移、大冷气掺混，涉及流动、传热与冷却以及金属导热、叶片变形、应力分析与寿命评估等方面，是一个复杂的非定常流热固多场耦合问题。因此，燃气轮机技术发展至今，特别是先进重型燃气轮机透平气热性能的进一步提升，未来很大程度上会依赖于对非定常流热固多场耦合机理的揭示，以及以此为基础建立的先进气冷透平设计理论、方法和优化技术体系。图 5-43 所示为透平非定常流热固多场耦合分析与设计的示意图。

从燃气轮机透平分析方法和设计技术的发展来看，主要体现在三个维度上：一是从一维、二维、准三维到全三维流场分析与设计；二是从气动、传热、传热与冷却、流热耦合到流热固耦合分析与设计；三是从定常到非定常分析与设计。随着先进试验技术和高精度数值模拟方法的发展，实现全三维的流热固耦合分析或者全三维非定常分析已有可能。但是学术界和工程界已意识到，仅基于定常或者非耦合条件下的分析评估手段及设计方法已难以满足透平性能的进一步提升及优化需求，因此欲进一步提高透平流动传热及叶片可靠性的精细化分析，促使透平性能迈上新台阶，透平的非定常流热固多场耦合分析与设计将成为十分重要的技术途径，这也是未来先进重型燃气轮机研发亟待解决的关键技术之一。

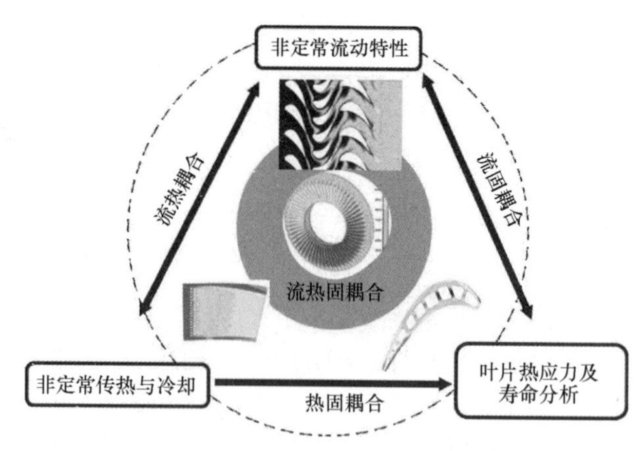

图 5-43 透平非定常流热固多场耦合分析与设计技术示意图

5.11.2 燃烧室透平一体化设计技术

燃气轮机的热功转换效率由于受到材料和相关技术发展的限制，其提升空间变得非常有限。目前除了高效冷却技术、先进材料和热障涂层的应用，允许进一步提高透平进口温度从而提高燃气轮机热效率外，另一个重要思路是进一步对关键部件进行优化设计，以最大限度地挖掘其在提升整机性能方面的潜力。燃烧室和透平均属于燃气轮机的关键部件，其温度高、热流环境复杂、冷气使用量大，直接决定着燃气轮机运行性能和工作可靠性。因此，为了进一步提高高温关键部件的气热性能，最大限度地提升其协同能力，需要同时兼顾并综合考虑燃烧室和透平的气动、传热以及结构特性，这也是未来对二者一体化设计的需求与基础。

目前已有的燃烧室和透平的整体设计是在透平导叶设计中考虑上游燃烧室复杂流热特性的影响，同时在燃烧室设计中兼顾下游透平导叶对燃烧室性能的逆向作用，从而使二者协同达到更佳的状态。但燃烧室与透平的整体设计实际上仍是一个多轮迭代的复杂过程，依旧难于使部件的协同能力达到最佳效果，同时设计成本也比较高。图 5-44 所示的燃烧室与透平导叶的一体化设计是在其整体设计思路基础上的进一步延伸，目的是将燃烧室和透平导叶在气动、传热、结构上进行全方位的深度融合，形成一体化的燃烧室与透平导叶设计技术。一体化设计除了涉及整体设计中燃烧室与透平交互作用下的流动传热机理研究外，还包括气动-传热-结构的优化设计方法，涉及多物理场融合以及多学科交叉。因此，燃烧室与透平导叶一体化设计研究将涵盖更加复杂的机理揭示、设计方法探索和应用验证等系统性的工作，除了可以进一步提高燃烧室与透平在热功转换上的协同能力外，还可以使得燃烧室和透平的结构更加简单、紧凑，从而在提高燃气轮机热效率的同时，降低燃气轮机的尺寸和重量，这对于先进重型燃气轮机的研发将是一次技术突破。

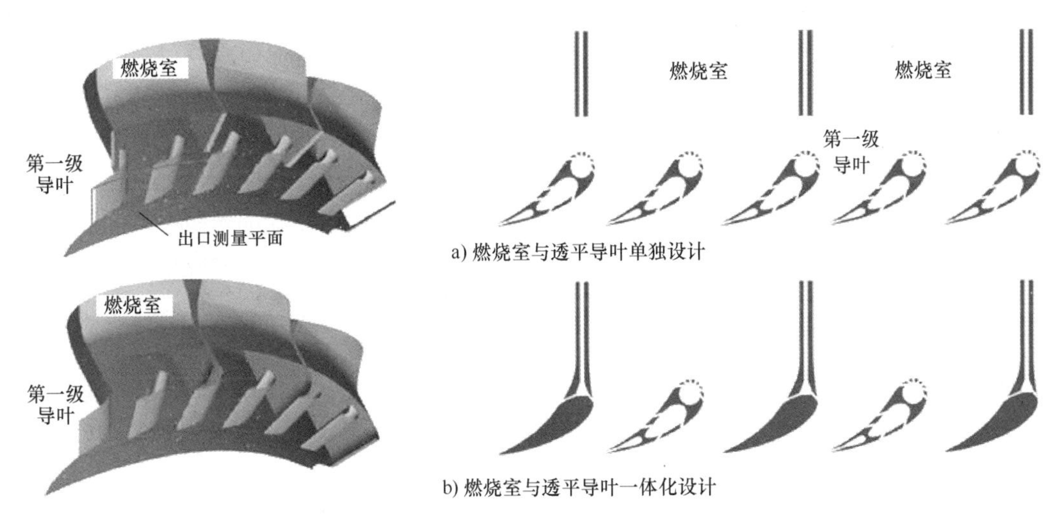

图 5-44 燃烧室与透平导叶的一体化设计

5.11.3 透平先进冷却技术

透平冷却技术发展至今，无论是内部强化换热还是外部气膜冷却，已十分成熟。总体上来看，以往的研究主要集中在冷却结构的创新上，出现了各种形状的内部扰流结构、多种防横流冲击冷却形式以及形状各异的气膜孔等，除此之外，也出现了一些新的冷却结构与方式，比如涡流矩阵肋冷却，如图 5-45 所示（又称为交叉肋冷却）。同时，结合流动传热与冷却机理的深入研究和先进优化方法与技术的研发，获得了冷却效果更佳的内部与外部冷却的耦合优化布局。然而，由于燃气透平叶片几何结构及尺寸的限制，以及内流流动复杂的特殊性，近年来出现在其他领域的许多新型冷却原理与技术并不适用于透平叶片，因此，透平叶片的冷却方式并没有实现原理上的重大创新或技术上的重大突破。

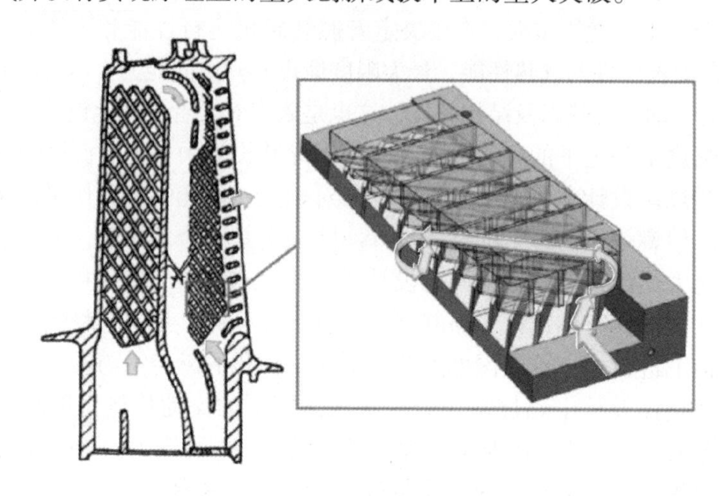

图 5-45 叶片涡流矩阵肋冷却

从透平冷却技术的研究与发展趋势来看，叶片冷却技术未来主要可以从两个方面进行创新与突破。一是冷却工质，除了空气以外，可以尝试其他比热容更大、换热性能更好的冷却工质，比如已在燃气轮机上实际应用过的蒸汽冷却或正在研究中的水雾相变冷却；此外，随着能源系统的多样化发展，在燃气轮机的特定应用场合中，未来还可以尝试以超临界二氧化碳或液态金属等为冷却工质。二是新型冷却结构与方式，随着增材制造技术在燃气轮机相关技术领域的成功应用，复杂冷却结构的制造已变得不再困难重重，各种新型复杂冷却结构设计得以在叶片上实现和应用；此外，目前已有冷却结构的尺寸还属于宏观尺度，在增材制造技术的支持下，为了充分发挥冷气的冷却潜能，叶片冷却结构已逐渐朝着微小尺度发展，比如在美国能源技术国家实验室的长期支持下，美国相关高校正在开发多种应用于叶片的新型微冷却结构，如图 5-46 所示。国内科研机构也在积极开展基于增材制造技术的叶片微冷却结构设计与研发，图 5-47 所示的为基于鸟羽仿生的端壁气膜冷却微肋强化结构，通过增材制造技术在端壁表面加工微米级鸟羽结构，可以显著提高端壁上游泄漏流的气膜冷却效果。

5.11.4 透平先进优化设计技术

重型燃气轮机透平的工程设计涉及气动、传热冷却和结构强度等基础理论和设计技术，设计环节变量多、周期长，需要各部门密切衔接、沟通、迭代和验证，人力、物力和时间成本均很高。随着以计算流体动力学、数值传热学为代表的数值仿真技术以及多目标、多学科优化方法的发展，优化设计技术已逐渐应用于透平的设计体系中，如图 5-48 所示。总体来看，目前燃气透平的优化技术主要涉及气动优化设计技术、气热（冷却）耦合优化设计技术以及优化设计的敏感性分析三个方面。

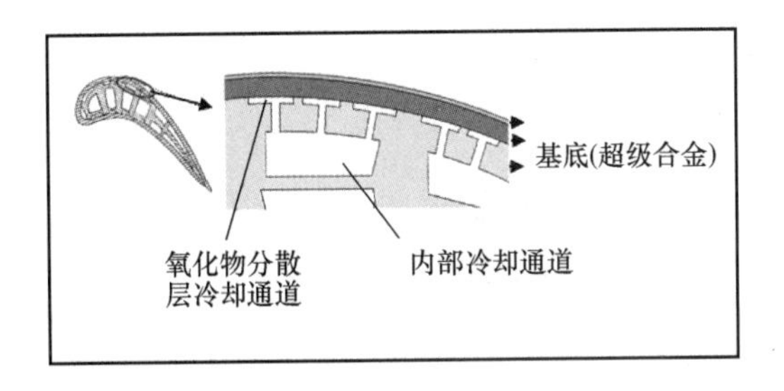

a) 近壁面嵌入式冷却(near surface embedded cooling channel, NSECC)

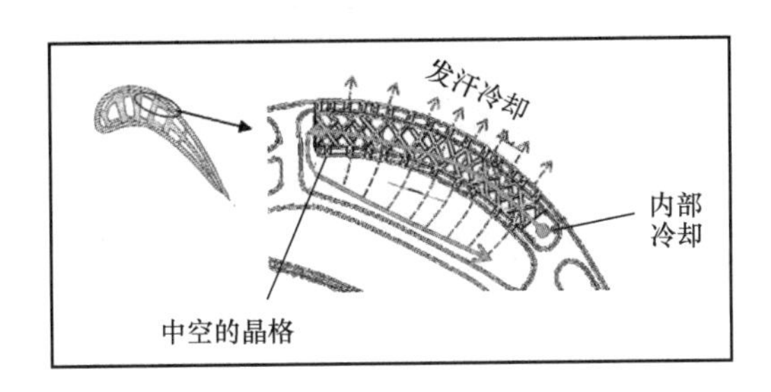

b) 发汗与晶格矩阵一体化冷却(integrated transpiration and lattice cooling system)

图 5-46　美国匹兹堡大学研发的叶片新型微冷却结构

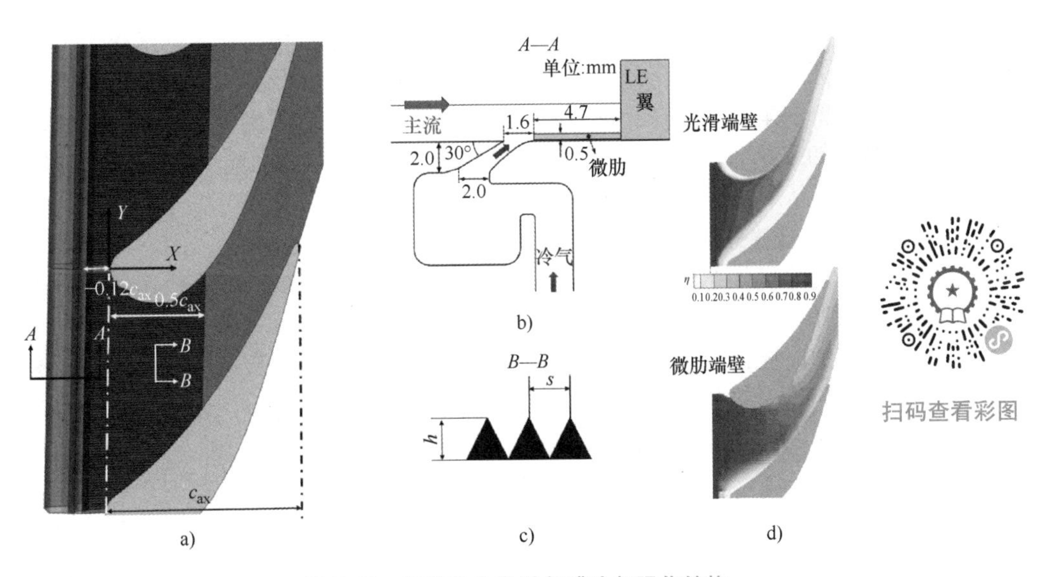

a)　　b)　　c)　　d)

图 5-47　端壁仿生微肋气膜冷却强化结构

1. 气动优化设计技术

透平为重型燃气轮机的重要热功转换部件，其核心性能指标为透平的气动效率。因此，现代燃气透平为了取得更加优异的气动性能，需要不断地进行叶型、叶栅、通流部分以及与冷却技术相关的二次空气系统的设计优化。目前国内外的气动优化技术经过数十年的发展已比较成熟，国内外高校及企业均对此进行了大量的研究，探索了优化算法的性能、优化目标的选择以及不同优化设计变量的敏感性分析。

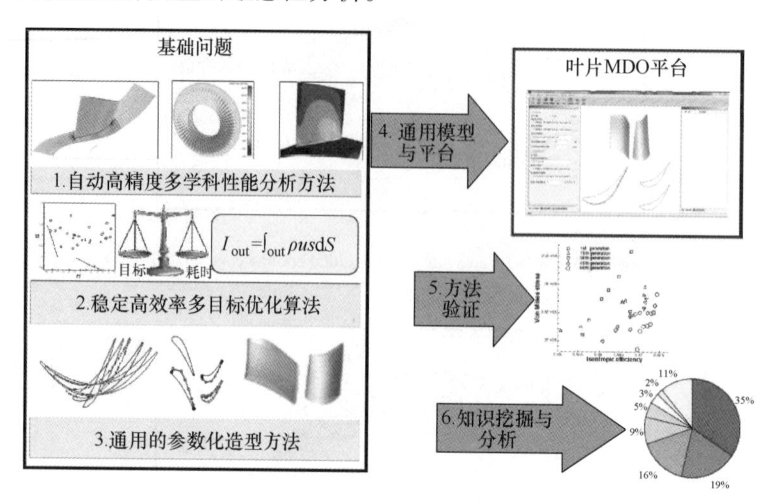

图 5-48　叶片先进优化技术

2. 气热（冷却）耦合优化设计技术

燃气轮机透平叶片不仅需要高效的气动性能，还需要在流动复杂的高温燃气中保证安全可靠地工作，这就需要对叶片进行冷却与传热分析，提出更加高效的冷却方案来使得叶片温度维持在允许的范围内。传统的冷却设计方法主要依靠经验或者试验和数值分析结果反复迭代，随着透平优化方法及技术在透平气动领域的成功应用，透平传热冷却的优化也逐渐受到关注，但相对而言传热冷却的优化研究起步较晚，近十几年来才受到广泛关注。由于优化技术已经在气动领域得到了充分验证，目前主要的技术路线是将气动优化扩展到传热领域，并实现气动与传热（即气热）耦合优化，以便进一步提升优化设计的能力，缩短先进气冷透平的设计周期。

3. 优化设计的敏感性分析方法

为了突破透平设计优化受当前计算资源限制的难题，除了发展高精度快速模拟方法、提出新型优化算法以外，降低设计空间维度和复杂程度也是非常值得关注的。而降低设计空间的维度和复杂程度的前提，是必须充分理解设计变量和性能之间的复杂关系。一方面这将依赖于对透平非定常流热固耦合机制的深入研究，另一方面可利用敏感性分析方法，通过挖掘设计空间信息、揭示设计变量对性能的影响规律、明确显著变量来实现。

参考文献

[1] REICHERT A, ZHAO Z Z. Siemens Gas Turbine Seminar [R]. 2013.

[2] 航空发动机设计手册总编委会. 航空发动机设计手册：第 10 册　涡轮 [M]. 北京：航空工业出版社，2001.

[3] 朱之丽，陈敏，唐海龙，等. 航空燃气涡轮发动机工作原理及性能 [M]. 上海：上海交通大学出版社，2014.

[4] HARTSEL J E. Prediction of Effects Mass-Transfer Cooling on the Blade-Row Efficiency of Turbine Airfoils [C]. [S. l.]: AIAA Paper 72-11, 1972.

[5] BOZZI L, D'ANGEL E. Numerical and Experimental Investigation of Secondary Flows and Influence of Air System Design on Heavy-Duty Gas Turbine Performance [C]. New York: ASME Paper GT2012-68392, 2012.

[6] RUSHBROOKE J. Cooling Methods in Turbine Blades [EB/OL]. [2020-05-30]. https://blog.softinway.com/cooling-methods-in-turbine-blades.

[7] Rolls-Royce. The Jet Engine [M]. 5th ed. Derby: The Technical Publications Department, Rolls-Royce plc, 1996.

[8] HAN J C, RALLABANDI A P. Turbine Blade Film Cooling Using PSP Technique [J]. Frontiers in Heat and Mass Transfer, 2010, 1 (1): 013001.

[9] HAN J C, WRIGHT L M. Enhanced Internal Cooling of Turbine Blades and Vanes [EB/OL]. [2022-10-15]. https://netl.doe.gov/carbon-management/turbines/handbook.

[10] KAEWCHOOTHONGA N, MALIWANA K, TAKEISHI K, et al. Effect of Inclined Ribs on Heat Transfer Coefficient in Stationary Square Channel [J]. Theoretical and Applied Mechanics Letters, 2017, 7 (6): 344-350.

[11] OSTANEK J K, THOLE K A. Effect of Streamwise Spacing on Periodic and Random Unsteadiness in A Bundle of Short Cylinders Confined in A Channel [J]. Experiments in Fluids, 2012, 53: 1779-1796.

[12] SIW S C, CHYU M K, SHIH T I P, et al. Effects of Pin Detached Space on Heat Transfer and Pin-Fin Arrays [J]. Journal of Heat Transfer, 2012, 134 (8): 081902.

[13] BUNKER R S, DEES J E, PALAFOX P. Impingement Cooling in Gas Turbines: Design, Applications, and Limitations [J]. WIT Transactions on State of the Art in Science and Engineering, 2014, 76: 1-32.

[14] BIEGGER C, WEIGNAD B. Flow and Heat Transfer Measurements in A Swirl Chamber with Different Outlet Geometries [J]. Experiments in Fluids, 2015, 56: 78.

[15] 刘钊. 燃气轮机透平叶片前缘内部冷却的数值研究 [D]. 西安: 西安交通大学, 2012.

[16] HAN J C. Recent Studies in Turbine Blade Cooling [J]. International Journal of Rotating Machinery, 2004, 10 (6): 443-457.

[17] JOVANOVIC M. Film Cooling Through Imperfect Holes [D]. Eindhoven: Technische Universiteit Eindhoven, 2006.

[18] SAUMWEBER C, SCHULZ A. Effect of Geometry Variations on the Cooling Performance of Fan-Shaped Cooling Holes [J]. ASME Journal of Turbomachinery, 2012, 134: 061008.

[19] MHETRAS S, HAN J C, RUDOLPH R. Effect of Flow Parameter Variations on Full Coverage Film-Cooling Effectiveness for a Gas Turbine Blade [J]. ASME Journal of Turbomachinery, 2012, 134: 011004.

[20] NATHAN M L, DYSON T E, BOGARD D G, et al. Adiabatic and Overall Effectiveness for the Showerhead Film Cooling of a Turbine Vane [J]. ASME Journal of Turbomachinery, 2014, 136 (3): 031005.

[21] MURATA A, NISHIDA S, SAITO H, et al. Effects of Surface Geometry on Film Cooling Performance at Airfoil Trailing Edge [J]. ASME Journal of Turbomachinery, 2012, 134 (5): 051033.

[22] LI F, JIA Z, ZHANG W X, et al. Experimental Comparisons of Film Cooling Performance for the Multi-Cavity Tips at Two Different Tip Gaps [J]. International Journal of Heat and Mass Transfer, 2022, 187: 122566.

[23] WANG H P, OLSON S J, GOLDSTEIN R J, et al. Flow Visualization in a Linear Turbine Cascade of High Performance Turbine Blades [J]. ASME Journal of Turbomachinery, 1997, 119 (1): 1-8.

[24] YANG X, ZHAO Q, LIU Z S, et al. Film Cooling Patterns over an Aircraft Engine Turbine Endwall with Slot Leakage and Discrete Hole Injection [J]. International Journal of Heat and Mass Transfer, 2021, 165: 120565.

[25] 航空发动机设计手册总编委会. 航空发动机设计手册: 第16册 空气系统及传热分析 [M]. 北京: 航空工业出版社, 2001.

[26] 刘松龄, 陶智. 燃气涡轮发动机的传热和空气系统 [M]. 上海: 上海交通大学出版社, 2018.

[27] ROSIC B, DENTON J D, HORLOCK J H, et al. Integrated Combustor and Vane Concept in Gas Turbines [J]. ASME Journal of Turbomachinery, 2012, 134 (3): 031005.

[28] GORELOV V, GOIKHENBERG M, MALKV V. The Investigation of Heat Transfer in Cooled Blades of Gas Turbines [J]. AIAA Paper AIAA-1990-2144, 2019.

[29] CARCASCI C, FACCHINI B, PIEVAROLI M, et al. Heat Transfer and Pressure Drop Measurements on Rotating Matrix Cooling Geometries for Airfoil Trailing Edges [C]. New York: ASME Paper GT2015-42594, 2015.

[30] CHYU M, TO A, KANG B S. Integrated Transpiration and Lattice Cooling Systems Developed by Additive Manufacturing with Oxide-Dispersed Strengthened (ODS) Alloys [C]. USA: UTRS-Review Meeting, 2017.

[31] YANG X, ZHAO Q, FENG Z P. Investigation and Application of Bio-Inspired Microscale Structures to Turbine Endwall for Enhancing Film Cooling Performance [J]. ASME Journal of Thermal Science and Engineering Applications, 2021, 13 (6): 061001.

习 题

1. 燃气透平静叶在铸造时通常将多只叶片铸造在一起，形成静叶组件，通常有两叶、三叶、四叶、五叶组件，这样做的目的是什么？

2. 已知某发电用重型燃气轮机某级的等熵滞止焓降为100kJ/kg，反动度为0.1，又知静叶出口气流角为13°，级的平均直径1.09m，静叶和动叶的速度系数均为0.98，排气的余速损失为5kJ/kg，燃气流量为5.0kg/s。试求：

1）导叶和动叶的损失。

2）动叶出口气流角。

3）级的轮周效率和轮周功率。

4）按比例画出级的速度三角形。

3. 请描述端部损失产生的原因和影响因素。

4. 某燃气轮机级静叶采用收缩叶栅，设计工况下静叶前的滞止压力2MPa，静叶后的压力1.65MPa，流量为$G=3$kg/s。分别发生以下两种变工况过程，变工况1时，静叶后的压力降到1.3MPa；变工况2时，导叶后的压力降到1MPa。试求：

1）两种变工况条件下通过静叶通道的流量。

2）设计工况和两种变工况条件下叶栅的出口气流角是否相同？为什么？

5. 透平二次空气系统的作用都有哪些？请分别详细描述，并说明二次空气系统中的空气为什么要抽吸自压气机的不同部位？

6. 请分别详细描述叶片前缘和尾缘冷却的主要技术难点。

7. 假设某内外复合冷却透平叶片的外部平均绝热气膜冷却有效度为0.25，气膜冷却导致叶片表面平均换热系数增强了75%，请讨论该叶片采用此气膜冷却设计是否有益。

8. 某先进燃气轮机运行在常温下，其压气机压比为21，燃气透平进口温度为1570℃，透平叶片金属的耐温极限是980℃，请估算叶片的综合冷却有效度至少需要达到多少才能保证静叶安全工作。在静叶的各部位采取哪些冷却技术预期可以达到该综合冷却有效度？

第 6 章 燃气轮机的变工况

6.1 概述

通过第 2 章介绍的燃气轮机的热力循环计算，可以解决燃气轮机设计工况点的选定和设计工况性能参数的计算问题。但是在实际的运行中，由于种种原因会使燃气轮机经常在偏离设计点的工况下工作，这就是通常所说的燃气轮机的变工况运行，简称变工况。

燃气轮机在实际运行过程中工况所发生的变化，主要体现在以下的几个方面。首先是输出功率大小的变化，例如电网中所使用的燃气轮机，其输出功率的大小会随着电网负载的变化而变化；用于机车动力装置的燃气轮机，在行驶速度变化和上下坡时，机组功率会发生变化；用于输油输气管线中的燃气轮机机组，其功率会随着输油输气量的变化而变化。其次，在热力循环计算中，通常取某一个进气环境下的工况为标准工况（ISO 工况），比如大气温度为 15℃，1 个大气压，相对湿度 60% 的工况，而实际机组在运行时会偏离该工况。第三，当部件性能变化后燃气轮机也将处于变工况下工作。例如压气机或者透平叶片在磨损或积垢后，其性能恶化，效率降低，导致燃气轮机的性能发生变化，这时一般表现为机组达不到设计的功率和效率，显然也属于变工况范畴。

此外，还有其他的一些原因，例如燃料的组成成分变化、燃料热值的变化等，喷水或蒸汽的加入和退出等也会使机组处于变工况下工作。

燃气轮机变工况是整个机组离开设计点运行的各种工况的统称，它包括：

（1）稳定的非设计工况　也称平衡工况，指机组在部分负荷下运行或气候及海拔高度变化时的非设计工况。

此时，机组的输出功率等于负载所消耗的功率，机组运行过程中的各参数保持不变。对于这类变工况，其变工况性能的研究通常以部件性能的变化为基础来进行。

（2）不稳定的过渡工况　也称非平衡工况，包括起动、加减速等，此时，机组在运行过程中其工作参数随着工况的变化而变化。

对于机组的非平衡工况，其分析基础仍然是诸部件的性能。此外，尚需考虑转动部件的惯性、气道壁面的热惯性、气室容积效应等的影响。严格地说，这时部件的性能随着工况的变化也会有所变化，因而非平衡工况的分析较为复杂。此外，非平衡工况下机组具有的性能还与其控制系统密切相关。把这些综合在一起，就是机组的动态特性，而这部分的内容不在本书的叙述范围之内。

可见，机组的变工况性能，与构成机组的诸多部件的变工况性能相关。压气机和透平的变工况特性由其各自的特性曲线所描述，已分别在前面有关章节进行了讨论，本章主要结合燃气轮机各组成部件的相互关联以及负载的特性来分析整个机组的变工况性能。在对机组进行变工况性能分析时，一般可从经济性、稳定性和加载性三个方面进行。所谓的经济性是指机组的热效率或油耗率随机组负载的变化而变化的情况。一般在设计工况下，装置的热效率最高，油耗率最低。在工况变化时，如部分负荷下，燃气初温降低，压气机、透平叶栅的气流冲角发生变化，损失增加等，使得装置的热效率降低，油耗率增加。若在工况变化时，热效率下降少或油耗率增加少，则装置的变工况性能具有好的经济性。

当工况变化时，若压气机中的流量和转速下降，或起动时供油量配合不好，则可能会引起压气机喘振。装置变工况性能的稳定性方面，需要分析在工况变动时，压气机是否会发生喘振，透平是否发生过热，以及机组是否发生超温和超速现象。

装置的加载性是指机组适宜外界负荷的能力，如发出的功率可及时适应外界负荷的变化，则加载性好。对于舰船、机车等运输式机组而言，装置的加载性尤其重要，这类运输式机组的加载性也称为机动性。

研究燃气轮机变工况的目的，就是要从这些错综复杂的现象中分析出燃气轮机内部联系与外部联系的运动规律，并加以掌握，以便：

1）在设计新机组时，能充分地了解不同方案的变工况过程及特性，进行定性与定量的分析比较，作为机组轴系方案选定、运行线选择及调节系统设计的依据。

2）向用户及运行部门提供机组特性曲线，使他们熟悉机组的变工况性能，能针对具体情况选用适当机组或在运行中采取合理的现场措施。

6.2 燃气轮机变工况的影响因素

与蒸汽轮机的变工况研究相比，燃气轮机的变工况问题要复杂得多。一方面，蒸汽轮机的变工况问题通常仅针对蒸汽透平一个部件进行研究，而燃气轮机的变工况性能包含了压气机、燃烧室和透平甚至所驱动负载的一致协调工作。另一方面，燃气轮机不但需要经常适应用户的要求与环境工况的变动，而且不同设计方案与结构的燃气轮机，其变工况适应性的差别也很大。例如原先稳定运行的单轴带动恒速负载的机组，当机组负荷降低时，如果燃料减少至某一数量，则燃气温度降低，使透平功率下降。这时，流量、压比、转速和功率四个参数的变化情况必须同时满足压气机、透平等各部件的变工况规律以及负载的转速特性。当负载要求转速不发生变化时，则压气机和透平等部件的综合性能就决定了压比要下降多少、流量要增加多少（沿压气机等转速线向下方移动），机组方能稳定在某一个新的平衡工况，输出功率将相应为某一定值。

显然，透平与压气机等组成部件越多的机组，各部件间产生关联影响的因果关系也越复杂。因此，燃气轮机的变工况性能不但与热力循环的种类、各部件的变工况特性以及负载的特性有关，而且也与各部件相互间不同的组合方案，即轴系方案有很大关系。参数已定的同一种热力循环，可以适用于单轴、分轴、双轴、三轴或多轴等多种轴系方案，它们虽然在设计工况下性能相同，但当工况发生变化时，其变工况性能各不相同，有的相差很远，甚至不能平衡运行，因而不能胜任某种用途，这一点尤其需要引起足够的注意。

6.2.1 燃气轮机的轴系方案

燃气轮机的轴系方案指机组所采用的轴系布置方式，具体包括：

（1）单轴方案　机组仅包含有一根转轴，压气机、透平和负载围绕在其周围采用同轴布置。

在单轴方案中，透平发出的功一部分被压气机消耗，剩余的一部分功在轴端输出用于驱动负载，由于压气机的阻力很大，因而单轴机组有一个很大的优点就是可以防止机组的超速。后面还可以看到，单轴机组最适宜于驱动转速不变的负荷。本书在热力循环部分中关于机组性能的讨论，大部分都是以单轴的布置方案作为示例的。

（2）分轴方案　如图6-1a所示，此时机组包含两根转轴，由一个压气机和两个透平组成，两个透平分别驱动压气机和驱动负载。分轴方案具体可以采用2/L、2/H和2/P的布置方案，其中2/L和2/H分别指负载由低压透平和高压透平驱动，2/P的布置方案指两个透平采用并联的方案。

（3）双轴方案　如图6-1b所示，机组也包含两根转轴，但由两个压气机和两个透平组成，其中一根轴上带有负载。双轴方案具体的布置方式有2/HH、2/LL和2/HL等多种方案，符号表示方法约定为：斜杠前的2表示轴数为两根轴，斜杠后的字母，第一个表示压气

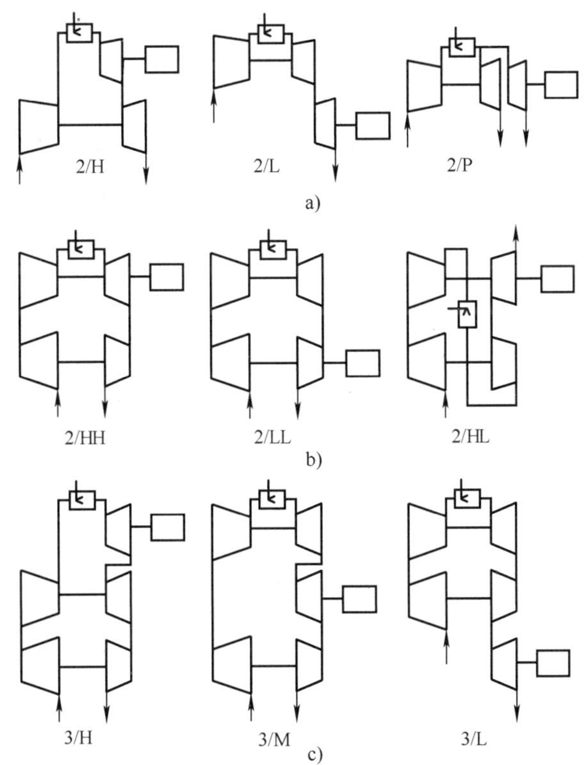

图6-1　燃气轮机的轴系方案示意图（分轴/双轴/三轴）

机，第二个表示透平，并且表示的是输出功率轴上的压气机和透平。例如，2/HH 方案表示两根轴，其中输出功率（驱动负载）的轴上所连的是高压压气机和高压透平。

（4）三轴方案　如图 6-1c 所示，机组包含有三根转轴，由两个压气机和三个透平组成，其中一个透平带负荷，其余两个透平分别驱动压气机。三轴方案具体的布置方式有 3/H、3/M、3/L 等方案，斜杠后的字母分别表示输出功率的是高压透平、中压透平和低压透平。

6.2.2　各类用户的负载特性

燃气轮机的输出功率可用于多种用途，根据燃气轮机轴功率所驱动的负载不同，通常可以归纳为四类：

1. 恒速型负载

当燃气轮机用于驱动发电机发电时，驱动的负载类型即为恒速型负载。此时，发电机的转速由电频率所规定，在负载功率 P_L 变动时，其转速 n_L 变化很小，可以当作恒速，因此负载所在的转轴转速为恒速。如图 6-2a 所示，$n_L = \text{const}$。因此，轴上的转矩 $M \propto P_L/n_L \propto P_L$，故其轴上的转矩 M 与功率 P_L 成正比。

此外，在与恒速负载同轴的压气机特性曲线图上有 $n/\sqrt{T_1^*} = \text{const}$ 的曲线，在进气温度变化很小时，可以近似地视为机组的运行工况线。

2. 螺桨型负载

凡是消耗功率的透平式旋转机械，如离心式或轴流式泵、风机、压气机、螺旋桨等，都属于螺桨型负载的范畴。因此，当燃气轮机的输出功率用于这些用途时，驱动的即为螺桨型负载。以压气机为例，由第 3 章内容可知，螺桨规律是功率与转速的三次方成正比，如图 6-2b 所示，$P_L = Gw \propto n_L^3$。故 $M \propto P_L/n_L \propto n_L^2$，即其转轴上的转矩与转速的二次方成正比。

3. 调速型负载

当燃气轮机的输出功率通过直流或交流变频发电机-电动机机组或者通过液力变矩器来传动变速负载时，驱动的即为调速型负载。此时，可以利用电力系统或液力系统进行轴的转速调节，使负载功率和转速能够在一定范围内任意配合。这种传动方式对机组转速的限制很小，可以扩大运行的适应范围，如图 6-2c 所示。

4. 机械传动车辆

对于运输式机组，燃气轮机的转轴通过齿轮、联轴器等输出功率，要求机组在起动时具有大的转矩，如图 6-2d 所示，当转速最小时，要求轴上的转矩 M 最大，负载的功率 $P_L = M\omega \propto Mn_L$。

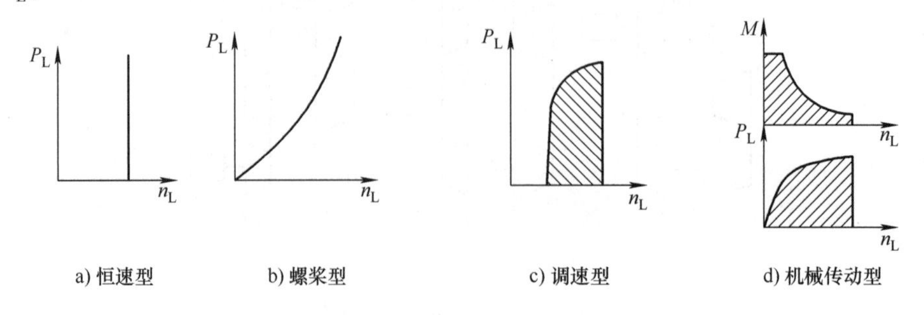

图 6-2　燃气轮机驱动的各类负载特性曲线

值得指出的是，一般来说，由于燃气轮机转速高、功率大，故不适宜于采用齿轮变速器来变速。

6.3　联合运行工况点的确定

为了准确地分析燃气轮机的变工况性能，必须知道机组各个参数在偏离设计工况时的变化情况，即机组不同部件的运行情况和匹配情况。联合运行工况点就是指压气机、燃烧室和透平能够协调工作时的平衡运行工况点。通常在联合运行工况点的确定上，可以采用测试的方法，也可以采用计算的方法获得。测试法是在压气机后面加装一个燃烧室，在燃烧室后面通过将排气阀固定在某一个开度来代替透平。测试时，改变燃气的初温和压气机的转速，测得不同工况下的流量和压比。在压气机特性曲线上，把各种转速下具有相同燃气初温的点连起来，得到的一组等温比线即是联合运行工况。

除此之外，还可以进行机组的变工况计算，在机组变工况计算结果的基础上来分析一台燃气轮机的变工况性能。因此，对机组进行变工况计算就成了分析与研究变工况性能不可分割的一部分。有鉴于此，本章将首先对燃气轮机的变工况计算方法进行必要的介绍和说明。

燃气轮机变工况计算总的原则是利用燃气轮机各部件的特性曲线，以及功率、转速、流量和压比四个参数的平衡关系来求解。下面首先对部件的变工况特性进行简要回顾，并介绍求解变工况性能时所需使用的平衡方程。

6.3.1　部件的变工况特性

1. 压气机的特性曲线

压气机的特性曲线通常由试验确定，它反映了压气机在各个工况下的性能。图6-3所示为一台压气机的通用特性曲线示例，特性曲线上反映了压气机的流量、压比、转速和效率四个参数之间的变化关系。需要注意的是，在压气机的通用特性曲线上给出的是折合流量和折合转速，而本节即将给出的平衡方程是通过实际的流量和转速等参数进行联系的。

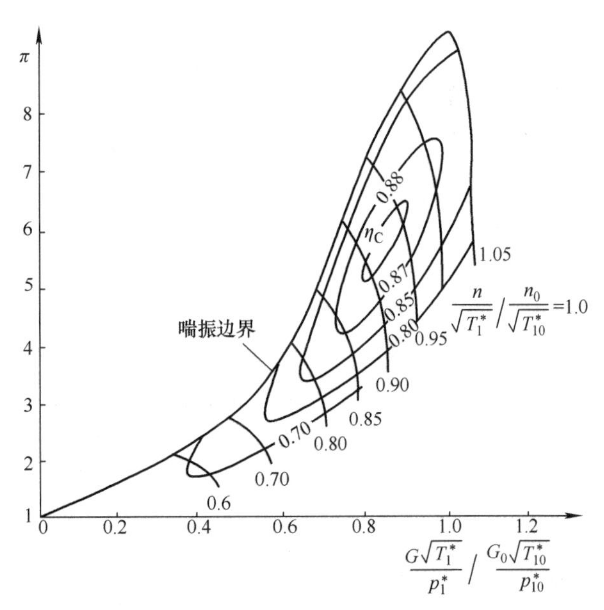

图6-3　压气机的通用特性曲线

此外，在压气机的特性曲线中，若已知流量 $G_C\sqrt{T_1^*}/p_1^*$、压比 π_C、转速 $n/\sqrt{T_1^*}$ 和效率 η_C 这四个参数的前三个中的任意两个，则可由特性曲线确定另外两个参数。但要注意，效率不能作为其中的一个独立参数，原因是在同一个压比 π_C 下，同一个效率会对应于不同的转速和流量，或在同一个流量下，同一个效率也会对应于不同的压比和转速。

当使用计算机计算求解燃气轮机的变工况性能时，需要将压气机的性能曲线编制成数表后储存到计算机中，然后采用插值方法来得到所计算工况下的压气机参数。但是由于压气机在左上方的喘振区域没有性能曲线，同时在右下方的阻塞区域也没有性能曲线，直接用它的性能曲线来制成数表时将有较大的空缺，因而需要适当加以处理后再制成数表输入计算机。工程上实用的处理方法是，在压气机性能曲线上画多条与喘振边界走向一致的线，以符号 R 表示，并且赋以一定的数值，称为等 R 线。通常将喘振边界定为 $R=1$，其余的从上至下依次为2，3，…，如图6-4所示，数字越大则代表的喘振裕度越大。这样就把 π、$G\sqrt{T_1^*}/p_1^*$、η_C 转换为与 $n/\sqrt{T_1^*}$ 和 R 的函数关系，将其作图就消除了因为喘振边界和阻塞工况等而产生的“空白”区，如图6-5所示。这样的处理办法，实际上是引入新的参变量，使一些参数都以喘振边界为起点，阻塞工况为终点来描述，将它制成数表输入计算机后就能方便地应用。

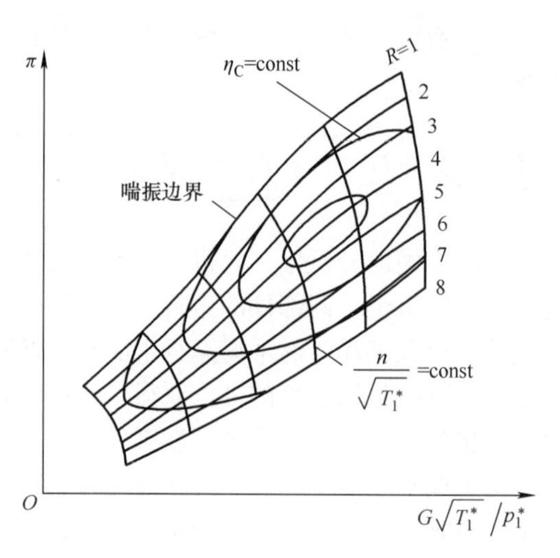

图6-4　引入等 R 线后的压气机性能曲线

引入的等 R 线的数目，可以根据性能曲线范围的大小和要求的精度来确定，通常引入8～10条就足够了。而且等 R 线既可以是直线，也可以是折线。

2. 透平的特性曲线

透平的特性曲线反映了透平的流量 $G_T\sqrt{T_3^*}/p_3^*$、膨胀比 π_T、转速 $n_T/\sqrt{T_3^*}$ 和效率 η_T 之间的关系。图6-6中左右两图形状差异很大的原因在于坐标参量的选择。同样地，图中可由上面的四个参数的任意两个参数来确定其他两个参数，但效率不能作为其中的一个独立参数。

由透平的特性曲线可以看到，透平中存在有临界流动工况，当转速不变时，流量随膨胀比的增大而增大，直至某一临界值。此外，在特性曲线中可以看到，转速对流量有影响，当膨胀比一定时，随转速的下降流量增大。透平的特性曲线无须处理，可直接编制为表。

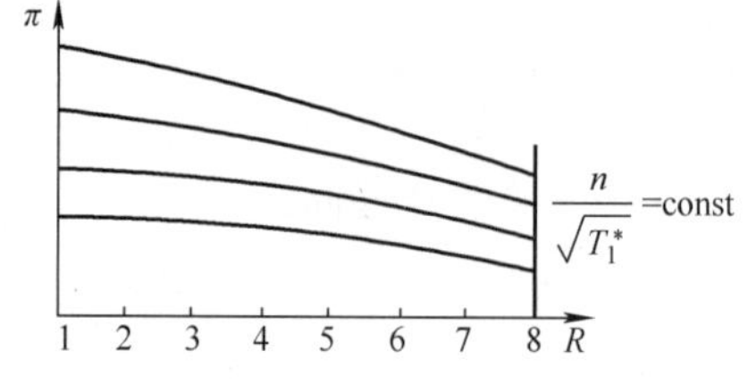

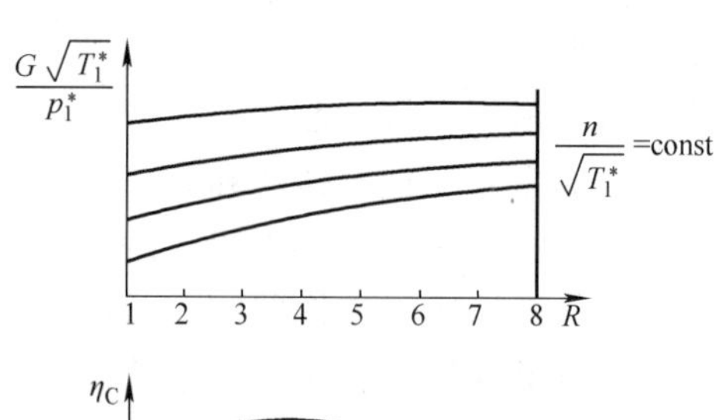

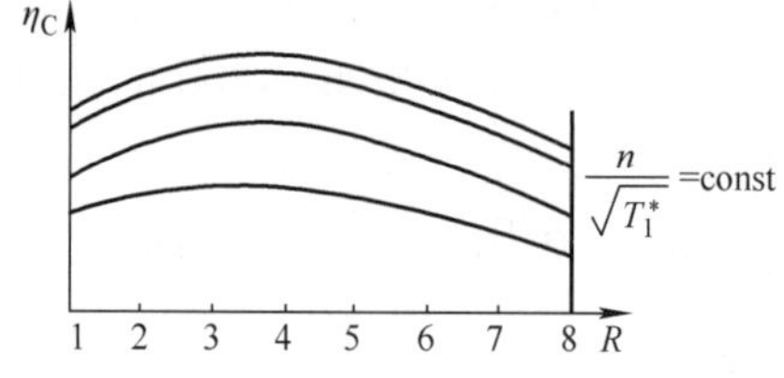

图6-5　引入等 R 线后的压气机性能曲线表达方式

当缺少透平的特性曲线时，可利用 Flügel 公式来进行粗算。Flügel 最早为多级蒸汽透平提出的流量变化公式是个椭圆方程：

$$\frac{G}{G_0}=\frac{p_3^*}{p_{3,0}^*}\sqrt{\frac{T_{3,0}^*}{T_3^*}}\sqrt{\frac{1-(p_4/p_3^*)^2}{1-(p_{4,0}/p_{3,0}^*)^2}} \tag{6-1}$$

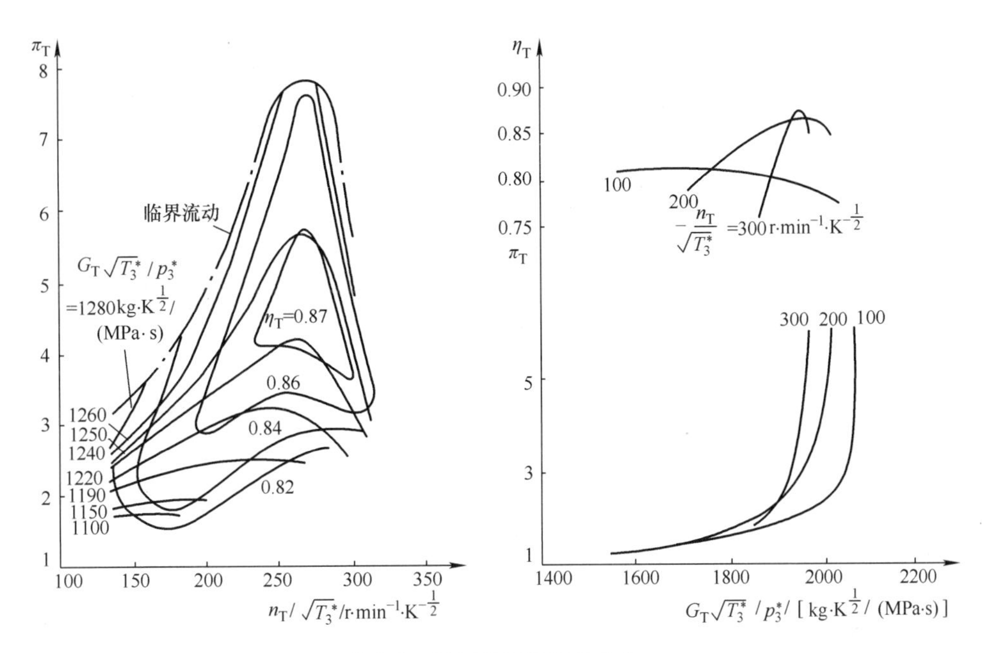

图 6-6　透平的流量特性曲线

式中，下角标 0 表示设计工况下的参数；下角标 3 和 4 分别表示透平的进出口参数。

该方程表示同一个透平在一定的膨胀比下，进口燃气的 p_3^* 越高或 T_3^* 越低，则比容越小，故能通过的质量流量 G 就越大。这个方程在 $G\sqrt{T_3^*}/p_3^*$ - p_4/p_3^* 坐标图中是一条椭圆曲线，它与转速无关。试验表明，这条曲线是由许多条等转速线靠得很近并差不多重叠在一起形成的，故与转速无关。经过很多试验证明，Flügel 公式对多级透平是相当准确的。式（6-1）可改写为

$$G\sqrt{T_3^*}/p_3^* \propto \sqrt{1-(p_4/p_3^*)^2} \tag{6-2}$$

式（6-2）给出了透平特性曲线中的折合流量 $G\sqrt{T_3^*}/p_3^*$ 与透平膨胀比之间的关系，该式在变工况性能分析中还会多次用到。透平的椭圆规律对多级透平是很准确的，由于燃气透平的级数较少，因而为了获得更精确的结果需要对椭圆规律进行修正。

3. 燃烧室的变工况特性

燃烧室的变工况特性主要体现为燃烧效率和压力损失随着工况的变化情况，即 $\eta_B \sim P_e$ 或 $\varepsilon_B \sim P_e$。例如，图 6-7 所示为某舰用三轴机组和某单轴机组中燃烧室的燃烧效率随着工况的变化情况，图 6-8 所示为某燃烧室中压损率随着工况变化而变化的情况，图中 $\overline{P}_e$ 为相对量，代表功率与额定状态的比值。若机组具备与燃烧室相关的变工况数据，应该在精确分析时考虑。此外，对燃烧室来说，机组的运行条件应处在燃烧室的熄火极限范围以内。

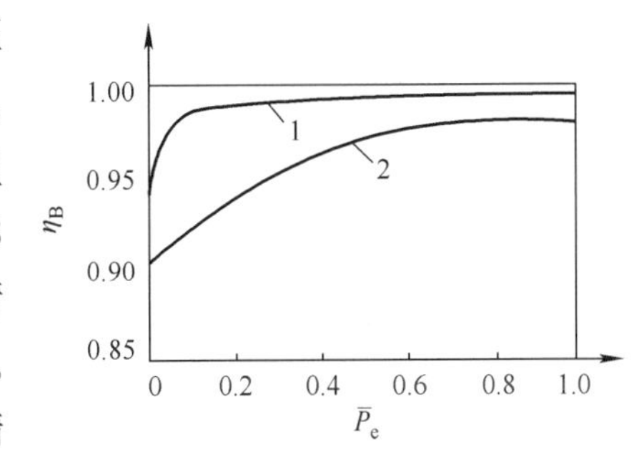

图 6-7　燃烧室的燃烧效率随工况的变化

1—某舰用三轴机组　2—某单轴机组

4. 回热器的变工况特性

对回热器来说，在机组工况变化时应该考虑回热器的回热度随着工况变化的情况，以及回热器的燃气侧和空气侧在工况变化时压力损失的变化情况。图 6-9 给出了回热器的回热度 σ 随工况变化的曲线。图中参数 $\overline{\sigma}$ 上方横线表示回热度 σ 与设计工况下的 σ_0 的比值，即相对回热度。

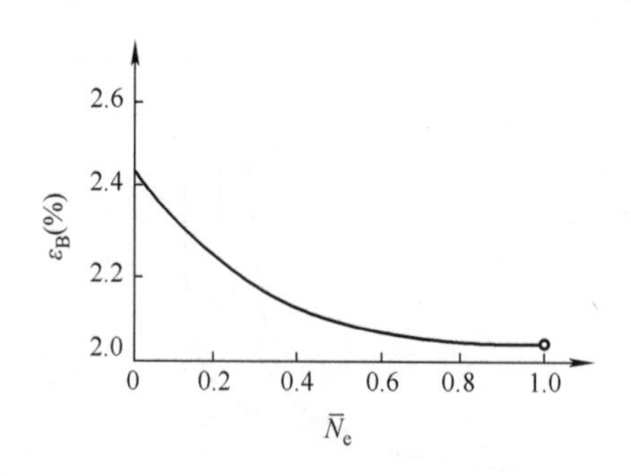

图 6-8 压损率随工况的变化

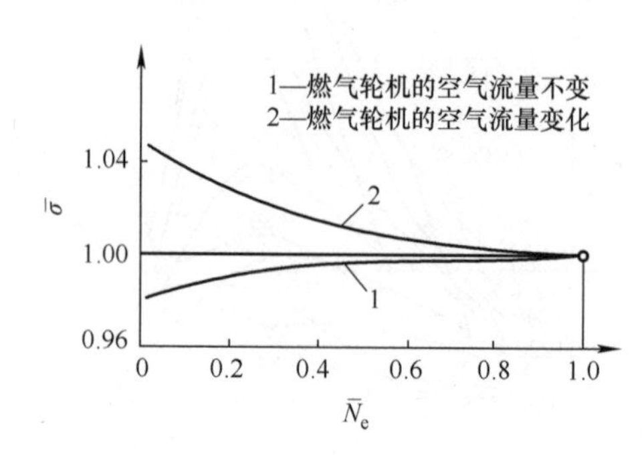

图 6-9 回热度随工况的变化曲线

5. 进排气系统压损数据

燃气轮机进排气系统的压力损失对机组的性能也会产生影响，若具备进排气系统在工况变化时的压损数据，在变工况计算和分析时也需要加以考虑。

6.3.2 燃气轮机的平衡方程

燃气轮机装置主要由压气机、燃烧室、透平、回热器（可选择）、进/排气系统等各部件以及所驱动的负载组成。每个组成部件以及负载各有其自身独有的特性，但相互之间却又通过流量、压比、转速和功率等四个物理参数（称为物理牵连参数）相互关联，形成全局与局部、局部与局部之间相互联系、相互影响的状况。在变工况时，这些部件与负载的参数也必须相互协调、配合变化，机组才能正常工作。

下面以单轴燃气轮机为例来具体说明功率、转速、流量、压比这四个物理牵连参数的平衡方程。

1. 功率 P 平衡

机组平衡运行时，每一根轴上的功率必然平衡，否则转子会加速或减速。附件消耗和机械损耗可以合并，由一个折合的 P_m 或 η_m 来处理。对于单轴燃气轮机可表达为

$$P_e = P_L = P_T - P_C/\eta_m \tag{6-3}$$

式中，P_L 为负载功率；P_T 为透平功率；P_C 为压气机功率；P_e 为燃气轮机的有效功率。

2. 转速 n 平衡

同一根轴上的转子转速相同。对于单轴燃气轮机，压气机、透平和负载共轴，因此：

$$n_C = n_T = n_L \tag{6-4}$$

式中，n_C 为压气机转速；n_T 为透平转速；n_L 为负载转速。

3. 流量 G 平衡

燃气轮机中的工质是连续流动的，从大气中吸入的空气流出压气机后，必然通过在压气

机后面的透平。根据质量守恒定律，燃气轮机前后部件的工质流量应该相同。考虑到燃料的加入、存在漏气和需要从压气机中引气去冷却透平和其他热部件，导致压气机和透平的工质流量有一定的差别。燃气流量 G_T 应等于压气机流量 G 减去泄漏、冷却空气 G_{cl} 加上燃料流量 G_f：

$$G_T = \left(1 - \frac{G_{cl}}{G} + \frac{G_f}{G}\right)G = (1 - \mu_{cl} + f)G \tag{6-5}$$

式中，μ_{cl}为泄漏、冷却空气系数，$\mu_{cl} = \frac{G_{cl}}{G} \approx \text{const}$；$f$ 为燃空比，$f = \frac{G_f}{G}$。粗略计算时可近似为：

$$G_T \approx G \tag{6-6}$$

4. 压比 π 平衡

在工质流动过程中，如果没有压力损失时，压气机的压比 π_C 与透平的膨胀比 π_T 应相等。由于实际过程中存在着各种压力损失，因此，燃气轮机的压缩总压比扣除各处流阻后才等于膨胀总压比。对单轴燃气轮机而言，存在：

$$\pi_C(1-\varepsilon_1)(1-\varepsilon_2)(1-\varepsilon_4) = \pi_C\phi_1\phi_2\phi_4 = \pi_T \tag{6-7}$$

式中，ε_i 为不同位置的压损率；ϕ_i 为不同位置的压力恢复系数。它们的定义与第 2 章中的定义相同。

对于不同轴系方案的燃气轮机来说，上述平衡方程的数目以及具体的表达式各有不同。此外，根据燃气轮机的具体构成，还可能存在其他的平衡，例如燃烧室的热平衡，有回热器时还有回热器的热平衡等。

6.3.3 燃气轮机变工况计算方法

在已知燃气轮机各组成部件特性以及携带负载的特性之后，为了把这些特性联系起来以得到整个机组的联合运行特性，需要应用前述四个物理牵连参数 P_e、n、G、π 的平衡方程，按机组的轴系方案将这些特性匹配起来，通过试凑方法，得出在各个负荷时能满足各特性曲线及各平衡方程的运行点参数。再用热力循环一章中的计算方法计算出机组各个平衡工况的效率、燃料消耗等数据，最终绘制成机组的变工况性能曲线。

在压气机特性曲线图上，将各平衡运行点连接成线，由于它反映了逐步改变着的平衡工况，因而称为机组的平衡运行线。

计算燃气轮机机组变工况时，可以按已定的负载特性求解得到机组的平衡运行线；也可以不先确定具体的负载特性，求解得到燃气轮机本身的特性曲线网。具体方法视原始条件和要求而定，通常可采用下列几种方法。

1. 用压气机及透平特性曲线准确求解

用压气机及透平的特性曲线和 P_e、n、G、π 四个参数的平衡方程，通过数值或者图解计算来试凑求解得到机组的变工况，此方法比较精确。对不同轴系的机组，需对平衡方程作相应的改换，才能进行计算。

如果计算方案很多或很复杂，例如除压气机和透平特性之外，还要考虑燃烧室、回热器、管道系统、进排气系统、不同种类负载的具体特性时，图解计算会很困难，此时一般把这些特性曲线转换成函数及数据，输入计算机，并根据各个平衡方程排出的计算程序进行数值计算。

2. 用压气机的特性曲线与透平的椭圆规律（Flügel 公式或修正后的椭圆规律）求解

通常，进行一般的机组变工况计算时也要求有比较准确的压气机整机或模拟试验特性。因为计算所得的压气机特性往往不够准确，只能供近似估算之用，而透平的特性如用计算特性或椭圆规律代替时，精确度也可供实用。

修正后的透平椭圆规律是一种相当准确的透平近似特性通用曲线，只需另外再假设一个透平效率的变化规律（例如在按螺桨规律运行时，设 $\eta_T \approx \text{const}$）就可以代替实际的透平特性曲线，进行机组变工况计算。

3. 其他近似方法求解

有时不用压气机特性曲线，仅用透平椭圆规律、压缩和膨胀方程及平衡方程联解，也能对单轴机组进行估算，但不能确定转速和是否喘振。

4. 小偏差法求解

小偏差法的基本思想是以一个已知工况作为基准点，用小偏差法把特性方程、状态方程及功率方程的偏微分形式简化成线性方程，然后每给定一个参数的微增量值就能解出其他参数相应的微增量值。有了这些微增量值和已知的基准点参数值，就能得到基准点附近新的平衡运行点的各项参数。以此类推，可逐点得出燃气轮机机组平衡运行的工况线。这种方法简单而又能有足够的精确度，在做大量方案比较时也很适宜。

小偏差法也可以用来分析燃气轮机装置某一参数发生变化或出现误差，而其他参数保持不变时，对装置特性的影响。下面以压比 π 对装置比功 w_e 的影响为例进行简单推导说明。

由于 $w_e = f(\pi, \tau, \eta_T, \eta_C, \cdots)$，如果其他参数 τ、η_T、η_C 等保持不变，仅压比 π 发生小的偏差 $\Delta\pi$ 时，则有：

$$w_e = f_1(\pi)$$

根据泰勒级数可知：

$$\Delta w_e = f_1'(\pi)\Delta\pi + f_1''(\pi)\frac{(\Delta\pi)^2}{2!} + f_1'''(\pi)\frac{(\Delta\pi)^3}{3!} + \cdots$$

近似地略去第二项及以后各项，则

$$\Delta w_e = f'_1(\pi)\Delta\pi$$

即

$$\Delta w_e = \frac{\partial w_e}{\partial \pi}\Delta\pi$$

因此只要把 w_e 对 π 求得偏微分后，将具体数值 π_0 及 $\Delta\pi$ 代入上式，即能解出 Δw_e 的数值。根据已知的基准点 w_{e0} 值，即可得出在 $\pi = \pi_0 + \Delta\pi$ 时新的 w_e 值：

$$w_e = w_{e0} + \Delta w_e$$

如果也考虑其他各项参数的变化，则方程式 $w_e = f(\pi, \tau, \eta_T, \eta_C, \cdots)$ 的小偏差形式可以写成：

$$\Delta w_e = \frac{\partial w_e}{\partial \pi}\Delta\pi + \frac{\partial w_e}{\partial \tau}\Delta\tau + \frac{\partial w_e}{\partial \eta_T}\Delta\eta_T + \frac{\partial w_e}{\partial \eta_C}\Delta\eta_C + \cdots$$

上式就是小偏差法基本方程的形式。

6.4　单轴燃气轮机的变工况计算及性能分析

当燃气轮机的输出功率在任何情况下都正好被负载所消耗时，就可以脱离负载而只考虑燃气轮机自身各个部件之间的平衡运行问题，由各个部件确定的平衡运行点，就是它们之间的共同工作点。由于燃烧室对平衡运行的影响在压力平衡与流量平衡这两个条件中已经基本包含进去了，因此，燃气轮机各个部件之间的平衡运行主要包括的是压气机与透平的平衡运行，故可称为压气机与透平的共同工作点。下面以单轴燃气轮机为例来说明共同工作点求取的方法。

6.4.1　联合运行工况点的确定

压气机与透平的性能假定以图6-10所示的曲线来表示，燃烧室性能则按完全燃烧效率不变 η_B = const 和压力恢复系数不变 ϕ_B = const 来考虑。而在诸平衡条件中，进排气压力恢复系数 ϕ_1 和 ϕ_4 亦视为不变来处理，相对的冷却空气与漏气量系数 μ_{cl} 也视为不变，大气温度 T_a 和压力 p_a 不变。具体方法如下：

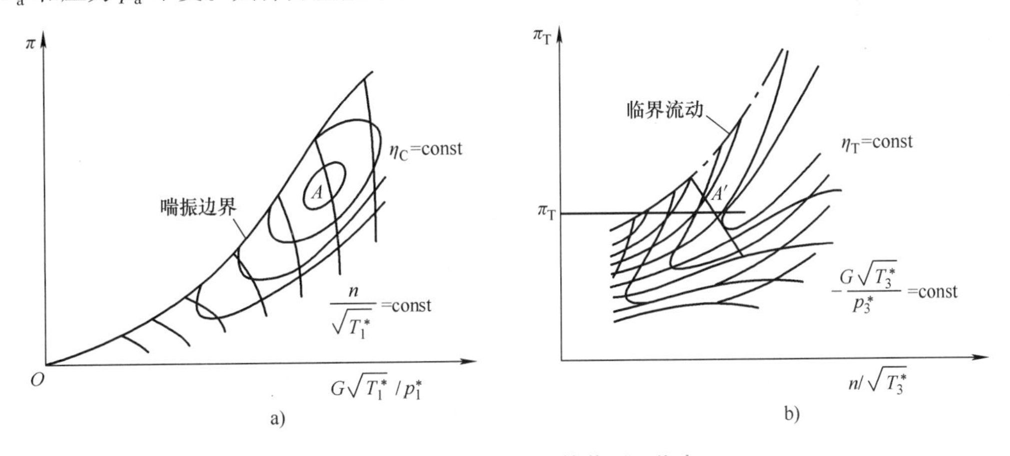

图6-10　单轴燃气轮机的共同工作点

1）首先给定压气机的工作点，参见图6-10a所示的压气机性能曲线上的 A 点，从该点可得到压气机的 $G\sqrt{T_1^*}/p_1^*$、$n/\sqrt{T_1^*}$、π 和 η_C 诸参数。

2）由压气机进口参数 $T_1^* = T_a$ 和 $p_1^* = \phi_1 p_a$，可以计算得到压气机的出口参数 T_2^*、$p_2^* = \pi p_1^*$ 和 n_C。

3）根据压力平衡，并且 $p_3^* = \phi_B p_2^*$，可以得到透平膨胀比为 $\pi_T = \phi_1\phi_B\phi_4\pi$。

4）根据转速平衡，透平的转速与压气机转速相同，可以得到透平转速 n_T。

5）此时由于还不知道 T_3^* 值，还不能在图6-10b所示的透平性能曲线上确定对应的工作点。因此，可以采用试算法来求出对应的 T_3^* 值。

先假设一个 T_3^* 值，与已求得的 T_2^* 一起，用燃烧室热平衡方程求得燃料空气比 f，根据流量平衡关系式可以求得 G_T，从而可以得到透平的参数 $G_T\sqrt{T_3^*}/p_3^*$ 和 $n_T/\sqrt{T_3^*}$。由这两个参数在透平性能曲线上可以得到一点，并且读到该点的 π_T 值。如果它与上面通过压力

平衡计算得到的 π_T 值相同，说明在透平性能曲线上得到的点能同时满足流量平衡、压力平衡和功率平衡，符合各部件之间平衡运行的要求，说明所假设的 T_3^* 值是正确的。

通常，第一次假设的 T_3^* 是不可能达到上述要求的，必须通过多次假设试算后才能得到正确解。当用解析法求解时，可先假设多个 T_3^*，求得多个相应的 $G_T\sqrt{T_3^*}/p_3^*$ 和 $n_T/\sqrt{T_3^*}$，将其画在透平性能曲线上可以得到一条曲线，如图6-10b中的一条斜线，它与从压力平衡求得的 π_T 线的交点 A' 就是相应的共同工作点，该点的 T_3^* 就是所需要的正确值。当在计算机上进行变工况计算时，需用迭代修正的办法求解。

6）重复以上1）~5）的过程，可求得在压气机性能曲线和透平性能曲线上包括 A 和 A' 点在内的一系列共同工作点，每一点都有它们相应的 T_3^* 值。把压气机性能曲线上各个 T_3^* 相同的点连接起来，就得到了等 T_3^* 线，如图6-11所示。显然，等 T_3^* 线是在各个 T_3^* 相同时的共同工作点的连线，也就是在各个相同的 T_3^* 时燃气轮机的平衡运行线。当用温比 τ 来代替 T_3^* 时，等 T_3^* 线就成为等 τ 线。

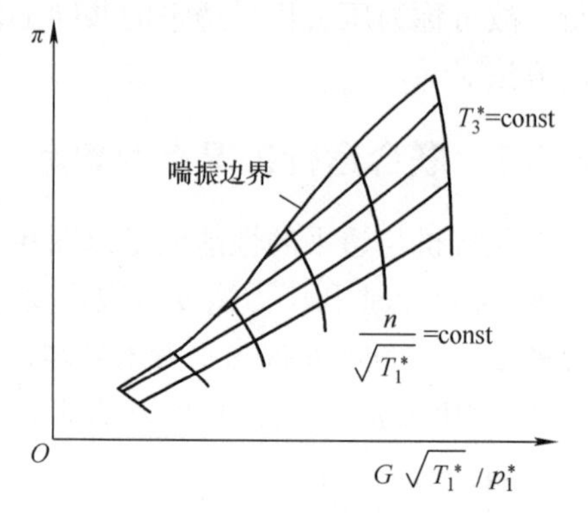

图6-11　单轴燃气轮机的等 T_3^* 线

等 T_3^* 线或等 τ 线可看成是压气机和透平共同工作点的连线，是透平性能在压气机性能曲线上的具体体现，这就是等 T_3^* 线或等 τ 线的物理实质。对单轴燃气轮机而言，根据前述的透平性能可知，T_3^* 高时相当于透平中的阻力增加，在与压气机共同工作时必然要求压比增加，使得在同样的质量流量下，T_3^* 高的共同工作点的 π 高，因而表现在图6-11中的等 T_3^* 线或等 τ 线变化趋势为：T_3^* 或 τ 值高的在上面（即越靠近喘振边界），T_3^* 或 τ 值低的在下面（即越远离喘振边界）。

共同工作点求取的具体过程，除上述方法以外还可以有其他的办法，例如先给定 T_3^* 值，然后在压气机性能曲线上选点进行试算等。

当用Flügel公式代替透平性能曲线时，亦同样可在压气机性能曲线上得到等 T_3^* 线或等 τ 线。需要说明的是，由于透平性能曲线是近似的，故等 T_3^* 线或等 τ 线可能会有一定的误差。

压气机和透平共同工作点的求解过程，实际上就是变工况计算的核心过程，但它未完成整个变工况计算，即未得到燃气轮机的输出功率和效率等参数，也未解决燃气轮机与负载的平衡运行问题。但是，共同工作点的求解是变工况计算中重要的一步，也是变工况计算首先要解决的问题。

当确定了共同工作点，即得到等温比线后，可对各点进行热力循环计算，求得各点的功率、燃料流量、机组效率等，从而得到机组的变工况解，通常，用 P_e-n 为坐标来作图，得到变工况性能网。

6.4.2　单轴燃气轮机的性能曲线网及运行范围

1. 单轴燃气轮机的性能曲线网

单轴燃气轮机的性能曲线网通常是以输出功率 P_e 为纵坐标，以工作转速 n 为横坐标来表示，其中一般还画有多条等值线，如等透平前温线（等 T_3^* 线）和等燃料流量线（等 G_f

线）等。它可以通过变工况计算或者试验得到，图6-12所示即为一台单轴燃气轮机通过试验得到的性能曲线网，图中的输出功率和转速为相对量，其上横线表示其与额定状态的比值。只要知道了机组在P_e-n图中的工作点，它的各个参数就都能从图中得到。

也可以把图6-12所绘制的诸参数的等值线映射到压气机性能曲线上去，如图6-13所示。为了便于比较，图6-13仅画了等T_3^*线和一条$P_e=0$的零功率线。图中还示有燃烧室的熄火极限，它位于零功率线的下面，以确保燃气轮机在空载工况（$P_e=0$）时能够可靠地连续运行。通常，燃烧室在调试时，总希望把熄火极限尽可能地调得低些，以使燃烧室能够在宽广的范围内稳定运行。

具体运行中，燃气轮机必须与负载平衡运行，负载规律可写成$P_e=f(n)$，符合该规律的运行点为燃气轮机与负载的平衡运行点，该规律曲线上诸参数的变化即为该负载规律下的变工况解。表达在压气机性能曲线中的负载规律线，通常称为机组在带动该负载规律时的平衡运转线，图6-13中画出了恒速负荷和螺桨负荷两种典型的负载。

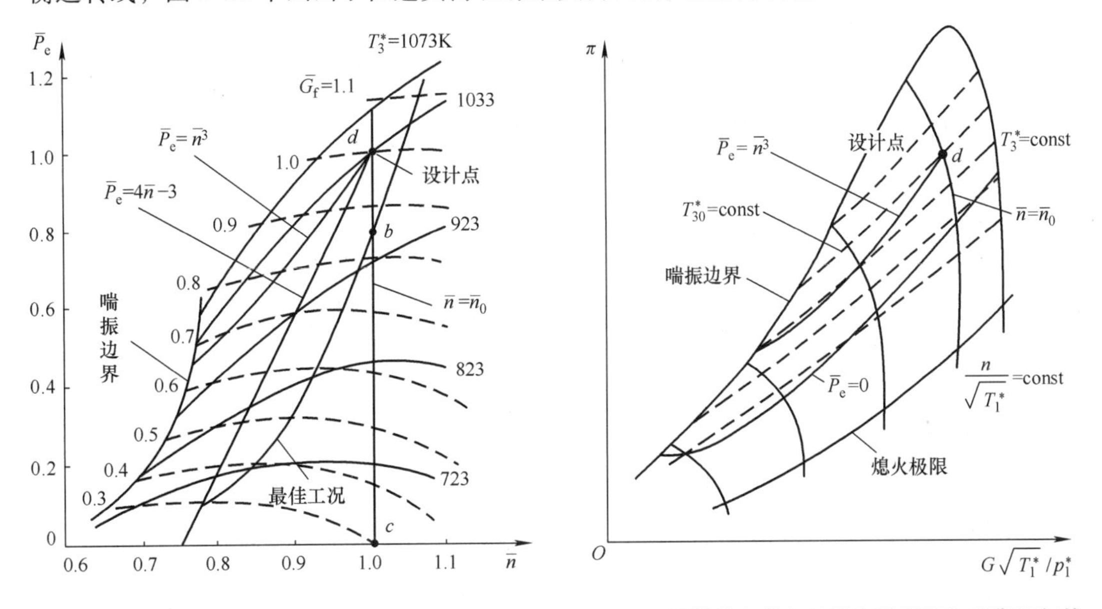

图6-12 单轴燃气轮机的性能曲线网

图6-13 单轴燃气轮机的平衡运行区和平衡运行线

图6-12中所示的喘振边界即为压气机的喘振边界，它与压气机的性能曲线密切相关。由于压气机不允许在喘振区运行，因而燃气轮机也不能在该区域内运行，即不能在图6-12中喘振边界的左边运行。由此可见，性能曲线网全面反映了单轴燃气轮机在平衡工况下的性能。

从图6-12上还可以看出，每一条等G_f线上都有一个最高点，它是在该G_f下输出功率最大即效率最高的工况点。将各条等G_f线上的最高点连接起来，就得到了在变负荷下最经济的运行线，称为最佳工况线。

在图6-12中，燃气轮机装置本身的n、P_e、T_3^*、G_f四个参数或无因次参数（相对量）中任意确定两个后，运行点就确定了。所以当负载特性提供了一个关系条件$P_e=f(n)$后，整台机组的运行点就只有一个可调参数，其他参数只是对应的单值关系。因此控制燃料量就确定了整个机组的工况。如果负荷特性可以调节，例如采用电机传动或变距螺桨时，则就有可能选择较佳的运行线。

2. 单轴机组的运行范围

通常，燃气轮机除了受压气机喘振的限制外，还会受高温零部件材料耐温的限制，以及受转动部件离心应力的限制，也就是通常所说的燃气轮机不能超温（$T_3^* \leqslant T_{3\max}^*$）和不能超速（$n \leqslant n_{\max}$）的限制。再加上机组不可能在零功率线以下平衡运行，由此就形成了单轴燃气轮机的平衡运行区，简称运行区。以上述限制作图，就得到了图 6-14 所示的单轴燃气轮机机组的运行区。

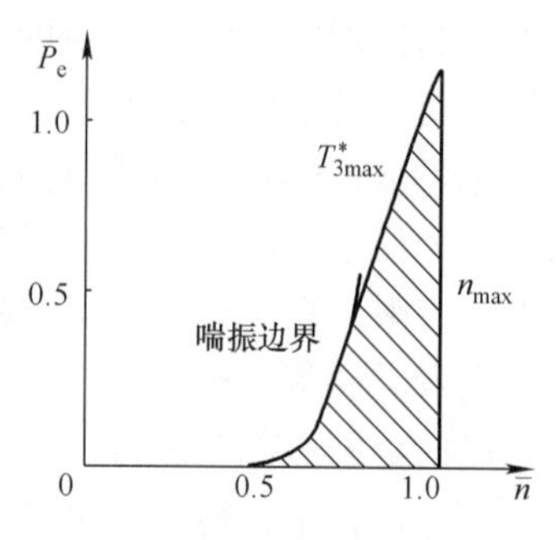

图 6-14 单轴燃气轮机的运行区

需要特别说明的是，图 6-14 中的最大限制值 $T_{3\max}^*$ 和 $n_{\max}$ 的具体数值，既可以大于设计值 $T_{3,0}^*$ 和 n_0，也可以等于 $T_{3,0}^*$ 和 n_0，由具体的设计来确定。通常，即使允许在超过 $T_{3,0}^*$ 和 n_0 条件下运行的机组，允许的超过量也都会较小。

由图 6-14 不难看出，单轴燃气轮机的转速变化范围较小，通常 $\bar{n}_{\min} \geqslant 0.65$（甚至 0.70）。与后面将要介绍的分轴燃气轮机相比较，这是单轴燃气轮机的一个较大的不足。

6.4.3 单轴燃气轮机的变工况性能分析

单轴燃气轮机是轴系方案中最简单且目前实际应用最多的燃气轮机，其功率范围大致为 10～400MW，这也是目前世界上功率最小的和最大的燃气轮机。这种轴系方案的一个特点就是压气机与负载共轴。负载的转速变化规律直接影响压气机和透平的转速，即直接影响压气机和透平的工况，进而影响燃气轮机的工况。因此，负载规律对单轴燃气轮机的变工况性能的影响必然很大。单轴燃气轮机在带动具体负载后，可把参数的变化表达为输出功率的函数关系，对于转速变化的机组，也可以表达为转速的函数关系。图 6-15 所示为带动两种典型负载时单轴燃气轮机的性能曲线，分述如下。

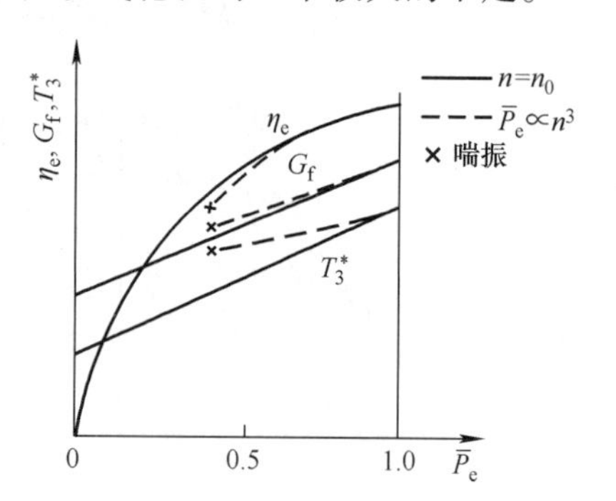

图 6-15 单轴燃气轮机带负载时的性能曲线

1. 单轴驱动恒速负载

恒速负载的特点是转速不随功率的大小而变，始终在设计转速 n_0 下运行。单轴机组在驱动恒速负荷，当进口的 p_1^* 和 T_1^* 不变，机组的负荷要求功率降低时，调节系统使转速 n_0 不变，同时降低燃料量，使得 T_3^* 下降，机组达到新的平衡点 b，运行线由设计点 d 沿等转速线移动到 b 点，如图 6-12 所示。当负荷功率 N_e 降低至零时，如图中的点 c 所示，为空载工况。

在图 6-13 中，运行线沿压气机的折合等转速线运行（即沿 $\bar{n}=\bar{n}_0$ 运行），如果 π 下降，无因次流量 $G\sqrt{T_1^*}/p_1^*$ 与压比 π 成反比变化，故压气机的实际流量 G_C 增加。同时，压气机出口压力 p_2^* 随 π 的下降而降低，透平进口压力 p_3^* 近似等于 p_2^*。根据透平特性椭圆规律可知 π 与无因次流量 $G_T\sqrt{T_3^*}/p_3^*$ 成正比变化，因此，如果 π 下降，则 $G_T\sqrt{T_3^*}/p_3^*$ 减小，G_T 的增加（由于 G_C 增加）和 p_3^* 的降低均会使 $G_T\sqrt{T_3^*}/p_3^*$ 有增大的趋势，因此，

$G_T\sqrt{T_3^*}/p_3^*$ 的减小只能通过 T_3^* 的较多降低才能实现，才有可能同时满足压气机和透平的特性。而 π 及 T_3^* 都下降，比功 w_e 下降较多，即使 G 有所增加，输出功率 P_e 仍下降。

由此，可以得出单轴恒速机组在负载功率下降时的变工况特点为（参见图6-13）：转速不变，压比降低，流量增加。单轴机组驱动恒速负载时的变工况性能为：

（1）经济性　在等转速线上，越向右下方，相应的 T_3^* 越低，且由上述分析可知，单轴机组带动恒速负载时，部分负荷下 T_3^* 会有较多的下降，因此机组在部分负荷下运行效率下降较多。单轴机组在空载时的燃料流量 G_{fi} 较大，通常可达 $\overline{G}_{fi}=0.3\sim0.45$，如图6-15所示，由此机组在低负荷时的经济性很差。

（2）稳定性　在压气机特性图上的运行点沿等转速线向右下移动，离开压气机效率最佳区和喘振线，喘振裕度增加，机组在整个设计范围内均能稳定工作，负荷降低时，机组远离喘振边界，故 η_C 下降而不会喘振；此外，甩负荷时，因压气机此时作为阻力，转子也不易超速。

（3）加载性　由于转速近乎不变，转子惯性影响很小，当燃料量改变时立即使功率随之变化。此外，因等转速时 π 下降、G 略有增加，故压气机功率 P_C 变化不是很大。根据功率平衡方程，则透平功率 P_T 的变化大部分能立即反映于输出功率，故调节反应快。此外，在部分负荷下，由于压气机中的流量不降低，故需迅速加载时，可快速加入燃料，不易引起机组超温，故加载性好。

综合上面的分析可以得到单轴机组在驱动恒速负载时的变工况性能为：经济性差，稳定性和加载性好。

需要注意，在实际应用中，单轴机组在部分负荷下也可能经济性较好，其原因分析如下：在目前的技术水平下，受压气机设计和运行的限制，通常单轴简单循环燃气轮机的压气机压比设计值小于使效率获得最优值的最佳压比，故设计点比最佳工况偏左，在图6-12中，设计点 d 位于最佳工况线的左侧。由图6-12还可以看到，在部分负荷下，随功率下降，T_3 下降，但机组偏离效率最佳工况并不远（甚至会接近最佳工况点，见图中 b 点），故经济性并不变差太多，仅在功率下降很多时经济性恶化。

一般可以认为，目前无回热简单循环的透平设计前温 $T_{3,0}^*$ 越高的燃气轮机，其压比设计值偏离最佳值越远，部分负荷下的经济性就更优。图6-16所示为三台电厂燃气轮机机组的热耗随功率变化的情况。其中，曲线1对应 $t_3=620℃$，压比 $\pi=5$，使效率获得最大值的最佳压比为 $(\pi_{\eta=\max})_{opt}=7.5$；曲线2对应 $t_3=788℃$，压比 $\pi=7$，使效率获得最大值的最佳压比为 $(\pi_{\eta=\max})_{opt}=11.5$；曲线3对应 $t_3=935℃$，压比 $\pi=9$，使效率获得最大值的最佳压比为 $(\pi_{\eta=\max})_{opt}=16.5$。由图中可见，曲线3在部分负荷下的经济性更优。

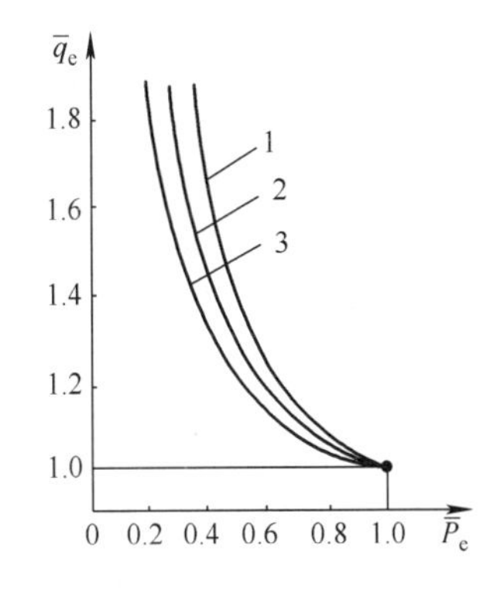

图6-16　不同电厂燃气轮机热耗随机组功率的变化

2. 单轴驱动变速负载

当单轴燃气轮机驱动变速负载时（例如螺桨型负荷 $P_e\propto n_L^3$，参见图6-13所示），在负载功率下降时：

1）转速 n 下降，根据压气机特性，G 和 π_C 都下降。运行点移向左下方，逐渐向喘振线靠近，并最终相交进入喘振区域。n_C 下降时因压气机低压级出口压力降低，故高压级无因次流量 $G\sqrt{T^*}/p^*$ 下降少或反而增加，高压级不易喘振而有可能阻塞，反过来引起低压级喘振。

2）根据透平特性可知，π_T 下降时 $G_T\sqrt{T_3^*}/p_3^*$ 要下降；而 G 及 p_3^* 都在下降，故 T_3^* 下降较少。

3）因 T_3^* 下降，同时 π_T 却在减小，膨胀后排气温度 T_4^* 缓慢下降，故部分负荷时效率要下降。

4）由于透平与压气机转速同时变化，因此透平功率的变化中有一部分需要用来克服透平及压气机转子的惯性，故变负荷反应慢。

5）带螺桨型负载，起动时就有功率输出，要求起动机功率较大，故应采取其他措施降低起动功率。

6）采用直流或交流变频电动机传动车辆时，车辆转速可以采用电子调节，就有可能维持 T_3^* 下降少或不变来改善机组部分负荷效率。但当维持 T_3^* 不变时，流量就要下降多一些来适应功率降低，故运行线较平缓，转速下降时更易喘振，所以需在机组转速下降至一定程度时降低 T_3^* 来防喘。

7）起动时流量 G 和转矩 M 很小，故单轴燃气轮机不宜用机械方式传动车辆。

从上面的分析可以得出：单轴燃气轮机用来带动恒速负载时，能够确保机组不喘振而安全运行，因而得到广泛应用。当然，也可以用来带动转速变化范围较小的变转速负荷。对于转速变化范围较大的变速负载，单轴燃气轮机则不能直接带动。

6.4.4 单轴机组变工况计算流程

前面在介绍压气机与透平共同工作点的求取过程时，已经基本叙述了单轴燃气轮机的变工况计算方法，下面仅简单描述变工况性能计算过程中的部分细节和具体的计算程序流程图。

图 6-17 所示即为单轴燃气轮机变工况计算的程序流程图。其中 R 为压气机性能曲线上所引入的等 R 线数值，“计算”表示采用相应的关系式来计算得到所列的参数值，箭头（→）表示查性能曲线，箭头上部的符号表示所查的是什么部件的性能曲线（如：Ⓒ表示压气机性能曲线，Ⓣ表示透平性能曲线）。查性能曲线时是采用箭头左边的参数，以插值的方式来查性能曲线的数表以求得箭头右边的参数。

需要强调的是，与 6.3.1 节不同，图 6-17 中迭代修正 T_3^* 的判断参数由透平膨胀比 π_T 改为燃气流量 G_T，这样的变动可使透平在临界流动时计算仍然能够顺利进行。否则，如果坚持采用 $G_T\sqrt{T_3^*}/p_3^*$ 与 $n/\sqrt{T_3^*}$ 来求 π_T，在临界流动时值 π_T 是不定解，会使计算无法继续进行下去。对于在任何可能的工况下透平都不会出现临界流动的情形下，用 π_T 或用 G_T 均可。

计算程序中最初给定的两个值，除图示的转速 n 和压气机辅助变量 R 外，也可以是其他参数。例如可改为 n 和 T_3^*，则将假设值改为 R 并且进行迭代修正。这样在求取等 T_3^* 线时会更方便实用。

当只需计算燃气轮机带动某一种特定负载功率时的变工况性能时，需要稍微修改上述的计算流程以适应具体特性。例如当带动恒速负载时，转速不变即 $n=n_0$，这时去掉 n 循环即可。当带动变速负载时，则去掉 R 循环，R 由给定改为假设，最后以算得的 P_e 值与给定转速下通过负载规律计算得到的 P_{el} 是否相等来判断，如果不相等则需要迭代修正 R，直到 P_e 与 P_{el} 的误差在允许的范围内。

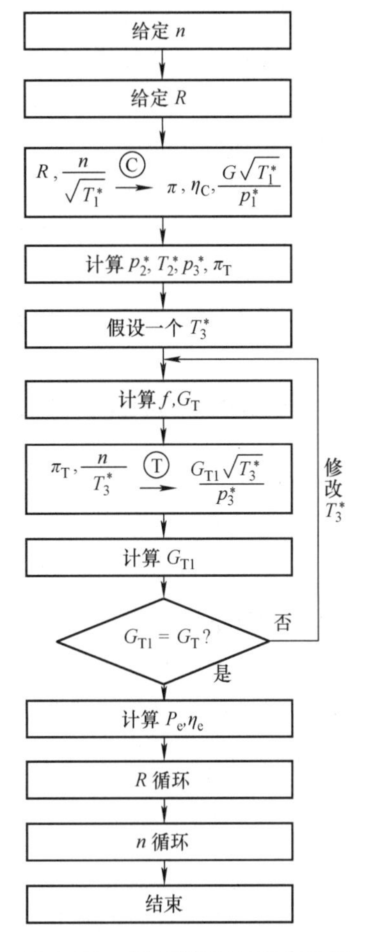

图 6-17 单轴燃气轮机的变工况计算流程图

6.4.5 压气机与透平不匹配时运行点的变动和对策

通常新机组制造完成后，需在试车台上经过调试匹配，调试好的装置在运行中也常因积垢、漏气等原因，会导致压气机与透平的实际性能与设计值不同，这样，机组的运行点也就偏离了原设计点 A，如图 6-18 所示，这可能引起效率及功率下降或喘振。

如果压气机与透平运行点变动的原因是由于积垢或漏气，则可通过清洗或检修来消除。

如果压气机在设计转速时压比达不到设计值，则等转速线下移，此时很易喘振。如果不易调整压气机特性，则也可增大透平的通流能力或降低 T_3^*，使运行点改换至 B 点，这样虽然可以避免喘振，但机组的总性能将变差。

如果压气机通流能力偏大，则等转速线右移，也易喘振。放大透平通流能力或减低 T_3^* 使运行点改换至 C 点，也可避免喘振。

如果压气机通流能力偏小，则等转速线左移，以致运行点 D 位于压气机的阻塞区，效率甚低。这时可通过缩小透平通流能力来改善，使运行点改换至 E 点。增高 T_3^* 虽也能达到同样目的，但超温会严重影响透平叶片的寿命。

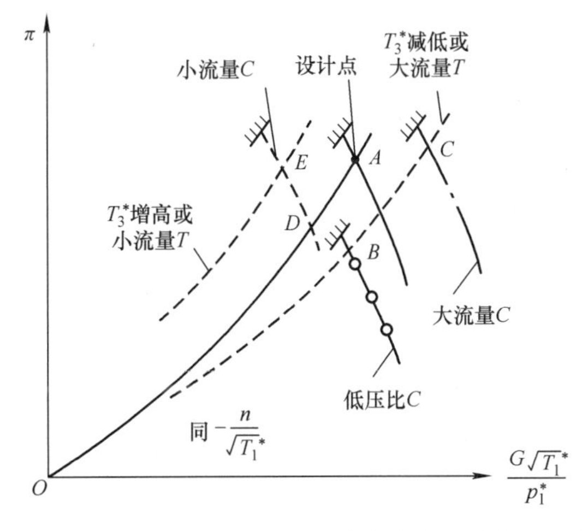

图 6-18 压气机或透平与设计参数有出入时的工况点

要改变透平的通流能力主要是改变喉部截面，常用的方法有分组匹配透平喉部面积以及改变静叶安装角、节距或叶高，也可用少量切削叶片出气边的方法来改变出气角以达到要求。

为了增加可调的自由度，可以采用压气机可转导叶（静叶）来改变压气机的通流能力，扩大运行范围，解决匹配问题。这种压气机称为变几何压气机。调小静叶安装角相当于减小压气机通流能力，使其能适应更小的流量而不致喘振，即等转速线及喘振点左移。此外，在机组起动时，调小进口导叶，可使流量减小很多而不喘振，这样所需的起动机功率也可减小。压气机可转静叶也可用来进一步扩大分轴和多轴机组的运行范围。

6.5 分轴燃气轮机的变工况

由前面的分析可以看到，单轴燃气轮机带动不同负载时变工况性能有较大的差异，其根本原因在于压气机与负载同轴。负载的转速变化直接影响了压气机的转速变化。此外，单轴燃气轮机的转矩性能差，当转速降低时，转矩下降，故不适合机械驱动，而透平自身具有良好的转矩性能。

如果将透平的膨胀过程分成两个部分，采用串联的高、低压透平分别驱动压气机和负载，工况变化时，各轴转速变化各异，负载特性的差别对压气机运行的干扰很少，机组运行范围较宽，则可用来驱动变转速负载。

6.5.1 变工况时串联透平膨胀比再分配的规律

串联的高、低压透平（或级）在变工况时，高、低压透平（或级）的压比及焓降不再维持原来的分配比例。总压比减小时，低压透平的背压为大气压力，没有变，而进口压力下降，高压透平则进气压力和背压都降低，故高压透平压比以及焓降变化小而低压透平压比以及焓降变化大，如图6-19a所示。换句话说，串联透平在工况发生变化时，变工况主要由低压透平承担，或仅一个透平时由透平的低压部分承担。当透平分为串联的三个时，中压透平膨胀比的变化将介于高压透平与低压透平膨胀比的变化之间，如图6-19b所示。

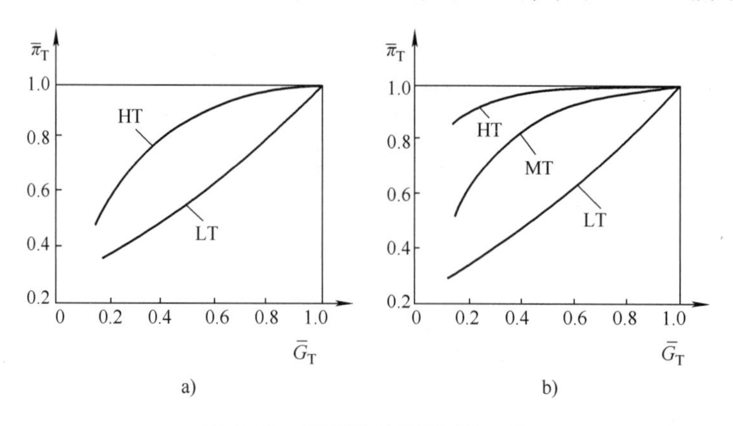

图6-19　串联透平的膨胀比变化

6.5.2　实用的轴系方案

对图 6-1 给出的以 2/H 布置的分轴机组来说，压气机由低压透平驱动，因而在工况发生变化时，低压透平的膨胀比较高压透平下降得快，则与其同轴的压气机转速下降快，较快接近喘振边界，稳定性差。

对于图 6-1 中的 2/P 方案，压气机转速的下降速度介于 2/H 和 2/L 之间，但两个透平工作条件相同，具有相同的透平进口温度，需要相同的材料和叶片冷却技术，制造成本高。

在图 6-1 所示的 2/L 方案中，低压透平驱动负荷，高压透平驱动压气机，故机组的工况变化时，由于高压透平的转速变化慢，故与其同轴的压气机工作稳定，不易发生喘振，装置的稳定性最好。图 6-20 中给出了三种分轴方案稳定性的比较。

在图 6-21 所示的 2/L 分轴方案中，机械方面相对独立（自由）的透平称为动力透平，余下的高压压气机、燃烧室和高压透平被称作燃气发生器，高压透平也称燃气发生器透平。燃气发生器的作用是为动力透平产生高温高压的燃气。

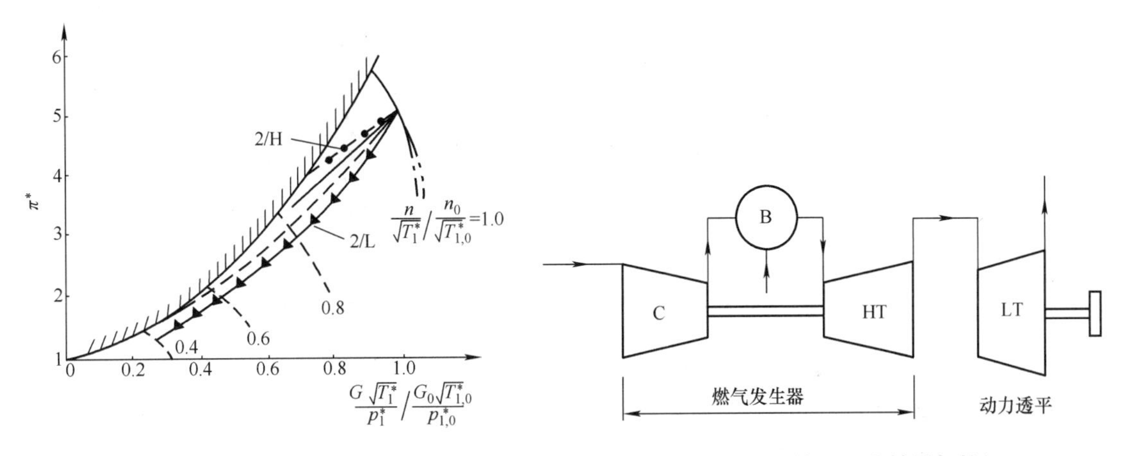

图 6-20　不同分轴方案稳定性的比较

图 6-21　实用的 2/L 分轴燃气轮机

6.5.3　联合运行工况点的确定

与单轴机组的确定方法相同，压气机与透平的性能假定以图 6-10 所示的曲线来表示，燃烧室性能则按燃烧效率不变 $\eta_B = \text{const}$ 和压力恢复系数不变 $\phi_B = \text{const}$ 来考虑。在各个平衡条件中，将进排气压力恢复系数 ϕ_1 和 ϕ_4 亦视为不变来处理，相对的冷却空气与漏气量系数 μ_{gl} 也视为不变，大气温度 T_a 和压力 p_a 不变。

1）首先给定压气机的工作点，参见图 6-10a 所示的压气机性能曲线上的 A 点，从该点可得到 $G_C\sqrt{T_1^*}/p_1^*$、$n_C/\sqrt{T_1^*}$、π 和 η_C 等压气机的参数。

2）由压气机进口参数 $T_1^* = T_a$ 和 $p_1^* = \phi_1 p_a$，可以计算得到压气机的出口参数 T_2^*、$p_2^* = \pi p_1^*$。

3）根据压力平衡，且 $p_3^* = \phi_B p_2^*$，可以得到透平膨胀比为 $\pi_T = \phi_1\phi_B\phi_4\pi$。

4）根据转速平衡，可以得到高压透平的转速与压气机转速相同。

此时，由于还不知道 T_3^* 值，还不能在图 6-10b 所示的透平性能曲线上确定对应的工作点。可以采用试算法来求出对应的 T_3^* 值。

先假设一个 T_3^* 值，和已求得的 T_2^* 一起，用燃烧室热平衡方程求得燃料空气比 f，根据流量平衡关系式可以求得 G_T，从而可以由ⒽⓉ得到高压透平的参数 $G\sqrt{T_3^*}/p_3^*$ 和 $n/\sqrt{T_3^*}$。

与单轴机组不同，此时不能进行膨胀比 π_T 的校核，因为在高压透平的特性曲线上获得的是 π_{HT}。此时可以进行功率的校核。

5）计算压气机及高压透平的功率：

$$P_C = G_C c_{pa} T_1^* (\pi_C^{\frac{\kappa-1}{\kappa}} - 1)/\eta_C,\ P_{HT} = G_T c_{pg} T_3^* (1 - \pi_{HT}^{-\frac{\kappa-1}{\kappa}})\eta_{HT}$$

6）校验压气机和高压透平的功率是否平衡，即 P_C 是否等于 P_{HT}？通常，第一次假设的 T_3^* 是不可能达到上述要求的，必须通过多次假设试算后才能得到正确解。

7）对同一转速的不同点 B、C……重复以上 1）~6）的过程，可求得各工况的 τ 值。

8）对其他转速的各点重复过程 1）~7），将 τ 值相同的点相连，即可得等 τ 线族。

9）计算：

$$\pi_{LT} = \pi_T/\pi_{HT},\ T_{3m}^* = T_3^* \left[1 - \left(1 - \pi_{HT}^{-\frac{\kappa-1}{\kappa}}\right)\eta_{HT}\right],\ p_{3m}^* = p_3^*/\pi_{HT}$$

由 π_{LT} 和 $\dfrac{G_T\sqrt{T_{3m}^*}}{p_{3m}^*}$ 在ⓁⓉ上确定工况点，获得 $\dfrac{n_{LT}}{\sqrt{T_{3m}^*}}$ 和 η_{LT}。

10）根据获得的参数计算 P_{LT} 和 P_e，绘制 P_e-n_{LT} 图，即获得透平的变工况性能曲线网。

6.5.4 分轴机组的性能曲线网及运行范围

1. 分轴机组的性能曲线网

与单轴燃气轮机一样，分轴燃气轮机的性能曲线网也是以输出功率 P_e 和转速 n_{PT} 为坐标绘制的。图 6-22 所示即为典型分轴机组的性能曲线网示意图，其中画有多条等 n_C 线、等 η_e 线和等 T_3^* 线，同样还可以画出其他参数的等值线。因此，只要知道了机组在 P_e-n_{PT} 图上的工作点，它在该工况下的所有参数就都知道了。需要说明的是，一般常见的分轴机组性能曲线大多只画有等 n_C 线和等 η_e 线。

图 6-22 中的最佳工况线是等 η_e 线上最低点的连线，与单轴机组的等 G_f 线上最高点连线的意义相同，即沿这条线运行最经济。机组的设计点是否位于最佳工况线上，取决于动力透平设计点的选择。当动力透平设计点选在最佳速比时，η_{PT} 最高，使机组的设计点位于最佳工况线上，如图 6-22 所示。当动力透平设计速比小于或大于最佳速比时，η_{PT} 降低，机组的设计点相应地位于最佳工况线的左边或右边。

当把负载规律画到图 6-22 上后，就得到了分轴机组在带动该负载时的性能。图中示出了 $\overline{n}_{PT} = \overline{n}_{PT0}$ 和 $\overline{P}_e \propto \overline{n}_{PT}^3$ 两种典型负载。

与前面的单轴燃气轮机性能曲线网不同，在图 6-22 中看不出喘振问题。具体原因是分轴机组必须在低负荷（即低 n_C）下运行，否则就无法从低负荷加速到设计工况。因此，当机组在低负荷下要发生喘振时，需要采取防喘振措施，使其避开喘振边界的限制。当一定要对分轴机组的喘振问题有所表示时，则可在图中标出在防喘设备开始动作的等 n_C 线以下的范围是防喘区。

2. 分轴机组的运行范围

将图 6-22 所示的曲线网转换到压气机的性能曲线上，就得到了分轴机组的平衡运行带，如图 6-23 所示。与图 6-13 所示的单轴机组平衡运行线不同，分轴机组在图中有一条狭长的窄带，一般称为平衡运行带。它是动力透平转速变化对流量的影响所导致的，下面以假定 n_{C} 不变，而以 n_{PT} 变化所引起的参数变化来简单分析如下。

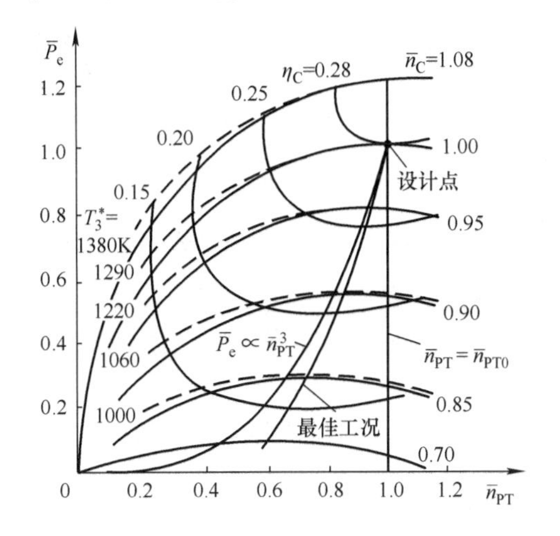

图 6-22　分轴燃气轮机的性能曲线网

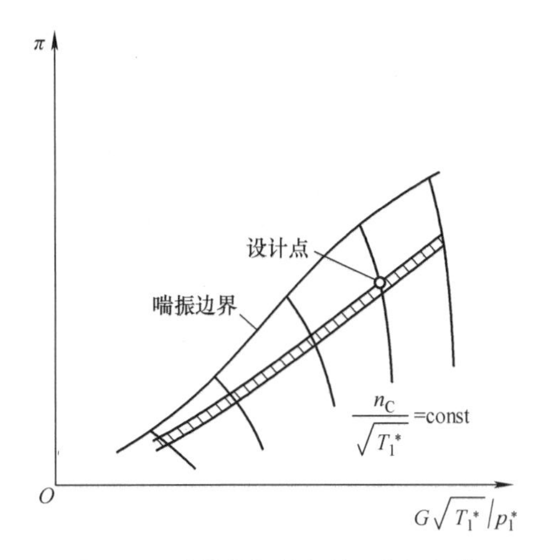

图 6-23　分轴燃气轮机的平衡运行带

由透平原理可知，当动力透平在低于设计速比下运行且转速 n_{PT}降低时，通流能力增加，阻力减小。因此，n_{PT}降低时 π_{PT}有所下降，由于压气机的压比未及变化，使得 π_{HT}有所增加，压气机与高压透平的功率平衡被破坏，这时 n_{C} 必然要升高。由于已设定 n_{C} 保持不变，因而必须采取措施来使压气机与高压透平保持平衡。此时唯一可行的办法就是适当减少 G_{f}，降低 T_3^*。T_3^* 降低使压比有所下降，机组的运行点沿压气机的等 n_{C} 线向下移动，当 n_{PT}降低到零时，运行点移至该等 n_{C} 线上的下限。

显然，在压气机性能曲线上的每条等 n_{C} 线上，都有运行范围的上限和下限，把这些上限与下限连接起来，就得到了机组的平衡运行区。由于转速变化对透平通流能力的影响不是很大，使得上限和下限的距离较近，因而运行区是一条窄带。该运行带的上限即动力透平通流能力最小点的连线，下限即动力透平通流能力最大点的连线。

不考虑动力透平转速变化对通流能力的影响时，上述平衡运行带可变成为一条运行线。此时机组的性能曲线网仍然是图 6-23 所示的图形，只是其等 n_{C} 线上很多参数如 T_3^* 和 G_{f} 保持不变，即等 n_{C} 线就是等 G_{f} 线与等 T_3^* 线，而不像图 6-23 中在等 n_{C} 线上 G_{f} 和 T_3^* 是变化的。

与单轴一样，分轴燃气轮机的可能运行范围也受到超温和超速的限制，即 $T_3^* \leqslant T_{3\max}^*$，$n_{C} \leqslant n_{C\max}$，$n_{PT} \leqslant n_{PT\max}$。但是它不受压气机喘振的限制，原因见前述。此外，在 n_{PT}降低时，机组的输出转矩要增大，不少机组由于动力透平输出轴和传动部件的强度限制，要求所传递的转矩 $M \leqslant M_{\max}$。图 6-24 所示的运行区就是在这些条件下得到的。

图 6-24 中没有画出 $T_{3\max}^*$的限制线。原因是在分轴机组的性能曲线网中，$T_{3,0}^*$线位于 n_{C0} 线的上方，在允许少量超温和超速的情况下，$T_{3\max}^*$线一般也在 $n_{C\max}$线的上方，在满足 $n_{C} \leqslant n_{C\max}$时，$T_3^* \leqslant T_{3\max}^*$的条件就自然满足了。当然，如果机组允许超速多，允许超温少或者不

允许超温时，图中的 n_{Cmax} 线应改为 T^*_{3max} 线。此外，对于动力透平轴和传动部件等强度能够承受有可能达到的最大输出转矩的机组，例如燃气轮机用作车辆动力时，要求机组有良好的转矩性能，这时是不会设计成因传动部件等的强度限制而使机组不能达到最大输出转矩的，于是图 6-24 中的 M_{max} 限制线也就没有了。

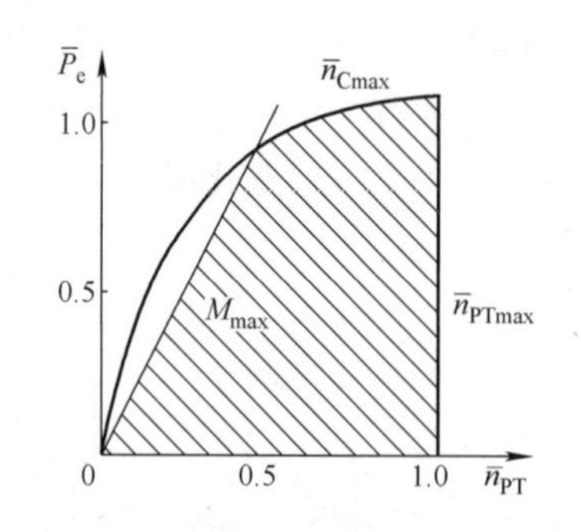

图 6-24　分轴燃气轮机平衡运行区

6.5.5　分轴机组的变工况性能分析

分轴燃气轮机机组的变工况性能特点有：

1）因压气机与负载分开，故各类负载特性对压气机工况的影响很小，运行线主要取决于动力透平特性，压气机转速很低时，将会喘振，因此需要放气防喘。如结合采用可调静叶的动力透平，则运行范围可以进一步扩大。

2）负荷下降时，虽然 T^*_3 下降，但根据压比再分配的规律，π_{HT} 下降不多，故 $P_C = P_{HT}$ 下降不是很多，致使 n_C 和 G_C 下降不多。因此，主要靠 T^*_3 下降来适应低负荷，所以部分负荷效率 η_{PL} 要相应下降，但不如单轴变速时容易喘振，如图 6-25 所示。

3）驱动恒速负载时，当负荷下降，n_C 和 G_C 也要下降，故 T^*_3 及 η_{PL} 比单轴恒速机组下降少些，但压气机转子惯量大，故调节反应较慢。

4）在压气机各种转速时，输出转速都可自小变大而转矩由大变小，如图 6-26 所示，故功率 $P \propto Mn$ 先增后减，相对地说，运行范围得以扩大。在负载转速低时，压气机仍可高速运行，可维持流量、压比和功率，使转矩增加来满足需要，故分轴机组起动转矩可达额定转矩的 2 ~ 3 倍，宜于机械传动变转速负载。且负载轴上因没有压气机转子，故惯量影响较小，转速调节灵敏。

5）甩负荷时，动力透平因不受压气机的“制动作用”而容易超速，故对调节安全保障系统要求较高。

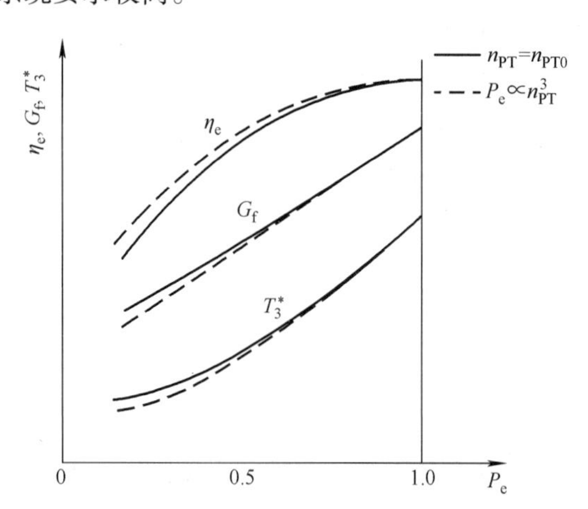

图 6-25　分轴燃气轮机的负载特性

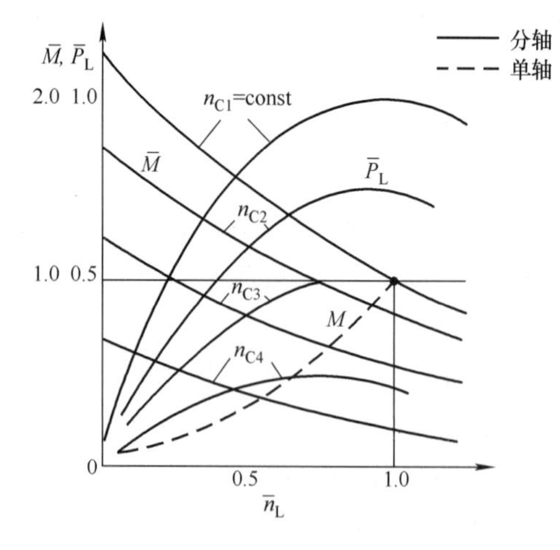

图 6-26　单轴与分轴转矩特性曲线

因此，目前发电用的燃气轮机主要是单轴方案。不过也有不少的分轴燃气轮机用于发电，这主要与航改型燃气轮机的迅速发展有关。航改机组重量轻，改装得到的燃气发生器转子的转动惯量小，与航机一样能够迅速加速和减速，即响应很快，使得上面所述的用于发电的分轴机组的不足显著降低，因而用于发电的机组也很多。

分轴燃气轮机通常用于驱动要求转速有明显变化的负载（如机械驱动进行气体压缩），例如油气管线上的压气机和泵，这时负载的转速可能很低但是需要有很大的出力，在这种场合下，动力透平可以转速很低而燃气发生器以高转速工作。很明显，对这种情况如果使用单轴机组，那么整个机组的运行会受到负载转速的限制而性能变得很差。

分轴机组也可以设计成动力透平的转速不变，以恒速来驱动发电机，但与单轴机组不同，燃气发生器的速度可以与发电机不同。这种方式的主要优点是需要的起动机功率小，因为燃气发生器仅需要很小的起动机来转动，有更好的变工况性能。这种方式的缺点是甩负荷时容易造成机组的超速。

6.5.6　可调静叶动力透平

“变几何透平”是指静叶安装角在机组运行时可以进行调节的低压动力透平，如图6-27所示。它不但可以改变冲角 γ_T，改善效率，而且更重要的是能使高、低压透平间的压比及焓降分配改变。由图6-28可见，改变透平的几何参数起到了改变透平特性曲线的作用，使其运行范围可调，机组变工况的自由度就大为增加。

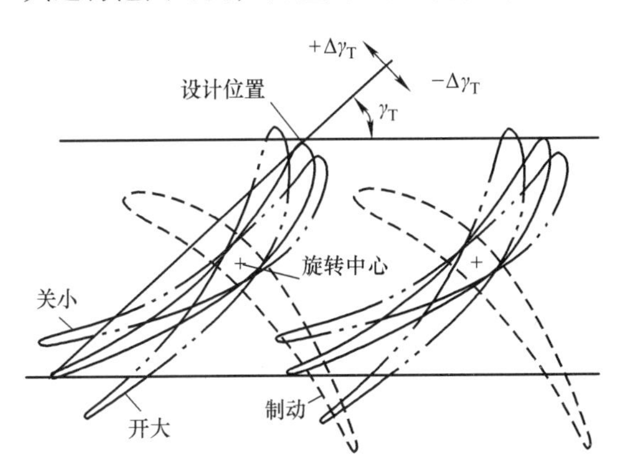

图6-27　透平可调静叶示意图

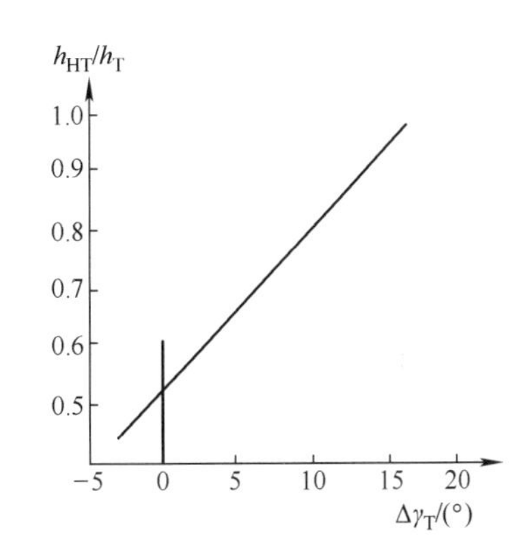

图6-28　可调静叶对串联透平焓降分配的影响

通常，如调节安装角 ±4°可使喉部面积调节约 ±20%，而机组的流量则需根据透平与压气机的新的平衡运行点决定。

低压动力透平喉部面积增大时，因通流阻力减小，π_C 及 T_3^* 均将下降，流量增加，故运行点远离喘振线。此方法可以用来避免低速或升速喘振，参见图6-29和图6-30。

在夏季 T_1^* 高时，也可以通过增大喉部面积来避免 T_3^* 过高。又因高压透平背压 $p_{4m}^* = p_{3m}^*$下降，致使 π_{HT}以及 ΔT_{HT}^*增加，故能驱使压气机较快加速，改善其加速性。在运输动力装置中，如将动力透平静叶安装角开得非常大时，气流将吹向动叶的背面而产生制动作用。

反之，如低压透平喉部面积减小，运行点移近喘振线，这时 T_3^* 要升高，故部分负荷效率较佳。同时，T_{4m}^*及 T_4^* 也将升高，故若采用回热循环，则能较大程度改善部分负荷效率。通常，可在功率开始下降时，先关小喉部面积，以维持 T_3^* 及部分负荷效率，到快近喘振时再开大，以避免喘振。

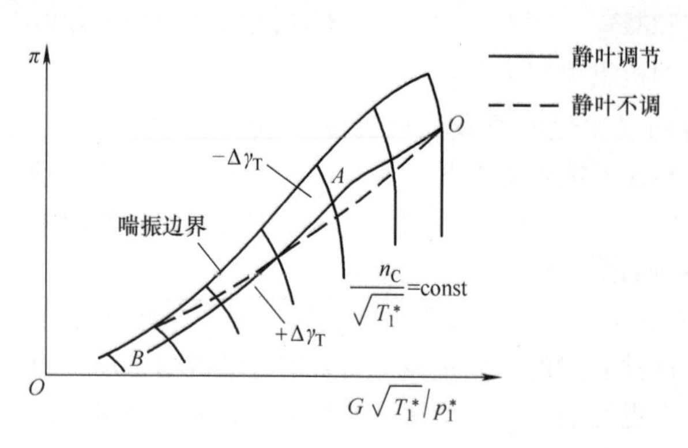

图 6-29　透平可调静叶对运行线的影响图

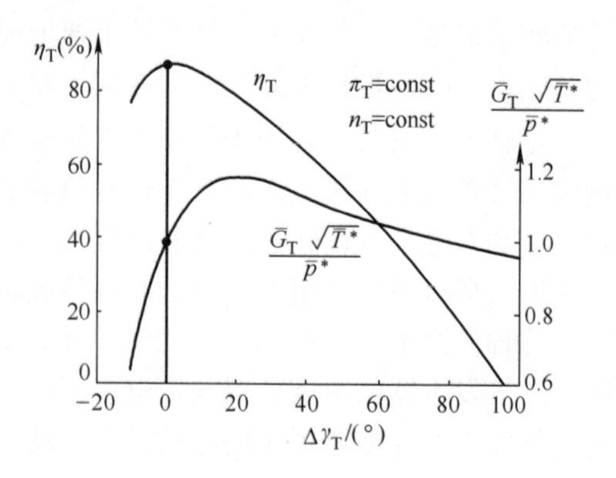

图 6-30　调节静叶对透平效率和流量的影响

6.6　双轴及三轴燃气轮机的变工况

前面几节讨论了单轴及分轴机组的变工况性能及计算。目前，随透平前温的不断提升，需要不断地提高压比来提升性能，因而高压比压气机的特性曲线更趋陡峭，压气机设计及运行难度大，如图 6-31 所示。图中给出了两种不同压比压气机的特性曲线，可以看出，随着压比的增大，等转速线更加陡峭，且喘振边界下移。

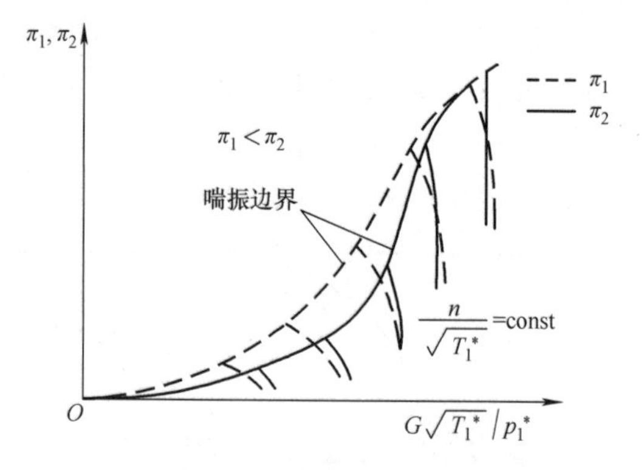

图 6-31　不同压比的压气机特性曲线

在 3.10 节中已介绍过，防止压气机的喘振可采用可转导叶、中间放气等措施。但是，采用放气阀和可转导叶对防止喘振效果有限，因而目前单转子压气机的设计压比为有限值。压气机采用双转子可有效地解决压气机的喘振问题，降低压气机设计和运行难度，例如总压比为 20 时，如采用两台压气机，则单台压气机的压比仅为 4 和 5。因此，双轴燃气轮机及三轴燃气轮机均应用了双转子压气机。

图 6-32 所示为当压气机的转速低于设计转速时，压气机各部分的冲角变化情况以及失速出现的位置。当压气机的转速低于设计转速时，前面级（低压部分或低压压气机）的轴向分速度下降太快，产生了正冲角，故应设法使圆周速度 u 下降快些，与轴向分速度的下降速度匹配。压气机的后面级（高压部分或高压压气机）的轴向分速度下降太慢，产生负冲角，故应设法使 u 下降慢些，与轴向分速度的下降速度匹配。也就是说，压气机在工况变化时，转速 n_L 和 n_H 应以不同的速度变化，n_L 与 n_H 的相对变化可判断压气机是否协调工作，二者之差称为转差。由图 6-32 可以看到，当转差增大时，机组稳定性好，而工况变化时转差减小，则压气机容易发生喘振。

工程应用实践证实，在功率降低时，2/HH 和 2/LL 布置的燃气轮机平行双轴转差增大，2/HL 和 2/LH 布置的燃气轮机交叉双轴转差减小，故平行双轴能解决压气机的不协调现象，而交叉双轴会加剧不平衡现象，因此交叉双轴被淘汰，平行双轴得到了实际的应用。

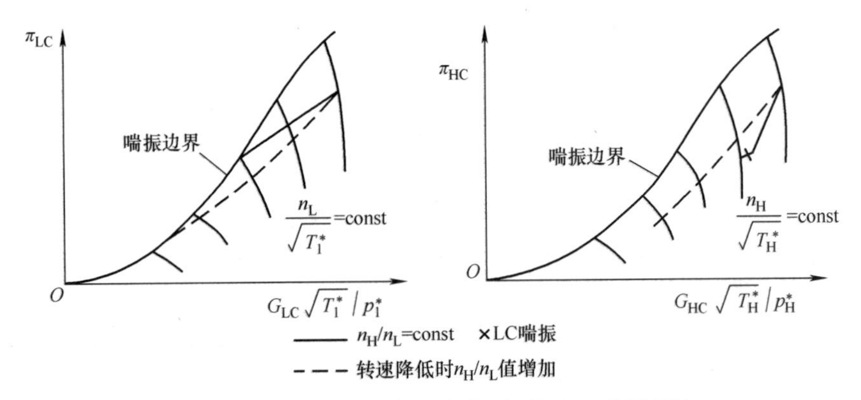

图6-32　n_L 与 n_H 的相对变化对压气机工作的影响

在平行双轴的布置中，2/LL 适宜于带动变速负载，2/HH 适宜于带动恒速负载，如图6-33所示。在采取某些措施后，这两种方案在变速负载和恒速负载中都可使用。

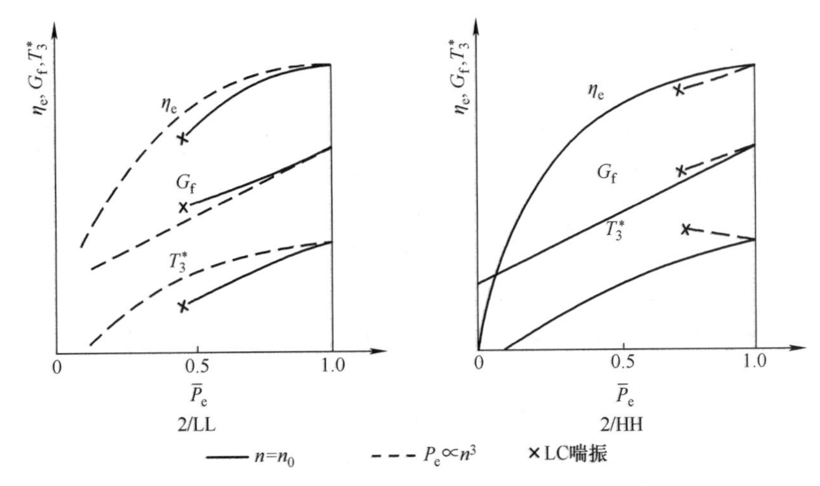

图6-33　2/LL 和 2/HH 在带动不同负载时的性能比较

三轴方案是在双轴方案的基础上，采用单独的一个透平来驱动负载。根据负载所在的轴的不同，可分为3/H、3/M 和3/L 三种方案，表示负荷分别由高压轴、中压轴和低压轴驱动，如图6-1 所示。在这三种三轴方案中，3/M 方案的稳定性最好，如图6-34 所示，而3/L 方案的综合性能最好，因而得到了广泛的应用。

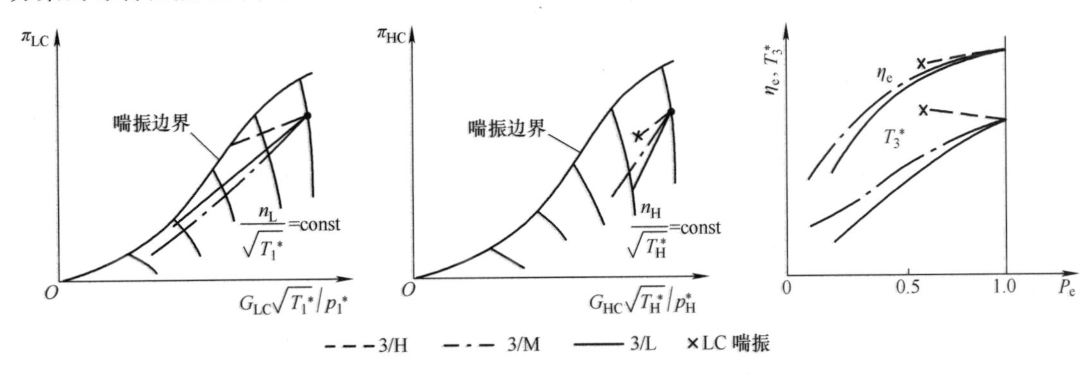

图6-34　三轴方案的布置方式机组性能的比较

6.7 部件性能恶化的影响

燃气轮机的压气机、燃烧室和透平性能的恶化，必将对燃气轮机的性能产生重大影响。随着机组运行时间的增长，这一问题就会逐渐出现。例如压气机和透平叶片发生积垢或磨损、使用液体燃料的喷嘴出现磨损等，都会导致部件效率下降和其他性能发生变化。其中，若燃烧室的效率下降，仅影响 G_f 和 η_e，使 G_f 增加，η_e 下降，对其他参数的影响很小，影响也很直观，在2.6节已经进行了介绍。但压气机和透平性能变化对机组性能的影响，相比起来要复杂得多。因此，本节仅叙述压气机和透平性能恶化的情况及其影响。

6.7.1 压气机叶片积垢或磨损对机组性能的影响

一般的空气过滤器，对尺寸在5～10μm尤其是10μm以上灰尘颗粒的去除很有效，对于5μm以下，特别是小于2μm（乃至小于1μm）的颗粒滤清效果比较差，而存在于空气中易形成积垢的燃烧产物颗粒尺寸大致为0.001～5μm，难以滤清，因此机组运行一段时间后将在压气机叶片上形成积垢。此外，因为压气机进口处轴承密封失效，滑油雾进入叶片通道后也要形成积垢。显然，叶片上的积垢会改变叶片的气动性能，具体表现为通流面积下降，升力系数减小，阻力系数增大，导致压气机的流量、压比和效率都下降，性能曲线发生变化，如图6-35所示。此时，不仅等转速线下移，喘振边界也下移，性能明显恶化。图6-35中还给出了单轴恒速燃气轮机工况点的变化，在同样的 T_3^* 下，压气机叶片积垢后，机组的运行点从未积垢时的 a 点移至 b 点，流量与压比降低，这时 η_C 也要下降，导致燃气轮机的 P_e 和 η_e 降低。同时，运行点的喘振裕度也减小了。

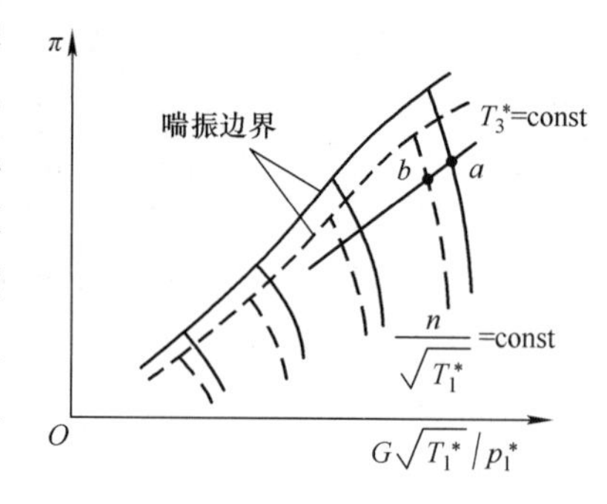

图6-35 压气机叶片积垢后性能的变化

对于其他燃气轮机，压气机叶片积垢后的影响是相同的，即 P_e 和 η_e 降低，运行线趋近喘振边界。

随着机组运行时间的推移，压气机叶片积垢逐渐严重，机组出力和效率的下降也日趋严重，到一定的程度后要对压气机进行清洗，以恢复出力和效率。

当空气过滤器效果差或运行中变差以后，过滤效率低，尺寸大于10μm的灰尘颗粒较多地进入压气机，就会冲刷叶片造成磨损。叶片磨损后改变了叶片的气动性能，也表现为升力系数减小，阻力系数增大，使效率和压比下降。在流量方面，叶片磨损使通流面积有所增大，流量要增大，但由于叶片通道中流动情况变差，效率降低，故流量往往不会增大而可能变化不大。在压气机的性能曲线中，主要反应是喘振边界下降，效率降低，而等转速线的变化可能较小。

叶片磨损导致压气机性能的变化，也将使燃气轮机的出力和效率下降，运行线的喘振裕度减小。由于压气机叶片磨损较难修复，因而必须针对机组附近的环境条件选用过滤效率高的空气过滤器，并能够在运行中保持高的过滤效率，以避免压气机叶片的磨损。这也是在空气过滤器的选用上需要慎重考虑的原因。

燃气轮机在某些环境条件下运行时，空气中的一些有害成分将腐蚀压气机叶片，这对性能的影响与叶片磨损时相同。解决的方法除采用有效的过滤设备外，还要在叶片表面涂上防腐涂层或采用抗腐蚀性能更好的材料。这一问题，在海洋环境下使用的舰船燃气轮机中表现得较为突出，这种环境对压气机和透平叶片都有较强的腐蚀作用，必须予以高度重视。

6.7.2　透平叶片积垢或磨损对机组性能的影响

燃气轮机燃用气体燃料时，透平叶片上一般不会产生积垢现象。当燃用液体燃料，特别是重质液体燃料（渣油、原油等）时，在透平叶片上往往就会产生积垢现象，当燃用重质燃料且燃料处理较差时，积垢现象可能较严重。透平叶片积垢后，首先是气动特性变差，透平效率降低，其次是通流面积减小，阻力增大。

图6-36所示为透平叶片积垢后性能的变化，可见：由于透平阻力增加，运行点从 a 移至 b，压比升高，运行点靠向了喘振边界。这时，机组的出力和效率也要下降，但出力由于压比升高得到一定补偿，下降可能较小。

机组运行点因透平叶片积垢靠向喘振边界，而压气机叶片积垢使喘振边界下移，喘振边界靠向了运行点，可见二者在减小运行点喘振裕度方面的影响一致，只是途径不同。

由于压气机性能对叶片积垢的敏感程度显著大于透平性能对叶片积垢的敏感程度，且现用的燃气轮机大部分燃用气体燃料，因而压气机的叶片积垢问题得到了更多的关注。对于透平叶片的积垢，一般采用停机解体清洗的办法来清除。

机组空气过滤器过滤效果差时，进入压气机的灰尘颗粒也会冲刷透平叶片，造成透平叶片的磨损。在燃用重质液体燃料且处理较差时，燃烧后生成的灰分也会冲刷透平叶片造成磨损。透平叶片磨损后透平效率也要下降，而其阻力会由于叶片磨损后通道加大而降低。显然，透平叶片磨损后机组的出力和效率也要降低，运行点由于透平阻力下降而离开喘振边界，在图6-36中从 a 点移动至 c 点。

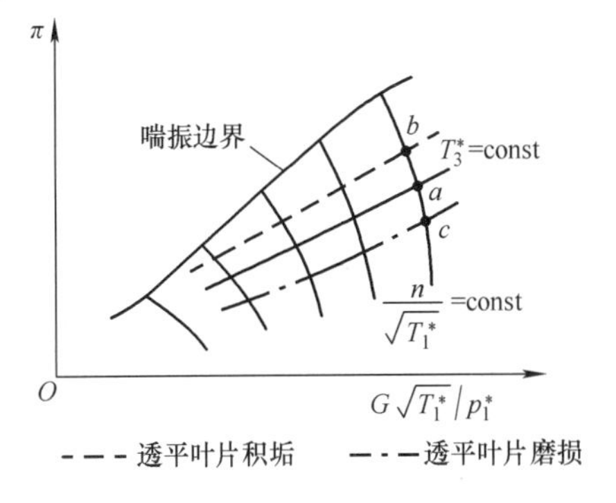

图6-36　透平叶片积垢和磨损后性能的变化

粗看起来运行点从 a 移至 c，喘振裕度增大，对于安全运行有利。事实上叶片磨损后强度削弱，不利于安全运行，曾发生过机组的透平叶片因磨损而造成叶片折断的重大事故。压气机叶片磨损同样也有此类问题。

此外，机组燃用液体燃料或含有害成分的气体燃料时，还可能腐蚀透平叶片。在海洋环境下的腐蚀问题已在上面提到。从对机组性能影响的角度来讲，透平叶片腐蚀后的影响与磨蚀相同。减少腐蚀的有效措施除了减少燃料和空气中的有害成分外，在透平叶片表面涂防腐涂层的办法得到了广泛应用。

6.8　大气参数对燃气轮机性能的影响

大气参数即机组周围环境的温度 T_a 和压力 p_a。前面介绍的燃气轮机变工况性能，都是大气温度 T_a 和压力 p_a 不变的情况。实际上大气参数是经常变化的，特别是大气温度 T_a，白天和晚上相差可达十余摄氏度，夏季与冬季之差可达 50 ~ 60℃。而燃气轮机是一种比功较小、空气流量较大的热机，大气温度 T_a 的显著变化将对燃气轮机的性能产生很大的影响。此外，燃气轮机安装地区海拔高度不同时，由于 p_a 和 T_a 的不同，对机组性能影响也很大。

6.8.1 大气温度和压力的影响

在第 2 章中曾介绍，T_a 变化时温比 τ 也会随之改变，对机组的效率 η_e 有较大的影响。显然，T_a 升高时 τ 下降，η_e 下降，T_a 降低时 τ 提高，η_e 提高，该影响对变工况同样适用，即装置的效率随着大气温度的增加而降低。

此外，当燃气轮机的压气机进口温度 T_a 提高时，空气的密度下降，压气机进口吸入的空气质量流量下降；与此同时，随着进口温度 T_a 的增加，单位质量工质压气机的耗功增大。因此，由 $P = G(w_T - w_c)$ 可知，当大气温度增加时，装置的输出功率下降。

表 6-1 给出了大气温度变化时，某机组功率和效率的变化情况。当大气的温度由 15℃降低到 -25℃时，装置的功率提升 1.4 倍，效率增加 2.5%。

表 6-1 大气温度对机组性能的影响

机组燃气温度 t_3^*/℃	t_1 每增加 10℃		机组燃气温度 t_3^*/℃	t_1 每增加 10℃	
	功率降低（%）	效率降低		功率降低（%）	效率降低
800	9	0.0088	1100	6.5	0.0081
900	8	0.0084	1200	6.0	0.0080
1000	7	0.0082			

大气压力降低时，大气密度按比例下降，故机组流量以及功率大致按比例下降，而大气压力的绝对值高低，对机组的压比、温比和速度三角形形状均无多少影响，故对机组效率影响较少。

海拔对燃气轮机性能的影响是通过大气参数发生作用的。海拔和标准大气参数有对应关系，海拔升高，气压和气温都下降。作为粗略参考，海拔每升高 1000m，气压下降约 10kPa，气温下降约 6.5℃。图 6-37 所示为海拔高度变化时，大气的温度和压力的变化情况。

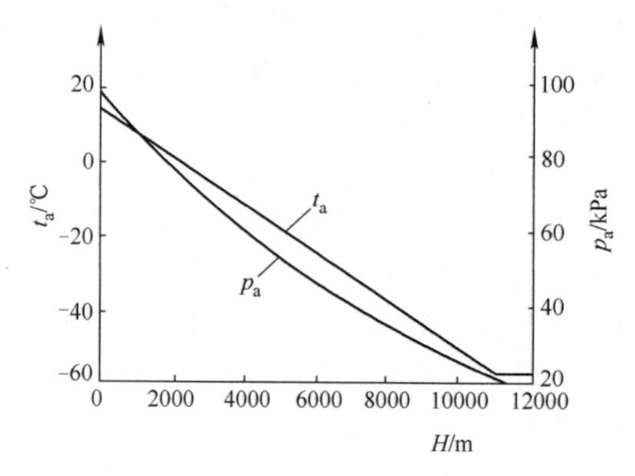

图 6-37 海拔高度对大气温度和压力的影响

当海拔高度升高时，温度降低，机组的功率和效率提升；与此同时，大气的压力随着海拔高度的升高而下降，机组的功率下降，效率不变。综合两方面的因素可以看到，当海拔高度变化时，由于温度和压力变化影响的相互抵消，机组的功率基本不变，而效率会随着海拔高度的升高而提高。

为了获得燃气轮机在实际工作的大气条件下的性能，通常燃气轮机制造商会给出机组的最大出力和效率（或热效率）随大气参数的变化曲线，供用户备查。图 6-38 即为大气参数对某台机组的最大出力和效率影响的性能曲线。

在图 6-38 中，若压力和温度仅一个参数变化，则直接由曲线读取相应数据即可；若两个参数同时变化，则功率可计算为：$P_e=(P_e/P_{e0})_p(P_e)_t$ 或 $P_e=(P_e/P_{e0})_t(P_e)_p$。例如，若要由图6-38中的曲线获得机组在0℃，90kPa下的功率和效率，则可通过如下计算得到。

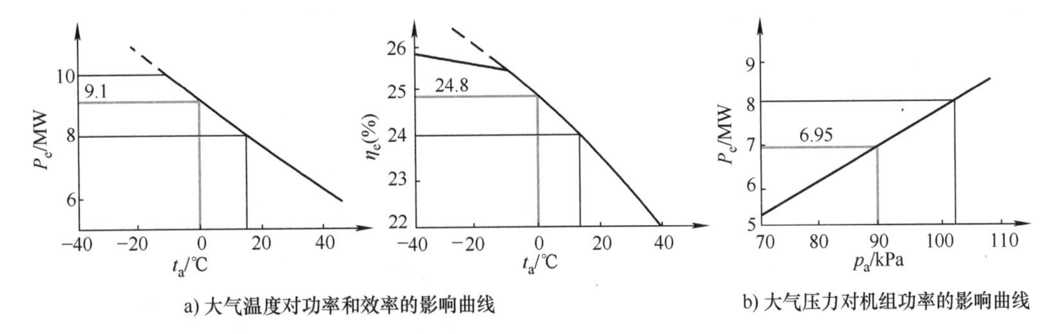

图6-38 大气温度和压力对机组性能影响的性能曲线

1. 功率

机组在额定工况下（15℃，101kPa）下的功率为8MW（图6-38a），由图6-38b曲线查得压力为90kPa时机组的功率为6.95MW；由图6-38a查得机组在压力为额定值，温度为0℃时的功率为9.1MW，则

$$P_e=(P_e/P_{e0})_p(P_e)_t=(6.95/8)\times 9.1\text{MW}=7.9\text{MW}$$

2. 效率

由于效率仅受温度一个参数影响，故可由图6-38a直接读出，效率 $\eta_e=24.8$。

有时，修正曲线还可以用修正系数的形式给出，此时的功率和效率分别计算为

$$功率：P_e=P_{e0}K_{Pp}K_{Pt} \tag{6-8}$$

$$效率：\eta_e=\eta_{e0}K_{\eta t} \tag{6-9}$$

式中，K_{Pp}为压力对功率的修正系数；K_{Pt}和$K_{\eta t}$分别为温度对功率和效率的修正系数。

6.8.2 燃气轮机的相似工况

在压气机、透平原理中已经阐明，相似参数特性曲线可以适用于不同进气条件。以压气机和透平为主要部件组成的燃气轮机，也可以采用同样的办法来解决大气条件变化的影响。

显然，如燃气轮机机组的工况相似，就要求其主要部件的工况同时保持相似。要同时保持压气机与透平各自的工况相似，就要求同时满足：$G\sqrt{T_1^*}/p_1^*=\text{const}$，$n_C/\sqrt{T_1^*}=\text{const}$，$G_T\sqrt{T_3^*}/p_3^*=\text{const}$，$n_T/\sqrt{T_3^*}=\text{const}$，$\pi=\text{const}$，$\pi_T=\text{const}$，$\eta_C=\text{const}$，$\eta_T=\text{const}$。对一台单轴或分轴燃气轮机机组而言，事实上只要保持满足 $n_C/\sqrt{T_1^*}=\text{const}$，$\tau=T_3^*/T_1^*=\text{const}$ 两个条件时，前述这些条件就能自动满足，故机组便基本上处于相似工况。

由于 $T_1^*=T_a$，$p_1^*=\phi_1 p_a$，$\phi_1=\text{const}$，因此，一台燃气轮机机组的相似参数有：T_3^*/T_1^* 或 T_3^*/T_a，$n_C/\sqrt{T_1^*}$ 或 $n_C/\sqrt{T_a}$，$G\sqrt{T_1^*}/p_1^*$ 或 $G\sqrt{T_a}/p_a$，$P_e/p_1^*\sqrt{T_1^*}$ 或 $P_e/p_a\sqrt{T_a}$，$G_f/p_1^*\sqrt{T_1^*}$ 或 $G_f/p_a\sqrt{T_a}$，M/p_1^* 或 M/p_a 等。令 $\theta=T_a/T_{a0}$，$\delta=p_a/p_{a0}$，其中 T_{a0} 和 p_{a0} 是设计值，通常为ISO条件。这时，上述的相似参数可写为：T_3^*/θ，$n_C/\sqrt{\theta}$，$G\sqrt{\theta}/\delta$，$P_e/\delta\sqrt{\theta}$，$G_f/\delta\sqrt{\theta}$，M/δ 等。这样的表达形式称为折合参数式（或称为换算参数），即把非设计大气参数下的物理参数量折算到设计的大气参数下的数值。

与压气机、透平一样，当燃气轮机用相似参数来绘制性能曲线时，就得到了通用性能曲线。图 6-39 所示即为燃气轮机机组的通用性能曲线，其中图 6-39a 为单轴燃气轮机，图 6-39b为分轴燃气轮机，图形与前面给出的类似，但这时的曲线适用于任意大气条件。

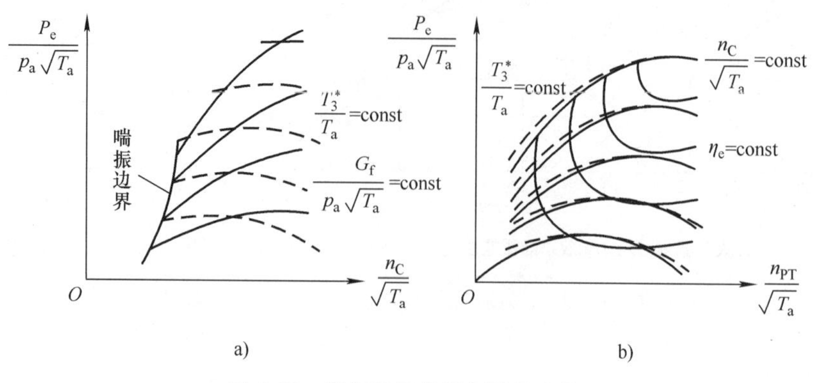

图 6-39　燃气轮机的通用性能曲线

需要说明的是，燃气轮机在采用间冷、再热和透平可调静叶时无相似工况，而压气机采用可调静叶，如转角的调节规律为 $\gamma_C = f(n_C/\sqrt{T_1^*})$ 时，则燃气轮机有相似工况。由于大多数的燃气轮机不用间冷和再热，压气机的静叶调节也都采用上述规律，所以可采用相似工况的办法来得到大气参数变化时的机组性能。

应用通用性能曲线，可以简便地得到大气参数变化时燃气轮机的性能参数。例如一台发电用单轴燃气轮机，在大气温度变化后保持 $T_{3,0}^*$不变，求这时机组的功率和效率等参数。计算过程为：先求得大气温度变化后的 θ，计算可得 $n_{C0}/\sqrt{\theta}$和 $T_{3,0}^*/\theta$，以这两个参数值在燃气轮机通用性能曲线上得到一个工况点，读出该点的 $P_e/\delta\sqrt{\theta}$和 $G_f/\delta\sqrt{\theta}$，将此时的 θ 和 δ（由于大气压力几乎不变，$\delta=1$）代入，即可得 P_e 和 G_f，进而计算得到要求的 η_e。

一般用物理参数来分析大气参数变化后燃气轮机机组的运行区的变化。图 6-40 所示即为大气温度变化后运行区的变化，其中图 6-40a 为单轴机组，图 6-40b 为分轴机组，它们是以 P_{emax}，n_{Cmax}，T_{3max}^*和 M_{max}为限制条件而得到的，T_a 升高时运行区缩小，T_a 降低时运行区扩大，影响较大。

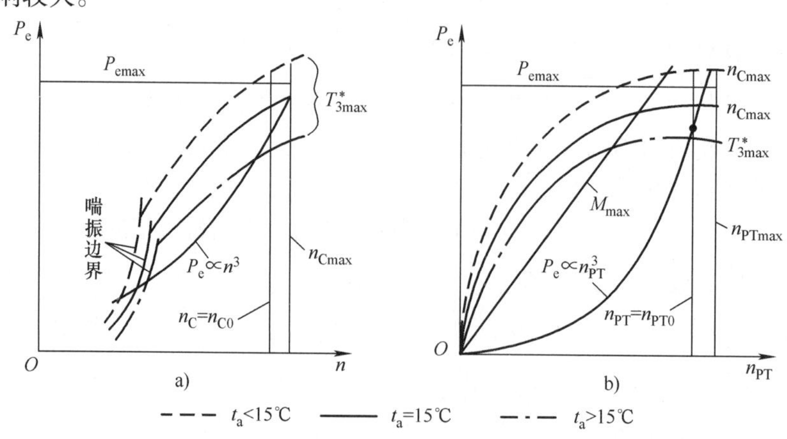

图 6-40　燃气轮机运行区随大气温度的变化示意图

从图 6-40 可以看出，机组的最大出力除受 P_{emax} 限制外，单轴机组在 T_a 升高时还可能受 T_{3max}^* 的限制而低于 P_{emax}。同样，对分轴机组而言，在相同的 ΔT_a 变化时，通用性能曲线上 T_{3max}^*/θ 线的变化距离要比 $n_{Cmax}/\sqrt{\theta}$ 线的大，即在 $T_a > T_{a0}$ 时，T_{3max}^*/θ 线向下移动得比 $n_{Cmax}/\sqrt{\theta}$ 线多，使机组出力受 T_{3max}^* 限制。而在 $T_a < T_{a0}$ 时，T_{3max}^*/θ 线向上移动得比 $n_{Cmax}/\sqrt{\theta}$ 线多，使机组出力受 n_{Cmax} 限制。当 n_{Cmax} 线高于 P_{emax} 线的区域时，分轴机组的最大出力受 P_{emax} 限制。

6.9　燃气轮机的过渡工况、起动及加速

6.9.1　过渡工况过程

燃气轮机的过渡工况或称非稳定工况、非平衡运行工况，是指机组从一个平衡工况向另一个平衡工况过渡的过程，例如机组起动、加减速、升/降负荷、停机等工况。在过渡工况中，转速、温度、压力等参数随时间而变，功率并不平衡，但认为连续方程仍然有效。过渡工况的优劣对于车船或飞机发动机和紧急备用、尖峰负荷等用途的燃气轮机机组特别重要。

6.9.2　燃气轮机的起动与加速

燃气轮机自静止至空载额定工况的过程称为起动过程。当燃气轮机在静止状态时，压气机和透平都不做功，机组的通流部分中无气体流动，燃烧室中无法加入燃料燃烧，因而燃气轮机无法依靠自身来起动，只有依靠外界动力源进行起动。外界动力源一般为专用的起动机。

表 6-2 给出了一台用柴油机加液力变矩器来起动的电厂单轴燃气轮机在起动过程中的工作状况，起动过程线如图 6-41 所示，参数变化如图 6-42 所示。

表 6-2　某电厂单轴燃气轮机在起动过程中的工作状况

时间	电动机转速/(r/min)	所处的工作状况
0	0	起动机开始带动机组旋转
2min25s	500	点火器投入工作
3min	600	点火器停止工作
5min40s	1500	到达机组自持转速
6min	1700	起动机脱扣
8min45s	2600	放气阀关闭
9min40s	2850	转速调节系统投入工作
10min	3000	起动至额定转速（全速空载），起动过程结束

通常，燃气轮机在起动时先起动辅助油泵，由起动机带动机组并克服其他阻力旋转加速，使机组的通流部分中有气流通过。在起动机带动主机至约（10% ~25%）n_0 且燃烧室中气流达到能稳定燃烧的条件后喷入燃料，燃烧室点火，燃烧室投入工作。此时，起动机的转矩约为主机额定转矩的 6%。透平前温 T_3^*、透平功率及转速随燃料量的增加而迅速增加

（在空转升速时流量增加，故 T_3^* 有可能下降）。其中燃烧室点火的过程是：点火器先投入工作，然后才喷入燃料并点燃燃烧，为保证点火可靠，点火器工作需要持续一段时间。为使起动时点火可靠，初始喷入的燃料量较多，在点燃后再适当地减少。

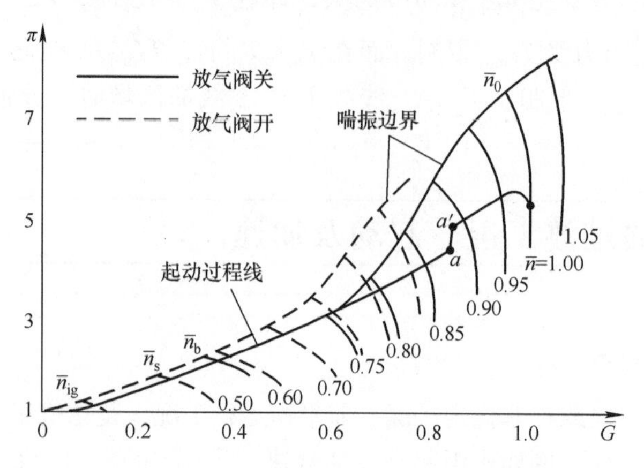

图 6-41　电厂单轴燃气轮机的起动过程线

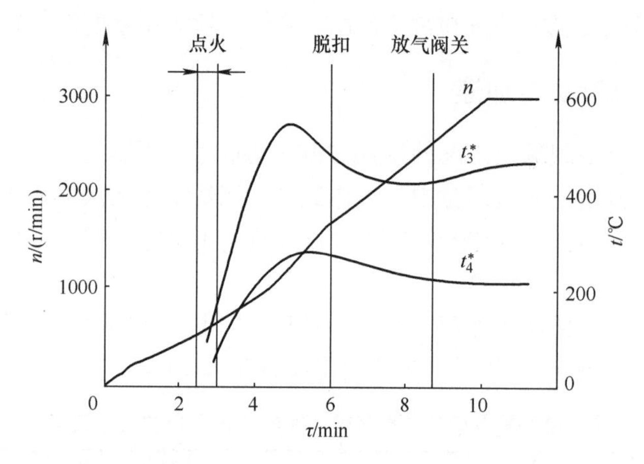

图 6-42　电厂单轴燃气轮机的起动过程参数变化

自持转速是指在起动过程中，透平出力达到与压气机耗功和摩擦等机械耗功相等时的转速。直到机组高于此转速以后，机组可不再需要起动机的帮助而自身加速，并可脱出起动机，此过程称为脱扣。脱扣转速约为（50%～70%）n_0，一般脱扣不宜过早，以免拖长起动时间。脱扣之后，调节燃料量继续使 T_3^* 增加，机组升速。电厂燃气轮机转速调节系统投入工作时的转速一般为（95%～96%）n_0，在此之前，机组由顺序控制系统来控制起动过程，达到此转速后，机组改由转速调节系统控制，最终稳定在工作转速状态（全速空转状况），然后等待并网发电。

单独发电机组的空转油耗约为满载时的 30%～70%，分轴或单轴变转速机组的约为 20%～45%，多轴机组的约为 15%～25%。

如图 6-41 所示（图中，n_{ig}为点火成功的转速，n_s 为自持转速，n_b 为脱扣转速），燃气轮机起动时还常采用压气机放气和可转导叶的方法来避免喘振。放气的实质在于减少压气机高压级与透平的流量来维持压气机放气口前低压级的流量，借以避免喘振。可转导叶还能减少所要求的起动机功率。当转速达到足够高时（如约90% n_0），可以关闭防喘阀、辅助油泵，并开大进口导叶通流面积到正常位置。当然，放气阀的开/关以及可转导叶角度的变化都会导致压气机性能曲线发生变化，使得机组起动过程曲线出现变化。

从图6-42所示的参数变化中可以看出，燃气温度 t_3^* 在点火后不久出现峰值，并且排气温度 t_4^* 的变化要比 t_3^* 平缓。该现象在其他的燃气轮机中同样存在，原因是燃烧室点火前，透平中的热部件是“凉”的，点火后 t_3^* 突然升高时要吸热，从而使 t_4^* 温升变慢。为了减少热部件由于暂时热应力过大造成的热冲击寿命损耗，在点火成功后一般安排1~2min的暖机运行过程。

单轴机组如果是直接驱动螺桨型负荷，就需较大的起动机来带负荷起动。为了减小起动机功率，宜采用离合器、可变节距螺桨或节流措施。分轴机组只须起动燃气发生器转子，双轴机组一般也只在高压轴有起动机，而低压透平则由高压透平排出的空气或燃气驱动。有时低压轴也另有起动机。

回热式燃气轮机起动时，还可采用旁通的方法使温度不高的燃气跨越回热器，以免燃气中的腐蚀成分（如硫化合物）冷凝而腐蚀回热器，故也需有一段工况过渡的过程。

使用重质燃料的燃气轮机在起动时及停机前需燃用轻质燃料，以避免燃烧室及燃料系统工作困难，故需有燃料切换机构及切换过程。

6.9.3　起动与加速时间

燃气轮机转速变化的快慢通常可用加速性来表示。在过渡过程的任一转速时，在一根轴上的透平以及起动机所发出的转矩和功率，在供给压气机、负载及消耗（包括附件）之余，使转子加速；不足时则转子减速，即

$$M_T + M_{st} - M_C - M_L - M_m = J\frac{d\omega}{dt} \tag{6-10}$$

式中，M_T、M_{st}、M_C、M_L 和 M_m 分别为透平、起动机、压气机、负载和机械损耗的转矩；J 为转子的转动惯量；ω 为转子转动角速度。由于 M_T 和 M_C 的大小差不多，故任一者的少量改变对两者的差值影响都很大，即对加速性影响很大。

$$P = M\omega = \frac{\pi}{30}Mn$$

所以

$$P_T + P_{st} - P_C - P_L - P_m = \left(\frac{\pi}{30}\right)^2 Jn\frac{dn}{dt} \tag{6-11}$$

起动/加速时间为

$$\Delta t = \left(\frac{\pi}{30}\right)^2 J\int_{n_1}^{n_2}\frac{n\,dn}{P_T + P_{st} - P_C - P_L - P_m} \tag{6-12}$$

可见，要使机组的起动/加速时间短，即加速性好，可采用下列措施：

1）增加起动机功率 P_{st}，尤其是起动初期。该方法受起动机类型和容量的限制。通常单轴机组的 $P_{st} \approx 5\% P_{e0}$；如用交流电机起动，则 $P_{st} \approx (6\% \sim 25\%)\ P_{e0}$；带螺桨型负荷需另加脱扣转速负荷功率；分轴或双轴机组的 $P_{st} \approx (0.5\% \sim 4\%)\ P_{e0}$。提高脱扣时的转速，即使起动机工作时间增加，也有利于缩短升速时间或防止升温太快、升速喘振等问题。

2）增加燃料以提高 T_3^*，则 P_T 越大，加速功率也越大。该方法受到升速喘振以及零部件热应力、热膨胀、热惯量、容积惯量的限制。即机组的零部件结构不应厚大粗重。因为厚大的高温零件中热应力和热膨胀问题非常严重，升温太快，易发生事故。零部件热惯量大，在过渡工况时，增加燃料的热量有很多被部件吸储，其余额才能供透平做功，故会影响加速性。此外，系统中新参数的工质要等原参数的工质流出后才能起作用，故装置中的容积越大，反应越迟钝。

3）减小转子转动惯量 J，即转子要设计得轻小，以减小 J。但船用螺桨要适应出水工况，故其动力透平转子惯性宜大。

可见，燃气轮机的起动加速时间因结构不同而出入很大。重型结构燃气轮机从起动到空载常需 10 ~ 15min，航空型燃气轮机只需 30 ~ 50s 就可到达满载。

4）采用压气机可调导叶可以减小对起动功率的要求，有利于起动。

6.9.4 过渡工况过程的变化特点

燃气轮机在起动升速过程中，突然增加燃料时，由于转子惯性，转速来不及升高，运行点离开平衡运行线向喘振线移动，如图 6-43 所示。这时应注意不能增温过快，以免热应力过大或升速喘振。应控制 T_3^*，使过渡工况点沿喘振边界下侧向高速区移动，转速逐步增加，直到 T_3^* 达到其起动极限值。然后，控制燃料，大体沿 T_3^* = const 线增加转速至额定值为止。起动时因转速不到额定值，离心力较低，故有些机组起动 T_3^* 的极限甚至允许瞬时超过额定值50℃左右。

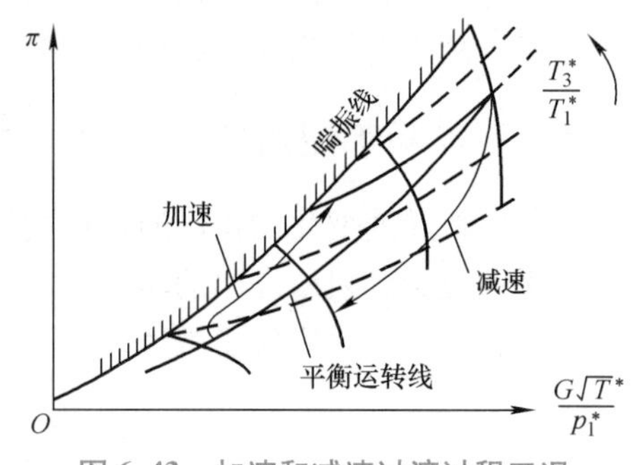

图 6-43　加速和减速过渡过程工况

当突然开始减少燃料时，情况与升速时相反，转速来不及下降，过渡工况点将离开平衡运行线向远离喘振线方向移动。这时，空气流量还很大，应注意燃料不要减少过快，以免燃烧室因贫油被吹熄火。

6.9.5 热悬挂

热悬挂简称热挂，是燃气轮机在起动/加速过程中可能发生的一种故障，它一般发生在起动机脱扣以后。主要现象是：起动机脱扣后，机组的转速停止上升，运行声音异常。此时如果继续增加 G_f，T_3^* 随之升高，但转速却不上升，甚至出现下降的趋势，最终导致起动/加速失败。

产生热挂现象的主要原因是起动/加速过程线太靠近压气机喘振边界所致。在起动/加速过程中，如果 G_f 增加过快，T_3^* 增加会过高，从而使运行点靠向喘振边界，压气机中可能发生失速现象，此时 η_C 降低，P_C 增加，机组的剩余功率可能变为零，转子停止升速，就像被“挂”住似的，称为“热挂”。

此时不能进一步增加燃料流量 G_f 来解决“热挂”问题，原因是燃料流量 G_f 增加后，T_3^* 升高，P_T 虽然会增加，但是运行点更靠近喘振边界，η_C 进一步降低使 P_C 增加得比 P_T 多，机组的剩余功率变为负，导致转速不升反降，最终使起动失败。

当机组发生“热挂”时，正确的措施是适当减少 G_f，使运行点下移离开喘振边界远一些，压气机脱离失速工况，消除因“热挂”而产生的异常声音，然后再逐渐增加 G_f，若处理得当，就可以使机组脱离“热挂”而继续升速，避免起动失败。

6.9.6　起动机类型及选择

对起动机的首要要求是有足够的功率，其次是要求有良好的转矩性能，在刚开始带动燃气轮机旋转时转矩能达到最大值。当起动机自身转矩性能差时，需用变矩设备来改善。

起动机有各种类型，它们的特性各异，也各有优缺点。起动机的种类及其功率大小需按它们的特性、机组轴系对起动过程的要求、能源情况、价格、机重等具体情况合理选用。燃气轮机所用的起动机一般有下列数种：

1. 直流电动机

需要直流电源或配置蓄电池组。其转速可调，升速平稳，故机组点火转速可以选得较低，充分利用本身自发功率帮助升速，因而起动机功率可以选得较小。通常可由主发电机的励磁机加大功率2~5倍来兼做起动机用。直流电动机的缺点是价格贵、机体重，电源及电动机功率一般都不能太大，所以只宜中、小型机组使用，升速时间也较长。蓄电池只能供几次起动就需充电。

2. 交流电动机

需要配有厂用交流电源。交流电动机价格较便宜，功率较大的交流电动机也容易得到。但转速难调，起动后升速很快，因此机组点火转速很高，难于利用机组在升速时的自发功率，而要靠加大起动机功率来完成升速过程，并且点火后 T_3^* 变化剧烈。为了解决逐步升速问题，需加用电阻箱、液力变矩器或电磁滑差离合器。

3. 内燃机

主要使用柴油机。内燃机易于选购，可利用油、气能源，不需外界电源，但冷天起动困难，结构也较复杂，而且需要液力变矩器等帮助逐步升速。

4. 小燃气轮机

起动用燃气轮机的机体轻小，可与主机共用燃料油或气作为能源而不需外界电源，其缺点为转速每分钟可达上万转，故需用减速器，而且价格较贵。

5. 吹气起动

可把高压空气、燃气、蒸汽、火药气等引入主机透平，直接驱动主机。此方法简单、快速，无需外界电源，但需有供气源，如空气储气罐、延烧性火药气发生器或小型供气式燃气轮机等设备。高压空气储气罐很大很重，容量也有限，供起动几次后就需充气。

6. 膨胀透平

利用高压气源如蒸汽、压缩空气、天然气、火药气等驱动小型膨胀透平带动主机。膨胀透平轻小，能量大，宜快速起动。它不需外界电源，但转速高需要用减速器与离合器。压缩空气储气罐很大很重，容量有限，常需充气。

7. 变频起动装置

随着现代燃气轮机大型化的发展趋势，常规的电动机起动时，如采用直接起动所需电流很大，如果运用变频起动装置（简称SFC）起动时，则所需电流要小得多，例如400MW发电机组的起动电流只需1500A左右。

6.9.7 停机过程

燃气轮机的停机过程比较简单，一般都是先逐渐减载至空载，在空载时运行一段时间，使机组的热部件温度降至较均匀的状态。然后，按照机组热冲击最小的规律降低燃料量，使机组减速降温，直到达到燃烧室的稳定燃烧边界，然后切断燃料，机组熄火惰走。按照运行规程进行一定时间的盘车冷却运行后机组完全停机。

停机过程一般没有什么问题，在此不再赘述。

参考文献

[1] 沈炳正，黄希程．燃气轮机装置［M］. 2 版．北京：机械工业出版社，1991.

[2] 姜伟，赵士杭．燃气轮机原理、结构与应用［M］. 北京：科学出版社，2002.

[3] 赵士杭．燃气轮机循环与变工况性能［M］. 北京：清华大学出版社，1993.

[4] 朱行健，王雪瑜．燃气轮机工作原理及性能［M］. 北京：科学出版社，1992.

[5] RAZAK A M Y. Industrial Gas Turbines Performance and Operability［M］. Cambrideg：Woodhead Publishing Limited，2007.

[6] BOYCE M P. Gas Turbine Engineering Handbook［M］. 4th ed. Oxford：Butterworth-Heinemann，2012.

[7] GIAMPAOLO T. Gas Turbine Handbook：Principles and Practice［M］. 5th ed. India：Fairmont Press，2014.

[8] SOARES C. Gas Turbines：A Handbook of Air，Land and Sea Applications［M］. 2nd ed. Oxford：Elsevier Inc，2015.

习　题

1. 什么是燃气轮机的变工况？衡量机组变工况性能好坏的指标有哪些？

2. 什么是负荷特性？燃气轮机经常携带的负荷中，其特性规律有何不同？

3. 在燃气轮机中，压气机和透平的平衡工况点是根据哪些原则确定的？

4. 试说明相互串联工作的多级透平中，高压透平和低压透平的膨胀比再分配规律。

5. 试在压气机的特性曲线上绘制燃气轮机携带 $n=\text{const}$ 和 $P\propto n^3$ 负荷时机组的变工况运行线。机组的主要运行参数和特性参数如何变化？

6. 为什么单轴燃气轮机不能满足牵引负荷的要求，而分轴却能解决这些问题？

7. 为什么在分轴燃气轮机中，低压透平（LT）带动负荷（L）的方案获得了实际应用？

8. 若具有压气机和透平的通用特性曲线，试拟定一台单轴燃气轮机变工况特性曲线的计算步骤。

9. 一台单轴恒速燃气轮机在大气温度变化时，若功率 P_e 不变，机组的运行参数 π、透平前温 T_3、燃料消耗量 B 会发生哪些变化？

10. 燃气轮机在夏季和秋季起动，哪种更容易进入喘振工况？应采取什么措施解决？

11. 简述单轴燃气轮机起动工况的特点和起动过程的注意事项和要求。

第 7 章 燃气轮机应用案例

7.1 概述

随着燃气轮机技术的不断进步，其效率和功率都有很大的突破，并在推动国民经济社会发展、国防军事装备革新和提升国家科技实力地位等方面发挥着至关重要的作用。如第 1 章所述，燃气轮机具有功率密度大、起动速度快、加速性能好以及安全可靠等特点，除了应用于电厂中承担基本负荷和区间调峰外，还广泛应用于航空、舰船及地面军用车辆的动力推进、油/气输送管道增压、石化冶金、油气勘探开采和分布式能源等众多领域，前景十分广阔，其中，又以发电和航空行业对燃气轮机的需求最大。在发电行业，据美国 Forecast International 公司预测，燃气轮机的国际需求在 2019—2028 年的十年间总价值将达到 960 亿美元。总体上发电行业对燃气轮机保持着旺盛的需求。在航空推进领域，据国家制造强国建设战略咨询委员会公布的报告预测，未来十年全球市场对航空发动机产品需求旺盛，其中涡扇、涡喷发动机的全球需求总量将超过 7.36 万台，总价值将超过 4000 亿美元；涡轴发动机需求量超过 3.4 万台，总价值超过 190 亿美元；涡桨发动机需求量超过 1.6 万台，总价值超过 150 亿美元。除了发电和航空推进，其他领域对燃气轮机的需求总体上也将保持平稳增长的态势。图 7-1 给出了燃气轮机从 1990 年至 2022 年在全球航空领域和非航空领域的市场总产值以及至 2034 年燃气轮机市场需求趋势的预测值。可见，虽然燃气轮机各领域的全球市场需求在 2020 年有所下滑，但目前已触底反弹并在未来 10 年内将保持快速增长的态势。

燃气轮机除了前述特点外，还具有燃料灵活性的特点。除了燃用天然气、煤气、合成气以及煤油和柴油等传统化石能源以外，近年来，燃气轮机制造商正在努力进一步拓宽燃气轮机的燃料适用性。氢燃料属于可再生清洁能源，应用掺氢甚至纯氢燃料已成为燃气轮机未来的发展趋势，这进一步拓宽了燃气轮机的应用领域。除了在传统工业领域中的应用外，燃气轮机还能够灵活地应用于可再生能源系统（比如太阳能和风能等），成为储能或者清洁能源利用领域的关键动力设备。在全球气候变暖和大气污染问题日益严峻的今天，随着可再生能源的广泛应用，国内外科技界与产业界已清晰地认识到，先进燃气轮机的技术优势和发展生命力将越发凸显，燃气轮机将是 21 世纪乃至更长时期内能源高效转换与洁净利用系统的核

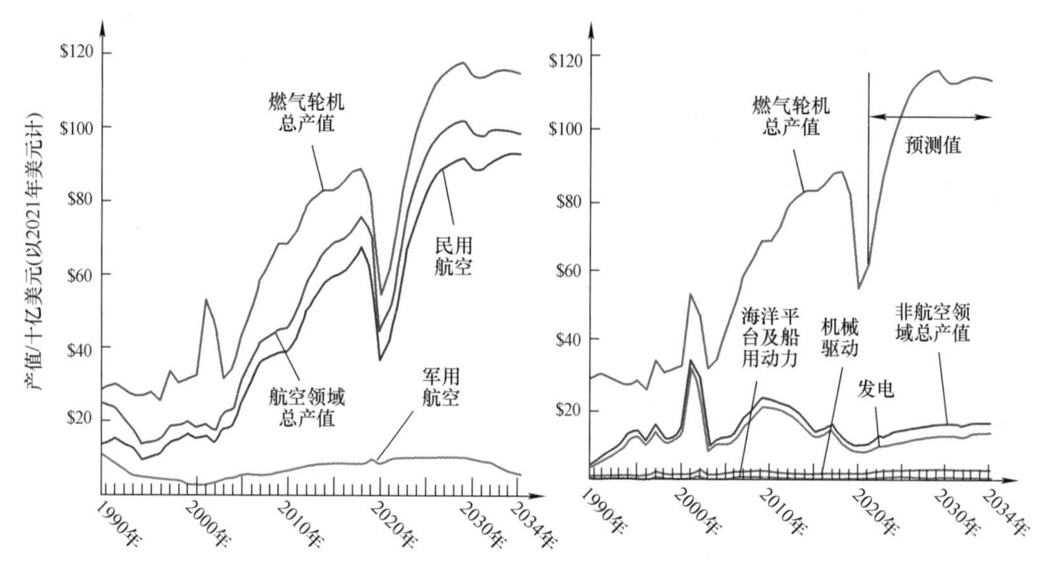

图 7-1 燃气轮机在全球航空领域、非航空领域以及市场需求的发展趋势

心动力装备。

本章将介绍燃气轮机在工业发电、分布式能源系统、油/气输送管道增压、石化冶金、油气勘探开采，以及航空、舰船和地面军用车辆的动力推进等众多领域的应用案例，包括其在各领域中的工作过程、应用发展历程和优缺点等。

7.2 联合循环发电

与传统燃煤汽轮机电厂相比，燃气轮机电厂具有起动快、效率高和污染少等优点。在燃气轮机电厂中，基本负荷发电以大功率重型燃气轮机为主，调峰发电以轻型中小功率燃气轮机为主，因此可用于发电的燃气轮机涵盖了所有功率等级的燃气轮机。表 7-1 为用于发电的不同功率等级燃气轮机的典型运行参数。其中，以用于大规模电厂的重型燃气轮机的产值最大，也是当前国际燃气轮机市场中市场份额最高的部分，因此重型燃气轮机技术是世界各国抢占燃气轮机市场的制高点。

表 7-1 不同功率等级燃气轮机的典型运行参数

电功率/MW	<5	≥5～15	>15～50	>50～150	>150
压气机出口压力/10^5Pa	6～12	12～20	12～20	12～35	15～35
压气机出口温度/℃	270～380	350～450	350～500	350～500	400～550
透平进口温度/℃	700～1100	850～1150	1100～1230	1150～1280	1230～1400
透平出口温度/℃	350～550	400～500	450～550	500～600	550～640

燃气轮机用于发电一般采用燃气轮机联合循环（gas turbine combined-cycle，GTCC），其中，最常见的燃气轮机循环发电是燃气轮机-蒸汽轮机联合循环，简称燃气-蒸汽联合循环。本书 2.8 节对燃气-蒸汽联合循环的工作原理、循环方案、热力性能及经济性已进行了详细介绍，这里主要介绍其常见的应用方式。

燃气-蒸汽联合循环发电机组，可以是单轴的，即燃气轮机、（蒸）汽轮机、发电机由同一个轴系串联，发电机由燃气轮机与汽轮机共同驱动；也可以是多轴的，即燃气轮机与汽轮机分别驱动各自的发电机，其两套动力系统的轴系不连接，在多轴机组中还可以有其他不同的配置。出于规模经济效益的考虑，最常见的联合循环机组是 2×1 配置（又称“二拖一”方式），如图 7-2 所示，即 2 台燃气轮机发电机组与 1 台蒸汽轮机发电机组的联合循环。其中，2 台燃气轮机配有各自的发电机，它们的高温排气分别排入各自的余热锅炉，2 台余热锅炉产生的高温蒸汽并联后送入 1 台蒸汽轮机发电机组。因此，2×1 配置联合循环机组由 2 台燃气轮机、2 台余热锅炉、1 台蒸汽轮机与 3 台发电机组成，其最大发电功率可以达到 1GW 以上，发电效率超过 60%。我国从国外引进的联合循环机组基本为单轴机组，但目前国内已有运行的“二拖一”大型联合循环机组。

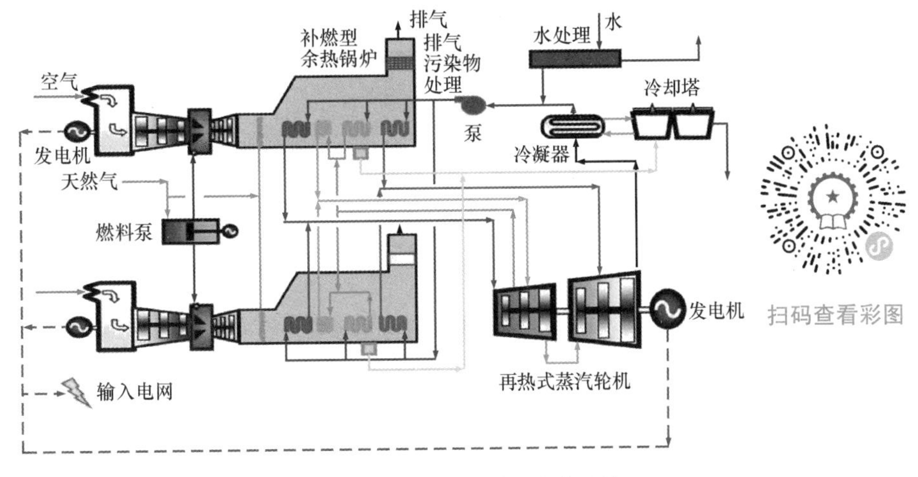

图 7-2　燃气-蒸汽 2×1 配置联合循环发电系统

为了综合利用各种能源并达到减排的目的，基于燃气-蒸汽联合循环发电，还发展出了整体煤气化联合循环（IGCC）、煤气化燃料电池联合循环（IGFC）和太阳能互补联合循环（ISCC）发电系统等。IGCC 结合了煤气化洁净技术和蒸汽-燃气联合循环技术，在 2.8.4 节中已有介绍。此处主要介绍 IGFC 和 ISCC 两种联合循环系统。

煤气化燃料电池联合循环（IGFC）是在 IGCC 的基础上发展而来的煤炭综合利用系统。IGFC 将煤气化时产生的氢气作为燃料电池的燃料，将燃料电池、燃气轮机和汽轮机组合在一起发电。与 IGCC 相比，IGFC 实现了由煤基发电的单纯热力循环发电向电化学和热力循环复合发电的技术跨越，大幅提高了煤电的效率，在高效发电的同时能够实现污染物近零排放和负荷快速响应，被视作未来最有发展前景的近零排放煤气化发电技术。目前 IGFC 还处于验证示范阶段。图 7-3 所示为日本新能源产业技术综合开发机构（NEDO）分三期开展验证的 IGFC 示范工程的系统图。第一阶段（2012—2015）完成吹氧 IGCC 示范系统的设计、建设和实证研究；第二阶段（2016—2018）从发电系统的可用性、可靠性和经济性等方面对增配 CO_2 捕集设备的吹氧 IGCC 进行验证，目标是将 CO_2 捕集率提高至 90%，大幅降低 CO_2 排放量；第三阶段（2019—2025）增加燃料电池联合发电单元，到 2025 年开发配备

CO_2捕集系统的500MW的IGFC系统，净热效率达到55%，CO_2捕集率达到90%。

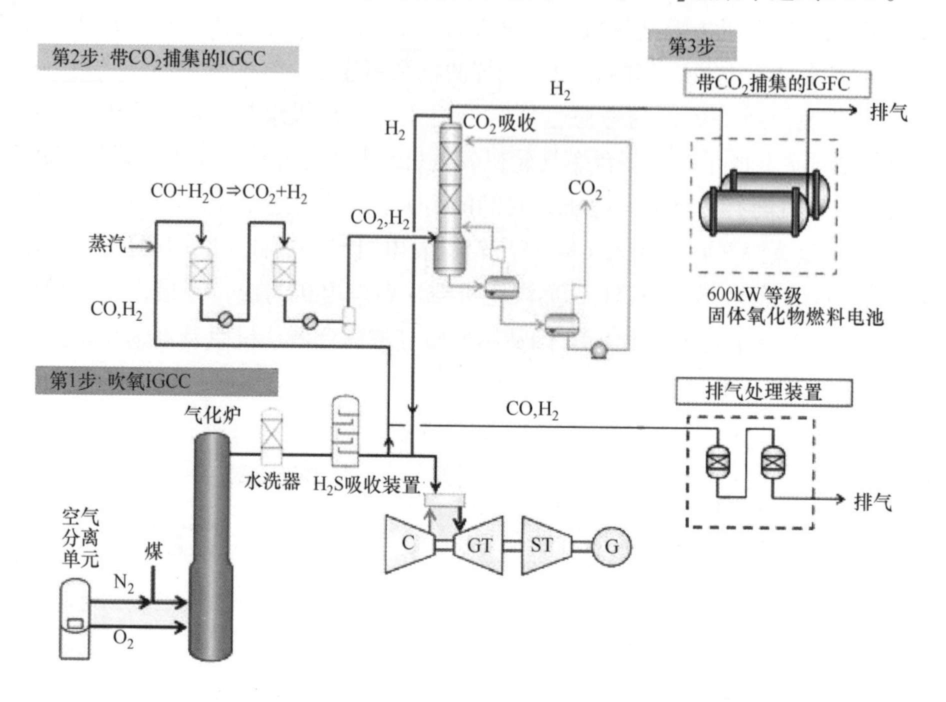

图 7-3 日本煤气化燃料电池联合循环发电验证项目系统概要

太阳能互补联合循环（ISCC）通过将太阳能耦合到联合循环的不同部位，达到节能或者提高功率输出的目的。ISCC是由德国宇航中心（DLR）较早提出的。DLR利用太阳能作为辅助热源提高联合循环中余热锅炉的蒸汽输出参数，从而提高联合循环的发电能力并减少燃料消耗；在无太阳能时，ISCC也能以常规联合循环的方式运行，因此有较高的发电效率。图7-4所示为ISCC发电的系统示意图。从2000年开始，在全球环境基金（GEF）的推荐和资助下，ISCC技术在多个国家得到了推广，目前全球已有多个建成或在建的ISCC电站。伊朗于2005年在Yazd建成并运行的ISCC电站是世界上最早运行的ISCC电站之一，该电站总容量为467MW，其中太阳能净发电量为17MW。我国的太阳能发电应用晚于国外，但利用太阳能可以实现节能减排、促进清洁能源的利用，因此越来越受到国家的重视，ISCC在国内也已开始得到应用。华能集团于2012年在三亚某天然气燃气轮机联合循环电厂中，通过增加1.5MW的菲涅尔式聚光装置，建成了一个ISCC电站。2011年，哈纳斯新能源集团在宁夏高沙窝破土开工建设了我国首座槽式ISCC电站，并已于2013年建成投产，该电站容量为92.5MW。随后，国电集团也于2012年在新疆启动ISCC电站发电项目，该电站装机容量59MW，其中光热发电容量约占20%。

太阳能与联合循环有多种互补形式。除了图7-4所示的太阳能与汽轮机朗肯循环耦合外，20世纪90年代，太阳能与燃气轮机布雷顿循环耦合的方式也被提出，如图7-5所示。在布雷顿循环集成系统中，太阳能首先集中于塔式集热塔加热熔盐，高温熔盐被送至换热器后加热抽取的部分或全部压气机出口的高压空气，被预加热后的高压空气随后进入燃烧室与燃料混合后燃烧。太阳能与布雷顿循环的集成系统通过加热进入燃烧室的压缩空气，达到了减少燃料消耗量的目的。与传统的联合循环或者太阳能-朗肯循环相比，太阳能互补联合循环具有更高的发电热效率和优越的环保性能。

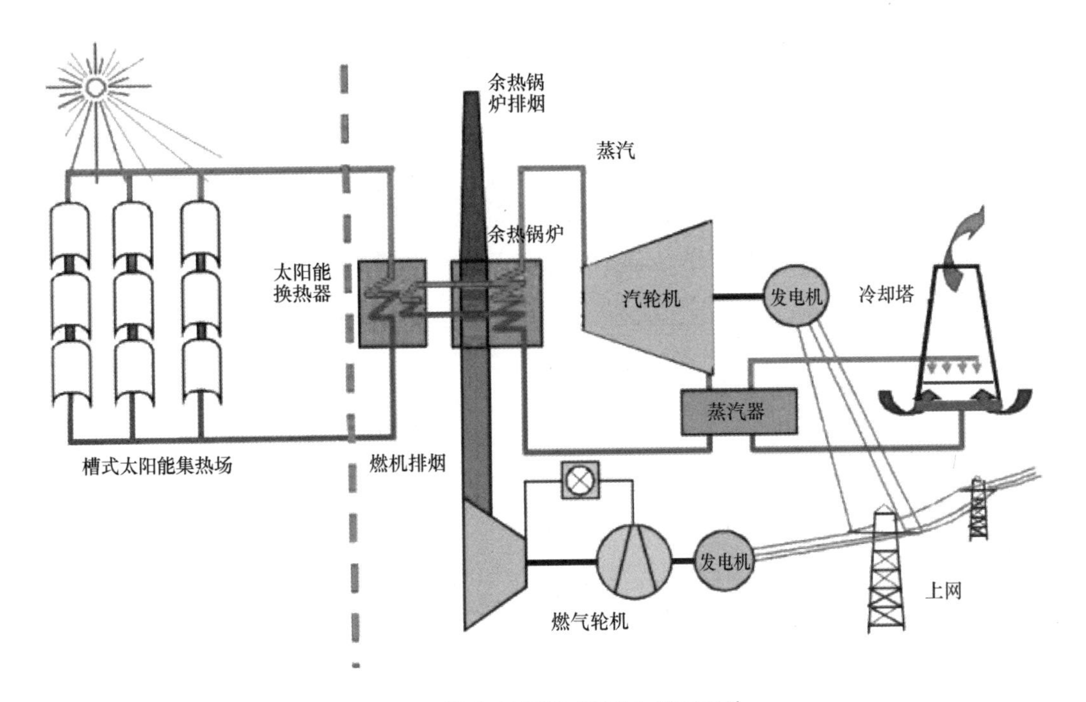

图 7-4 槽式太阳能互补联合循环系统

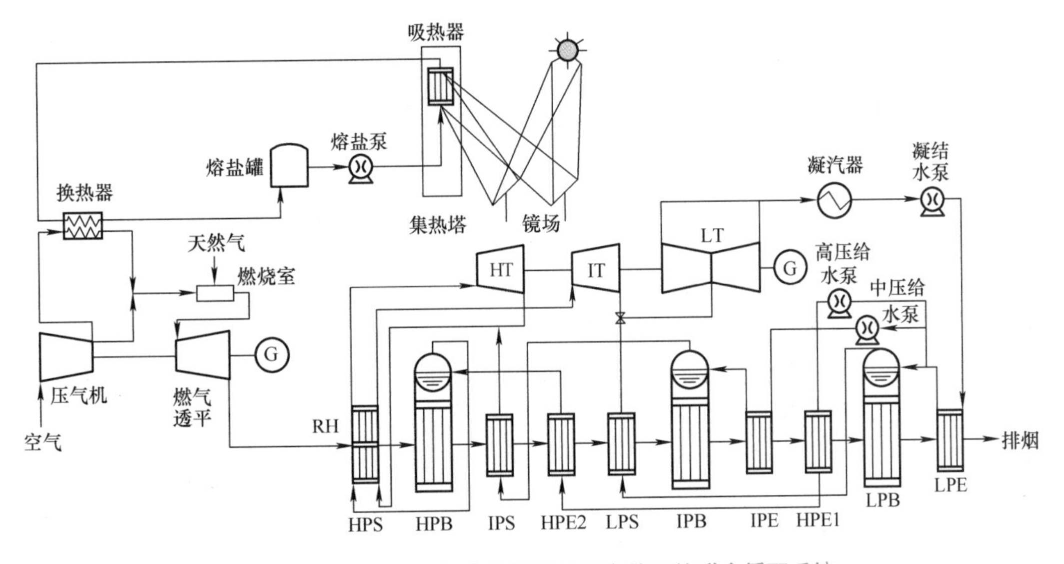

图 7-5 塔式太阳能与布雷顿循环耦合的互补联合循环系统

G—发电机 HT、IT 和 LT—蒸汽轮机高压缸、中压缸和低压缸 RH—再热器 HPS—高压过热器 HPB—高压蒸发器 IPS—中压过热器 HPE2—高压二级省煤器 LPS—低压过热器 IPB—中压蒸发器 IPE—中压省煤器 HPE1—高压一级省煤器 LPB—低压蒸发器 LPE—低压省煤器

7.3 发电与供热等多联产

为了进一步提高能源的综合利用率并减少污染物排放，在传统仅具备发电功能的电厂基础上发展出了发电和供热联供（简称热电联供或热电联产）以及发电、供热和制冷联产（简称冷热电三联产）技术。热电联供（cogeneration 或 combined heat and power，CHP），是指利用动力系统同时产生电力和有用热能的生产方式，因此又称“汽电共生”。冷热电联产（trigeneration 或 combined cooling，heating and power，CCHP）由热电联供技术进一步发展而来，是热电联供技术与制冷技术的结合，又称“三重热电联产”。图 7-6 所示为冷热电三联产系统示意图。

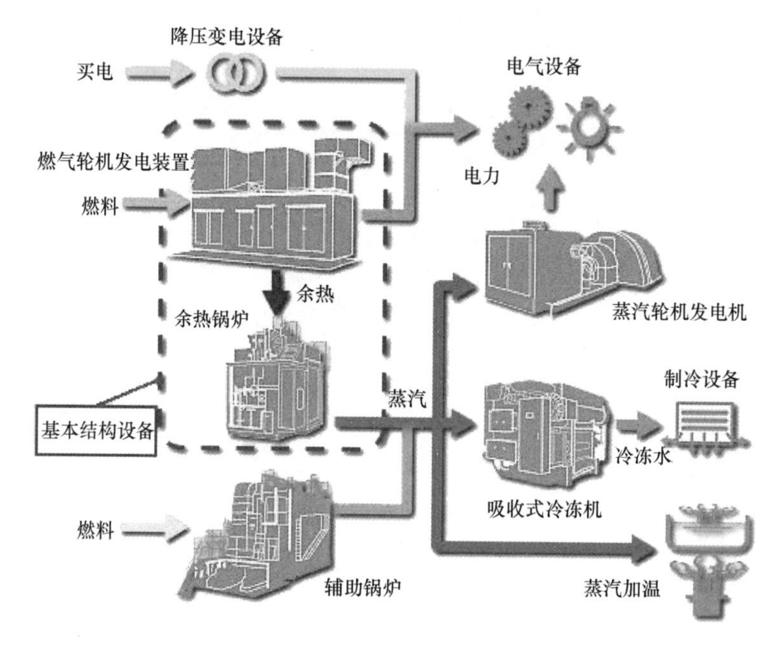

图 7-6　冷热电三联产系统示意图

在单独的电力生产中，燃气轮机排气和汽轮机排汽余热作为废热排放，而在热电联供或冷热电三联产中，这些排气（汽）余热被充分利用，可用于供热和制冷。多联产系统基于能量梯级利用原理，将高品位能量用来发电，而低品位能量用来供热和制冷，提高了能源的利用率，减少了污染物排放，具有良好的经济效益和社会效益，因此多联产技术一直受到国家的重视。在可持续发展战略指导下，为了加强环境保护，提高资源综合利用效率，我国于 2000 年正式颁布了《关于发展热电联产的规定》，随后在国家发改委 2014 年发布的我国首个《节能中长期专项规划》中，将热电联产列为十大节能重点工程之一，《煤电节能减排升级与改造行动计划（2014—2020 年）》中也明确要求，积极发展热电联产。在早期，我国的热电联产基于燃煤电厂，供热式汽轮发电机组的蒸汽既发电又供热。随着燃气轮机联合循环电厂在我国大范围的应用，多联产技术开始广泛应用于燃气轮机电厂。与单纯的发电燃气轮机电厂相比，多联产系统具备发电、供热和制冷等多项功能，涉及设备数量更多，功能也更加复杂。

在大规模的燃气轮机联合循环电厂中，以热电联产为主，主要的应用方式有以下 4 种：

1. 燃气轮机-蒸汽轮机联合循环热电联产

系统工作过程与燃气-蒸汽联合循环电站类似，除了发电以外，热电联产的区别是将推动汽轮机做功后的乏汽用于供热。这种热电联产方式发电比率（即发电量与供热量之比）高，有效能量转换率高，经济效益较好，是目前世界各国最为鼓励的一种热电联产方式。

2. 燃气轮机-余热锅炉直供热电联产

此联产方式只有燃气轮机和余热锅炉，省略了汽轮机发电机组，也将其称为“前置循环”。在该系统中，燃气轮机负责发电，余热锅炉则不再需要产生能够推动汽轮机做功的高品位蒸汽，因此工艺相对简单，投资也较低。同样，为了提高供能的可靠性和对热、电、天然气管网的调节能力，通常采用两套以上的机组，并对余热锅炉采取补燃。与燃气轮机-蒸汽轮机联合循环热电联产相比，燃气轮机-余热锅炉直供热电联产系统中的燃气轮机排气对天然气进行预热，使得补燃余热锅炉中的燃烧更充分，大大提高了余热锅炉的燃烧效率，因此其热效率比燃气轮机-蒸汽轮机联合循环热电联产方式更高，但发电比率低，导致燃气轮机的余热利用率明显降低，因此其经济效益不及燃气轮机-蒸汽轮机联合循环热电联产方式。

3. 煤气-燃气轮机-蒸汽轮机整体化联合循环热电联产

该方式基于 IGCC 联合循环，原煤在煤气化装置中转换为高温煤气和烟气后，首先利用煤气和烟气的降温产生一部分蒸汽；净化脱硫后的煤气供燃气轮机发电，再将燃气轮机余热通过余热锅炉转换为高品位蒸汽，与煤气和烟气降温时产生的蒸汽一起，共同推动汽轮机发电，同时对外供热。

4. 燃气轮机辅助循环热电联产

在传统的燃煤或燃油后置循环热电联产系统中加入小功率燃气轮机，利用燃气轮机驱动给水泵或者发电，同时将高温烟气注入余热锅炉用于改善燃烧，提高锅炉效率，稳定低工况条件下的系统运行状况。

冷热电三联产多见于基于燃气轮机的分布式能源系统中。我国长期以煤为主要能源，自 20 世纪 50 年代开始形成了“大机组、大电厂、大电网”的集中供能格局。相对地，分布式能源系统则分散式地直接面向终端用户、按需就地产能供能，在能源系统中具有很强的调节、控制和保障能力，同时还减少了能源在长距离输运中的损耗。因此，分布式能源系统不仅提高了能量的利用率，还是大规模集中式供能系统的有益补充，与集中式供能系统一起构成了多样的供能格局。分布式能源系统的单机功率小，虽然发电效率比不上大规模电厂，但其主要优势体现在冷热电三联产。

分布式能源系统的冷热电联产方式主要有以下 4 种：

1. 燃气轮机 + 余热锅炉 + 蒸汽型双效溴化锂吸收式冷水机组

燃气轮机带动发电机组发电，并将排出的高品位余热送入余热锅炉，余热锅炉产生的蒸汽一部分用于驱动吸收式冷水机组，在夏季供冷，另一部分蒸汽通过汽-水热交换器供应全年生活热水。在冬季，供暖热负荷不足的部分由热水锅炉来补充。

2. 燃气轮机 + 天然气直燃型溴化锂吸收式冷热水机组

燃气轮机带动发电机组发电，排出的高品位余热大部分进入直燃型溴化锂吸收式冷热水机组（简称“直燃机”）预热其高压发生器的吸收剂溶液，大幅度降低直燃型机组的天然气用量；同时，燃气轮机排出的其他余热，通过气-水热交换器向外界提供生活热水。供应生活热水的热负荷不足时由直燃机提供。

3. 燃气轮机＋天然气直燃型冷热水机组＋电动压缩式热泵

燃气轮机带动发电机组发电，电力主要用于驱动电动压缩式热泵机组，其余部分电力用于动力及照明。燃气轮机排出的余热一部分进入承担夏季供冷和冬季供暖的直燃机，用于吸收剂溶液进入高压发生器之前的预热，减少天然气燃料消耗；另一部分余热进入余热锅炉产生高压蒸汽，高压蒸汽经汽-水热交换器后供应生活热水。

4. 燃气轮机＋燃气轮机驱动离心式冷水机＋蒸汽型溴化锂吸收式冷水机

这是一种燃气轮机双机并联的动力系统，一台燃气轮机发电，承担主电力负荷，另一台燃气轮机驱动离心式冷水机供冷。两台燃气轮机排出的余热均进入余热锅炉产生高温蒸汽，一部分蒸汽用于驱动蒸汽型双效溴化锂吸收式冷水机供冷，另一部分蒸汽用于供暖或者经汽-水热交换器后供应生活热水。

冷热电联产的分布式能源系统虽然具有较高的能源利用率，但其推广应用也还存在一些问题。分布式能源系统初期投资成本大，对燃料的品质要求高，同时要求冷、热、电的需求要比较稳定。然而，在过渡季节（比如春、秋季节），冷热负荷需求显著减少，分布式能源系统利用不充分，机组将处于低效的运行状态。此外，分布式能源系统燃用的是高品质天然气，所以天然气价格是影响分布式能源系统应用的一个重要因素。目前，我国分布式能源系统的发电量所占比例还十分小，未来在相当长一段时间内也难以成为主要的供电和供热形式，但随着城镇化的推进以及社会发展朝着节约型和环境友好型方向迈进，分布式能源系统在经济发达的沿海城市和天然气供应充足的内陆大城市群将会得到很好的应用与发展。

7.4 油/气输送管道增压

石油和天然气采用管道输送是最经济的一种输送方式，因而管道输送在油/气输运中得到了广泛的应用，也是当前最重要的油/气输运方式。一方面，为了克服管道内的流动阻力，就必须有增压站给输送管道增压，使管道能够连续不断地输送油气。在长距离的油/气输送管道中，需布置多个增压站来提供输运动力。例如我国的“西气东输”工程，一线管线全长约4200km，每隔200～300km就需要一个燃气轮机增压站。另一方面，管道的输气能力和经济性与输运压力密切相关。输运压力高，气体密度大，在相同流量下，流动速度降低，压力损失更少，或者在相同流速下，输运流量更高。虽然加大输送管道的管径同样也可以增大输运量，但管道的建设成本也提高了，因此通过增大管径来增大输运量并不经济。

在天然气输送管道的增压站中，中小型增压站常用电动机、天然气发动机、柴油机或燃气轮机作为增压动力驱动离心式压气机为输送管道增压。当所需功率较大时以燃气轮机最为合适，尤其是功率大于6MW时，采用燃气轮机最为经济。图7-7所示为美国索拉透平公司的燃气轮机-离心压气机组成的成套气体增压机组。国内中船集团703研究所自主研发的30MW等级燃气轮机-压缩机组，目前已在西部管道和西气东输中投入应用，相关技术指标达到国际先进水平。由于燃气轮机的自身优势，目前以燃气轮机为动力的增压站在天然气管道输送中占有绝对优势。

与天然气输送管道不同，石油输送管道采用离心泵将石油增压后输送，且多采用电动机来驱动。但是在边远和荒芜的无人区以及大容量的输油管道中，采用燃气轮机则更为合适。

图 7-7　美国索拉透平公司的气体增压机组

对于天然气输送管道，燃气轮机可以直接燃用天然气。然而，对于石油输送管道，燃气轮机所需的燃料来源成了一个不可忽视的重要问题。石油管道中输送的一般是原油，燃气轮机无法直接燃用。燃气轮机若燃用原油必须经过专门的处理，除去原油中所含的盐分并添加适当的添加剂。为此，通常采用两种方式解决石油输送管道增压站中燃气轮机的燃料问题：一是在增压站为燃气轮机安装专门的原油蒸馏装置，从原油中分离出燃气轮机可以直接燃用的燃料，余下的重油回注到输油管道中与原油混合后一起输送；二是为燃气轮机铺设专门的管道来供应燃料。当采用第二种方式时，为了节省燃气轮机铺设燃料供应管道的建设成本，应考虑将燃气轮机燃料供应管道与其他石油化工原料的输送共享。比如，阿美石油公司在沙特阿拉伯建设的一条横贯该国东西方向名为 PetroLine 的石油管道，全长1202km，管径 48in（1in = 25.4mm），年输油量约 2 亿 t，采用航改型燃气轮机作为泵站动力，为了给沿途的 13 座泵站燃气轮机提供燃料，铺设了一条与石油管道平行的天然气凝析油管道，该天然气凝析油管道在为泵站燃气轮机供应燃料的同时也将凝析油输送至终点的三座大型石化厂作为原料和燃料，实现了一举两得。自从燃气轮机在输油管道中首次应用以来，虽然其应用不断增加，但总体上仍不如燃气轮机在天然气管道中的应用那样较其他动力设备占有绝对优势，仅在大容量石油管道中占有优势。

在天然气输送管道增压站中，离心式压气机因具有效率高、容量大、可由燃气轮机直接驱动等优点而被广泛应用。特别是航改型燃气轮机与离心式压气机组成的燃压机组具有很高的效率，非常适合天然气管道的输送增压，因而被大量采用。在燃压机组设计选型时，燃气轮机与离心式压气机的性能匹配是必须要考虑的重要因素。天然气输送管道的输气量通常随着用户使用量的大小发生变化。为了适应输气量的变化，调节燃压机组的转速是最经济的调节方式，因此天然气增压站中的燃气轮机采用分轴和三轴燃气轮机较为适宜。与燃气轮机中的压气机一样，燃压机组中的离心式增压压气机也不允许发生喘振。但是由于天然气属于易燃易爆气体，不允许直接排向空气，因此燃压机组中的增压压气机不能采取放气的方法来防止喘振。通常采用的方法是在压气机的进出口之间连接一根回流管，回流管上安装有回流阀，当压气机发生喘振时，通过燃压机组的自动控制系统打开回流阀，部分天然气从压气机出口回流至进口，增加进口流量并降低排气压力，使增压压气机脱离喘振工况。此外，为了防止天然气泄漏，增压压气机轴端必须有可靠的密封。常见的密封方式为浮环密封和接触式的机械密封，但其工作时都需要密封油，因此需要密封油系统，一般可从润滑油系统中分出一个支路经密封泵增压后送入到增压压气机轴端。

为了节约能源，余热锅炉型的燃气轮机也曾应用于天然气管道增压中，它采用分轴式设计，增压压气机由动力透平和汽轮机共同驱动。然而，天然气管道大多途径荒芜的无人区，水资源紧缺成了余热锅炉型联合循环燃气轮机在天然气管道增压应用中的最大障碍。因此，在很长的一段时间内，天然气管道中的燃气轮机余热都是没有进行余热回收的，截至目前，这种局面也没有得到明显扭转。近年来，GE 公司推出了 Oregen™ 余热发电技术，该系统的设计基于一种过热有机朗肯循环，可回收燃气轮机排出的余热，将其转化成为电力，同时又不产生任何额外的燃料及水消耗。图 7-8 所示为 Oregen™余热发电技术的示意图，该项技术已于 2015 年在我国西气东输管道甘肃红柳站开始应用。据估算，如果对 4200km 的西气东输全线进行余热回收，预计回收余热一年可发电 640MW。然而，这项技术的推广与应用还面临着一些障碍，其中最主要的障碍是西气东输余热发电的电价享受的是火力发电厂的标杆电价，没有像风电和光伏发电一样得到电价补贴，而西部的电价又非常低。

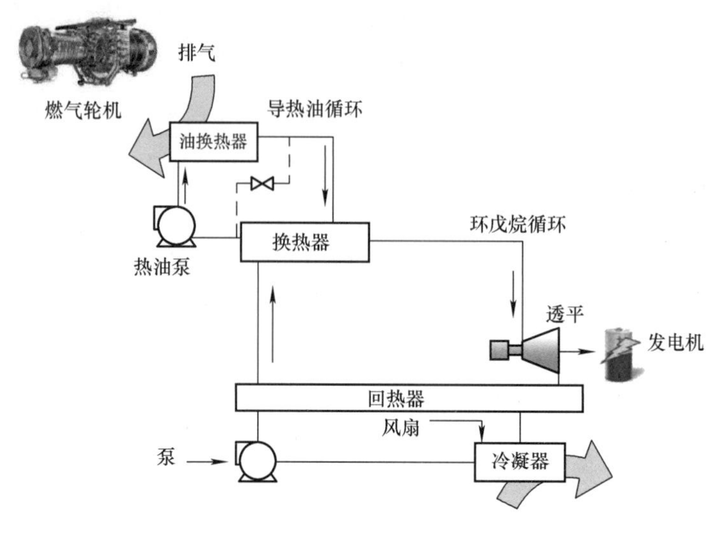

图 7-8　GE 公司 Oregen™余热发电技术示意图

7.5　石油、化工及冶金工业

燃气轮机在石油、化工及冶金工业领域的应用占到了整个工业驱动燃气轮机市场份额的一半以上。在石油工业中，与其他动力相比，燃气轮机除了自身具有的显著优点外，还可以就地获取燃料，因此在石油工业领域应用广泛。除了 7.4 节所介绍的用于油/气输送管道增压外，在石油工业中，燃气轮机还用于供热发电、油气分离与加工、注气和气举采油、油田注水、稠油热采、油井压裂、天然气存储与液化以及海洋油田开采等。由此可见，在石油工业的主要工艺流程中都可能会使用到燃气轮机。燃气轮机在油/气工业中的供热发电方式与 7.3 节所述类似，不再赘述。这里主要介绍燃气轮机在石油开采过程中的应用。

在油井开采过程中，高温高压下的天然气溶于原油，因此开采出来的多是石油和天然气的混合物，将油和气分离后再进行输送是非常重要的一步。油气分离通常采用图 7-9 所示的多级分离器进行分离，其基本过程是油气混合物经减压阀后进入分离器，当压力降低至某一值时，气体从原油中析出，此时将气体排出，原油则送入下一级分离器继续降压，多次重复，直至系统压力降至常压。每排出一次气体，称为一级，排几次气体，被称为几级分离。图 7-9 所示即为高压油气的三级分离系统。经逐级减压分离出的油呈低压状态输出，而分离出的天然气则经过逐级压缩并冷却后送入输送管道。在中等规模的油气分离系统中，用于天然气逐级压缩的压缩机组功率在 15～25MW，此时采用对应功率等级的燃气轮机来驱动压缩机最合适，因此燃气轮机在油气分离中应用非常广泛。

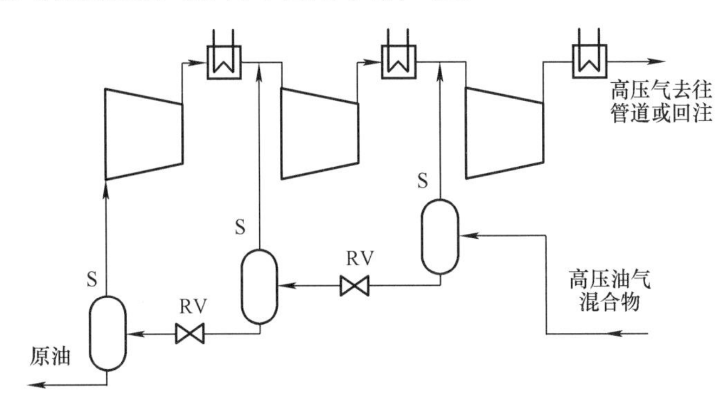

图 7-9 油气分离系统图

S—分离器 RV—减压阀

原油分离以后，其中还含有易挥发轻组分气体，需要对其进行稳定处理。稳定处理的目的是回收原油中易挥发的乙烷、丙烷和丁烷等轻组分加以利用，降低原油的挥发作用，有效减少原油储存和输运过程中的蒸发损失。与油气分离不同，为了便于回收原油中的轻组分，不仅要减压，还要对原油加热以有利于轻组分气体从原油中挥发出来，然后再将原油中析出的轻组分气体压缩分馏。此时，采用燃气轮机作为驱动压缩机的动力装置，可以直接用燃气轮机的高温排气加热原油，实现燃气轮机的热功联产，节约能源和建设成本。图 7-10 所示为某原油处理厂的原油稳定处理装置系统图。燃气轮机排气进入换热器加热原油，被加热的原油首先经过减压后进入分离罐内析出气体，从分离罐排出的原油再经过下一级减压阀后进入沉淀罐进一步析出气体。从分离罐和沉淀罐析出的气体各经一台燃压机组压缩后汇入分馏系统，将乙烷等分离出来。从该原油处理厂的处理装置系统中可以看到，两台燃气轮机均采用分轴式机组。

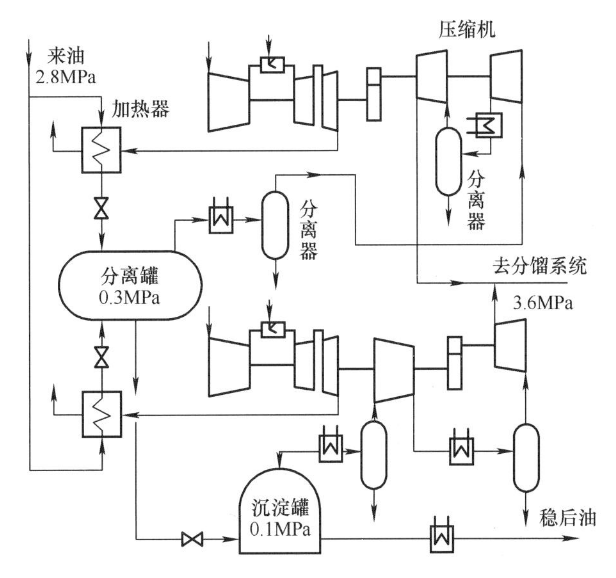

图 7-10 原油稳定处理装置系统图

注气、气举采油和油田注水等油气开采过程同样离不开燃气轮机，其应用形式主要是燃压机组。在油气田的开采过程中，为了保持油气田的压力，保证原油的稳产和高产，通常会将开采出来的天然气回注到油气田中。然而，欲将天然气回注至油气田，其压力一般需要10MPa 以上，最高时可能超过 60MPa，并且注气量一般还很大，因此压气机的功率要求很大，多数时候需要数十 MW，有时甚至超过 100MW，此时使用燃气轮机最为合适。与注气类似，气举采油所需动力来源也是燃气轮机。它是将油田中分离出来的伴生气增压后，从油井套管周围注入油层，从而提升油井内的原油，提高原油产量。油田注水及油井压裂与天然气回注和气举采油类似，也是采用燃气轮机驱动高压泵将水注入油井，通过提升油层压力并压裂油层来增强油的渗透能力，从而提高原油产量。

在稠油热采方面，早期采用工业锅炉产生高温蒸汽注入油层，从而提高油层温度，降低稠油黏度。由于稠油采集所需注汽量一般很大，采油成本明显增高。利用7.3节中所述的燃气轮机热电联供则可以较好地降低采油的能耗和成本。为了便于调节稠油热采中的注汽量，热电联供中的余热锅炉可以采用补燃型锅炉。在燃气轮机排气热量不足时，通过补燃型锅炉来调节热量的需求。热电联供系统在稠油热采中的应用始于20世纪80年代，由于其节能效果明显、经济性好，得到了快速发展。

综上所述，燃气轮机在石油工业领域的应用十分广泛，涉及诸多开采和油气处理过程，但就其负载类型来看，主要是驱动发电机为地处偏远的油井提供电能以及驱动压缩机和泵为采油气的各环节提供高压动力。当燃气轮机驱动发电机时，采用单轴燃气轮机最为合适；当驱动压缩机和泵时，采用分轴燃气轮机更佳。

基于燃气轮机联产系统的节能效果，燃气轮机在化工行业的应用同样受到了重视。在化工厂，压缩机、泵及蒸汽系统一般是不可或缺的，因此采用基于余热锅炉的燃气轮机热功联供系统更加经济。在化工厂使用燃气轮机的另一个好处是，化工厂通常会产生大量高热值的可燃气副产品，这些可燃气体正好是燃气轮机的理想燃料。以炼油厂为例，燃气轮机燃用炼油产生的可燃气体发电，以满足工厂的电力需求，同时用余热锅炉回收燃气轮机排气余热产生蒸汽，以满足工厂的供热需求。

自燃气轮机走向工业实用后，其在20世纪40年代末就开始在冶金行业中应用，尤其是联合循环的出现，促使燃气轮机在冶金行业得到快速推广。比如在钢铁工业中，由于电能消耗巨大，通常钢铁厂通过自建热电厂来满足对电能的消耗。钢铁厂自建热电厂一般采用燃气轮机与蒸汽轮机联合循环，燃气轮机燃用冶炼过程产生的可燃副产品气体（高炉煤气、焦炉煤气、转炉煤气或炉顶煤气等），这些可燃煤气通过煤气压缩机增压后送入燃气轮机燃烧室。在钢铁厂中，燃气轮机与蒸汽轮机多采用单轴布置，共同驱动发电机和煤气压缩机。除了发电以外，燃气轮机-蒸汽轮机联合循环装置还可为钢铁厂供热。

燃气轮机在工业生产中的应用远不止上述领域。在制药、矿井、垃圾掩埋、污水处理等领域也都有应用，既可用作发电，又可用于热电联产及多联供系统，实现资源的高效利用及节能减排。

7.6 军用车辆驱动

燃气轮机在地面车辆驱动方面可用于机车、汽车和军用车辆。1941年，瑞士BBC公司研制了世界上第一辆以燃气轮机为动力的机车，采用回热循环单轴燃气轮机，功率为1641kW，后来BBC又试制了一台1865kW的机车燃气轮机，但因效率较低，BBC停止了燃气轮机机车的发展。在20世纪50年代至80年代之间，美国、苏联和法国也先后发展过以燃气轮机作为动力的机车，虽然燃气轮机可以为机车提供更好的加速性能和更高的车速，并且体积和重量均比传统的活塞式内燃机更小，进而可以为机车提供更多载货载客空间，然而由于燃料经济性的问题，再加上机车朝着电气化方向快速发展，燃气轮机先后在这些国家的机车动力应用中被淘汰。

在汽车燃气轮机动力方面，英国 Rover 公司于 1950 年研制成功世界上第一辆燃气轮机驱动的汽车（JETI），该燃气轮机采用简单循环、分轴式，功率为 150kW，燃油消耗率为 18.52L/100km。随后，其他国家也纷纷跟进，开始汽车燃气轮机的研制，取得了很大的进展，先后发展出功率在 20kW～1.3MW 之间的数十种汽车燃气轮机，用于小汽车、重型汽车、军用装甲车和坦克等。虽然燃气轮机在动力性能方面优于传统的汽油机和柴油机，但是由于燃气轮机部分载荷性能较差以及燃气轮机自身成本较高等问题，燃气轮机在民用车辆中的应用还处于研发阶段。目前汽车的动力依旧以汽油机和柴油机居多，但随着世界各国针对汽车排放限制越来越严格，电动汽车的市场份额增长迅速。由于动力电池容量的原因，纯电动汽车的性能和里程受到了很大的限制，相比较而言，混合动力电动汽车占有一定的优势。为此，劳斯莱斯公司推出了两种基于燃气轮机-发电机的混合动力驱动系统。一种是全部由动力电池驱动电动机作为汽车动力：在电池电量较足时，与纯电动汽车一样；当电池电量不足时，由燃气轮机驱动发电机为电池充电。另一种是以动力电池和燃气轮机-发电机为动力，均可驱动电动机。

与民用车辆追求经济性不同，动力性能是军用车辆首要考虑的，因此燃气轮机在坦克中得到了应用，比如美国的 M1、M1A1 和 M1A2 坦克，俄罗斯的 T80 和 T80U 坦克都采用了燃气轮机作为动力。美国 M1 坦克是世界上首辆采用燃气轮机作为动力的坦克，其动力是由美国 Textron Lycoming 公司于 20 世纪 60 年代研制的 1120kW 的 AGT1500 燃气轮机。M1 坦克选用 AGT1500 作为动力之前，开展过大量试验。其中，与同功率柴油机的对比试验发现，采用 AGT1500 燃气轮机的坦克加速性能更好、噪声更低、大修期更长、燃料适用性也更强，尤其是加速性能非常突出，即使在 -50℃ 的低温环境中，燃气轮机也不需要预热即可起动加速至额定工况。虽然燃气轮机的效率低于柴油机，但是柴油机摩擦副多、传动系统复杂，加上缸体冷却的需要，消耗在冷却风扇上的功率很多，这在一定程度上影响了其对燃气轮机的效率优势。表 7-2 给出了 AGT1500 坦克燃气轮机与豹Ⅱ坦克动力 MB873Ka501 涡轮增压中冷柴油机单机性能的对比，除了燃油消耗率比柴油机高之外，其他各项性能参数均优于柴油机，尤其是功率密度和动力性能。

表 7-2　坦克用燃气轮机与涡轮增压中冷柴油机单机性能对比

参数	AGT1500（M1 系列坦克）	MB873Ka501（豹Ⅱ坦克）
转矩储备系数	1.5～1.7	1.16
最佳燃油消耗率/[g/(kW·h)]	275	245
机油消耗率/[g/(kW·h)]	0.27	2.7
体积/m^3	1.165	1.7
质量/kg	1194	2590
单位体积功率/(kW/m^3)	946	648
单位质量功率/(kW/kg)	0.92	0.42
多燃料性	具备	不具备
大修期/h	1200～1500	500～700
空气流量/(kg/s)	9.61	20
冷却系统消耗功率/kW	约 22	约 164

车用燃气轮机的功率并不大，空气流量较小，功率在数百 kW 级的燃气轮机采用离心式压气机，功率在 MW 级的燃气轮机则采用轴流加离心的复合式压气机。在燃烧室方面，车用燃气轮机对污染排放要求较高，因此低污染燃烧室是车用燃气轮机研发必须考虑的。此外，为了结构紧凑，车用燃气轮机采用单管回流式燃烧室的情况较多。在多数情况下，车用燃气轮机采用轴流式透平。由于车辆中动力装置广泛通过变速器来驱动车辆，因此采用分轴燃气轮机最合适。对车用燃气轮机，采用回热循环分轴燃气轮机和可调喷嘴动力透平能够提高部分负荷下的效率，降低油耗率，改善动力输出的转矩性能，同时还可以缩短动力装置的加速时间。近年来，基于燃气轮机的混合动力引起了研究者的关注，如上文提到的英国劳斯莱斯公司提出的燃气轮机-发电机混合动力系统。在使用燃气轮机的混合动力中，燃气轮机采用单轴单级向心式透平，透平与压气机被设计成背靠背的结构，使得动力装置的结构更加紧凑。

除了分轴车用燃气轮机外，在动力功率要求较大的坦克上还采用 3/L 型的三轴燃气轮机。M1 主战坦克上使用的 AGT1500 燃气轮机就属于此类，如图 7-11 所示。该燃气轮机是回热式 3/L 型燃气轮机，压气机由 5 级轴流式低压（进口导叶可调）、4 级轴流式高压和 1 级离心式压气机组成，压比为 14.5；燃烧室为单管回流式；高压透平、低压透平和动力透平均为轴流式，其中动力透平为 2 级，第一级喷嘴可调，透平进口燃气温度为 1193℃，因此高压透平静叶和动叶均采用了冷却技术。

俄罗斯的 T80U 坦克同样采用了 3/L 型的 GTD-1250 燃气轮机作为动力，如图 7-12 所示。GTD-1250 燃气轮机采用简单循环，功率为 920kW，低压和高压压气机均为单级离心式压气机，压比为 10.5；高压、低压及动力透平均为单级轴流式透平，动力透平采用可调喷嘴设计。与 AGT1500 相比，GTD-1250 没有采用回热循环，动力装置的效率偏低，油耗更大。无论是 AGT1500 还是 GTD-1250，动力透平的转速都不低于 20000r/min，均需经过变速齿轮箱减速至 3000r/min 后输出。

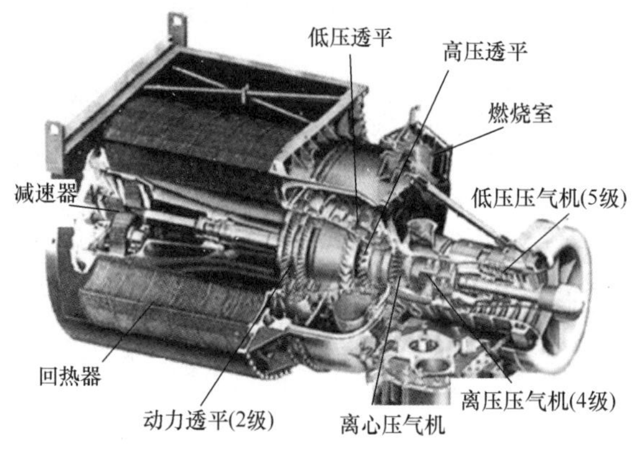

图 7-11　M1 坦克用 AGT1500 燃气轮机

图 7-12　T80U 坦克用 GTD-1250 燃气轮机

坦克的作战任务复杂，采用燃气轮机的油耗要比柴油机大，燃气轮机对使用环境的要求也更高，燃气轮机自身的造价也比柴油机高，因此作为坦克动力，二者各有优缺点。时至今日，在全球范围内针对坦克采用燃气轮机还是柴油机综合性能更好的争论也一直没有停过。当前，随着更多先进技术在柴油机上的应用，新型涡轮增压柴油机（比如德国 MTU 生产的欧洲动力之星 MT883 和 MT890 系列）的功率密度大幅度提高，性能十分出色，在坦克上的应用较燃气轮机已取得了一定的优势。因此，美国军方在其号称世界最强的坦克 M1A2SEP（由 M1A2 坦克升级而来）上已不再采用燃气轮机，而是采用燃气涡轮增压柴油机。虽然柴油机是目前大多数国家主战坦克动力的首选，但是从未来技术的进步空间来看，燃气轮机的发展空间比柴油机大，因此很多军事强国并未放弃对更加先进的坦克用燃气轮机的研发。

为了进一步提高车用燃气轮机的综合性能，采用燃气轮机作为汽车动力还需在以下几方面继续开展研发并取得突破：①发展高效紧凑回热器，用于回热循环，以提高燃气轮机效率；②由于车用燃气轮机透平尺寸非常小，难以采用冷却叶片，发展车用陶瓷燃气轮机叶片，提高透平进口燃气温度是一种可行的技术路线；③发展燃气轮机-蓄电池混合动力，以实现在电传动的燃气轮机功率富余时向蓄电池中蓄能，功率不足时由蓄电池补充的目的，这样可以使得燃气轮机尽可能工作在额定功率下，以保证燃气轮机的高效率和低油耗。

7.7　航空航天推进

早期的航空先驱曾试图采用蒸汽轮机作为飞机的动力，但因效率过低而失败。随着内燃机的发明与应用，自 1903 年世界上第一架活塞式发动机飞机由莱特兄弟试飞成功开始到第二次世界大战结束，飞机发动机迎来了“活塞时代”。在此期间，战斗机、轰炸机以及侦察机的飞行动力都是由活塞式发动机通过驱动螺旋桨提供的。然而，随着人们对飞行速度的要求不断提高，活塞式发动机功率的提高导致其重量大幅度增大，同时螺旋桨的推进效率也急剧下降，为此燃气涡轮喷气式航空发动机作为一种新型飞机动力装置应运而生。飞机也开启了“喷气时代”，燃气涡轮喷气式航空发动机技术的发展及其应用进入了高速发展期。目前在大飞机领域，活塞航空发动机已被淘汰，取而代之的是燃气涡轮航空发动机。

燃气涡轮航空发动机本质上属于燃气轮机的一种，因此二者的工作原理基本相同，甚至有些典型的先进燃气轮机是由航空发动机去掉前端的风扇衍生而来的，例如：GE 公司的 LM2500 和 LM6000 燃气轮机是由 TF39 涡轮风扇发动机改型而来，英国罗·罗公司的 MT30 燃气轮机是由 Trent 800 涡轮风扇发动机改型而来。由航空发动机经改型衍生得到的燃气轮机，通常被称为航改型燃气轮机。虽然燃气轮机与航空发动机的工作原理类似，但由于二者的应用领域不同，在产品结构、设计技术和性能指标等方面又存在明显区别。从图 7-13 中的涡轮风扇航空发动机的剖视图可以看到，二者都包括压气机、燃烧室和透平/涡轮等主要部件，但结构和布置形式存在明显差异。表 7-3 列出了燃气轮机和航空发动机的主要区别与技术性能要求。需要说明的是，在不同的应用领域，燃气轮机还会有不同的技术指标要求。

图 7-13　涡轮风扇航空发动机剖视图
（来源：罗·罗公司）

表 7-3 燃气轮机和航空发动机的对比

项目	燃气轮机	航空发动机
应用领域	电厂发电、工业驱动、舰船动力、特种军用车辆等	军/民用飞机、巡航导弹等
主要性能指标	效率、功率、比功、寿命、排放	推重比、耗油率、安全性、污染物排放
动力输出	旋转轴输出的转矩	由高速燃气喷出产生的反作用力提供推力
总体设计目标	高效率、高功率密度、低成本、高可靠性以及长寿命；对于电厂燃气轮机，要求燃气轮机与蒸汽轮机形成联合循环，并可采用间冷、回热以及再热等复杂热力循环，以提高循环热效率和功率	高热力循环参数、大推力、高可靠性和安全性，对航空发动机的重量和体积有较为严格的要求；对于军用发动机，还要求发动机能够具备矢量推进、隐身性以及高机动性；此外，还需考虑发动机的防冰冻、鸟撞以及雷击等问题
压气机	与航空发动机相比，转速更低，在保证高效率和高稳定性的同时，尽量提高压气机的服役寿命，降低生产和制造成本	通常分为低压和高压两部分，低压压气机转速低于高压压气机；在保证高效率和高稳定性的前提下，尽量降低自身重量并减小迎风面积，并需满足非常宽的飞行包络线，而生产制造成本是次要因素
燃烧室	燃烧室尺寸较长，结构多为管-环结合的干式低排放燃烧室，追求燃料的灵活性，通过掺氢或者纯氢燃烧，实现零排放是燃气轮机燃烧室未来的发展趋势	追求短环型燃烧室技术、高温升高热容燃烧室设计技术以及高空再点火和高空稳定燃烧技术；对民用航空发动机还要求高效低排放
燃料	燃料灵活，能以燃油、天然气、合成气、氢气、氨气等为燃料	以航空煤油为主，在经济性和安全性的前提下，未来可以液氢为燃料
透平/涡轮	与航空发动机相比，燃气轮机透平转速更低，进口温度较低，透平叶片截面积更大，叶片更长，动叶可采用叶冠设计，以减少叶顶间隙泄漏流损失；叶片冷却技术追求既可用空气冷却也可用蒸汽冷却甚至是水雾相变冷却；多级透平设计追求高通流、高气动效率和长寿命	涡轮进口温度更高，涡轮叶片截面积更小，叶片更短，叶片冷却采用空气冷却，更加追求新型高效冷却结构设计，与压气机相对应，涡轮分为高压涡轮和低压涡轮，气热设计追求高负荷、高效率、非定常气热耦合以及气热固耦合设计
结构完整性	大多数应用场合的工作任务单一，转速相对较低，一般采用单轴结构设计或者搭配自由（动力）透平，载荷谱简单，需要考虑蠕变、低周疲劳等问题，重点关注稳定性、长寿命和低成本设计	一般采用双转子居多；载荷谱复杂，导致转子动力学特性复杂，追求可靠性多变负荷结构设计，结构更加紧凑，零部件使用的材料更好

燃气涡轮航空发动机根据结构的差异性和应用对象的不同，又可分为涡轮喷气发动机（涡喷发动机）、涡轮风扇发动机（涡扇发动机）、涡轮螺旋桨发动机（涡桨发动机）和涡轮轴发动机（涡轴发动机）等几大类型，如图 7-14 所示。

1. 涡喷发动机

燃气涡轮仅驱动压气机，由涡轮排出的燃气在尾喷管中膨胀后高速喷出直接产生推力的发动机称为涡喷发动机，如图 7-15 所示。涡喷发动机的迎风面积小，雷达反射面积小，可

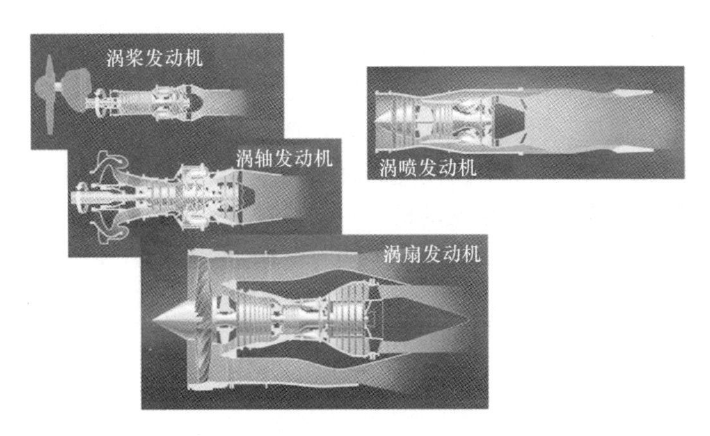

图 7-14　四种燃气涡轮航空发动机的结构

以较容易地实现超声速飞行，比如米格 25 战斗机采用涡喷发动机可以达到 3 倍声速，因此在高空高速拦截军机上装备涡喷发动机具有一定的优势。但是，涡喷发动机尾喷管排出的燃气仍具有很高的温度和速度，大量的能量被直接浪费掉，因此涡喷发动机的致命弱点是油耗高，经济性差，尤其是在使用加力燃烧室时，虽然发动机的推力大幅提高，但是能量损失更大，经济性更差。因此，从 20 世纪 60 年代开始，涡喷发动机逐渐被性能更好的涡扇发动机所取代。

图 7-15　我国自行设计研制的“昆仑”涡喷发动机

2. 涡扇发动机

燃气涡轮分为高压涡轮和低压涡轮，高压涡轮驱动高压压气机，低压涡轮驱动低压压气机和风扇（实际上也是压气机，只是叶片直径比压气机叶片大很多），燃气经过燃气涡轮后在尾喷管中膨胀并以一定速度喷出，这种发动机称为涡扇发动机，如图 7-13 所示。在涡扇发动机中，空气经过前端风扇后分为两部分，一部分流入压气机，经过燃烧室和涡轮，由尾喷管排出，这一部分气流称为内涵气流，其通流部分称为内涵道；而另外一部分流过围绕内涵道的外部通道，称为外涵道。内涵和外涵气流既可以分别排出，也可以在排气系统内混合后排出。外涵道和内涵道的空气质量流量之比称为涵道比。涵道比在 2 ~ 3 或更低的为小涵道比涡扇发动机，在 4 ~ 5 及以上的为大涵道比涡扇发动机。涡扇发动机的推力由内外涵道两部分气流产生，在小涵道比发动机中，外涵道产生的推力比例较低，而在高涵道比发动机中，推力则主要由外涵道产生。通常情况下，增大涵道比可以提高发动机的推力，并降低燃油消耗率，但是涵道比越大，发动机的迎风面积增大，阻力也越大，因此大涵道比涡扇发动机在亚声速飞行时具有较好的经济性，常应用于客机和运输机。小涵道比涡扇发动机通常在涡轮之后加装加力燃烧室，通过向加力燃烧室喷油燃烧后提高产生推力的气流温度，进而产生更大的推力，但是耗油率会更大，因此加装加力燃烧室的小涵道比涡扇发动机通常用于超声速飞行，例如超声速战斗机。涡喷发动机可以看作是涵道比为零的涡扇发动机。

3. 涡桨发动机

在燃气涡轮发动机中，由驱动压气机的涡轮出来的燃气，先流经通过减速器驱动螺旋桨的涡轮，再流入尾喷管喷出，这种发动机被称为涡桨发动机，如图7-16所示。当飞机飞行速度较低时，一方面涡喷和涡扇发动机的推进效率变得比较低，油耗增大；另一方面，活塞式航空发动机虽然适合低速飞行，但是活塞发动机产生的功率小，且随着飞行高度的增加，功率快速下降，所以涡桨发动机应用于中速飞行时，综合了涡喷发动机和活塞发动机的优点，又克服了二者的一些不足。涡桨发动机的主要特点为：比活塞发动机结构简单，功重比大，具有活塞式发动机省油的特点，在燃用煤油时，比活塞发动机还要经济，然而飞行速度慢、飞行高度低（5km以下）是涡桨发动机的主要缺点。我国自行设计研制的用于灭火、水上救援的“鲲龙-600”（AG600）是世界最大的水陆两栖飞机，采用的就是4台WJ6涡桨发动机，如图7-17所示。

图7-16　GE H80涡桨发动机

图7-17　我国自行设计研制的世界最大的水陆两栖飞机“鲲龙-600”（AG600）

4. 涡轴发动机

与涡桨发动机类似，这种发动机由涡轮驱动的减速器的输出轴以较高的转速（约8000r/min）与直升机旋翼的主减速器相连，被称为涡轴发动机，如图7-18所示。自20世纪50年代中期，涡轴发动机开始取代活塞发动机应用于驱动直升机旋翼而产生升力和推进以来，涡轴发动机因重量轻、体积小、功率大、振动小、易于起动以及便于维修和操纵等一系列优点，得到了迅速发展，到了20世纪60年代以后，新研制的直升机几乎全部采用涡轴发动机作为动力。涡轴发动机有两类，一类是驱动输出轴的涡轮与核心机的涡轮是分开的，二者不在同一轴上，没有直接的机械联系，此时驱动输出轴的涡轮称为动力涡轮或者自由涡轮，这类发动机被称为自由涡轮式涡轴发动机；另一类是动力涡轮与核心机涡轮在同一轴上，二者连接在一起，驱动压气机后剩余的功率用于驱动直升机旋翼和尾桨，这类发动机则被称为定轴式或单轴式涡轴发动机。定轴式涡轴发动机具有功率传输方便、结构和操纵调节简单等优点，但也存在动力性能差、功率输出轴的转速过大而使得减速器结构尺寸过大等缺点。自由涡轮式涡轴发动机可以克服定轴式涡轴发动机的缺点，但是结构比较复杂。目前，大多数直升机使用自由涡轮式涡轴发动机，定轴式涡轴发动机仅应用于一些功率较小的

图7-18　我国和法国联合研制的WZ16涡轴发动机

场合。

5. 桨扇发动机

这是一类介于涡扇发动机和涡桨发动机之间的发动机，它有两排转向相反、带有一定后掠的叶片，该叶片与涡桨发动机的桨叶相比，直径小、叶片数多且薄，与涡扇发动机的风扇叶片相比，叶片数少且宽、厚，这种发动机被称为桨扇发动机（又称开式转子发动机），如图 7-19 所示。桨扇发动机是在涡桨发动机的基础上发展而来的，同时具有涡桨发动机油耗低和涡扇发动机可用于高速飞行的特点。桨扇发动机省油、经济性好，装配桨扇发动机的飞机比装配涡桨发动机的飞行速度快。基于这些优点，20 世纪 70 年代，许多国家都开展过桨扇发动机的研制工作，然而这种发动机的噪声问题始终难以解决，再加上世界燃油价格持续走低，安全性又不如涡扇发动机，因此后来逐渐停止了对桨扇发动机的研发。但是，俄罗斯和乌克兰一直在合作开发桨扇发动机，并成功应用于安-70 军用运输机。除了噪声大以外，振动、减速性能差以及安全性等问题也是限制桨扇发动机大范围应用的重要原因。

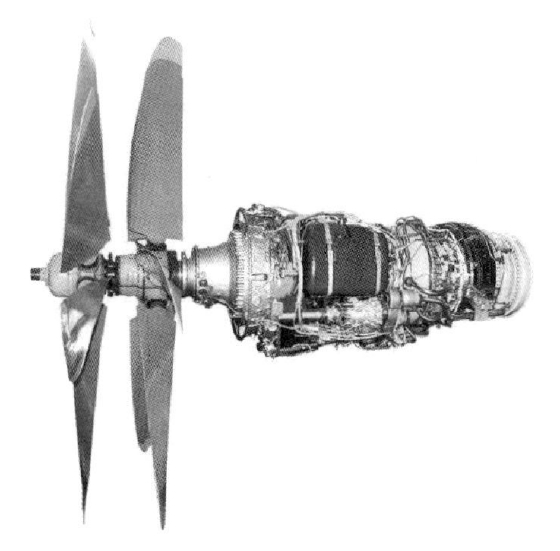

图 7-19 Д-27 桨扇发动机

航空发动机除了用作飞机的动力装置以外，还可以用于推进巡航导弹，但多以小型涡喷和涡扇发动机为主，例如图 7-20 所示的美国“鱼叉”巡航导弹采用的是美国特里达因公司专为导弹设计的一次性小型涡喷发动机 J402，如图 7-21 所示。J402 涡喷发动机还应用于“战斧”导弹的近距型（远程版“战斧”导弹采用的是油耗更低的 F107 涡扇发动机）。J402 涡喷发动机的压气机是由单级轴流式和单级离心式组成的复合式压气机，燃烧室为环型，涡轮为单级，整个发动机的结构非常简单，零件数目少，是典型的一次性小型发动机，该发动机可以产生的最大推力为 2940N，巡航时推力为 2090N。

图 7-20 “鱼叉”巡航导弹从舰艇上发射

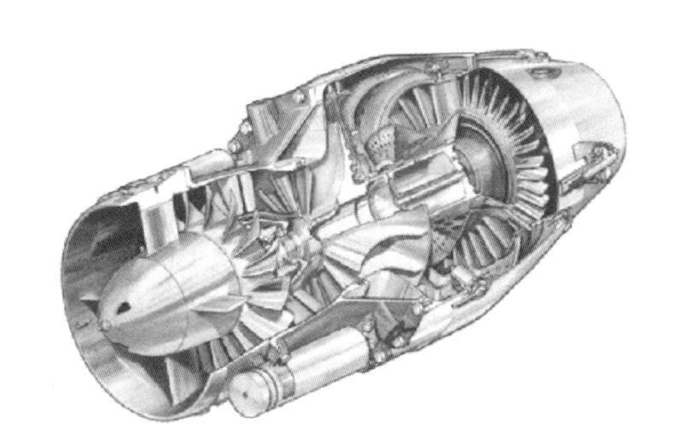

图 7-21 用于巡航导弹的 J402 涡喷发动机

除了涡喷和涡扇发动机以外，导弹还使用冲压发动机，甚至是超燃冲压发动机。冲压发动机原理上与涡喷发动机一样，但是从结构上省去了压气机和涡轮等旋转机械，图 7-22 对比了涡喷发动机与冲压发动机的结构。虽然冲压发动机的结构非常简单，通常由进气道

（又称扩压器）、燃烧室和推进喷管三部分组成，却可以产生很大的推力，适用于高空超声速飞行，比如导弹。空气在冲压发动机中同样会经历压缩、燃烧和膨胀加速三个阶段。当飞行器高速飞行时，相对速度很高的气流迎面进入冲压发动机的进气道，将空气的动能转化为压力和温度的升高，随后进入燃烧室与燃料混合燃烧，高温燃气随后经过推力喷嘴膨胀加速后，向后喷出高速燃气产生推力。涡喷发动机的推力与压力相关，而冲压发动机的推力则与进气速度相关，例如进气速度达到3倍声速时，冲压发动机产生的静推力超过200kN。由于没有压气机，冲压发动机不能在静止条件下自己起动，因此只能与其他发动机组合使用，例如与涡喷发动机、涡扇发动机和火箭发动机形成组合式发动机。组合式发动机在飞行器起飞阶段采用涡喷、涡扇或火箭发动机，待飞行速度达到冲压发动机的正常使用条件时，开启冲压发动机，并关闭与之配合的发动机；着陆时，待飞行器的飞行速度降低至冲压发动机不能正常工作时，重新开启与之配合的发动机，并关闭冲压发动机。

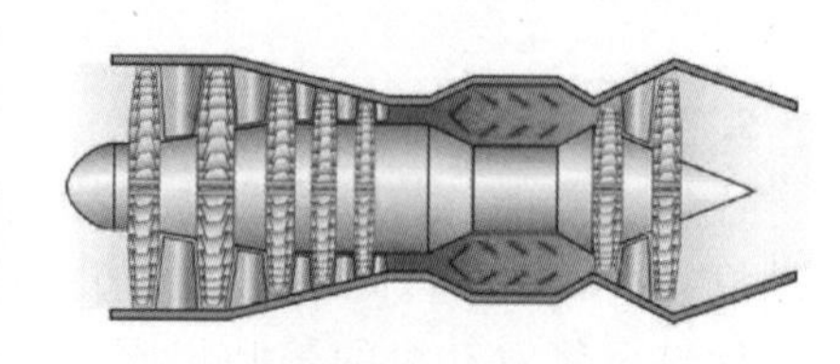

a) 燃气涡喷发动机

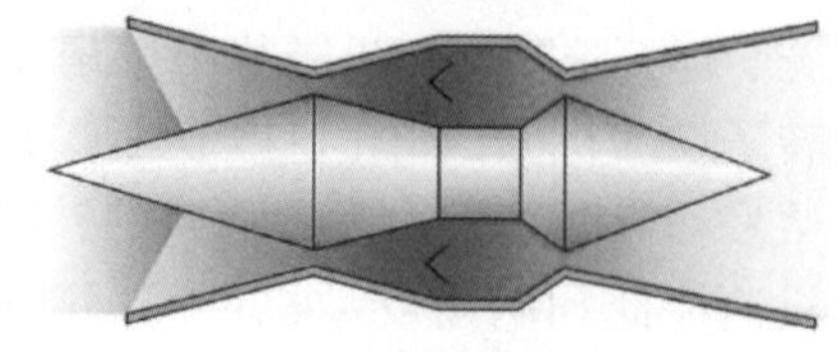

b) 冲压发动机

图7-22　燃气涡喷发动机与冲压发动机结构

7.8　舰船驱动

在军民用船舶中，燃气轮机最先在军用舰艇上得到应用。与柴油机和蒸汽轮机等传统舰船动力相比，燃气轮机非常符合军用舰船对动力系统的起动速度、航行速度、加减速等动力性能以及机动性能和防探测性能的要求。美国、英国、日本的主力水面战舰早已走上了舰用动力燃气轮机化的道路。目前，燃气轮机已广泛应用于各种水面舰艇。

英国是世界上最先开展舰用燃气轮机研究的国家。1947年，英国首次将G1型燃气轮机应用于舰船，用作加力动力。该型燃气轮机由航空用涡喷发动机“萨菲尔”改型而来，功率为1865kW。随后，英国在舰用燃气轮机上进行了系列研究，积累了大量经验，于1954年研制出5300马力（约3898kW）的复杂循环燃气轮机RM60，并在“灰鹅号”炮艇上成功试验。英国的舰用燃气轮机基本都是在航空发动机的基础上发展而来。到1967年，英国宣布燃气轮机将作为今后所有大中型水面舰艇的标准动力，随后，英国罗·罗公司先后研制出了“奥林巴斯”TM1A、TM2A、TM3B、TM3C，“太因”RM1A、RM1C，“斯贝”SM1A、SM1C、SM2C，以及RB211、AG9140、WR-21和RR4500等型号的舰用燃气轮机，最新型号是图7-23所示的MT30航改型燃气轮机，装备在“朱姆沃尔特”驱逐舰和“伊丽莎白女王”级航空母舰上。

美国从20世纪60年代开始研制舰用燃气轮机。最具代表性的是GE公司研制的LM2500系列航改型燃气轮机，如图7-24所示。在LM2500用于驱逐舰动力后，美国也开始走上了舰船动力燃气轮机化的道路。另外，美国普拉特·惠特尼（PW）公司也在涡喷发动机的基础上推出了FT3、FT4、FT8、FT9、ST18A、ST40等舰用燃气轮机。

图 7-23　MT30 燃气轮机（来源：罗·罗公司）

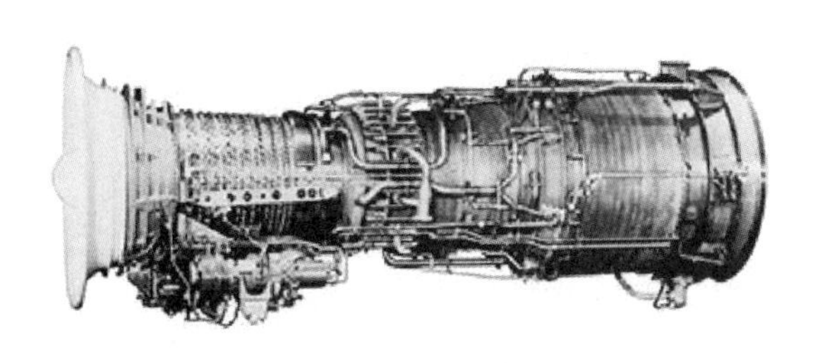

图 7-24　LM2500 燃气轮机（来源：GE 公司）

苏联于 1954 年开始研制舰用燃气轮机。与英国的航改型燃气轮机技术路线不同，苏联在早期基本上是针对舰船研制专门的舰用燃气轮机。世界上第一艘采用燃气轮机的大型水面舰艇“卡辛”级驱逐舰首舰采用了 4 台 DE59 型燃气轮机。后来，苏联也开始了航改型燃气轮机的研制，先后推出了 NK-12M、AI-20K 及 NK-12MB 等型号的燃气轮机。1991 年苏联解体后，苏联的舰用燃气轮机技术主要由乌克兰继承。乌克兰生产的最典型的舰用燃气轮机是 UGT-25000（前身为苏联的 M80 燃气轮机），该燃气轮机输出功率为 24.6MW，热效率为 34.25%。由于乌克兰经济不景气，没有下水大型水面舰艇，UGT-25000 在乌克兰并没有用武之地。后来，我国引进了 UGT-25000，并获得了生产许可。在乌克兰相关科研人员的帮助下，我国大型水面舰艇燃气轮机的研制开始走上正轨。随后，中船重工（已于 2019 年与中船工业合并重组为中国船舶集团有限公司）703 研究所联合西安航空发动机（集团）有限公司（430 厂）和哈尔滨汽轮机厂开始了 UGT-25000 的国产化研制。在我国完全自主掌握了这款燃气轮机的相关技术后，将其定名为 GT-25000，从此我国海军也开始了舰船动力的燃气轮机化。

在民用船舶动力领域，虽然燃气轮机在 20 世纪 50 年代就已开始用作推进动力，但在经济性方面，燃气轮机不如柴油机，尤其是在大型远洋运输船上，大型低速柴油机燃用重油的经济性远好于燃气轮机，再加上燃气轮机的造价昂贵，使得燃气轮机在民用船舶上的应用受到限制。但是近年来，随着比传统螺旋桨推进效率更高的喷水推进方式的发展，燃气轮机在高速船舶中的应用不断扩大。喷水推进是一种特种动力，其推进原理与航空涡扇和涡喷发动机类似，它将海水吸入推进装置，通过推进喷水泵将海水升压后，高速向后喷出获得反作用力来推动船舶前进。喷水推进装置可由燃气轮机通过减速齿轮箱变速后驱动。

在舰船上，燃气轮机的使用环境与地面燃气轮机截然不同。除了地面燃气轮机的高效率和高可靠性等性能要求外，为了满足舰船的战术性能，舰船燃气轮机还应满足以下要求：

（1）抗腐蚀　燃气轮机零部件，尤其是压气机和涡轮叶片应能承受海水中盐雾的腐蚀。

（2）抗风暴　能防止舰船颠簸时海水浪花从进气道进入燃气轮机。

（3）抗摇荡　舰船航行于海上，要求燃气轮机能够在舰船摇荡的情况下正常工作。一般情况下，舰船横摇 30°、周期 10s 或者纵摇 8°、周期 6s 的情况下，燃气轮机应能正常工作。

（4）抗冲击　对于军用舰艇，在武器爆炸冲击波作用下，燃气轮机应仍能正常运行。

（5）抗浸水　当舰船船舱进水后，燃气轮机应仍能正常运行。一般情况下要求在机舱浸水水位达到燃气轮机排气蜗壳下部之前，燃气轮机仍能运行。

（6）低噪声　舰船的隐身性能对于其生存至关重要，因此要求燃气轮机运行时的噪声，包括进排气噪声和燃气轮机运行时通过舰体向水中传播的结构噪声较低，以降低被声呐设备探测到的可能性。

（7）红外抑制　为了降低被红外制导导弹击中的可能性，要求燃气轮机的排气温度降至200℃以下。

（8）变工况性能好　舰船执行任务工况复杂，要求燃气轮机在负荷快速变化的情况下，能在宽广的范围内保证机组运行平稳，压气机不出现喘振。

由此可见，舰用燃气轮机相比于地面燃气轮机有更多更加严苛的要求，这无疑增加了舰用燃气轮机的研制难度。目前，舰用燃气轮机的研制途径主要有两种：一是通过将航空发动机改型后用于舰船动力；二是专门为舰船研制轻型燃气轮机。总体来看，航改型燃气轮机因具有以下优点而被广泛采用：

（1）投资少、研制周期短、生产成本低　航改型燃气轮机充分利用了航空发动机的研制经验，通过改造现有发动机而得到。目前，国外某些航改型燃气轮机的价格已低于同功率的工业型燃气轮机。

（2）效率高、重量轻　航空发动机的循环参数高，改造后的机组比工业型机组的效率要高。比如功率等级相当的轻型燃气轮机，工业型机组的效率为31%～34%，而航改型机组可以达到34%～38%。此外，航空发动机的典型特点就是体积小、重量轻，改造后的机组非常适合于舰用燃气轮机。

（3）检修方便、维护费用低、利用率高　航改型燃气轮机的维护和检修通常采用更换燃气发生器的方式来完成。更换燃气发生器所需时间短，更换下来的燃气发生器送至制造厂或检修厂检修也更加方便。此外，航改型燃机的安全性和可靠性高、大修期长，机组的利用率非常高。

为了提高舰船动力的经济性并适应大范围的变工况，燃气轮机舰船一般采用联合动力装置。在低速或者巡航工况时，由单独的一个动力装置推进；在加速或全速航行工况时，由另外一个动力装置单独工作或者两个动力装置共同工作。舰船的主要动力装置有蒸汽轮机、柴油机、燃气轮机及核动力。目前与燃气轮机组成的联合动力装置主要有柴油机-燃气轮机（简称“柴-燃”）、燃气轮机-燃气轮机（简称“燃-燃”）和燃气轮机-蒸汽轮机（简称“燃-蒸”）三大类。联合动力装置的目的是为了结合不同动力装置的优点，达到提升舰船推进系统综合性能的目的。

1. 柴油机-燃气轮机联合动力装置

可进一步分为柴油机-燃气轮机交替联合动力装置（CODOG）、柴油机-燃气轮机共同联合动力装置（CODAG）以及柴油机电力-燃气轮机联合电力动力装置（CODLAG）。其中：CODOG是舰船在巡航工况时，由柴油机带动螺旋桨推进；在全速工况时，由燃气轮机通过减速齿轮箱带动螺旋桨推进。其优点是轴系布置简单，缺点是高速航行时油耗较高。CODAG是舰船在巡航工况时，由柴油机推进；在全速工况时，由燃气轮机和柴油机共同推进。其优点是可以保证动力装置在巡航时具有良好的续航能力，同时在高速航行时具有良好的高速性能，保证了动力装置的经济性；缺点是需要多速齿轮箱来保持螺旋桨在合理的转速，使得轴系更加复杂。CODLAG是舰船在巡航工况时，由柴油机发电为电动机供电，由电动机带动螺旋桨推进；在全速工况时，燃气轮机通过减速齿轮箱驱动螺旋桨。其优点是装置中柴油机与螺旋桨没有任何直接的机械连接，柴油机的布置更加灵活；电动机工作转速范围广，适合舰船宽广的运行工况；此外还具有工作噪声低的特点，因此在潜艇上应用广泛。

2. 燃气轮机-燃气轮机联合动力装置

又称全燃联合动力装置，可分为燃-燃交替联合动力装置（COGOG）和燃-燃共同联合动力装置（COGAG）。使用COGOG的舰船安装有两台燃气轮机，分为巡航机和加力机。出于经济性的考虑，在巡航时采用小功率巡航燃气轮机，在加速或者高速航行时则改用大功率的加力燃气轮机。对于舰艇来说，巡航时所需的功率与全速航行时相差很大，因此在COGOG中，两台燃气轮机的功率相差很多。而在COGAG中，两台燃气轮机属于同型号同功率，虽然机种单一使得运行维护方便，但是巡航时，其中的一台燃气轮机处于低负荷运行，经济性不如COGOG。为此，发展出了使用两台功率不同，但功率没有COGOG中的两台差距大的COGAG联合动力装置。使用燃-燃联合动力装置，燃气轮机的优势得到了充分的发挥，舰船动力装置重量更轻，起动性也更好。

3. 燃气轮机-蒸汽轮机联合动力装置（COGAS）

这是利用余热锅炉回收燃气轮机高温燃气中的废热，有效降低燃油消耗的一种联合动力装置。该动力装置在舰船巡航时使用蒸汽轮机，加速或者高速航行时，燃气轮机一起并入。在早期，COGAS在商船和军舰上均投入过使用，但是由于余热锅炉尺寸较大，辅助设备较多，系统复杂，使得整个装置所需空间较大，因此COGAS在舰船上的应用受到了限制。

7.9 海上油气开采平台

长期以来，陆地石油和天然气资源已被大规模开采，储存量急剧下降，除了开发新能源外，各国早已将目光转向了尚未被大规模开发的丰富的海洋油气资源，为此海洋石油工业在近几十年得到了迅速发展。开采海洋油气资源，必须先建造海洋平台用以安装各种开采设备以及油气加工和存储设施，这些都离不开动力的支撑。由于远离陆地，相对独立，海洋平台所需的动力必须由自备的动力装置提供。海洋平台空间十分有限，采用燃气轮机提供动力的优点十分突出，因此燃气轮机被誉为海上平台的“心脏”，应用十分广泛。例如，目前为我国渤海湾油田提供发电的主动力中90%以上来自于燃气轮机。与陆地的石油和天然气开采类似，燃气轮机在海洋平台主要用于发电，同时也可用作油田注气/水、气举采油以及油气管道输送等的增压动力。海上油气开发平台所用的燃气轮机主要为轻型燃气轮机，功率等级在10～30MW之间，特别是10MW级别的燃气轮机应用最为广泛。虽然驱动发电机采用单轴燃气轮机更为合适，但海洋平台上采用航改型燃气轮机的情况较多，且往往是分轴机组。目前，几乎所有的海洋石油和天然气的钻探开采平台都采用了航改型燃气轮机作为动力来源。图7-25所示为采用英国罗·罗公司航改型燃气轮机的海洋开采平台。我国有约300万km^2海洋国土面积，海洋油气资源比较丰富，目前已有数十台航改

图7-25 以罗·罗公司航改型燃气轮机为动力的海洋开采平台

型燃气轮机在我国的海洋油气开采平台上提供动力。

当前，海上油气平台使用的燃气轮机的一个发展趋势是采用双燃料燃气轮机，即通过对燃烧室的重新设计，可以燃烧液体和气体燃料，因此双燃料燃气轮机对燃料的适应性更好。与单燃料燃气轮机相比，双燃料燃气轮机最大的区别是具有两套燃料系统，其燃烧室需经过重新设计，但压气机和透平与单燃料燃气轮机的相同，因此双燃料燃气轮机的设备投资成本增加有限。截至2016年，在中国海洋石油集团有限公司（中海油）的海上平台及处理厂中，80%以上的燃气轮机为双燃料机组。鉴于双燃料燃气轮机的优势，在传统的舰船动力、石化冶金、油/气管道输送等行业也可见使用双燃料燃气轮机作为动力的案例。中船重工（现中船集团）703研究所与中海油在2016年联合启动了海上平台双燃料燃气轮机发电机组的国产化研制项目，该项目先后于2018年完成首台交付，于2020年通过国家能源局的验收。图7-26为中船重工703研究所和中海油联合完成的我国首台25MW双燃料燃气轮机创新发展示范项目，标志着我国已掌握了双燃料燃气轮机自主设计和制造的能力。

图7-26　我国首台25MW双燃料燃气轮机发电机组

7.10　氢燃料燃气轮机

随着全球气候变化带来的挑战日益严峻，世界各国都在采取有效措施减少大气污染物的排放，加大清洁可再生能源的开发与利用就是其中的重要举措之一。氢能作为一种清洁高效、可持续、零碳排放的能源，是发展低碳经济的重要载体，已日益受到各国的重视。发达国家，如美国、德国和日本等，已相继将氢能产业作为国家能源发展战略的重要组成部分。在这些发达国家，氢能产业链日益完善、相关技术日趋成熟、开发利用水平不断向前发展。我国于2011年前后也开始从国家层面积极引导和支持氢能产业的发展，特别是2016年发布的《能源发展“十三五”规划》，其中氢能相关技术被列为能源科技创新重点任务需要攻克的关键技术之一。2021年，我国对世界郑重宣布，将力争在2030年前实现二氧化碳排放达到峰值（即“碳达峰”），2060年前实现“碳中和”，因此发展氢能产业及相关利用技术是实现这一目标的重要保障。

目前，燃气轮机（包括航空发动机）在全球能源系统中已发挥了不可替代的作用，若将其燃料由天然气、煤油等传统化石能源扩展到氢能，以氢为燃料的燃气轮机和航空发动机将变成十分重要的“碳中和”装备。实际上，在燃气轮机联合循环电厂中，燃用天然气的燃气轮机已经是目前最清洁的热力发电设备之一。与燃煤电厂相比，燃用天然气的燃气轮机可以减少50%的二氧化碳排放。在天然气中掺入可再生气体能源，比如氢气、生物质气和合成气，二氧化碳的排放将进一步减少。若能够实现百分之百的燃氢，氢燃料燃气轮机（简称氢燃气轮机）将实现真正的零排放。

燃气轮机因其工作特点非常适合用于波动性很大的可再生能源利用系统。因此现阶段，氢燃气轮机可以作为备用电厂弥补风能和太阳能发电间歇性的不足，比如，在风能和太阳能过剩时，可以通过富裕的电能电解制氢，在风能和太阳能发电不足时，利用燃气轮机燃氢补充发电。

在国际上，氢燃气轮机和氢能相关研究计划早在20世纪八九十年代就已开始，早期主要是以富氢燃料燃气轮机作为主要研究对象。但是，开发氢燃气轮机还面临着其他一些关键技术问题，总结起来主要有：

1）氢燃料燃烧室扩稳燃烧技术。

2）氢燃气轮机透平先进气动设计及密封技术。

3）氢燃气轮机透平叶片新型高效冷却技术。

其中，首先要解决的是纯氢燃气轮机的燃烧室技术，这也是目前大多数氢燃气轮机研发计划的重要内容。

美国能源部（DOE）于2005年启动了“先进IGCC/H_2燃气轮机”和“先进燃氢透平”项目，研究内容主要包括富氢和纯氢燃料燃烧、透平冷却技术、高温材料以及系统循环优化等，目的是通过该项目来研究与验证开发氢燃气轮机的相关技术。在此项目的竞标中，德国西门子公司基于其在SGT6-6000G燃气轮机上取得的成功，获得了DOE的“先进燃氢透平”项目。西门子公司为此制定了图7-27所示的技术路线图。该技术路线图分为3步：第一步，改装SGT6-6000G燃气轮机，将F级燃气轮机合成气扩散火焰燃烧室应用于SGT6-6000G燃气轮机上，使其能够用于IGCC联合循环；第二步，通过研发氢燃气轮机相关的先进技术，以提升该型燃气轮机的性能、强化其操作/集成的灵活性、降低单位发电量成本，做到以氢气为燃料能够正常运行；第三步，在第二步的基础上完成氢燃气轮机的详细设计，获得燃料适应性（氢气/合成气）好的高性能氢燃气轮机（SGT6-6000G-H_2）。西门子公司已宣布将于2030年推出纯氢燃料燃气轮机。

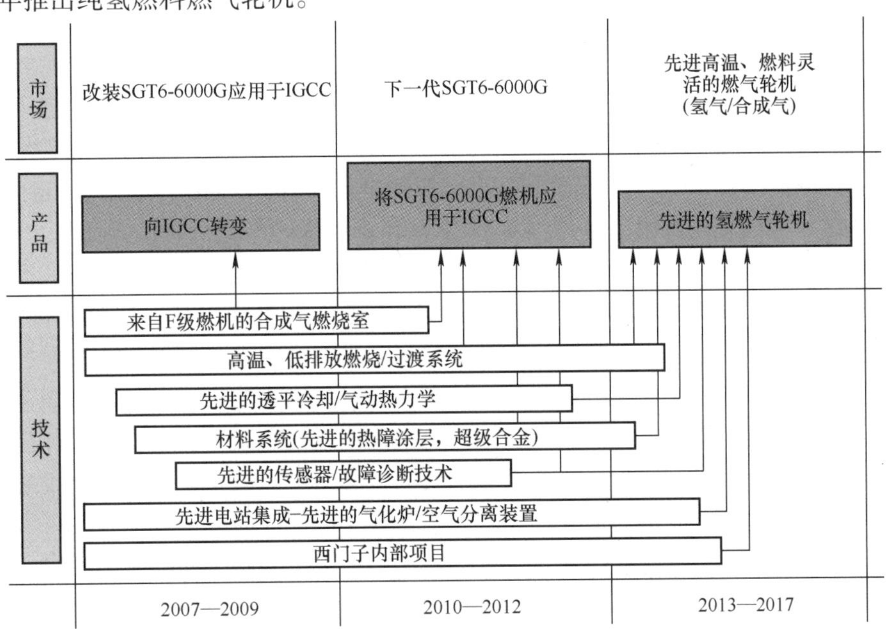

图7-27　西门子公司氢燃气轮机技术路线图

欧洲早在2004年提出的欧盟地平线项目第六框架协议（FP6）的ENCAP（ENhanced CAPture of CO_2）项目中，由德国宇航中心（DLR）和西门子、阿尔斯通承担的工作包就已经涉及有氢燃烧技术的基础研究。为了实现更高的技术成熟度，欧盟于2009年在第七框架（FP7）中启动了H_2-IGCC项目。该项目为期4年，由ETN Global主导，欧洲工业界和学术界共 24 家单位参与，目的是开发能够应用于 IGCC 的高效低排放富氢燃料燃气轮机技术。H_2-IGCC 项目分为燃烧、材料、叶轮机械及系统分析等四个工作包。其中，燃烧工作包要求为非稀释的富氢合成气燃烧研发安全低排放的燃烧技术，在意大利的 Seata 试验中心经过发动机全尺寸燃烧室试验，项目最终实现了氢气体积分数为 83% 条件下的燃烧。目前，欧盟有关氢燃气轮机的研发还在继续，例如，欧盟地平线 2020（EU H2020）中的 Hotflex/ComSos 项目（EU H2020 Grant 779481）和 EnableH_2项目（EU Grant 769241）等。

日本新能源产业技术开发机构（NEDO）正在实施 Basic Hydrogen Strategy 计划，这是世界第一个氢能国家战略，目标是到 2050 年能够将氢能作为当前可再生能源的另外一个新选择。该计划明确指出，在氢能利用方面要发展氢燃气轮机，尤其是研发氢燃气轮机燃烧室，能够实现纯氢燃烧时的低排放，仅在 2018 年，这一项任务的财政预算就投入了约 100 亿日元（约 5.9 亿元人民币）。

除了政府主导的氢燃气轮机研发计划，在工业界，除西门子公司外，日本三菱日立（已于 2020 年 4 月更名为三菱动力）和美国 GE 公司也在积极开发掺氢和纯氢燃气轮机。日本三菱日立自 20 世纪 90 年代初开始研发含氢燃料的燃气轮机，早期以扩散燃烧室为主，后于 2018 年研发了新型预混燃烧室，并在其 J 系列燃气轮机上采用含氢体积分数为 30% 的混合燃料测试成功。美国 GE 公司在所有燃气轮机制造商中拥有最丰富的掺氢燃气轮机运行经验。GE 公司以 7FA 燃气轮机为基础开发燃氢燃气轮机，并于 20 世纪 90 年代在 7FB 燃气轮机上开发并推广了合成气扩散燃烧 + N_2/水蒸气稀释燃烧室。目前，GE 公司在美国 DOE“先进燃氢透平”项目的支持下，正在基于已有的多管混合燃烧技术开发先进的富氢燃料干式低氮燃烧室，目标是面向未来 3100℉（约 1700℃）透平进口温度，能够实现低氮氧化物排放。不同等级燃气轮机燃烧室可燃氢气的体积分数上限不尽相同，这主要与点火温度和使用的燃烧技术有关。重型燃气轮机燃烧室的掺氢比例上限为 30% ~50%，轻型燃气轮机燃烧室的掺氢比例上限在 50% ~70%，而微型燃气轮机仅在 20%。虽然目前暂时还没有 100% 燃氢的重型燃气轮机可以商用，但是预计到 2030 年，纯氢燃气轮机将正式商用。

氢燃料与传统燃料存在明显的燃料特性差异，例如燃烧速度、能量密度等，因此燃氢燃气轮机必须在现有燃气轮机基础上通过技术升级和改造，以适应氢燃料的燃烧需求。首先，单位体积氢气的低位热值小于天然气，在保证输出功率不变时就必须增大氢燃料的流量，因此必须改造燃烧室，以适应更大的燃料流量；其次，氢气燃烧的火焰燃烧和传播速度快于天然气，因此燃氢燃烧室必须解决回火和火焰振荡的问题以及高温高压下掺氢和纯氢燃料的自动点火问题；最后，由于氢燃料燃烧的温度比较高，必须考虑减少氮氧化物的排放问题。此外，氢燃料燃烧室的热声振荡幅值和频率将发生变化，压损会增大，寿命会减少，冷气使用量也会变得更大。除了升级改造燃烧室系统以外，由于流量的增大和温度的升高，氢燃气轮机还需要高压比的压气机设计、高效的透平冷却设计和气动设计以及先进的涂层技术等。

除了解决燃气轮机本身的技术问题外，由于氢气易燃易爆，氢燃料的生产、运输与存储安全对于氢燃气轮机更为重要。相同体积的氢气的低位热值约为天然气的 0.3 倍，相同功率输出的燃气轮机燃用氢气的流量将是天然气的 3.3 倍。若采用管道运输，必须通过增大管径或者提高输运压力来提高管道的输运能力。无论是增大管径还是提高管道的输运压力，都会增加氢燃气轮机的投入成本和运行成本。此外，氢气会使得金属材料发生脆化（即氢脆现象），在高压环境下，氢脆现象会更加严重，因此氢气或掺氢燃料的输运对金属材料及其处理工艺要求更高。

燃气轮机的运行成本主要取决于燃料成本，氢气属于可再生能源，因此制氢成本是影响氢燃料燃气轮机电厂的关键因素。目前，大规模制氢主要以煤和天然气等传统石化能源制备为主。以2019年的能源价格为例，在使用F级重型燃气轮机和假设燃气轮机燃用氢气后发电效率不变的条件下，采用天然气、天然气制氢和煤制氢为燃料的发电成本分别为0.438元/(kW·h)、0.754元/(kW·h)和0.597元/(kW·h)。在现有技术条件下，采用传统化石能源制氢替代天然气发电是没有竞争力的。然而，随着化石能源的枯竭、制氢成本的降低以及环境保护压力增加等多重因素的影响，以氢为燃料的燃气轮机的市场是十分有前景的。按照《中国氢能产业基础设施发展蓝皮书（2016）》中提出的发展路线图，最理想的大规模制氢将采用太阳能、风能以及生物质能等可再生清洁能源进行绿色制氢，因此，采用可再生能源制氢用于燃气轮机发电将是未来氢能发电的重要模式。

除了对地面燃气轮机采用氢燃料的零碳排放计划，实现航空动力的零碳排放对于“碳中和”目标的实现同样重要。根据国际民用航空组织（ICAO）预测，基于现有传统航空技术，航空业的持续发展将导致2050年碳排放减少至2005年的50%的目标无法实现。因此，能够实现零碳排放的氢动力飞行成为世界各国一直在畅想的未来航空的“第三时代”。氢动力飞行目前主要有燃氢航空燃气涡轮发动机（氢涡轮）和氢燃料电池电推进（氢电池）两种方式，如图7-28所示。

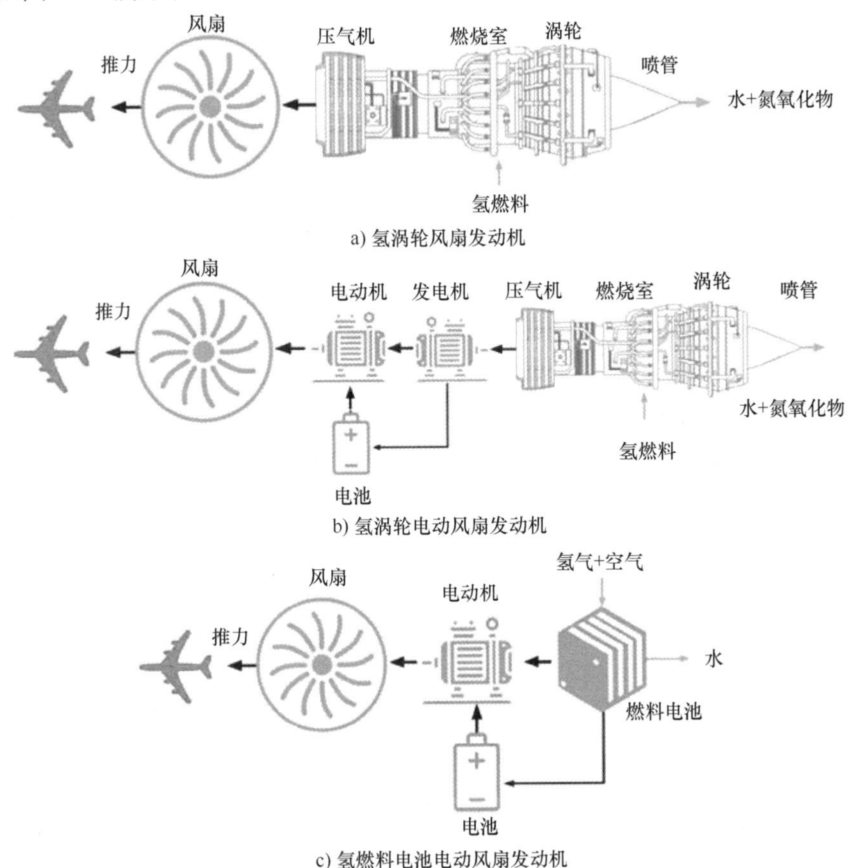

图7-28 氢动力航空推进的氢涡轮和氢燃料电池方案

德国宇航中心（DLR）早在2015年就开始了全球首架氢动力飞机HY4的研制，计划采用锂电池和氢燃料电池作为动力。HY4飞机在起飞阶段使用锂电池，巡航阶段采用氢燃料电池，能够以145km/h的巡航速度连续飞行5h以上。2018年，新加坡HES能源系统公司也发布了氢燃料电池飞行器“元素1号”的概念图，与HY4不同的是，“元素1号”采用全新的氢燃料电池与分布式电推进结合的设计，若采用液氢为燃料，“元素1号”的航程可达5000km，续航时间达到15~20h。2020年9月，美国ZeroAvia公司试飞了全球首架氢动力商用飞机。ZeroAvia公司与飞机制造商合作，将氢动力系统装配到现有飞机上进行改造，仅依靠氢燃料电池，飞机飞行速度达到了185km/h，但飞行时间仅有8min。几乎与此同时，欧洲空客公司发布了未来氢动力的概念飞机ZEROe，如图7-29所示。与之前依靠氢燃料电池为动力的飞机不同，ZEROe概念飞机采用的是氢混合动力，即同时采用以氢为燃料的航空燃气涡轮发动机，又采用氢燃料电池与燃气涡轮发动机形成互补，具体包括了涡扇氢混合动力、涡桨氢混合动力和翼身融合混合动力3种方案。其中，翼身融合混合动力同样采用的是两台氢燃料涡扇发动机作为主动力，只是液氢储罐位于机翼下方，使得机身内部空间更为宽敞。

图7-29　ZEROe氢混合动力概念飞机（来源：空客公司）

发展氢燃料航空燃气涡轮发动机，除了解决地面氢燃气轮机面临的改造发动机自身所涉及的关键技术以外，氢涡轮发动机飞行技术方案还面临着飞机氢燃料存储技术、机场氢能基础设施配套改造技术以及氢燃料的安全性等问题。若在航空煤油还允许使用的情况下，还涉及氢燃料成本和氢涡轮飞行技术经济性的问题。仅在飞机氢燃料存储方面，就意味着需要对飞机进行重大改进，包括机体布局、机体气动外形以及燃料储存系统等。然而无论如何，目前世界航空强国都在积极发展氢动力飞行。除了欧洲和美国外，在2021年莫斯科航展MAKS-2021上，俄罗斯Rostec旗下的联合发动机公司（UEC）成立了专门的工作组，启动了氢燃料飞机和地面动力装置的研发计划，同样采用直接燃氢的燃气轮机和氢燃料动力电池两种方案。我国的航空动力在传统能源动力方面本就与西方技术强国存在巨大差距，目前正在举全国之力迎头追赶，尽管还没有开发氢动力飞行的具体计划，但在地面燃气轮机方面已开始进行氢燃气轮机研发的初步论证及相关基础研究工作。2021年7月，中国重燃投资的燃气轮机掺氢燃烧示范项目落户湖北荆门。由此可见，我国的氢燃气轮机研发同样也会采用从掺氢燃烧逐渐过渡到纯氢燃烧的技术路线。相信我国未来也会布局氢燃气轮机和氢动力飞行技术相关的专门研发计划。

参考文献

[1] SLADE S, PALMER C. Worldwide Market Report: 2020 Proved to be an Interesting Year for Gas Turbines [J]. Turbomachinery International, 2021, 61 (6): 24-30.

[2] 国家制造强国建设战略咨询委员会，中国工程院战略咨询中心.《中国制造 2025》重点领域技术创新绿皮书：技术路线图　2016 [M]. 北京：电子工业出版社，2018.

[3] LANGSTON L S. Gaining Altitude: The Gas Turbine Industry Has Hit Some Bumps in Recent Years, But the Long View Provides Plenty of Reasons for Optimism [J]. Mechanical Engineering, 2022, 144 (4): 40-45.

[4] World's First Integrated Coal Gasification Fuel Cell Combined Cycle (IGFC) Demonstration Project Started [EB/OL]. (2019-4-17) [2020-05-30]. https://www.nedo.go.jp/news/press/AA5_101103.html.

[5] 杨谱，段立强，潘盼. ISCC 发电系统研究进展 [J]. 华电技术，2020，42 (4): 47-56.

[6] KAWASAKI HEAVY INDUSTRIES Ltd. Cogeneration System [EB/OL]. [2023-05-10]. https://www.khi.co.jp/energy/gas_turbines/cogeneration.html.

[7] 严铭卿. 燃气工程设计手册 [M]. 2 版. 北京：中国建筑工业出版社，2019.

[8] BURRATO A. Oregen™ Waste Heat Recovery: Development and Applications [R/OL]. (2020-05-30) [2023-05-10]. http://asme-orc2013.fyper.com/uploads/File/PPT%20098.pdf.

[9] 沈阳黎明航空发动机（集团）有限责任公司. 燃气轮机原理、结构与应用：下 [M]. 北京：科学出版社，2002.

[10] CLAIRE S. Gas Turbines: A Handbook of Air, Land and Sea Applications [M]. 2nd ed. Oxford, UK: Butterworth-Heinemann, 2015.

[11] HORAN R. Textron Lycoming AGT1500 Engine: Transitioning for Future Applications [C]. 10.1115/92-GT-436.

[12] GTD-1250 Gas Turbine Enginer [EB/OL]. [2023-05-10]. http://fofanov.armor.kiev.ua/Tanks/EQP/gtd-1250.html.

[13] Rolls-Royce. The Jet Engine. [M]. 5th ed. New York: Wiley-VCH, 2015.

[14] 杨强. 中小型双燃料燃气轮机发展现状及应用前景分析 [J]. 舰船科学技术，2019，41 (2): 1-8.

[15] BANCALARI E, CHAN P, DIAKUNCHAK I S. Advanced Hydrogen Gas Turbine Development Program [C]. 10.1115/GT2007-27869.

[16] NOSE M, KAWAKAMI T, ARAKI H, et al. Hydrogen-Fired Gas Turbine Targeting Realization of CO_2-Free Society [J]. Mitsubishi Heavy Industries Technical Review, 2018, 55 (4): 1-7.

[17] THOMSON R, WEICHENHAIN U, SACHDEVA N, et al. Hydrogen: A Future Fuel for Aviation? [R]. Roland Berger GMBH, 2020.